电子电路实验与能力训练

刘一清　劳五一　丰　颖
沈　昕　陈雪皎　编著

科学出版社
北　京

内 容 简 介

本书编写基于“理解基本概念—掌握基本方法—培养基本技能—发展综合设计能力—提炼专业思维”这一教学指导思想，突破了传统电子电路实验教材以“面包板”为核心的方式，本书设计了专用的实验电路板，锻炼学生自己动手规划实验方案、购买电子元器件、焊接和调试电路板。本书知识体系完整，由浅入深，基本实验完成后数字部分可以展现出一个简易的“药品生产线控制器”，模拟部分可以展现出一个简易的“电子琴”。这是一种“引领式”教学模式，一个目标把所有的验证性教学活动串联起来，让学生在动手中理解概念，在动手中掌握方法，在动手中培养能力，在动手中体会逻辑思维。

本书适合作为“电类”(电子工程、电信工程、电机工程、计算机工程和通信工程)大学本科生的实验教材。

图书在版编目(CIP)数据

电子电路实验与能力训练 / 刘一清等编著. —北京：科学出版社，2016.1

ISBN 978-7-03-045892-6

Ⅰ. ①电…　Ⅱ. ①刘…　Ⅲ. ①电子电路—实验　Ⅳ. ①TN710-33

中国版本图书馆 CIP 数据核字(2015)第 234425 号

责任编辑：郭建宇　崔慧娴
责任印制：谭宏宇 / 封面设计：殷　靓

科学出版社 出版
北京东黄城根北街 16 号
邮政编码：100717
http://www.sciencep.com
南京展望文化发展有限公司排版
广东虎彩云印刷有限公司印刷
科学出版社发行　各地新华书店经销

*

2016 年 1 月第 一 版　开本：889×1194 1/16
2025 年 9 月第六次印刷　印张：17 1/4
字数：539 000

定价：65.00 元

前　言

当今时代，新概念层出不穷，“云计算”、“物联网”还在云里雾里，又出现了“工业 4.0”和“互联网+”，4G 网络还远未进入人们的生活，5G 网络又出现了，信息和通信技术(ICT)的变化实在是太快了。有人说，1950 年以前知识的半衰期平均为 50 年，21 世纪知识的半衰期平均为 3.2 年，而 ICT 的半衰期为 1.8 年。果真是这样吗？从手机、电视机、家用电器及汽车等消费电子的角度看确实如此，你刚刚买了一部 iPhone5 还沉浸在喜悦之中，正准备在朋友面前秀一下时，发现他已经用上 iPhone6 了。但是，如果你是一位电子工程师，真正“本专业”的那种，剥开 iPhone 的外衣，用专业的眼光来扫描一下“肚皮里面”的内容，你就会发现它们并没有本质上的不同，都是电子元件(电阻、电容、电感和集成电路等)，只是它们的体积越来越小而已。其核心元件“电子电路”的本质和机理也没有什么变化，与 30 年以前还是一样，变化的只是知识形态和应用。因此，我经常告诉我的学生，ICT 行业永葆青春也没有那么难，只要你真正把握了电子电路就可以了！消费电子产品，虽然它一会儿化为“云”，一会儿又幻作“雾”，那只是表象，它永远都是以晶体管(含 MOS 管)为细胞的电子电路，大胆预测至少 20 年内还不会发生变化。

大学中电子信息类专业是培养电子工程师和软件工程师的摇篮，电子电路基础教学的重要性显得尤为突出。因为只有彻底理解了电子电路的概念、原理、方法和思维，才能练就“穿云透雾”的火眼金睛。很多人割裂软件和硬件，抛开硬件(电子电路)谈什么“可信软件”，如果没有了状态机(数字电路的计数器)，哪来软件和编程？

作为电子工程师，电子电路的要求分为四个递进的层次，第一层是专业基础知识，即本专业的基本概念、物理机理等。第二层是专业方法，是数学工具与本专业的概念和原理结合在一起，形成的独特的方法，例如布尔代数与晶体管特性的有机结合构造了计算机。第三层是专业能力，理解了专业概念，掌握了专业方法，如果头脑中还有那么一点想法，通过专业实践就可以设计电子产品、解决实际工程问题。第四层是专业思维，把这种专业能力深入骨髓，上升到哲学，转移到其他的非专业的应用。例如，数字电路中把千变万化的世界化作只有“0”和“1”，就包含了一个“化繁为简”的哲学思想，真值表的方法就包含了“全面看问题”的哲学思想，等等。

编写本书的目的在于践行电子电路的教学实践改革。我们为第一个层次的学习安排了验证性实验，有助于读者理解基本概念和基本原理；为第二个层次的学习安排了方法训练性实验；为第三个层次的学习安排了综合性实验。打破了电子电路基础实验的长期以来“面包板”模式，提出了以专用电路板为基础，充分发挥学生自主性的“引领模式”。此外，为了方便教学，书中仿真图与实际教学中所用电路仿真软件导出图片一致，保持了原汁原味。

本书是在科学出版社2011版《数字逻辑电路实验与能力训练》的基础上修改扩充，一方面，增加了模拟电路部分，从电路实践训练的角度更趋完善；另一方面，也结合这几年的实验教学反馈，进一步优化了数字电路部分，并增加了数字模拟综合实验内容。

第一篇（基础实验仪器的使用）由丰颖编写，她是一位有28年电子电路教学经验的资深工程师。第二篇（模拟电子电路）由劳五一编写，他是一位有30年教学经验的名师。第三篇第13章、第14章由陈雪皎编写，第16章由沈昕编写，第17章大部分内容由何金儿编写；模拟实验电路板由丰颖和劳五一设计；刘一清提出了全书的电路教学思想，编写了绪论、第三篇第15章、第四篇，设计了数字电路实验电路板，指导了第三篇的编写，并审阅了全书。在此对大家的努力表示感谢。是德科技有限公司对本书的出版给予了大力支持，在此表示衷心感谢！

刘一清

于华东师范大学樱桃河畔

2015年6月

目　录

绪 论

“电子电路”课程包含“模拟电子技术”和“数字逻辑电路技术”两门课程，是电子工程、自动化工程、通信工程、计算机工程和信息处理工程等专业的核心基础课程，它既是一门抽象的理论课，也是一门操作性很强的实验课，还是一门工程素质培养的启蒙课程。调查发现，大多数学校在教学中重理论而轻实践，理论课的课时较长，实验课的课时较短，这样培养出来的学生适合于应试，是应试“思维”；另有一些学校，理论和实践并重，一学期纯理论课，另一学期纯实验课；还有的学校是理论课和实验课在一学期内完成。在教学效果上也存在不尽如人意的地方，对于把理论课和实验课独立分为两个学期来完成的安排，对第一学期的理论课，学生通常会觉得太抽象，难以理解，再加上大多数学生不预习，因此教学效果不佳，不仅老师感觉教授困难，学生评教时还反映不满意。我们“电子电路”课程教研小组经过几年的教学实践，探索了一套新型的教学方法，取得了较好的教学效果，其基本思想是：理论与实验并重，理论教学和实验教学紧密结合，进行理论教学的同时也进行实验教学，但此时的实验教学目的是实验的入门教学和概念的理解教学，我们称之为数字电路的概念性实验；理论教学结束后，再进行二阶段的实验，此时的实验教学目的是对电子电路的基本设计方法和基础仪器的使用技巧进行训练，我们称之为电子电路的技能性实验；第三阶段，我们给学生列出一些数模综合性的有一定的功能性和实用性的题目，由学生自己选题，并提出实验方案，我们称之为电子电路的综合性能力拓展实验。

0.1 电子电路实验的任务

“电子电路”课程是电类专业的核心基础课程。电子电路实验既是所有专业实践课程的基础，又是学生产生专业兴趣的导引。因此，我们赋予电子电路实验课程以下几项任务。

1. 电子电路基本概念的理解

电子电路的概念比较抽象，例如“0”和“1”的概念，学生在托儿所和幼儿园就建立起来了，小学、初中及高中都没有变化，其是一个数量多少的表示；而我们在电子电路中对其进行了拓展，它们还可以表示“是”和“否”，“有”和“无”，“开”和“关”，“大”和“小”，一切的“非此即彼”二值逻辑，其形态也从抽象变成了具体——一个电压信号的大小（TTL 逻辑小于 0.8 V 表示“0”，大于 2 V 表示“1”），后续课程进一步拓展（一串脉冲定义为“1”，另一串脉冲定义为“0”）。没有实验的体会提供感性认识，对这一概念的理解是不可能深刻的。

2. 电子电路设计方法起步

电子电路设计又分为数字逻辑电路和模拟电路设计，其中数字逻辑电路的数学基础是布尔代数，它在电路和数学工具之间架起了一道桥梁，直接导致了计算机的诞生和当今信息社会的来临。因此，数字电路的设计方法是一套严密的体系：从逻辑变量的真值表到卡诺图，从特征方程到状态方程，从状态转换表到状态图，再到具体的电路实现；由简单到复杂，由具体到抽象再回到具体；数字电路的设计方法本质就是化繁为简。这种方法，就是从做数字电路实验开始起步的。模拟电路是建立在晶体管和运算放大器的基础之上的，有其独特的思路和方法。

3. 电子电路设计技能的培养

电子电路概念的建立，电子电路设计方法的学习和实践，逐步会变成一种技能。这种技能的培养需要一个过程——电子电路实验过程，在实验中领会和把握概念，在实验中体会方法和流程，当你能不由自主地把概念和方法用于解决工程问题时，这些概念和方法就变成了你的技能。

4. 工程素养培养的起步

工程专业的主要目的是为社会培养合格的工程师，而合格的工程师不是一天培养出来的，也不是一两门课、一两个项目培养出来的，其核心是工程素养的培养。什么是工程素养？作为工程师所必须具备的概念、知识、方法和习惯，而且这些概念、知识、方法和习惯与人融合成了一个不可分割的整体，举手投足之间都能看到这些概念、知识、方法和习惯的作用和体现，这就是所谓的工程素养。从工程师设计的产品、画的图纸、编的程序、写的方案之中，就可以体会到这些素养，而数字电路实验正是培养这种工程素养的起步训练。

5. 专业入门的训练

电子电路实验是学生进入大学以后，第一个有关专业的实验课程，其与中学物理和化学课程的实验是有较大区别的：中学实验主要目的是验证；而在大学实验中，验证只是开始，还需要进一步拓展、分析、发掘实验现象背后隐含的规律，在此基础上学会创造发明。因此，电子电路实验是电子工程类专业入门的一种训练，这种训练包括：

(1) 基本实验仪器的使用(如万用表、示波器、信号发生器、电源等)。

(2) 基本实验方法的掌握。

(3) 正确实验习惯的养成。

0.2 电子电路的实验过程

电子电路的实验过程可以分为三个阶段：实验前的准备阶段、实验操作阶段、实验结果分析及处理阶段，各阶段的任务都不相同。

1. 实验前的准备阶段工作

(1) 学习实验内容。

(2) 理解实验目的。

(3) 选定实验方案。

(4) 实验仪器的准备。

(5) 理解实验原理图并确定使用的电子元件型号。

(6) 查阅电子元件参数手册，对实验结果进行推理。

(7) 制订实验操作步骤。

(8) 设计实验数据记录表。

(9) 实验过程中可能出现的问题的推测，及应对策略的考虑。

2. 实验阶段的任务

(1) 佩戴静电手套，并将仪器与大地相连。

(2) 检查实验仪器是否正常工作，并正确设置工作状态。

(3) 连接实验电路板和实验仪器。

(4) 检查实验仪器与电路板连接是否正确。

(5) 打开电源并观察有无异常情况(如火花、冒烟、仪器上指示的大电流或者电压跌落等)。

(6) 如实验有异常情况发生，马上断电，检查原因，直到故障排除。

(7) 按实验步骤操作，记录数据并填写实验数据记录表。

(8) 实验预期步骤完成后，首先关掉电源，断开电路板和仪器设备的连接。

(9) 将所有实验设备放回原处，整理实验台。

3. 实验结果分析及处理

(1) 实验数据处理(画曲线、统计)。

(2) 与理论值比较，检查是否有不合理结果。

(3) 分析实验结果，得出结论。

(4) 撰写实验报告。

0.3 实验预习

据观察,大部分大学生做基础实验时,很盲目——不知道要在实验室干什么;很危险——胡乱地连线,忙乱地开电源,损坏电路元件和实验设备的事经常发生;很机械——按照书上的实验步骤操作一遍;很无助——出现书上没有提到的现象,就不知所措;收获很可怜——离开实验室什么都不知道。造成这种现象的原因是没有做实验预习。怎样做实验预习呢? 首先要理解实验的目的,电子电路实验有三种类型,针对不同类型的实验,预习的内容也不同。

1. 第一种类型实验——理解概念型

这种实验比较简单而直观。以集成电路 74LS04 非门功能验证实验为例。

(1) 反复学习“非门”的概念,理解非门的功能——取反:输入“0”时,输出“1”;输入“1”时,输出“0”。把概念和要测量的电参数联系起来,要给实验中的“0”和“1”赋予几伏电压,得到的“0”和“1”又是几伏电压。

(2) 学习实验仪器的特性,掌握其基本操作技巧——本实验只用到直流电源和万用表。

(3) 学习实验用电子元件的手册,了解电子元件基本工作条件:工作电源电压是多少伏? 输入阻抗是多少欧姆? 输入最大电流是多少? 输入最大电压是多少? 输出负载能力是多少? 其最高工作频率是多少? 等等。按照实验目的不同,还有很多问题需要考虑。

(4) 把“非门”这个抽象的概念与实验的芯片 74LS04 联系起来,指明哪个引脚是“输入”,哪个引脚是“输出”。

(5) 设计实验数据表。

(6) 制订实验步骤,把实验室的所有操作都设想一遍,并列出先后次序。对实验过程中可能出现的问题,也要提出一些设想,并列出对策。例如,实验过程中发现输入为“0”时,输出引脚没有测到“1”,如何查找问题之所在? 在思考的基础上列出所有的可能性,针对这些可能性,准备好检测排除方案。

2. 第二种类型实验——电子电路方法学习型实验

这种类型的实验比概念理解型稍微复杂一些。

(1) 要熟悉实验过程中用到的概念,同时还要运用这些概念,体会数字电路的分析法。数字电路的分析设计方法不是很多,有如下几种:数学推理法,真值表法,卡诺图法,状态方程法,状态转换表法(状态机法),在数字电路实验中,经常会用到一种或几种方法。在模拟电路实验中,通常要关注电压、电流静态工作点,频响特性曲线,抗干扰能力等。

(2) 学习实验仪器的特性,掌握其基本操作技巧,针对实验的目的,巧用活用实验仪器。

(3) 学习实验原理图,请参阅“电路原理图阅读(0.5 节)”。

(4) 学习实验用主要电子元件手册,具体请参阅“电子元件参数手册学习(0.4 节)”。

(5) 制订实验详细步骤,具体请参阅“实验步骤的编制(0.8 节)”。

(6) 设计实验数据记录表,具体请参阅“实验数据表的设计(0.9 节)”。

(7) 实验异常情况设想与处理对策表。

3. 第三种类型实验——电子电路设计方法训练及设计能力培养型实验

这是一种综合型实验,既包括对电子电路概念的理解,也包括电子电路设计方法的运用,还包括电路综合设计能力的培养,对这种类型的实验的预习准备需要花费更多时间。

(1) 首先要理解实验题目,把抽象的实验题目与电子电路的概念和方法建立起联系,对学生来说通常是最困难的。但是,这才是我们学习电子电路的根本目的——用电路的概念和方法解决实际的工程问题(这也是本书最重要的特色之一,我们把大量的工程题目与电子电路建立起了联系)。

(2) 把实验题目中定性的量转化为定量的电参数量,制订实验电参数量规格书。

(3) 按实验电参数量规格书设计可行的解决方案,画出电路图。

(4) 查阅主要电子元件手册,对各元件的输入和输出结果进行推理。

(5) 设计电路参数关键测试点，对各点电特征参数进行推理(如电平、波形等)。

(6) 制订详细的实验计划，列出实验步骤。

(7) 准备实验设备，针对实验参数，提出最优的使用方案。

(8) 制订实验参数参量表。

(9) 对实验过程中可能出现的故障进行预测，并制订可能的解决方案。

0.4 电子元件参数手册学习

电子元件对于电子工程师来说，就像建筑材料之于建筑师，工程师掌握电子元件越多，就能提出越多的工程解决方案；工程师对电子元件特性的理解越深刻，设计出来的产品性能价格比就越高，产品也越可靠。对电子元件的理解和认识是一个长期积累的过程，因此，怎样学习电子元件参数手册，是每一个电子工程师必须掌握的方法。

对一个电子元件，我们应该关注如下几方面的内容。

(1) 推荐工作条件，包括电源电压、工作电流、环境温度、湿度、大气压等。

(2) 接口条件，包括输入/输出电平特性、负载特性、频率特性、启动、复位等。

(3) 功能特性，可以实现的功能函数，精度指标、AC 特性曲线、时序图等。

(4) 安全特性，如极限工作电压、极限工作电流、静电防护等。

对一个没有经验的工程师，很容易忽略以下参数：

(1) 封装信息。一个同样功能的集成电路芯片，通常有多种封装(如 DIP，SOIC，SSOP，PQFP，BGA 等)，不同的封装性能略有差别，在选用封装时要先看清楚，很多工程师在焊接电路板时，才发现选错了封装。

(2) 采购信息。一个芯片的参数手册上，通常对不同的封装信息有不同的编码，应该按这种编码去采购，买错芯片的事在工厂时有发生。

(3) 在工程设计中，通常可以被选用的芯片有很多，此时怎样决策呢？首先要选用生产批量最大的芯片；其次，在同一工程设计中，尽可能用较少种类的芯片。这样采购的成本是最低的。

0.5 电路原理图阅读

网上常常看到有刚参加工作的网友在问如何看电路原理图的问题？是的，这是我国高等教育的缺失，目前很少看到我国高等教育教学计划中有关电子电路识图的课程和训练。要看懂电路原理图，先要了解电路原理图。

1. 电子电路图的意义

电路图是人们为了研究和工程的需要，用约定的符号绘制的一种表示电路结构的图形。通过电路图可以知道实际电路的情况。这样，在分析电路时，就不必把实物翻来覆去地琢磨，而只要拿着一张图纸就可以了；在设计电路时，也可以从容地在纸上或电脑上进行，确认完善后再进行实际安装，通过调试、改进，直至成功。而现在，我们可以应用先进的计算机软件来进行电路的辅助设计，甚至进行虚拟的电路实验，极大地提高了工作效率。

2. 电子电路图的分类

常遇到的电子电路图有原理图、方框图、装配图和印板图等。

1) 电路原理图

电路原理图，简称“原理图”。这种图由于直接体现了电子电路的结构和工作原理，所以一般用在设计、分析电路中。分析电路时，通过识别图纸上所画的各种电路元件符号以及它们之间的连接方式，就可以了解电路的实际工作情况，原理图就是用来体现电子电路的工作原理的一种电路情况。

2) 方框图(框图)

方框图是一种用方框和连线来表示电路工作原理和构成概况的电路图。从根本上说，这也是一种原理图，但是在这种图纸中，除了方框和连线，几乎就没有其他的符号。它和原理图的主要区别是：原理图上详细地绘制了电路的全部元器件和它们的连接方式，而方框图只是简单地将电路按照功能划分为几部分，将每一部分描绘成一个方框，在方框中加上简单的文字说明，在方框间用连线（有时用带箭头的连线）说明各个方框之间的关系。所以方框图只能用来体现电路的大概工作原理，而原理图除了详细地表明电路的工作原理之外，还可以用来作为采集元件、制作电路的依据。

3）装配图

它是为了进行电路装配而采用的一种图纸，图上的符号往往是电路元件的实物的外形图。我们只要按照图纸把一些电路元器件连接起来，就能够完成电路的装配。这种电路图一般是供初学者使用的。

装配图根据装配模板的不同而各不相同，大多数作为电子产品的场合，用的都是下面要介绍的印刷线路板，所以印板图是装配图的主要形式。

在初学电子知识时，为了能早一点接触电子技术，我们选用了螺孔板作为基本的安装模板，因此安装图就变成另一种模式。

4）印板图

印板图的全名是“印刷电路板图”或“印刷线路板图”，它和装配图属于同一类的电路图，都是供装配实际电路使用的。

印刷电路板是在一块绝缘板上先覆上一层金属箔，再将电路不需要的金属箔腐蚀掉，剩下的部分金属箔作为电路元器件之间的连接线，然后将电路中的元器件安装在这块绝缘板上，利用板上剩余的金属箔作为元器件之间导电的连线，完成电路的连接。由于这种电路板的一面或两面覆的是铜皮，所以印刷电路板又叫“覆铜板”。印板图的元件分布通常与原理图中不一样。这主要是因为，在印刷电路板的设计中，主要考虑所有元件的分布和连接是否合理，要考虑元件体积、散热、抗干扰、抗耦合等诸多因素，综合这些因素设计出来的印刷电路板，从外观看很难和原理图完全一致，而实际上却能更好地实现电路的功能。

随着科技发展，现在印刷线路板的制作技术已经有了很大的发展，除了单面板、双面板外，还有多面板，已经大量运用到人们日常生活、工业生产、国防建设、航天事业等。

在上面介绍的四种形式的电路图中，电路原理图是最常用也是最重要的，能够看懂原理图，就基本掌握了电路的原理，绘制方框图，设计装配图、印板图就比较容易了。掌握了原理图，进行电器的维修、设计也就会十分方便了。因此，关键是掌握原理图。

3. 电路图的组成

电路图主要由元件符号、连线、结点、注释四大部分组成。

元件符号表示实际电路中的元件，它的形状与实际的元件不一定相似，甚至完全不一样，但是它一般都表示出了元件的特点，而且引脚的数目和实际元件保持一致。

连线表示的是实际电路中的导线，在原理图中虽然是一根线，但在常用的印刷电路板中往往不是线而是各种形状的铜箔块，就像收音机原理图中的许多连线在印刷电路板图中并不一定都是线形的，也可以是一定形状的铜膜。

结点表示几个元件引脚或几条导线之间相互的连接关系。所有和结点相连的元件引脚、导线，不论数目多少，都是导通的。

注释在电路图中是十分重要的，电路图中所有的文字都可以归入注释。在电路图的各个地方都有注释存在，它们被用来说明元件的型号、名称等。

看电路原理图要具备一些基础的知识。

(1) 认识电路中各种图形符号的物理意义：每一种电子元件都有一个符号，电阻符号、电感符号、电容符号等比较常见，其出自国际有关行业标准；但更多的符号是由设计工程师自己定义的符号，如大多数的集成电路符号等；有的电路是用一个符号表示就行了，有的电路引脚特别多，会用多个符号表示，有时甚至有几十个符号。

(2) 标准的电路图通常画成一个矩形的实线框：实线框有固定的尺寸规格，如A号图纸，B号图纸，C号图纸等，行坐标标注为（A，B，C，D，…），列坐标标注为（1，2，3，4，…）；电子元件通常都安放在实线框内。

(3) 电子元件的标识由一个字母加一串数字组成,如电阻 R0、R1,电容 C0、C1、集成电路 IC1、IC2 等。

(4) 图纸的最右边通常会列出本页图中各电子元件的坐标信息,以便于查找。

(5) 图纸中电子元件引脚连接到一根横线,横线上的一串字符(英文加数字)通常表示信号名,具有相同信号名的所有引脚在 PCB 上是连在一起的。

(6) 电路原理图通常把实现某一特定功能的模块放在一起。

(7) 通常把外部输入的信号放在左边,并连接一个输入标志;把输出的信号放在电路图的右边,并连接一个输出标志。

(8) 电路图中有时有电子元件被虚线框围绕,表示选装元件。

(9) 一张电路图上通常会有多种电源符号和地线符号,不同的符号没有连接关系;多张图纸上相同的电源符号和地线符号 PCB 上具有连接关系。

0.6 实验过程中的异常情况处理

对于刚开始动手做实验的学生来说,实验过程中遇到异常情况是难免的。对异常情况进行分析,应对预案的准备,一方面有助于减少实验设备的损坏,另一方面有助于学生应变能力的培养和良好实验习惯的养成。如下是实验中经常发生的故障。

(1) 打开电源实验电路板就冒烟,电源过流保护。可能的原因有:电源正负极接反;电源输出电压调整得太高;电子元件安装错误(电解电容正负极装反、二极管正负极装反、集成电路装反);在电容的位置上安装了小阻值、小功率电阻;跳线错误,致电源接地。

(2) 电解电容爆炸。可能的原因有:电源正负极接反;电源输出电压调整得太高;电解电容正负极安装反了;电容漏电,过热致爆炸;电解电容安装在散热器旁边,过热致爆炸。

(3) 水、饮料、酒等洒在实验设备及电路板上,致实验设备损坏。

(4) 实验设备开机无输出。可能的原因有:外部 220 V 电源接触不良;输出短路;电源保险丝损坏。

(5) 示波器探头损坏。

(6) 万用表探头损坏,万用表干电池用尽。

实验中出现任何异常状况,第一个动作就是切断电源,分析异常状况产生的原因,直到排除异常,再开启电源,否则会导致更大的损失。

0.7 实验故障排除

数字电路试验中,通常有三种类型的故障:连接短路,没有连接关系的电路连接到了一起;连接断路,应该连通的没有连接;电子元件损坏,即某种原因致电路损坏。

排除短路和断路故障最直接的办法是使用万用表的欧姆挡,对照电路图测量电阻。判断电子元件的损坏,应该先排除短路和断路故障,再结合电子元件参数手册,分析工作条件是否满足,如果工作条件满足而不工作,就可以判断为损坏。有时也有因数字电路没有正确复位导致不工作而误判为损坏的。遇到电子元件损坏,不要立即更换好的电子元件,而是要先分析损坏原因,排除致损的原因,再安装好的电子元件,以避免重复损坏。

模拟电路的故障还包括静态工作点、放大倍数设计失当,频响特性设计不当,抗干扰能力太差和电路工作方式等的设计错误。

0.8 实验步骤的编制

编制实验步骤,对提高试验效率,避免仪器设备和实验电路的损坏至关重要。实验步骤依据实验内容的不同,有些是共同的,如仪器的准备,电路的连接等;更多是不同的,如实验目的不同,使用电子元件不同,测试方法不同，实验数据不同，实验过程不同等，导致实验步骤的不同。

实验步骤的编制原则，是把实验过程中重要的动作和关键点，按照自己的理解，从前到后的操作顺序列出来，以便实验过程中遵照执行。

实验步骤的编制应该由实验者本人完成，不能由老师或其他人代劳；因为编制实验步骤，对实验者而言是一个强迫自己了解实验原理、学习实验仪器、逻辑推理演算、分析实验结果的过程，也是一个自我管理的实践过程，是实践能力培养的重要手段。

0.9　实验数据表的设计

预习时设计实验数据表，对实验者来说是一个好的习惯，有利于加深对实验目的的理解，同时，也有利于提高实验效率，取得更好的实验效果。实验数据表通常包括以下几方面的内容：

(1) 选择测试点；

(2) 定义测试条件；

(3) 输入条件及变化范围；

(4) 输出结果及变化范围；

(5) 预测实验结果；

(6) 注释。

同样，实验数据表应由实验者自己设计，不能由他人代劳。

0.10　实验结果的处理

电子电路实验时，通常有两个目的，一是欲知某个基本电路或整个电路系统的工作状态及电路的运行情况；二是了解电路或整个系统的特性，即当某些条件(如输入频率、幅度、负载、时间等)改变时，系统会出现什么反应。不管是哪种目的，首先都需要获取足够的原始数据，然后对这些原始数据进行加工、整理、分析，才能做出结论。因此，实验时仅获得一些测量数据还远达不到实验目的，还必须对其进行处理。

对实验结果的处理通常采用两种方法：列表法和曲线法。

1. 列表法

列表法就是将测得的原始数据进行整理分类后放在一个特制的表格里，其目的是为了将所有数据有序地放在一起，既可以使实验结果一目了然，也为对其进行分析提供方便。用列表法能否达到上述目的，制表是关键，因此制表时要注意以下问题。

(1) 项目齐全。即原始数据、中间数据、最终结果以及理论值、误差分析等不可缺项。

(2) 项目名称简练易懂。项目名称可采用字母或文字，但一定要符合习惯，有量纲的要给出单位，间接量要给出计算公式。如果公式不易在表中给出，可在表后用加注的方式给出。

(3) 测试条件明确。对于大多数测试，都是在特定条件下进行的，因此，只有当给出测试条件时，测试结果才有意义。当测试条件不变时，可以把测试条件放在表格里，也可以放在表格外明显的地方，如右上角。

(4) 制表规范、合理，易读懂，表达的信息完整。制表可能会被认为是一件简单的事情，但是要制出一种非常有效的表格，全面、正确地反映实验情况，则必须经过认真考虑、仔细斟酌，才能达到目的。制表可以使用 Microsoft 的 excel 工具，方便分析处理。

2. 作图法

常用作图包括曲线图、折线图、直方图等，所用图纸有直角坐标、极坐标、对数坐标等几种，表达实验结果的曲线通常有特性曲线和响应曲线两种类型。

1) 特性曲线

用列表法可以把所有的实验数据有序地集中在一起，以便对其进行观察和分析。但在研究器件、电路的特性时(如伏安特性、频率特性)，仅有数据表格还不能准确地反映出电路地变化规律。原因是：一般电路的变化规律是连续的，而表格中的数据却是有限的、间断的。因此，这就需要把表格中的数据作为点的坐标放于坐标系中，然后用线段将这些点连接起来，形成一条曲线。用这样的方法绘制曲线叫做描点法，绘制的曲线叫做电路的特性曲线。用特性曲线描述实验结果，具有直观完整、可获取更多信息的优点，但在绘制时要注意以下几点。

（1）建立完备且合适的坐标系。完备，即坐标轴的方向、原点、刻度、函数变量及单位俱全；合适，是指坐标轴刻度的比例大小合适，它决定了曲线图形的大小。

（2）测量时要将所有的特殊点（如最大点、最小点、零点等）取到，此外应按照曲线曲率小的地方多取、曲率大的地方少取的原则，取足够数量的点。

（3）绘制曲线时，可剔除坏点（坏点可以标在图上，但曲线不用通过该点，只供分析时用）。坏点是指因操作或其他原因引起的测量结果与理论不符、脱离正常规律的点。

（4）曲线要光滑，粗细一致。特性曲线的绘制，原则上是用线段逐一将各点连接起来，但由于取点不可能无限多，再加上有测量误差的存在，这样绘出的曲线通常会是一段折线。此时允许在理论的指导下，按照函数的变化规律处理曲线，即曲线可以不通过所有的测量点，这和处理数据时取平均值是一个道理。

2）响应曲线

在实验室进行实验，对电路进行测量可看成是用仪器对电路进行求解。测量结果有的只是一个数值，但大多数情况则是一个函数（波形）。为了记录测量结果，就必须从测量仪器（多为图形显示仪器）上将其画下来。绘制的近似程度直接影响测量结果的准确程度，因此在画图时一定要保持和原图一致或对应成比例。在绘制时，要注意做到以下几点。

（1）首先将响应曲线的位置、大小调整合适，使曲线既携带了全部信息，又便于绘制。

（2）绘制时使用坐标纸（因一般显示屏上有坐标格）。先在坐标纸上标出与图形对应的一些点（具有一定特点），然后对这些点进行连线。当两点之间曲线的曲率较小、不易连接时，可在这两点之间再插入点。

（3）考虑是否建立坐标系。一旦建立坐标系，其刻度要与曲线的变量幅度对应起来。

（4）当一个坐标系中有多条曲线时，要对这些曲线文字加以说明，并用不同的线型或颜色加以区别。

（5）绘制的曲线要光滑。

另外，还有一些图形，如后面要学到的相位调整，其测量结果不是和整个图形有关，而只是和图形上个别点有关。这时对图形的调整要把注意力放在与结果有关的点上，绘制时要把这些点的位置找准，因为其他部分只会影响图形的美观而不会影响测量结果。作图也可以使用 Microsoft 的 excel 工具。

0.11 电子电路实验报告的撰写

把实验的全过程作一个总结和归纳就是一份很好的实验报告，主要包括以下几方面的内容：

（1）实验前准备阶段工作的过程；

（2）实验室实验操作的过程；

（3）实验后结果的分析处理的过程；

（4）实验心得体会。

因此，每个实验者的实验报告应该是不同的，尤其不应该出现统一的、千篇一律的实验报告。

第一篇

基础实验仪器的使用实验

电子电路实验的基础仪器包括直流电源、万用表、示波器和低频信号发生器等。电路工作离不开电源，直流稳压电源是电子电路实验的基础仪器，正确使用直流电源是开展电子电路实验的根本。万用表是电子电路实验最基本、最常用的测量工具，它的熟练使用是电子工程师的基本功。而示波器就像电子工程师的眼睛，是电子电路最重要的分析工具。低频信号发生器是电子电路调试的必备仪器，能为实验提供准确的测试信号。各种实验仪器的熟练使用，是开始电子电路实验的基础，是未来电子工程师应具备的基本功。

第1章　直流电源的使用实验

直流稳压电源是电子电路实验的基础仪器，电路工作离不开电源，正确使用直流电源能避免实验电路和仪器的损坏。

直流稳压电源分机械式(图1.1)和数字式(图1.2)。

本教材使用的可编程线性直流电源SPD3303D，轻便、可调和多功能工作配置。具有三组独立输出：两组可调电压和电流，一组固定可选择电压输出，最大输出电压为32 V，最大输出电流为3.2 A，3位半LCD显示，恒压与恒流自动转换，同时，具有输出短路和过载保护功能。

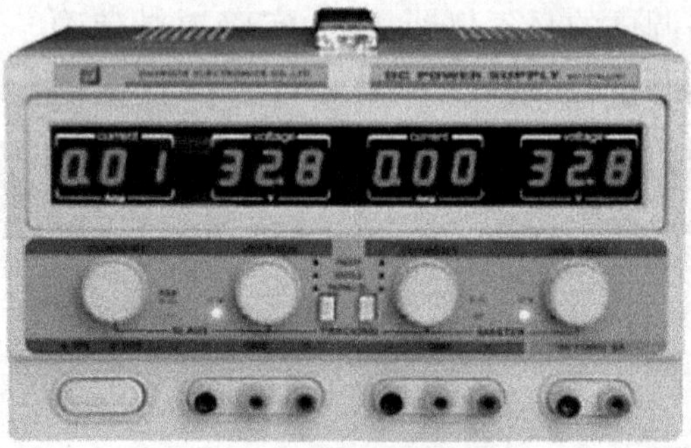

图1.1　机械式电源

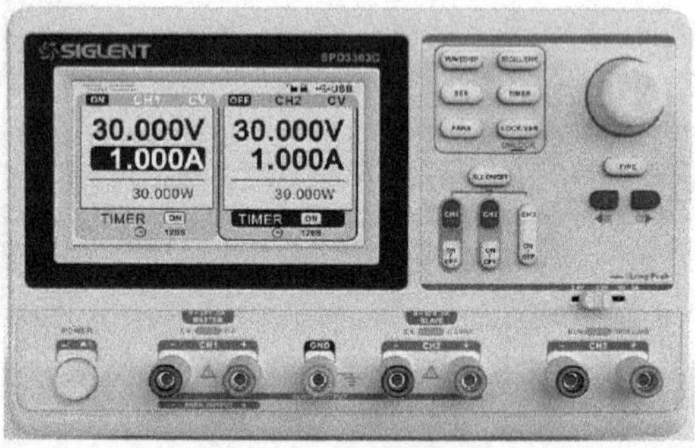

图1.2　数字式电源

1.1　实验目的

(1) 了解SPD3303D可编程线性直流电源性能及使用方法。

(2) 初步掌握用SPD3303D可编程线性直流电源输出电源的方法。

1.2　预习要求

熟悉SPD3303D可编程线性直流电源的使用方法。

1.3　SPD3303D可编程线性直流电源

1. SPD3303D可编程线性直流电源原理框图

SPD3303D可编程线性直流电源原理框图如图1.3所示。

2. SPD3303D可编程线性直流电源前面板简化示意图(图1.4)

④系统参数配置按键功能如表1.1所示。

⑧通道控制按键功能如表1.2所示。

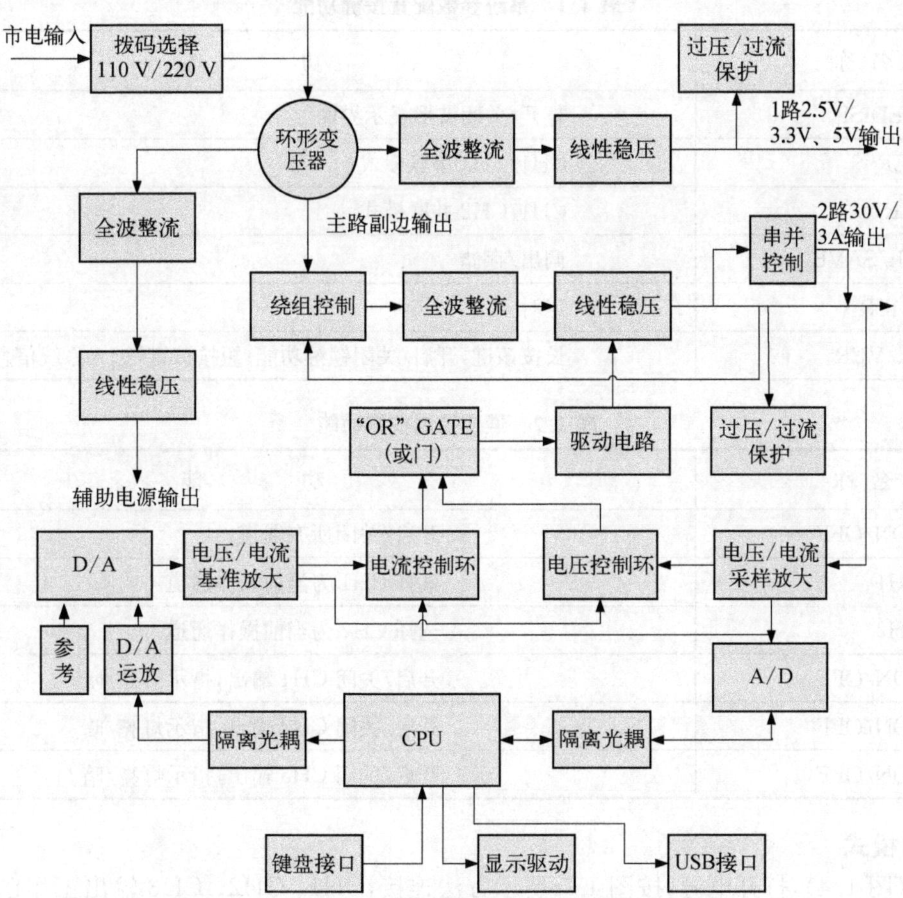

图 1.3　SPD3303D 可编程线性直流电源原理框图

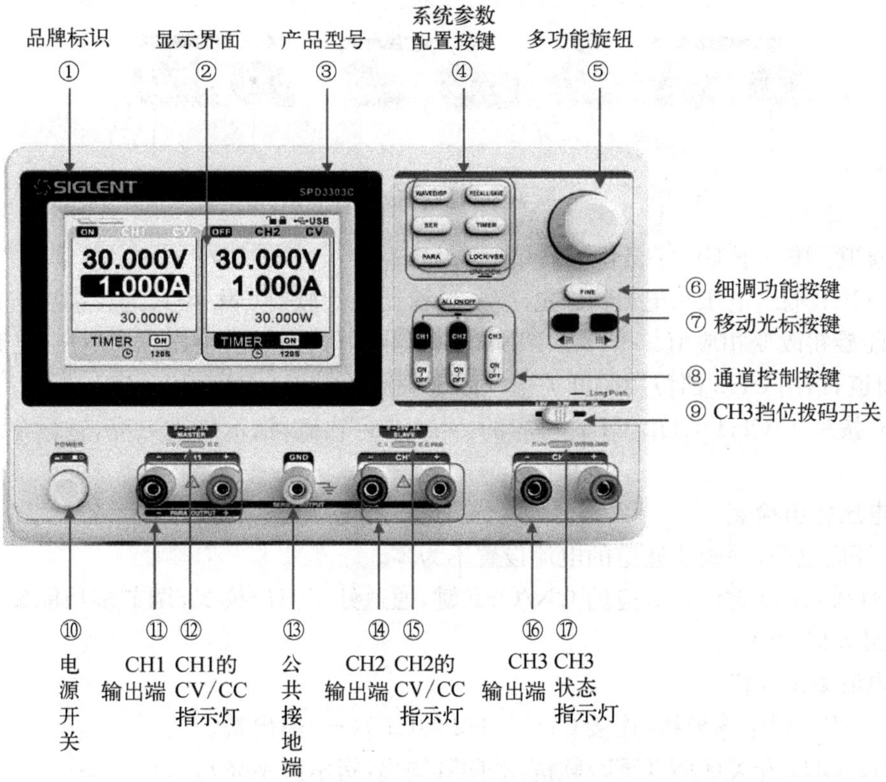

图 1.4　SPD3303D 可编程线性直流电源前面板简化示意图

表 1.1 系统参数配置按键功能

按 键 名 称	功 能
WAVEDISP	打开/关闭波形显示界面
SER	CH1/CH2 串联模式
PARA	CH1/CH2 并联模式
RECALL/SAVE	调出/存储
TIMER	定时
LOCK/VER	长按该键，开启/关闭锁键功能；短按该键，进入系统信息界面

表 1.2 通道控制按键功能

按 键 名 称	功 能
ALL - ON/OFF	开启/关闭所有通道
CH1	选择 CH1 为当前操作通道
CH2	选择 CH2 为当前操作通道
CH1 - ON/OFF	开启/关闭 CH1 输出，指示灯亮/暗
CH2 - ON/OFF	开启/关闭 CH2 输出，指示灯亮/暗
CH3 - ON/OFF	开启/关闭 CH3 输出，指示灯亮/暗

3. 独立输出模式

按电源开关(图 1.4)，打开电源，按图 1.5 所示方法连接，CH1、CH2、CH3 输出工作在独立控制状态，CH1/CH2 通道可输出电压 0～32 V，电流 0～3.2 A，CH3 通道可输出可选固定电压。同时，CH1、CH2、CH3 与地隔离。

图 1.5 独立模式

(1) 选择操作通道：按一下 CH1/CH2/CH3 软键。

(2) 设置 CH1/CH2 输出电压和电流：首先，按一下移动光标软键(⬅/➡)，选择需要修改参数电压/电流，然后，使用多功能旋钮改变相应值。按一下 FINE 按键，指示灯被点亮，可以细调电压/电流值。

若选择 CH3 通道，请用 CH3 挡位拨码开关选择固定输出电压 2.5 V/3.3 V/5 V，电流 3 A。

(3) 打开输出：按一下 CH1/CH2/CH3 对应的 ON/OFF 软键，指示灯被点亮，输出显示 CV 模式(绿灯)或 CC 模式(红灯)。

4. CH1/CH2 电压输出检查

(1) 仪器空载，开启电源，并确认通道的电流设置不为零。

(2) 按一下 CH1/CH2 软键以及对应的 ON/OFF 键，通道处于恒压模式，调节多功能旋钮，检查电压是否可从 0 V 调节到最大值 32 V。

5. CH1/CH2 电流输出检查

(1) 打开电源，使用一根绝缘导线，连接 CH1/CH2 的(+)(−)输出端。

(2) 按一下 CH1/CH2 开关(ON/OFF)软键，关闭其输出(指示灯不亮)。

(3) 按一下移动光标(⬅/➡)软键，选择电压，旋转多功能旋钮，调节电压设置为 32 V。

(4) 再按一下移动光标(⬅/➡)软键,选择电流,旋转多功能旋钮,检查电流是否可以从 0 A 变化到最大值 3.2 A。

6. 恒压(CV)模式

输出电流小于设定值,并通过前面板控制。前面板指示灯亮绿灯(CV),电压值保持在设定值,而当输出电流值达到设定值时,则返回恒流模式。

7. 恒流源(CC)模式

输出电流为设定值,并通过前面板控制。前面板指示灯亮红色(CC),电流维持在设定值,此时电压值低于设定值,而当输出电流低于设定值时,则返回恒压模式。

8. 串联输出模式

按图 1.6 所示方法连接,输出电压是单通道的 2 倍,CH1 为控制通道,输出电压在 0~64 V 可调,电流在 0~3 A 可调,通过 CH1 指示灯可以识别输出状态 CV/CC(CV 为红灯,CC 为绿灯)。

(1) 按一下 CH2 软键,屏幕显示当前控制通道,设置 CH2 输出电流为 3 A。

(2) 按一下 SER 软键,指示灯被点亮,屏幕左上角显示“ ”。

(3) 按一下 CH1 软键,使用多功能旋钮及按一下光标移动(⬅/➡)软键设定电压和电流值。

(4) 按一下 CH1 的 ON/OFF 键,CH1 和 CH2 指示灯同时被点亮,此时,输出电压值是 CH1 和 CH2 两通道电压显示值之和,电流就是 CH1 显示值。

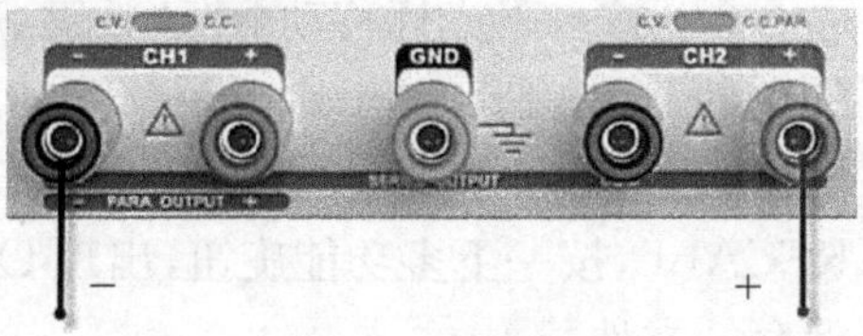

图 1.6 串联模式

9. 并联输出模式

按图 1.7 所示方法连接,此输出电流是单通道的 2 倍,CH1 为控制通道,输出电压在 0~32 V 可调,电流在 0~6 A 可调,通过 CH1 指示灯可以识别输出状态 CV/CC(CV 为红灯,CC 为绿灯),并联模式下,CH1 只工作在 CC 模式下。

(1) 按一下 PARA 键,指示灯被点亮,屏幕左上角显示“ ”。

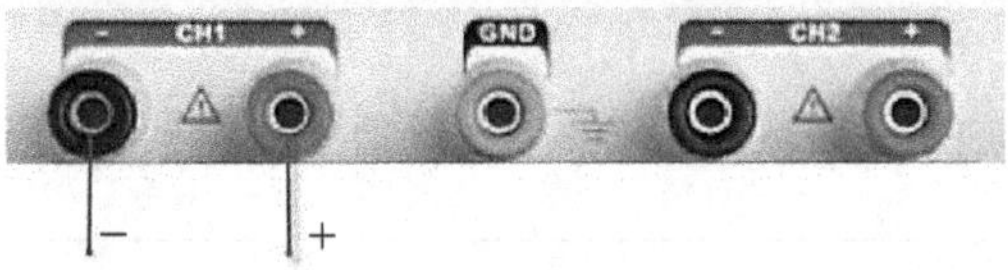

图 1.7 并联模式

(2) 按一下 CH1 软键,使用多功能旋钮及光标移动(⬅/➡)软键设定电压和电流值。

(3) 按一下 CH1 的 ON/OFF 键,CH1 和 CH2 指示灯同时被点亮,此时,输出电流值是 CH1 和 CH2 两通道电流显示值之和,电压就是 CH1 显示值。

10. 波形显示

(1) 按一下 CH1/CH2 软键,屏幕显示界面如图 1.4 所示。

(2) 设置 CH1/CH2 输出电压和电流值。

(3) 按一下 WAVEDISP 软键,指示灯被点亮,进入波形显示界面,如图 1.8 所示。

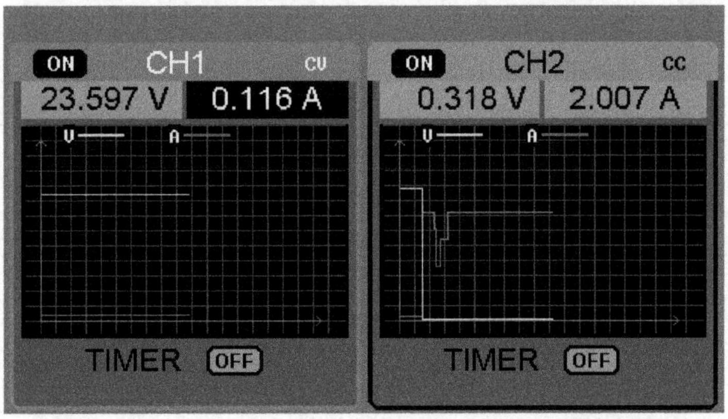

图 1.8 波形显示界面

(4) 按一下 CH1/CH2 的 ON/OFF 键，指示灯被点亮，此时，可以实时观察通道的电压/电流变化情况。

11. 保存/删除设置数据

可保存 5 组设置数据。设置内容：独立/串联/并联模式；电压/电流；定时器。

(1) 设定要保存的状态。

(2) 按一下 RECALL/SAVE 软键，指示灯被点亮，进入保存/调出界面。

(3) 按光标移动⬅/➡软键，选择 FILE CHOICE(选中黑底白字)，通过旋转多功能旋钮选择保存文件为 File1/File2/File3/File4/File5。

(4) 按一下光标移动⬅/➡软键，移动光标至 OPEN CHIOCE(选中黑底白字)，旋转多功能旋钮，移动光标至 STORE(选中黑底白字)，按一下多功能旋钮，出现 OK/Cancel 字符，用多功能旋钮选择 OK，再按一下多功能旋钮，即保存当前设定，显示“保存成功”。

12. 调出设置数据

(1) 按一下 RECALL/STORE 键，指示灯被点亮，进入保存/调出界面。

(2) 按一下光标移动⬅/➡软键，选择 FILE CHOICE(选中黑底白字)，通过旋钮选择文件，即准备调出的文件 File1/File2/File3/File4/File5。

(3) 按一下光标移动⬅/➡软键，移动光标至 OPEN CHIOCE(选中黑底白字)，旋转多功能旋钮选择 RECALL，按一下多功能旋钮，出现 OK/Cancel 字符，用多功能旋钮选择 OK，再按一下多功能旋钮，即读取保存的文件。

1.4 实验内容与步骤

(1) CH1/CH2 电压输出检查，写明操作步骤，并画出接线图。

① ____________________ ② ____________________

③ ____________________ ④ ____________________

(2) CH1/CH2 电流输出检查，写明操作步骤。

① ____________________ ② ____________________

③ ____________________ ④ ____________________

⑤ ____________________ ⑥ ____________________

(3) 按表 1.3 所设定电源参数，调出电源输出，并写明操作步骤。

表 1.3 电源输出参数

电压值	2.5 V	3.3 V	5 V	9.08 V	12.56 V	15.88 V	−15 V
电流值	3 A	3 A	3 A	0.01 A	0.63 A	1.29 A	3.1 A
通　道	CH3	CH3	CH3	CH1	CH2	CH1	CH2

① ____________________ ② ____________________

③ ____________________ ④ ____________________

(4) 调出电源输出：电压 36 V，电流 568 mA，写明操作步骤并画接线图。

① ____________________ ② ____________________

③ ____________________ ④ ____________________

⑤ ____________________ ⑥ ____________________

(5) 调出电源输出：电压 5 V，电流 3.6 A，写明操作步骤并画接线图。

① ____________________ ② ____________________

③ ____________________ ④ ____________________

⑤ ____________________ ⑥ ____________________

(6) 按表1.4所设定的参数，保存设置数据，并写明操作步骤。

表1.4　保存设置数据

保存文件名	1	2	3	4
电压值/V	10.08	12.53	15.68	36.39
电流值/A	3.68	0.63	1.79	0.52
通　道		CH2	CH1	

① ______________________　② ______________________
③ ______________________　④ ______________________
⑤ ______________________　⑥ ______________________

(7) 关闭电源，再开启电源，调出上一个实验保存的4个设置，并写明操作步骤。

① ______________________　② ______________________
③ ______________________　④ ______________________
⑤ ______________________　⑥ ______________________

(8) 删除保存的4个设置文件，并写明操作步骤。

① ______________________　② ______________________
③ ______________________　④ ______________________
⑤ ______________________　⑥ ______________________

1.5　实验器材

(1) 稳压电源SPD3303D　1台。
(2) 绝缘电源导线　1组。

1.6　实验报告要求

写明各项操作步骤并画接线图。

1.7　思考题

(1) 在什么情况下，恒压(CV)/恒流(CC)模式会自动转换？
(2) 波形显示界面的设计意义是什么？
(3) 恒压模式下，设置的电流值含义是什么？
(4) 公共接地端的作用是什么？

第 2 章　万用表的使用实验

万用表是电子电路最基本、最常用的测量工具，万用表的使用是电子工程师的基本功，万用表的使用通常也能体现工程师的专业素养。

万用表分指针式万用表(图 2.1)和数字万用表(图 2.2)。

本教材使用的 3 位半数字万用表是由交、直流(AC220 V/9 V)两用供电，最大读数为 1 999，具有手动量程、自动显示极性、过量程提示等功能。可用于测量交直流电压、交直流电流、电阻、频率、电容、三极管 h_{FE}、二极管和蜂鸣通断等。

图 2.1　指针式万用表

图 2.2　数字万用表

2.1　实 验 目 的

(1) 了解 UT801 数字万用性能及使用方法。

(2) 掌握用数字万用表测量电阻、电容、交直流电压、电流、电容、频率、三极管放大倍数、二极管极性及电路通断等方法。

2.2　预 习 要 求

熟悉 UT801 数字万用表的使用方法。

2.3　UT801 数字万用表

1. UT801 数字万用表原理框图

UT801 数字万用表原理框图如图 2.3 所示。

2. UT801 数字万用表显示符及前面板按键简介

(1) 前面板按键功能如表 2.1 所示。

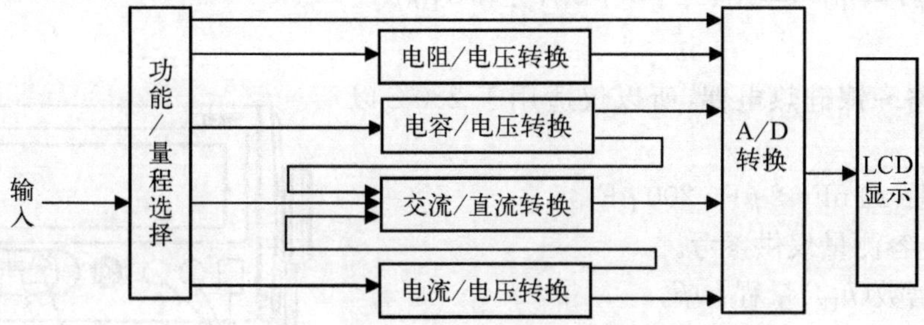

图 2.3　UT801 数字万用表原理框图

表 2.1　前面板按键功能

按键符号或名称	功　　能
⏻	电源开关
LIGHT	背光控制开关
HOLD	保持模式开关

(2) LCD 显示提示符功能如表 2.2 所示。

表 2.2　LCD 显示提示符功能

提　示　符	功　　能
Manu Range	手动量程
Warning!	警告
🔋	电池欠压
ϟ	高压
▬	显示负的读数
AC	交流测量(直流测量不提示)
H	保持模式
⊳|	二极管测量
•)))	蜂鸣通断测量
1(高位显示)	过量程
十进数字	测量读数值

(3) 如果测量时错误选择输入端口、功能挡及量程，如表 2.3 所示，则会自动蜂鸣断续声响并“Warning!”警告提示符闪烁报警。

表 2.3　输入端口出错报警

量　　程	输入端口出错报警
V Hz Ω ⊳| •)))	10 A mA μA
mA μA ℃ h_{FE} F	10 A
10 A	mA μA

3. 测量温度、电容、h_{FE}

操作示意图如图 2.4 所示。请注意转换插头座的位置和方向，按照转换插头座上标明的极性接入待测元件。

(1) 温度(℃)量程：−40～−20℃，−20～0℃，0～100℃，100～1 000℃。

备注：附件为镍铬～镍硅热电偶，所以仅适用于 230℃以下温度的测量。

(2) 电容(F)量程：20 nF，2 μF，200 μF。

备注：>40 μF 电容测量仅供参考。

(3) 三极管放大倍数(h_{FE})量程：1β。

备注：I_{b0}约 10 μA；V_{ce}约 2.5 V。

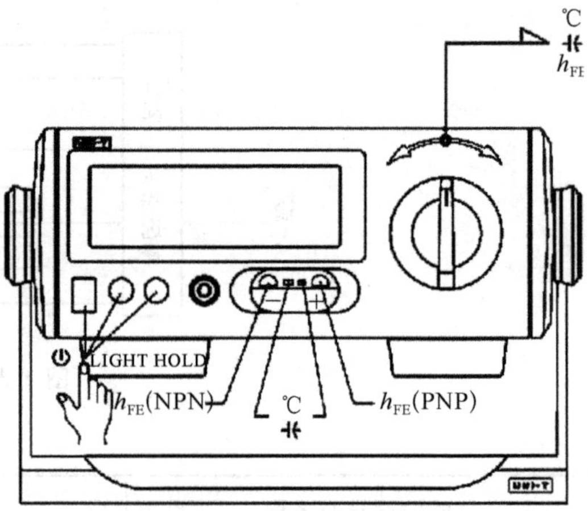

图 2.4 测量温度、电容、h_{FE}等操作示意图

4. 测量电阻、通断、二极管、频率、交流电压和直流电压操作示意(图 2.5)

(1) 电阻(Ω)量程：200 Ω，2 kΩ，20 kΩ，200 kΩ，2 MΩ，20 MΩ。

备注：测量前必须先将被测电路内所有电源断开。

(2) 通断(⊳|·))))：≤10 Ω，蜂鸣器连续发声。

备注：① 如果被测两端之间电阻>100 Ω，认为电路断路。

② 被测两端之间电阻≤10 Ω，蜂鸣器会连续声响，其读数为近似电路电阻值，单位是 Ω。

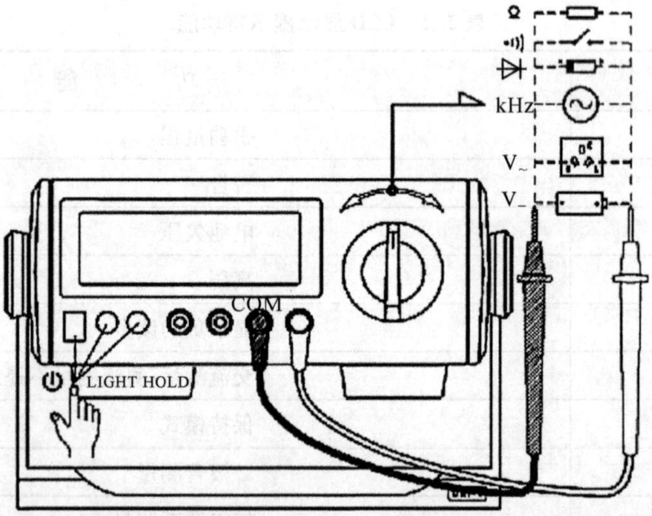

图 2.5 测量电阻、通断、二极管、频率、交流电压和直流电压等操作示意图

(3) 二极管(⊳|·))))：开路电压约为 3 V，硅 PN 结，500～800 为正常值，单位是 mV。

(4) 频率(kHz)量程：2 kHz，200 kHz。

备注：输入幅度 a，(2 kHz 量程)50 mV≤a≤30 V_{rms}；(200 kHz 量程)200 mV≤a≤30 V_{rms}。

(5) 交流电压(V～)量程：2 V，20 V，200 V，750 V。

备注：① 输入阻抗：约为 10 MΩ。

② 最大输入电压：750 V_{rms}，不要输入高于 1 000 V 的电压。

③ 频率响应：45～400 Hz。

④ 显示：正弦波有效值(平均值响应)。

(6) 直流电压(V−)量程：200 mV，2 V，20 V，200 V，1 000 V。

备注：① 输入阻抗：约为 10 MΩ。

② 不要输入高于 1 000 V 的电压。

5. 测量交流电流和直流电流等操作示意(图 2.6)

(1) 交流电流(A～)量程：2 mA，20 mA，200 mA，10 A。

备注：① 当大于等于 5 A 时，连续测量时间须小于 10 s，间隔时间大于 15 min。

② 不要用于大于 10 A 电流的测量。

③ 应先与被测电路串联，方可接通电源测量。

④ 频率响应：45～400 Hz。

(2) 直流电流(A－)量程：200 μA，2 mA，20 mA，200 mA，10 A。

备注：① 当大于等于 5 A 时，连续测量时间须小于 10 s，间隔时间大于 15 min。

② 不要用于大于 10 A 电流的测量。

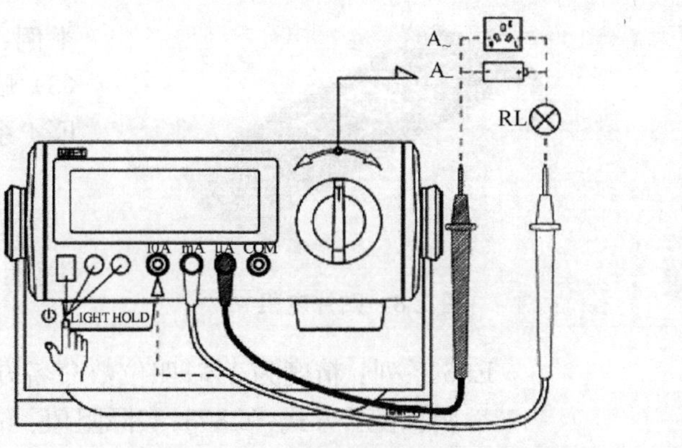

图 2.6　测量交流电流和直流电流等操作示意图

2.4　实验内容与步骤

1. 电阻[用 *R* 表示，单位：Ω]

(1) 电阻标称值：电阻标称值具有非连续性，具体如表 2.4 所示。

表 2.4　电阻标称值系列

精　度	电　阻　标　称　值											
±5%	1.0	1.1	1.2	1.3	1.5	1.6	1.8	2.0	2.2	2.4	2.7	3.0
	3.3	3.6	3.9	4.3	4.7	5.1	5.6	6.2	6.8	7.5	8.2	9.1
±10%	1.0	1.2	1.5	1.8	2.2	2.7	3.3	3.9	4.7	5.6	6.8	8.2
±20%	1.0	2.2	3.3	4.7	6.8							

(2) 直插色环电阻：色环标示与阻值的对应关系如图 2.7 所示。

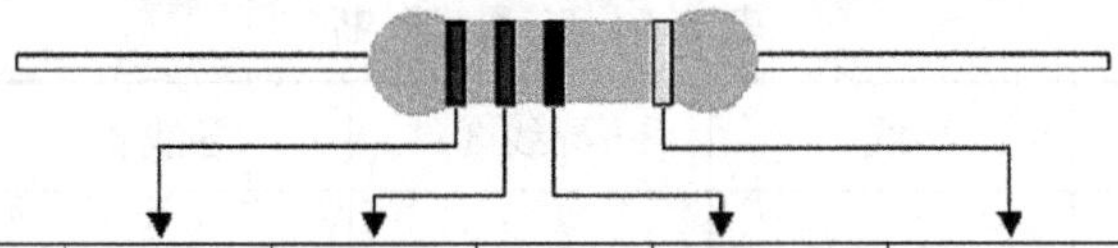

颜色	第 1 位数	第 2 位数	第 3 位数	乘　数	误　差	
黑	0	0	0	1		
棕	1	1	1	10	±1%	F
红	2	2	2	100	±2%	G
橙	3	3	3	1 k		
黄	4	4	4	10 k		
绿	5	5	5	100 k	±0.5%	D
蓝	6	6	6	1 M	±0.25%	C
紫	7	7	7	10 M	±0.1%	B
灰	8	8	8		±0.05%	A
白	9	9	9			
金				0.1	±5%	J
银				0.01	±10%	K
无					±20%	M

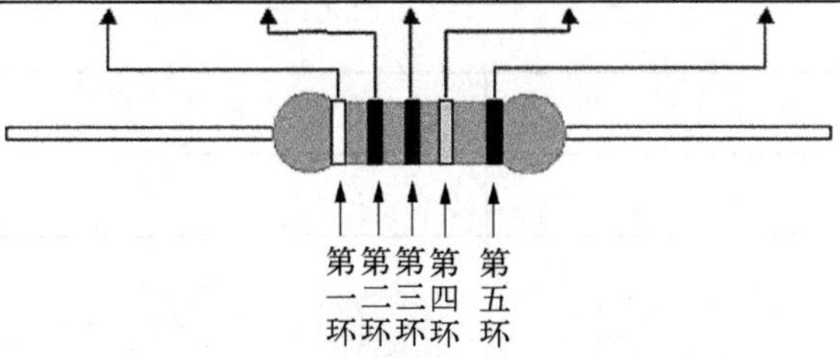

图 2.7　直插色环电阻定义

图 2.8　贴片电阻

举例：电阻色环显示：棕绿黑橙金；读数为：150×1 k＝(150 k±5%)Ω。

(3) 贴片电阻如图 2.8 所示。

E24 系列：精度为 5%；三位数命名方法，前两位为有效数字，第三位表示有效数字后 0 的个数。“000”表示跨接电阻，即 0 Ω。小数点用 R 表示。

举例：表示方式：183；实际阻值：18 kΩ。

表示方式：1R5；实际阻值：1.5 Ω。

E96 系列：精度为 1%；四位数命名方法，前三位为有效数字，第四位表示有效数字后零的个数。

举例：表示方式：6 803；实际阻值：680 kΩ。

贴片电阻阻值范围：0.1 Ω～20 MΩ。

贴片电阻功率：1/20 W，1/16 W，1/8 W，1/10 W，1/4 W，1/2 W，1 W。

贴片电阻封装：0201，0402，0603，0805，1206，1210，1812，2010，2512。

(4) 测量色环电阻：测量色环电阻值填于表 2.5。

表 2.5　测量色环电阻值

标称值	8.2 Ω	560 Ω	1.5 kΩ	43 kΩ	270 kΩ	2.2 MΩ
色　环						
实测值						
误差率/%						

2. 测量通断

用万用表测量导线的通断，测量值列于表 2.6。

表 2.6　测 量 通 断

标称值	导线 1	导线 2	导线 3	导线 4	导线 5	导线 6
实测值						
误差率/%						

3. 测量二极管极性

用万用表测试二极管判断极性，测量结果填于表 2.7。

表 2.7　测量二极管极性

型　　号	1N4148(玻璃)	1N4007(黑色)	FG112001(发光)
原理图	正  负		正 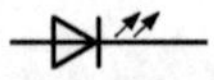 负
实物图	正 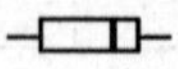 负		短-负 长-正 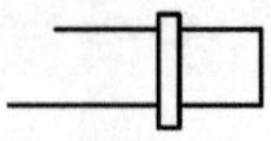
实测值(红标棒接正)			
实测值(红标棒接负)			

4. 测量频率

(1) 常用对数：常用对数值及应用如表 2.8 所示。

表 2.8 常用对数值

举	例	
lg 2 = 0.301	lg 10 = 1	lg 20 = lg(2×10) = 1+0.301
lg 3 = 0.477 1	lg 100 = 2	lg 300 = lg(3×100) = 2+0.477 1
lg 4 = 0.602 1	lg 1 000 = 3	lg 4 000 = lg(4×1 000) = 3+0.602 1
lg 5 = 0.699	lg 10 000 = 4	lg 50 000 = lg(5×10 000) = 4+0.699
lg 6 = 0.778 2	lg 100 000 = 5	lg600 000 = lg(6×100 000) = 5+0.778 2
lg 7 = 0.845 1	lg 1 000 000 = 6	lg7 000 000 = lg(7×1 000 000) = 6+0.845 1
lg 8 = 0.903 1	lg 10 000 000 = 7	lg80 000 000 = lg 8×10 000 000 = 7+0.903 1
lg 9 = 0.954 2	lg 100 000 000 = 8	lg900 000 000 = lg(9×100 000 000) = 8+0.954 2

从表 2.8 可以看出，一个很大的数字取了对数以后就变得很小了，利用这个原理，发明的对数纸极大地方便了电子工程师，绘制频率特性曲线等就得心应手了。

(2) 半对数坐标纸：半对数坐标纸如图 2.9 所示。从图 2.9 可以看到，半对数坐标纸的 X 轴有 6 大格，每大格间距是相同的，而每大格内的 10 小格却不是相同间距的，这是因为它取了对数。可以理解为，每经过一个大格，每一小格所代表的大小都翻了 10 倍，这样就可以实现在一个坐标轴的取值范围很大的同时，仍然可以看见它的各段的细节，这就是对频率取对数和使用单对数坐标纸的意义。

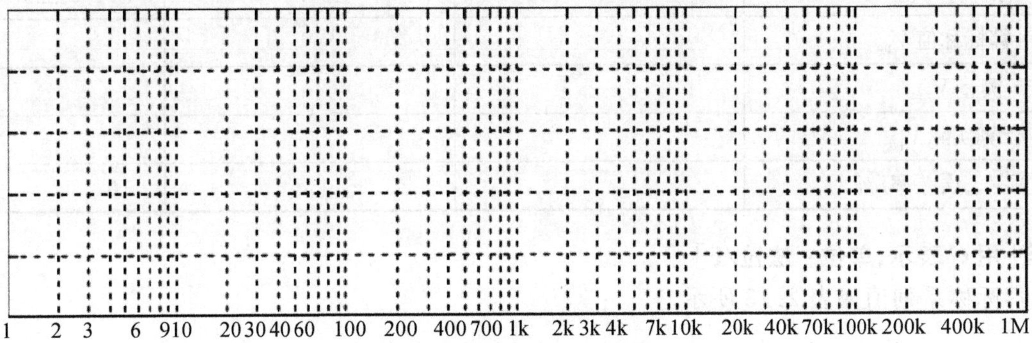

图 2.9　半对数坐标纸

(3) 测量交流信号的频率：用万用表测量实验板上的交流信号频率，结果列于表 2.9。

表 2.9　测量实验板上的交流信号频率值

交流信号幅度	8 V～	10 V～	220 V～
频率标称值	50 Hz	50 Hz	50 Hz
实测频率值			
误差率/%			

5. 测量直流电压

用万用表直流挡测量直流电压，结果列于表 2.10。

表 2.10　测量直流电压值

标称值	2.5 V	3.3 V	5 V	9.08 V	12.56 V	15.88 V	−15 V
实测值							
误差率/%							

6. 测量交流电压

(1) 交流电压的幅度一般用有效值或峰值或峰峰值来表示，它们的关系如表 2.11 所示。

表 2.11 交流电压幅度的有效值、峰值和峰峰值的关系

参数 信号类型	波 形	有效值 U_{rms}	峰值 U_m	峰峰值 V_{pp}
正弦波	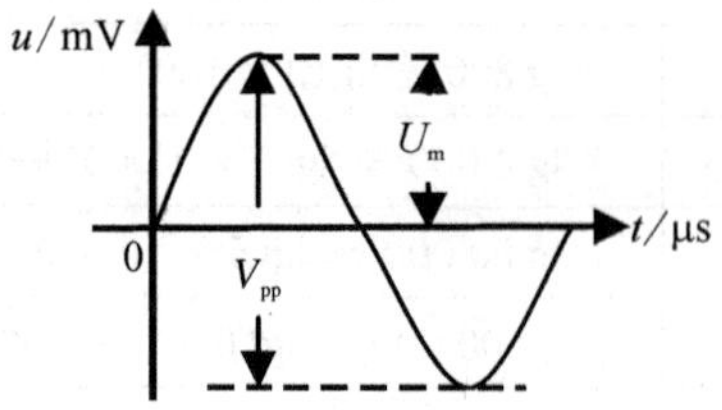	1	$\sqrt{2}$	$2\sqrt{2}$
方 波	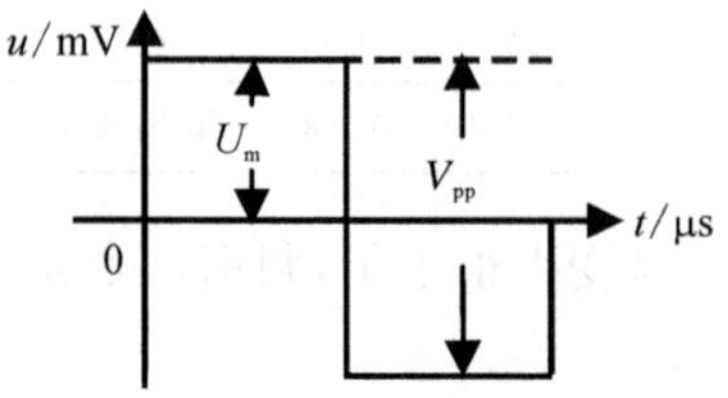	1	1	2

(2) 测量交流电压用万用表交流挡测量交流电压，结果列于表 2.12。

表 2.12 测量实验板上的交流电压值

标 称 值	8 V～	10 V～	220 V～
计算标称值 V_{pp}			
测量 V_{rms}			
计算实际 V_{pp}			
计算 V_{rms} 误差率/%			

7. 电容[用 *C* 表示，单位：法拉/F]

(1) 电容标称系列值如表 2.13 所示。

表 2.13 电容标称系列值

1.0	1.1	1.2	1.3	1.5	1.6	1.8	2.0	2.2	2.4	2.7	3.0
3.3	3.6	3.9	4.3	4.7	5.1	5.6	6.2	6.8	7.5	8.2	9.1

图 2.10 直插电容

(2) 直插瓷片、云母、涤纶、独石电容等，如图 2.10 所示。

E12 系列：精度为±10%，三位数表示法，前面两位数字为有效数字，第三位数字为 0 的个数；单位为 pF，小数点用 R 代表。

举例：表示方式：680；实际值：68 pF。

表示方式：121；实际值：120 pF。

表示方式：222；实际值：2 200 pF。

表示方式：104；实际值：0.1 μF。

E6 系列：精度为±20%，二位数表示法，两个数字，或两个数字中间加"n"表示电容器的容量，"n"表示"nF"相当于 1 000 pF。

举例：表示方式：18；实际值：18 pF。

表示方式：2n2；实际值：2 200 pF。

图 2.11 电解电容

(3) 电解电容器的标称由耐压值和容量两部分构成，极性、电容值等其他参数直接标注在电容器上，如图 2.11 所示。一般标称耐压值为 16 V，25 V，50 V，100 V，400 V_{AC}，1 kV_{AC} 等。"—"对应的引脚为负极，另一个引脚为正

极。长引脚为正极，短引脚为负极。

(4) 贴片电容如图 2.12 所示。

图 2.12　贴片电容

由于材料关系，一般贴片电容上不写任何字，只能从它的包装上直接读取相关信息。

举例：0805　CG　222　J　500　N　T

封装　材料　容值　精度　额定电压　端头类别　包装方式

容值表示方式：前两位数字为有效数字，第三位数字为 0 的个数；R 为小数点。

举例：表示方式：0R5；实际值：0.5 pF。

表示方式：102；实际值：1 000 pF。

表示方式：224；实际值：0.22 μF。

额定电压表示方式：前两位数字为有效数字，第三位数字为 0 的个数；R 为小数点。

举例：表示方式：6R3；实际值：6.3 V。

表示方式：500；实际值：50 V。

表示方式：201；实际值：200 V。

表示方式：102；实际值：1 000 V。

贴片电容封装：0201，0402，0603，0805，1206，1210，1812，2010，2512，3035。

(5) 测量直插瓷片和电解电容值，如表 2.14 所示。

表 2.14　测量电容值

标称值	0.01 pF	0.1 μF	2.2 μF	22 μF
实测值				
误差率/%				

8. 测量三极管放大倍数 h_{FE}

用万用表晶体管测量挡测量三极管放大倍数，结果列于表 2.15。

表 2.15　测量三极管放大倍数

型　号	9012(PNP)	9013(NPN)
引　脚	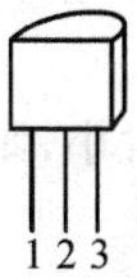	
h_{FE} 实测值		

9. 测量温度

用万用表测量电阻的温度，结果列于表 2.16。

表 2.16　测量温度

元器件	常温电阻	手握电阻
温度实测值		

10. 测量直流电流

方法：按图 2.13 连接，调节电位器 $R2$，使电流表 A 按表 2.17 所示要求显示，达到预定值，并观察发光二极管的亮度变化，将测试数据整理后填入表 2.17 内。

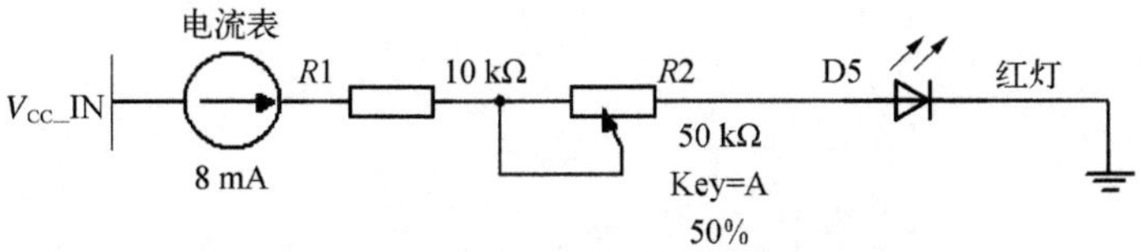

图 2.13　测量直流电流连接图

表 2.17 直流电流测量

标称值/mA	min	0.2	0.4	0.6	0.8	1	2	4	6	max
V_{R1}										
V_{D5}										
发光二极管的亮度变化趋势(目测)										

2.5 实验器材

(1) 电阻：8.2 Ω，560 Ω，1.5 kΩ，43 kΩ，270 kΩ，2.2 MΩ 各1个。

(2) 电容：0.01 μF，0.1 μF，2.2 μF，22 μF 各1个。

(3) 二极管：IN4148，1N4007，FG112001 各1个。

(4) 三极管：9012，9013 各1个。

(5) 稳压电源 SPD3303D 1台。

(6) 模电实验箱 1台。

(7) 模电实验板 1块。

(8) 导线 6根。

(9) 数字万用表 UT801 2台。

2.6 实验报告要求

(1) 整理测量数据,并完成各数据记录表格。

(2) 根据测试结果,分析误差率。

2.7 思考题

(1) 在使用数字万用表测试时,若不知被测量的范围大小,则量程应怎么设置？为什么？

(2) 如何用万用表判断三极管的极性?

第 3 章　示波器的使用实验

示波器是电子工程师的眼睛，是电子电路最重要的分析工具，配合探头，几乎所有的电参量都可以用示波器测量。

示波器分模拟示波器(图 3.1)和数字示波器(图 3.2)。

本教材使用的 Agilent 公司(现改为是德)DSO - X_2012A 数字示波器，是一台四合一多功能仪器，含示波器、数字通道(MSO)、20 MHz 内置信号源和 3 位数字电压表。具有 8.5 英寸 WVGA 显示屏、100 MHz 模拟带宽、2 个模拟通道、8 个数字通道(MSO)、半通道交叉模式 2 GSa/s 最大采样率、半通道模式 100 kpts 最大存储器深度、50 000 波形/s 波形更新速率，利用 USB 端口可方便地保存和共享数据。

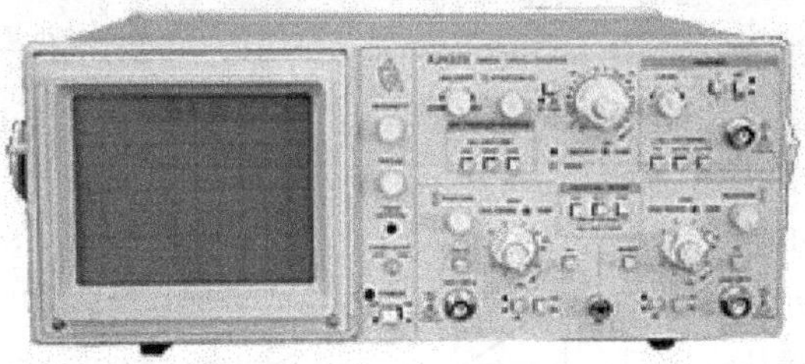

图 3.1　模拟示波器图

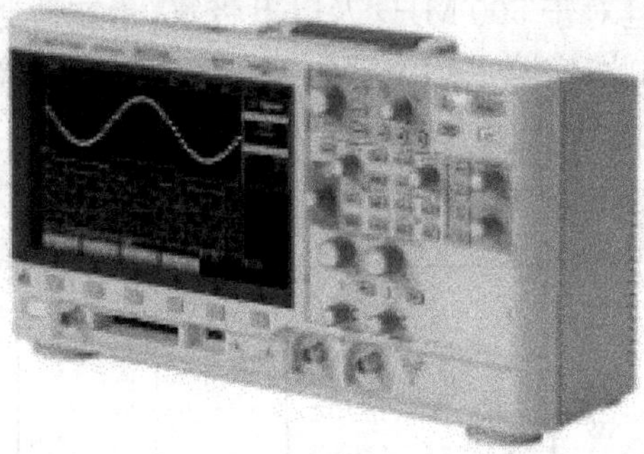

图 3.2　数字示波器

3.1 实验目的

(1) 了解 DSO - X_2012A 数字示波器性能及使用方法。
(2) 掌握用示波器/数字电压表测量直流电压的方法。
(4) 掌握用示波器/数字电压表测量交流信号的幅值和频率等的方法。
(5) 掌握用示波器测量两个交流信号相位差的方法。
(6) 掌握用数字通道测量数字信号的方法。

3.2 预习要求

(1) 了解数字示波器基本指标及相关概念。
(2) 熟悉 DSO - X_2012A 数字示波器、内置数字电压表和数字通道的使用方法。

3.3 DSO-X_2012A 数字示波器

1. 数字示波器基本指标及相关概念简介

1) 采样原理

奈奎斯特采样原理认为，对于具有最大频率 f_{MAX} 的带宽有限（带宽限制）的信号而言，等距采样频率 f_S 必须比最大频率 f_{MAX} 大 2 倍，这样才能重建唯一的信号而不会产生混叠。$f_{MAX} = f_S/2 =$ 奈奎斯特频率（f_N）= 折叠频率。

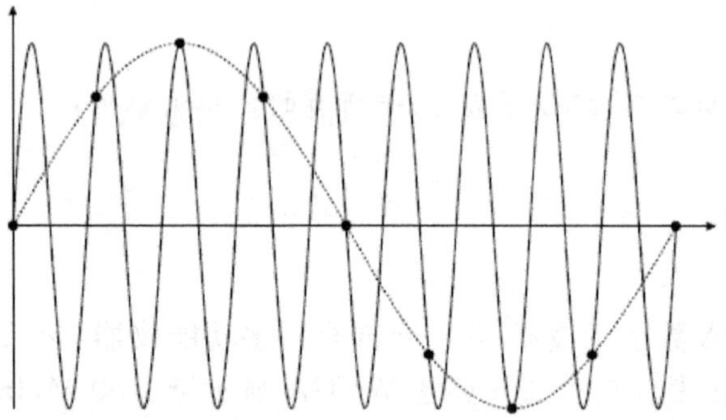

图 3.3 混叠

2) 混叠

当信号是欠采样（$f_S < 2f_{MAX}$）时，将发生混叠。混叠属于信号失真，是由于错误地从数量不足的采样点重建低频率而导致的，如图 3.3 所示。

3) 示波器带宽和采样率

示波器的带宽通常是指按 3 dB（−30%幅度误差）衰减输入信号正弦波的最低频率。对于示波器带宽，采样原理认为，所需的采样率是 $f_S = 2f_{BW}$。然而，该原理假定没有超过 f_{MAX}（在此情况下是 f_{BW}）的频率分量，并需要具有理想的砖墙频率响应的系统（图 3.4）。

然而，数字信号具有超过基本频率（方波由基本频率处的正弦波和数量无限的奇次谐波组成）的频率分量，并且对于 500 MHz 及以下带宽，示波器通常具有高斯频率响应（图 3.5）。

因此，实际上示波器的采样率应是其带宽的 4 倍或以上：$f_S \geqslant 4f_{BW}$。这样，就会减少混叠，并且混叠的频率分量会出现更大的衰减量。

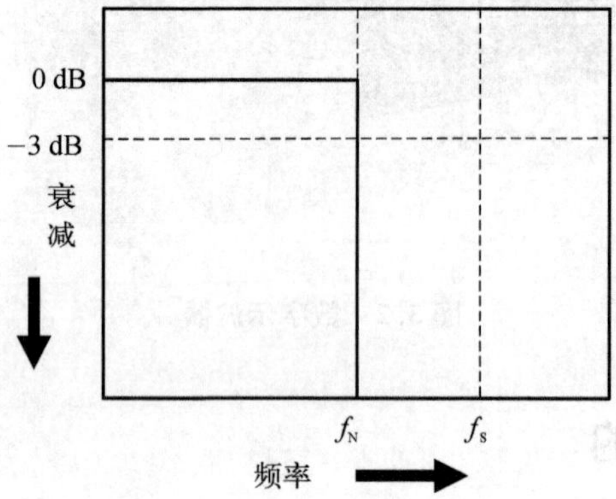

图 3.4 理论上的砖墙频率响应

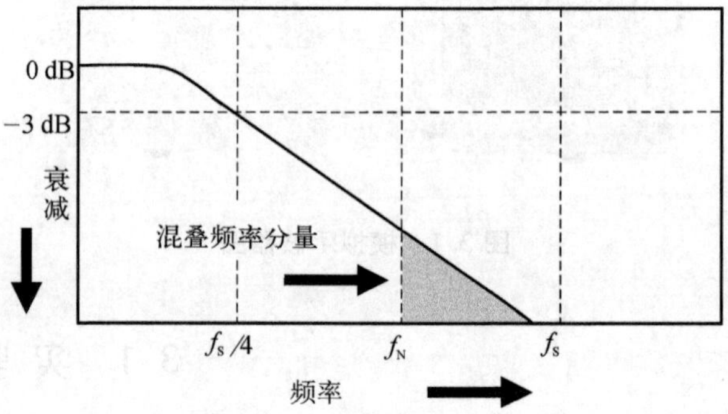

图 3.5 采样率和示波器带宽

4) 示波器上升时间

与示波器的带宽规格密切相关的是其上升时间规格。具有高斯类型的频率响应的示波器的上升时间约为 $0.35/f_{BW}$（基于 10%～90%标准）。示波器的上升时间不是示波器能够精确测量的最快边沿速度，它是示波器可能产生的最快边沿速度。

5) 所需的示波器带宽

精确测量信号所需的示波器带宽主要由信号的上升时间而不是信号的频率决定。可以使用以下步骤计算所需的示波器带宽。

(1) 确定最快边沿速度。通常可从在设计中使用的设备的已发布规格中获得上升时间信息。

(2) 计算最大"实际"频率分量。根据 Dr. Howard W. Johnson 的著作 *High-Speed Digital Design — A Handbook of Black Magic* 所述，所有快速边沿都具有无限连续的频率分量。但是，快速边沿的频谱中存在一个转折点，在这个转折点上，高于 f_{knee} 的频率分量在确定信号形状时可以忽略不计。

$$f_{\text{knee}} = 0.5/\text{信号上升时间}\quad(\text{基于 }10\% \sim 90\%\text{ 阈值})$$
$$f_{\text{knee}} = 0.4/\text{信号上升时间}\quad(\text{基于 }20\% \sim 80\%\text{ 阈值})$$

(3) 对所需的精度，使用倍增因数以确定所需的示波器带宽，如表 3.1 所示。

表 3.1　精度与带宽的关系

所需精度	所需的示波器带宽
20%	$f_{BW} = 1.0 \times f_{\text{knee}}$
10%	$f_{BW} = 1.3 \times f_{\text{knee}}$
3%	$f_{BW} = 1.9 \times f_{\text{knee}}$

6) *存储器深度和采样率*

示波器存储器的点数是固定的，存在一个与示波器的模数转换器关联的最大采样率；但是，实际采样率由采集时间(根据示波器的水平时间/格定标设置)确定。

$$\text{采样率} = \text{采样数}/\text{采集时间}$$

例如，如果在存储器的 50 000 个点中存储 50 μs 的数据，则实际采样率为 1 GSa/s。同样，如果在存储器的 50 000 个点中存储 50 ms 的数据，则实际采样率为 1 MSa/s。实际采样率显示在信息区域的右侧。示波器通过丢弃(抽取)不需要的采样来达到实际采样率。

7) DSO－X_2012A 数字示波器原理框图(图 3.6)

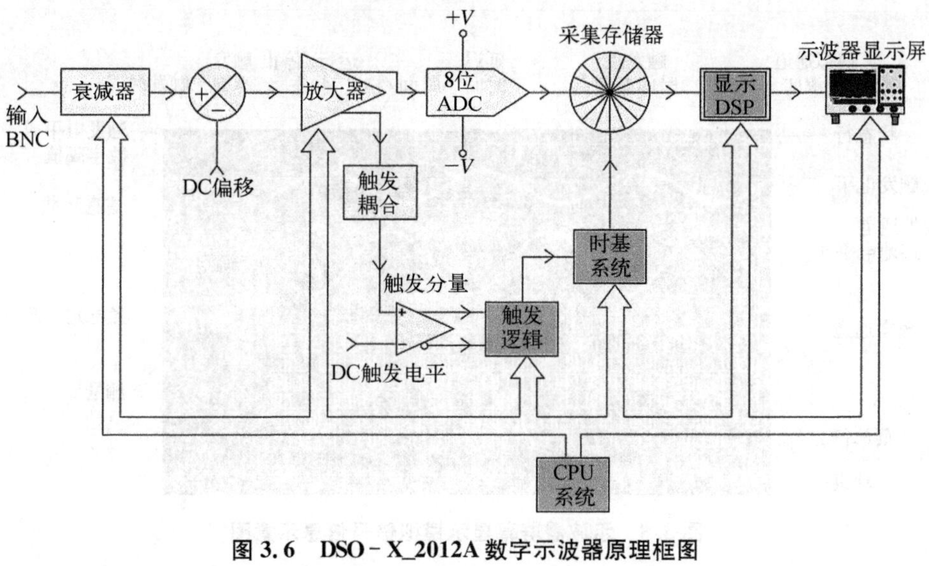

图 3.6　DSO－X_2012A 数字示波器原理框图

2. 数字示波器前面板按键及屏幕显示信息内容简介

(1) 前面板简化示意图如图 3.7 所示。

(2) 前面板通用键说明如表 3.2 所示。

表 3.2　前面板通用键

按键或旋钮名称	功　　能
2　软键(图 3.7 标识 2)	显示屏下方的六个键；功能会根据键上方显示的菜单有所改变
4　Entry 旋钮(图 3.7 标识 4) 	可用于从菜单中选择菜单项或更改值，旋钮上方的弯曲箭头符号↻会变亮；功能随着当前菜单和软键选择而变化；当“Entry”旋钮“↻”符号显示在软键上时，就可以使用“Entry”旋钮选择值
	有时可以按下“Entry”旋钮启用或禁用选择；按一下 Entry 旋钮还可以使弹出菜单消失

续 表

按键或旋钮名称	功　　能
10　Auto Scale(自动调整)键（图 3.7 标识 10）	可以用软件(AutoOff. gpb)取消此功能屏幕提示："自动定标"已被禁用。请参阅"编程人员参考"启用"自动定标"；可以用软件(AutoOn. gpb)启用此功能

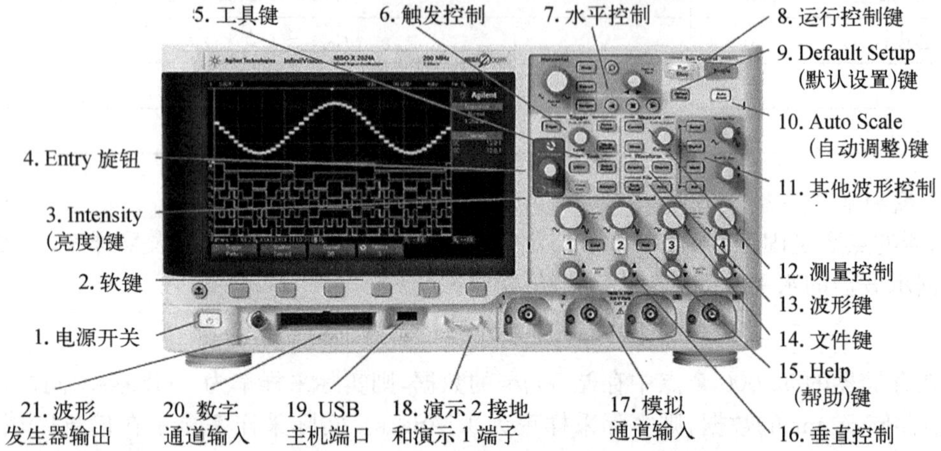

图 3.7　DSO－X_2012A 数字示波器前面板简化示意图

(3) 屏幕显示模拟信号信息示意如图 3.8 所示。

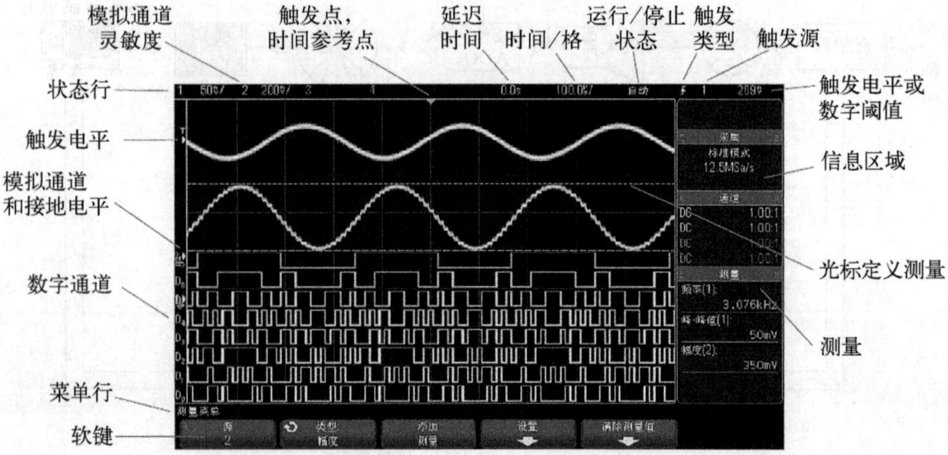

图 3.8　示波器屏幕显示模拟信号信息示意图

(4) 仪器主要性能参数(表 3.3)。

① 具有混合信号示波功能的示波器。

② 内置 WaveGen 20 MHz 函数发生器。

③ 内置数字电压表(DVM)。

④ 可升级，添加带宽、数字通道、串行协议触发和解码、测量应用程序和 WaveGen。

表 3.3　仪器主要性能参数

带　宽	70 MHz	100 MHz	200 MHz
最高采样率	2 GSa/s		
通道数	DSO 具有 2 或 4 个示波器通道，MSO 具有 2 或 4 个示波器通道＋8 个逻辑通道		
存储器	100 Kpts 标配，通过选件可扩展到 1 Mpts		

续　表

显示屏	8.5 in WVGA(800×480)
更新速率	50 000 个波形/s
连通性	USB 主机端口(前后各一个)、USB 设备端口、LAN(可选)、GPIB(可选)、VGA(可选)
触　发	边沿、脉宽、码型、视频

3. 无源模拟探头

(1) 无源模拟探头外形如图 3.9 所示。

(2) 无源模拟探头原理图(图 3.10)。

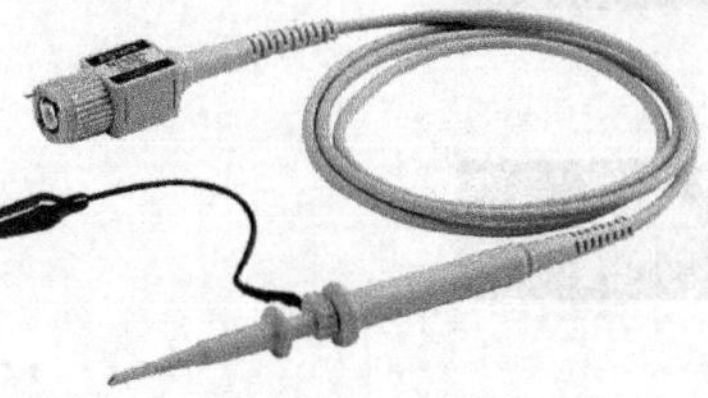

图 3.9　无源模拟探头

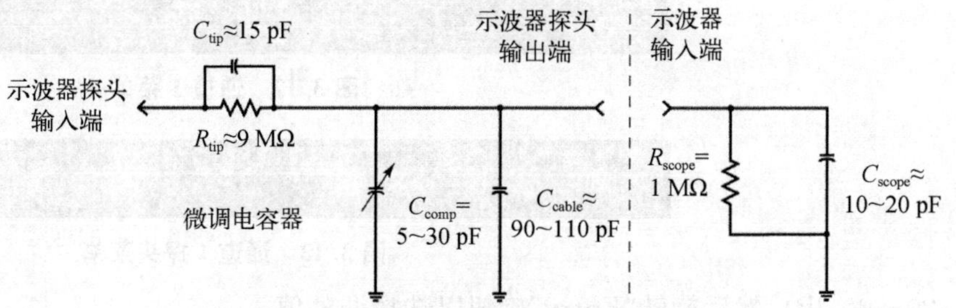

图 3.10　示波器无源模拟探头原理图

(3) 从此款无源模拟探头原理图可分析出此款探头比例为：10∶1。

(4) 此款无源模拟探头的最大输入电压为：300 V_{rms}；400 V_{pk}。

(5) 示波器无源模拟探头自检及设置(可省略)。

① 连接方法：将示波器探头从通道 1 连接到前面板上的 DEMO2 端子，接地导线连接到接地端子(DEMO2 端子旁边)(图 3.11)。

备注：DEMO2 端子输出方波信号：2.5 V_{pp}，1 kHz，直流 1.25 V。

② 示波器设置如表 3.4 所示。

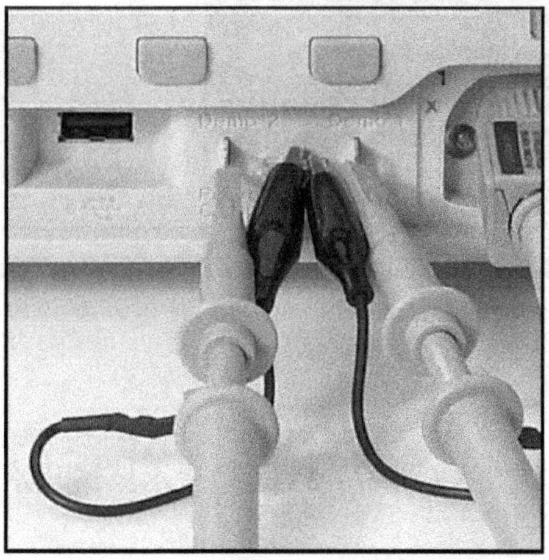

图 3.11　探头自校连接示意图

表 3.4　探头自校示波器设置

设　置	参　数
Y 轴灵敏度	1 V/div
X 轴灵敏度	200 μs/div
触发电平	1.25 V(50%)

③ 按"通道 1"键，指示灯被点亮(黄色)，打开"通道 1"菜单(图 3.12)。

④ 按"探头"软键(图 3.12)，打开"通道 1"探头菜单(图 3.13)。

⑤ 探头设置。

a. 按"单位"软键(图 3.13)，选择"伏特(对于电压探头)/安培(对于电流探头)"。

b. 按"探头"软键(图 3.13)，旋转"Entry"旋钮选择比例(调整值：0.100∶1~10 000∶1)/分贝(调整值：

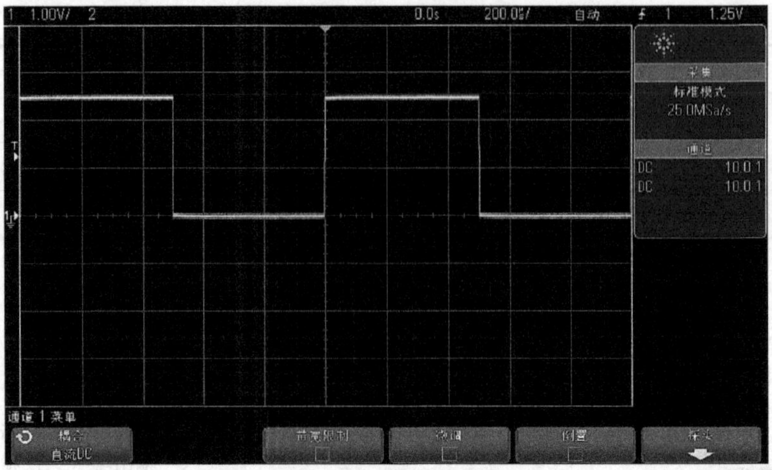

图 3.12　通道 1 菜单

图 3.13　通道 1 探头菜单

－20～80 dB)，然后旋转“Entry”旋钮以选择调整值。

⑥ 按“无源探头检查”软键(图 3.13)，再按“OK”软键，显示无源探头检查通过。

⑦ 若出现如图 3.14 所示无源模拟探头自检波形，则请用非金属工具调整探头上的微调电容器，以获得尽可能平的脉冲，如图 3.12 所示。

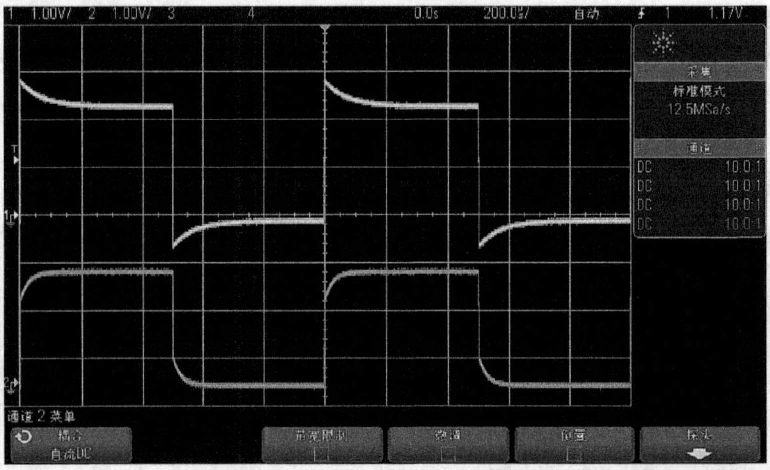

图 3.14　无源模拟探头自检波形

4. DSO－X_2012A 数字示波器一般操作步骤

1) 开启电源

将电源线连接到示波器的背面，接上 220 V～电源，按下电源开关(图 3.7 标识 1)后示波器开始自检，待示波器完成自检后方可开始使用。

2) 恢复示波器出厂缺省设置

(1) 按“Default Setup”(默认设置)键(图 3.7 标识 9)，打开缺省菜单(图 3.15)。

图 3.15　缺省菜单

(2) 按“出厂缺省”软键，然后再按“OK”软键，即完成出厂缺省。

3) 组建测试系统

将示波器探头从“模拟通道 1/2”(图 3.7 标识 17)连接到电路测试端(图 3.16)。

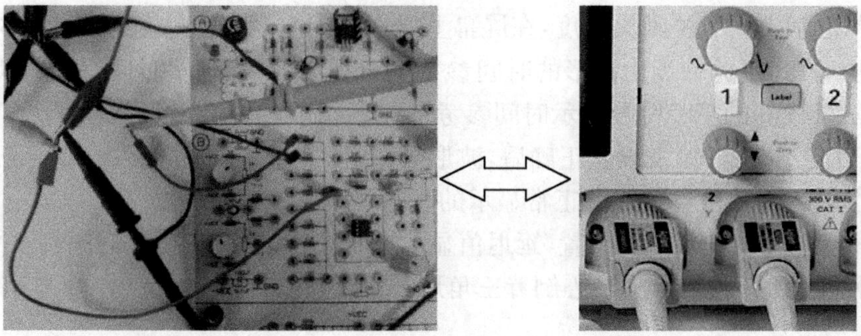

图 3.16　示波器探头连接图

4）打开你所选择的模拟通道

(1) 按一下“1/2”键，指示灯被点亮（黄色）（图 3.16），打开通道“1/2”菜单（图 3.12）。

① 屏幕左上角状态栏显示你所打开的通道。

② 屏幕下方显示通道“1/2”菜单（图 3.12）。

③ 模拟通道信号的接地电平由屏幕最左侧➡图标的位置标识（图 3.8）。

④ 再次按一下“1/2”键，即关闭通道“1/2”。

(2) 耦合方式设置。按“耦合”软键（图 3.12），然后旋转“Entry”旋钮以选择直流耦合/交流耦合，如表 3.5 所示。

表 3.5　耦 合 方 式

耦合方式	功　能
直流(DC)耦合	只需注意与接地符号的距离，即可快速测量信号的 DC 分量
交流(AC)耦合	将会移除信号的 DC 分量

(3) 带宽限制设置。按下带宽限制软键以启用或禁用带宽限制（图 3.12），“■”显示蓝色为已启用。

① 当打开带宽限制时，通道的最大带宽大约为 20 MHz。对于频率比此低的波形，打开带宽限制可从波形中消除不必要的高频噪声。

② 带宽限制也会限制任何带宽限制已打开的通道的触发信号路径。

5）调整垂直控制（图 3.17）

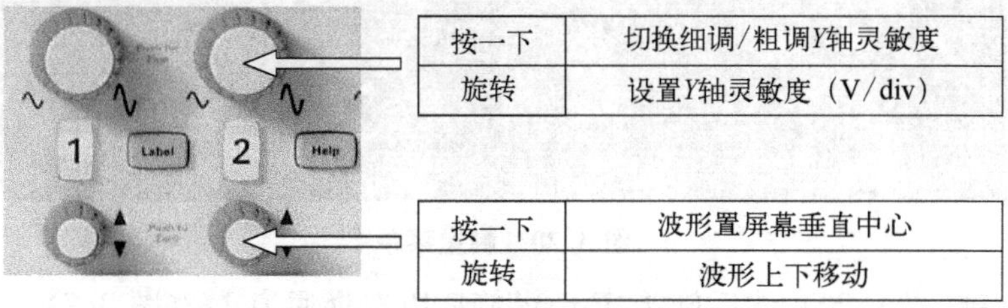

图 3.17　垂直控制

(1) 旋转“∿∿”旋钮以选择 Y 轴灵敏度，在屏幕左上方状态栏中显示（图 3.8），并使波形的整个幅度出现在屏幕中，以此估读出波形幅度值。Y 轴灵敏度（V/div）：以 1—2—5 步进顺序更改模拟通道定标。

(2) 旋转“⬍”旋钮，调整波形上下位置。

6）调整水平控制（图 3.18）

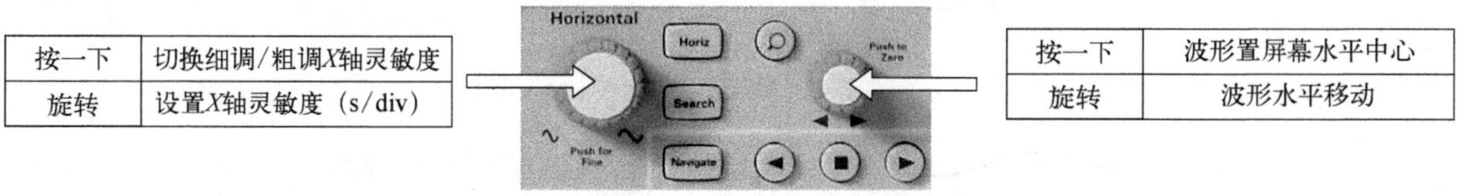

图 3.18　水平控制

(1) 旋转"∿∿"旋钮以选择 X 轴灵敏度，在屏幕上方中间偏右状态栏中显示(图 3.8)，并使 1 个或 2 个周期的波形出现在屏幕中，以此估读出波形的时间参数。X 轴灵敏度(水平时间/格)：以 1—2—5 步进顺序更改水平定标。显示屏顶部的"∇"符号表示时间参考点。

备注：① 波形可能不稳定，触发设置正确后，波形会稳定。

② 按"◎"(缩放)键，可以展开正常显示的水平视图的一部分。

(2) 旋转"◀▶"旋钮，调整波形左右位置，延迟值显示在状态行中，更改延迟时间将水平移动触发点(实心倒置三角形)，并指示它距时间参考点(空心倒置三角形∇)的距离。这些参考点沿着显示网格的顶端指示。

7) 触发电平

(1) 按一下"Trigger"(触发)按键(图 3.7)，打开触发菜单(图 3.19)，按一下"源"软键，然后旋转"Entry"旋钮以选择通道 1/2。

图 3.19 触发菜单

(2) 旋转"Level"(触发电平)旋钮(图 3.7)调整所选通道的触发电平，即边沿检测的垂直电平。

① 模拟通道的触发电平的位置由显示屏最左侧的触发电平图标 T▶ 指示(如果模拟通道已打开)。

② 模拟通道触发电平的值显示在显示屏的右上角，触发电平调整大约在整个波形幅度的 50%。

③ 按一下"Level"旋钮可将触发电平设置为波形值的 50%。

(3) 按一下"Analyze"(分析)>功能，然后在功能中选择触发电平，调阈值也可以更改所有通道的触发电平。

8) 添加自动测量

(1) 按一下"Meas"(测量)键(图 3.7)，打开测量菜单(图 3.20)。

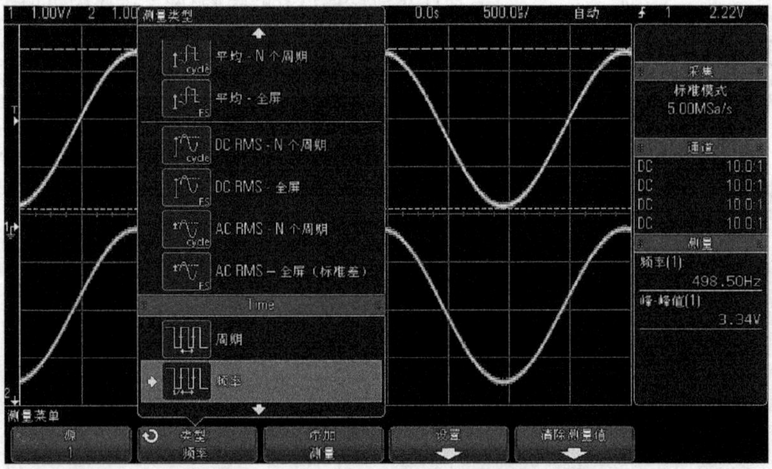

图 3.20 测量菜单

(2) 按一下"源"软键(图 3.20)，然后旋转"Entry"旋钮以选择通道 1/2(图 3.7)。

① 只有显示的通道、数学函数或参考波形可用于测量。

② 如果测量所需的波形部分没有显示或没有显示足够的分辨率以进行测量，结果将显示"无边缘"、"被削波"、"低信号"、"<值"或">值"，或类似的信息指示测量值不可靠。

(3) 按"类型"软键(图 3.20)，然后旋转"Entry"旋钮以选择要进行的测量参数(图 3.20)。

① 波形电压参数定义(图 3.21)。

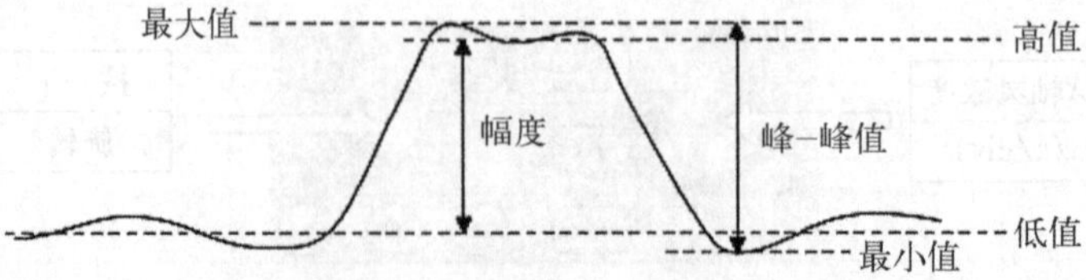

图 3.21 波形电压参数定义

② 波形时间参数定义(图 3.22)。

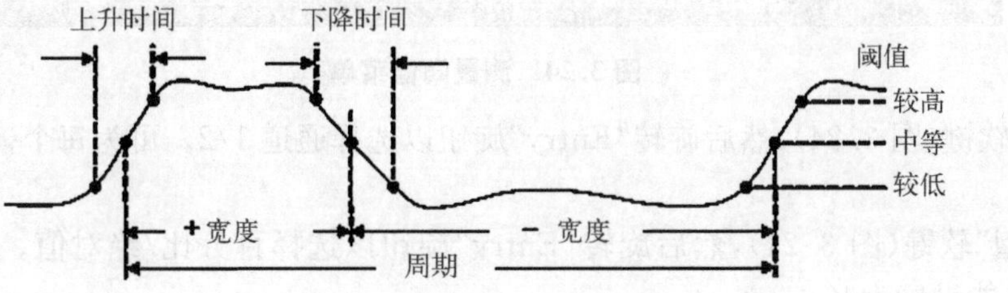

图 3.22　波形时间参数定义

③ 平均：是波形采样的电平总和除以采样数目。

$$平均 = \frac{\sum x_i}{n}$$

其中，x_i为测量的第 i 点的值；n 为测量间隔中的点数。

全屏测量间隔变化可测量所有显示的数据点上的值。N 个周期测量间隔变化可测量所显示信号的整数周期上的值。如果存在的边沿小于三个，则测量将显示“无边沿”。X 光标显示正在测量的波形间隔。

④ DC RMS：是一个或多个完整周期上波形的均方根值。

$$\text{RMS(DC)} = \sqrt{\frac{\sum_{i=1}^{n} x_j^2}{n}}$$

其中，x_i为测量的第 i 点的值；n 为测量间隔中的点数。

全屏测量间隔变化可测量所有显示的数据点上的值。N 个周期测量间隔变化可测量所显示信号的整数周期上的值。如果存在的边沿小于三个，则测量将显示“无边沿”。X 光标显示正在测量的波形间隔。

⑤ AC RMS：是移除了 DC 分量的波形的均方根值。例如，它可用于测量电源噪声。它显示所示电压值的标准偏差。测量的标准偏差是测量与平均值的差值。测量的平均值是测量的统计平均值。

平均值计算方式如下

$$\bar{x} = \frac{\sum_{i=1}^{N} X_i}{N}$$

其中，$\bar{x}$为平均值；N 为进行的测量次数；X_i为第 i 个测量结果。

标准偏差计算方式如下

$$\sigma = \sqrt{\frac{\sum_{i=1}^{N}(X_i - \bar{X})^2}{N}}$$

其中，σ 为标准偏差；N 为进行的测量次数；X_i为第 i 个测量结果；$\bar{x}$为平均值。

(4) 按一下“添加测量”软键(图 3.20)，所选测量类型将显示在屏幕右下角测量信息区。

备注：只能显示 4 行测量信息，超出部分自动溢出。

(5) 按一下“设置”软键(图 3.20)，打开测量设置菜单(图 3.23)。

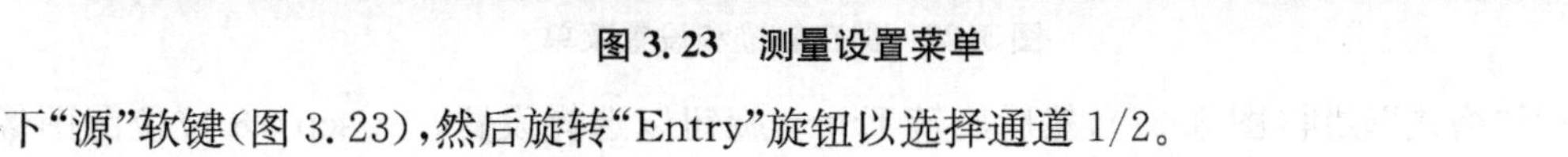

图 3.23　测量设置菜单

① 按一下“源”软键(图 3.23)，然后旋转“Entry”旋钮以选择通道 1/2。

② 按一下“阈值”软键(图 3.23)，打开测量阈值菜单(图 3.24)。通过按一下“Analyze”(分析)>功能，然后选择测量阈值也可以打开“测量阈值菜单”。

图 3.24 测量阈值菜单

a. 按一下"源"软键(图 3.24),然后旋转"Entry"旋钮以选择通道 1/2。可为每个模拟通道和数学函数波形分配唯一阈值。

b. 按"阈值类型"软键(图 3.24),然后旋转"Entry"旋钮以选择百分比/绝对值。将源设置为数学函数 $f(t)$ 时,阈值类型只能设置为%。

c. 按"较低"软键(图 3.24),然后旋转"Entry"旋钮以选择 0%～98%/－500～499.8 V。默认的较低阈值为 10%或 800 mV。

d. 按"中等"软键(图 3.24),然后旋转"Entry"旋钮以选择 1%～99%/－499.9～499.9 V。默认的中等阈值为 50%或 1.20 V。

e. 按"较高"软键(图 3.24),然后旋转"Entry"旋钮以选择 2%～100%/－499.8～500 V。默认的较高阈值为 90%或 1.50 V。

③ 按"测量窗口"软键(图 3.23),然后旋转"Entry"旋钮以选择自动选择/主/缩放,如表 3.6 所示。

表 3.6 测 量 窗 口

测量窗口	功　　能
自动选择	该测量在下方的缩放窗口视图中进行;如果无法进行,则使用上方的主窗口视图
主	测量窗口视图是上方的主窗口视图
缩放	测量窗口视图是下方的缩放窗口视图

(6) 按"清除测量值"软键(图 3.20),打开清除测量菜单(图 3.25),选择要清除的测量,或按下清除全部。

图 3.25 清除测量菜单

9) 保存设置屏幕图像或数据

(1) 插入 U 盘(图 3.7 标识 19)。

备注:个别 U 盘不能操作。

(2) 按"Save/Recall"(保存/调用)键(图 3.7),打开"保存/重调"设置菜单(图 3.26)。

图 3.26 保存/重调菜单

(3) 按"保存菜单"软键(图 3.26),打开保存轨迹和设置菜单(图 3.27)。

图 3.27 保存轨迹和设置菜单

(4) 按一下"格式"软键(图 3.27),然后旋转 Entry 旋钮以选择设置(＊.scp)/8 位位图图像(＊.bmp)/24 位位图图像(＊.bmp)/24 位位图图像(＊.png)/CSV 数据(＊.csv)/ASCII XY 数据(＊.csv)/参考波形数据(＊.h5)/ALB 数据(＊.alb)/二进制(＊.bin)/模板(＊.msk),保存类型如表 3.7 所示。

表 3.7　保 存 类 型

保 存 类 型	格　　式
保存图像	8 位位图图像(*.bmp)
	24 位位图图像(*.bmp)
	PNG24 位图像(*.png)
保存设置	设置(*.scp)
保存 CSV 数据	CSV 数据(*.csv)
保存 ASCII XY 数据	ASCII XY 数据(*.csv)
保存 BIN 数据	二进制(*.bin)
保存 ALB 数据	ALB 数据(*.alb)
参考波形文件保存到 USB 存储设备	参考波形数据(*.h5)
保存模板	模板(*.msk)

(5) 按一下“保存至”软键(图 3.27),然后旋转“Entry”旋钮导航到保存的位置。

备注:若不设置,则自动保存至 U 盘根目录下。

(6) 按一下“文件名”软键(图 3.27),打开文件名菜单(图 3.28)。

备注:必须将 USB 存储设备连接到示波器才能激活此软键。

图 3.28　文件名菜单

① 按一下“拼写”软键(图 3.28),屏幕下方出现“_”、26 个英文字母和数字 0～9,然后旋转“Entry”旋钮以选择当前位置上的字符,按一下“Entry”旋钮确认。

② 按一下“回车”软键,可输入字符(图 3.28),并将光标移至下一个字符位置。按一下“Entry”旋钮与按一下“回车”软键的结果相同。

③ 旋转“Entry”旋钮,选择想删除的符号,然后按一下“删除”软键删除(图 3.28)。

④ 按一下“自动增加”软键(图 3.28),启用或禁用自动递增的文件名。

备注:▣显示蓝色,即已打开自动递增文件序号的功能。

(7) 按一下“保存”软键(图 3.28),即完成文件的保存。

① 屏幕将显示一条消息,指示保存是否成功。

② 保存屏幕图像时,示波器将使用在按下“Save/Recall”(保存/调用)键之前访问的最后一个菜单,这样可将所有相关信息保存在软键菜单区域中。

③ 要保存在底部显示“保存/调用菜单”的屏幕图像,可按下“Save/Recall”(保存/调用)键两次,然后再保存图像。

5. 数字示波器部分功能预设置(基础实验有时可省略,需要时再改变设置)

1) 语言选择

(1) 按“Help”(帮助)键(图 3.7 标识 15),打开帮助菜单(图 3.29)。

(2) 按一下“语言”软键(图 3.29),旋转“Entry”旋钮,选择“简体中文/繁体中文/英语/法语/德语/意大利语/日语/韩语/葡萄牙语/俄语/西班牙语”。

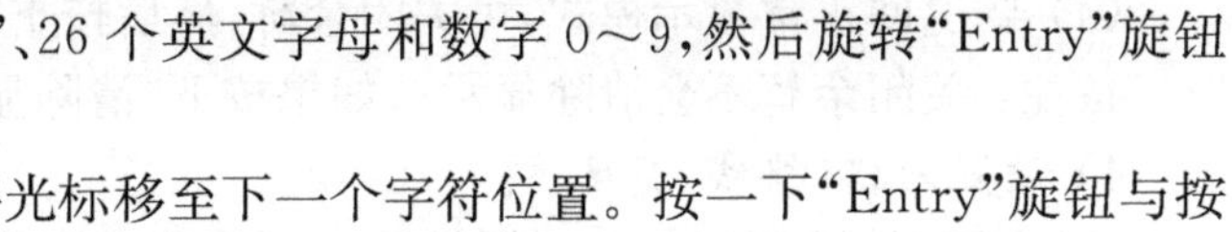

图 3.29　帮助菜单

2) 调整波形亮度

(1) 按一下“Intensity”(亮度)键(图 3.7 标识 3),指示灯被点亮。

(2) 旋转“Entry”旋钮，调整波形亮度，调整范围为 0%～100%；调整之后，再按一下“Intensity”(亮度)键，关闭亮度调整，否则多功能键不能执行其他操作。

3) 设置或清除余辉

(1) 按一下“Display”键(图 3.7)，打开显示设置菜单(图 3.30)。

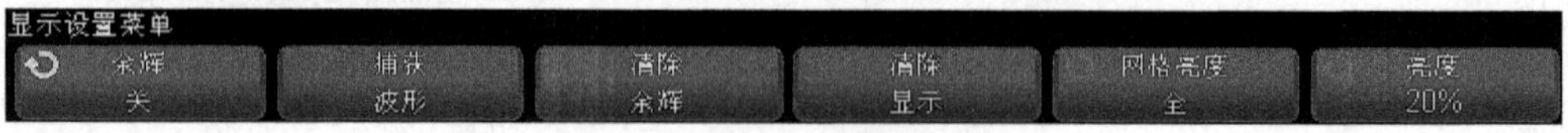

图 3.30 显示设置菜单

(2) 按一下余辉(图 3.30)键，然后旋转“Entry”旋钮以选择关/∞余辉/可变余辉，显示将开始累积多个采集，如表 3.8 所示。

表 3.8 余 辉

余 辉	功 能
关	余辉关闭后，按下“捕获波形”软键可执行单次∞余辉；将以降低的亮度显示单个采集的数据，该数据将保留在显示屏上，直到清除余辉或清除显示为止
∞余辉	永不擦除先前采集的结果；使用∞余辉测量噪声和抖动、查看变化波形的最差情形、查找定时违规或捕获罕见事件
可变余辉	先前采集的结果将在一定时间后被擦除；按一下“时间”软键并使用 Entry 旋钮可指定显示先前采集的时间

(3) 要从显示中擦除先前采集的结果，可按“清除余辉”软键(图 3.30)。示波器将再次开始累积采集。

(4) 要返回正常显示模式，可关闭余辉，然后按下“清除余辉”软键(图 3.30)。

备注：关闭余辉不会清除显示。如果按下“清除显示”软键，则会清除显示。

4) 设置网格(格线)亮度

按“亮度”软键(图 3.30)，旋转“Entry”旋钮以更改显示网格的亮度，调整范围为 0%～100%。

5) 触发

(1) 触发基本概念简介。

① 触发设置：示波器何时采集和显示数据。

② 触发波形：每次满足特定的触发条件时，示波器会在其中开始追踪(显示)波形，从显示屏左侧到右侧。这将提供周期性信号(如正弦波和方波)以及非周期性信号(如串行数据流)的稳定显示。

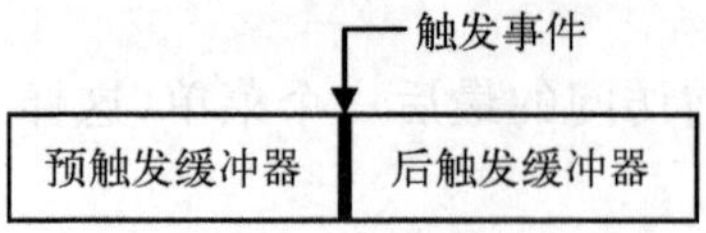

图 3.31 采集存储器

③ 采集存储器：为便于理解触发事件，可将采集存储器分为预触发和后触发缓冲器。触发事件在采集存储器中的位置是由时间参考点和延迟(水平位置)设置定义的(图 3.31)。

④ 在“正常时间”模式中，触发前出现的信号事件被绘制在触发点的左侧(▼)，而触发后的事件被绘制在触发点的右侧。

(2) 触发控制。

① 按“Trigger”按键(图 3.7)，打开触发菜单(图 3.32)。

② 按一下“触发类型”软键(图 3.32)，然后旋转“Entry”旋钮以选择边沿/脉冲宽度/码型/视频。

图 3.32 边沿触发菜单

③ 按一下“源”软键(图 3.32)，然后旋转“Entry”旋钮以选择源通道 1/2，如表 3.9 所示，所选择的源通道显示在显示屏的右上角、极性符号旁。

表 3.9　触 发 类 型

触发类型	源
边　沿	1/2/外部/工频/波形发生器/波形发生器调制(FSK/FM)/D7/D6/D5/D4/D3/D2/D1/D0
脉冲宽度	1/2/D7/D6/D5/D4/D3/D2/D1/D0
码　型	1/2/D7/D6/D5/D4/D3/D2/D1/D0/数字总线 1/数字总线 2
视　频	1/2/

④ 边沿触发。按一下“斜率”软键(图 3.32)，然后旋转“Entry”旋钮以选择上升沿/下降沿/交变沿中任一沿，如表 3.10 所示，所选的斜率显示在显示屏的右上角。

表 3.10　边 沿 触 发

边 沿 触 发	功　　能
交变沿	可用于在时钟(如 DDR 信号)的两个沿上触发
任一沿	可用于在所选源的任何活动上触发
	有带宽限制，既可由最高 100 MHz 的连续波信号触发，也可由低至 1/(2 * 示波器带宽)的孤立脉冲触发

⑤ 脉冲宽度触发。

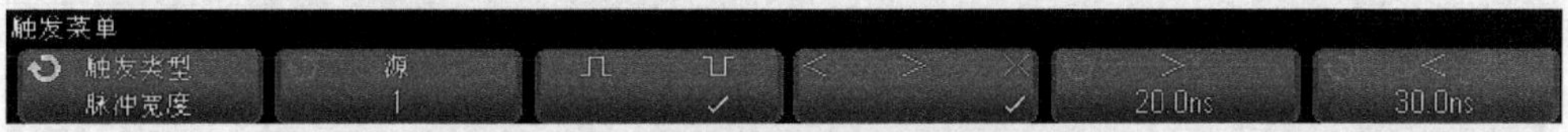

图 3.33　脉冲宽度触发菜单

按“⎍⎎”软键选择脉冲正/负极性(图 3.33)，所选脉冲极性显示在显示屏的右上角。正脉冲高于当前触发电平或阈值，负脉冲低于当前触发电平或阈值。当在正脉冲上触发时，如果限制条件为真，触发将在脉冲从高到低的翻转上发生；当在负脉冲上触发时，如果限制条件为真，触发将在脉冲从低到高的翻转上发生。

按“＜＞＞＜”软键选择时间限定(图 3.33)(本选择仅在选脉冲宽度触发时使用)。可设置示波器触发的脉冲宽度为：

小于时间值(＜)。例如，对于正脉冲，如果设置 $t < 10$ ns，则

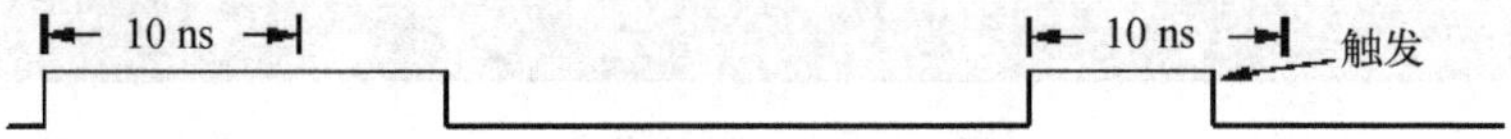

大于时间值(＞)。例如，对于正脉冲，如果设置 $t > 10$ ns，则

时间值范围内(＞＜)。例如，对于正脉冲，如果设置 $t > 10$ ns 和 $t < 15$ ns，则

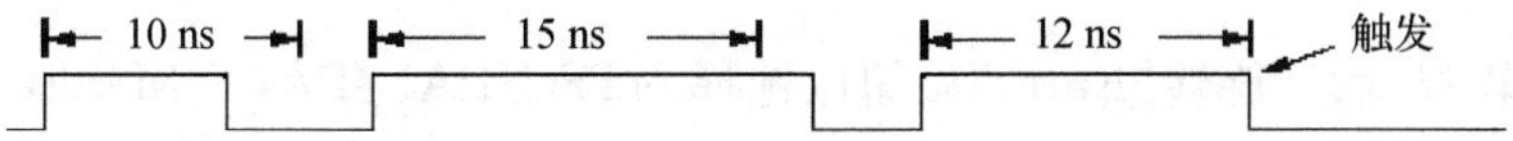

⑥ 码型触发(图 3.34)。对于选择的每个通道，按一下“码型”软键(图 3.34)，然后旋转“Entry”旋钮以设置码型中的该通道的条件 0/1/X/上升沿/下降沿，如表 3.11 所示。

图 3.34　码型触发菜单

表 3.11 码　型

码型触发	功　　能
“0”	在所选通道上将码型设置为 0(低)；低是小于通道的触发电平或阈值电平的电压电平
“1”	在所选通道上将码型设置为 1(高)；高是大于通道的触发电平或阈值电平的电压电平
“X”	在所选通道上将码型设置为“无关”；忽略任何设置为“无关”的通道，且通道不是码型的一部分；但是，如果码型中的所有通道都设置为“无关”，则示波器将不触发
上升沿(↑)或下降沿(↓)	在所选通道上将码型设置为一个边沿；在码型中只可指定一个上升或下降沿；当指定边沿后，如果为其他通道设置的码型为真，则示波器将在指定的边沿触发

备注：在码型中，只允许指定一个上升或下降沿期间。如果定义一个边沿期间，然后在码型中选择一个不同的通道并定义另一个边沿期间，则前一个边沿定义将更改为“无关”。

⑦ 视频触发(图 3.35)。可使用视频触发来捕获大多数标准模拟视频信号的复杂波形。触发电路可检测波形的垂直和水平间隔，并基于所选的视频触发设置产生触发。所选触发源显示在显示屏的右上角。

备注：因为触发电平自动设置为同步脉冲，所以旋转触发 Level(电平)旋钮并不改变触发电平。在触发模式和耦合菜单中，触发耦合被自动设置为 TV。很多视频信号源自 75 Ω 源，要对这些源提供正确的匹配，应将一个 75 Ω 终端连接器连接到示波器输入端。

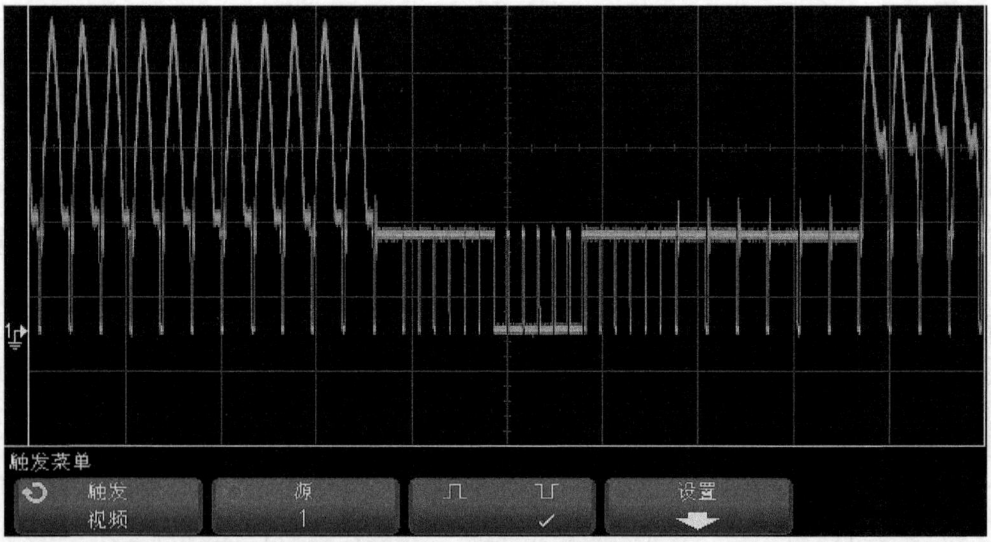

图 3.35　视频触发菜单

a. 按一下“设置”软键(图 3.35)，打开视频触发菜单(图 3.36)。

图 3.36　视频触发菜单

b. 按一下“标准”软键，然后旋转“Entry”旋钮以选择 NTSC/PAL/PAL-M/SECAM 电视制式。

c. 按一下“自动设置”软键，为选定的源和标准自动设置示波器。

d. 按一下“模式”软键，然后旋转“Entry”旋钮以选择要触发的部分视频信号模式(场 1/场 2/任意场/任意行/行：场 1/行：场 2/行：交替)。

e. 如果选择行号模式，按一下行#软键，然后旋转“Entry”旋钮以选择要在其上触发的行号。

f. 按一下“场释抑”软键，然后旋转“Entry”旋钮以选择调整值(PAL：0～500 flds，NTSC：0～598.8 flds)。

备注：行触发电平不可调节。该触发同步提供给示波器的工频。

(3) 触发模式/耦合。按一下[Mode/Coupling]键(图 3.7),打开触发模式和耦合菜单(图 3.37)。

图 3.37　触发模式和耦合菜单

① 按一下"触发模式"软键(图 3.37),然后旋转 Entry 旋钮以选择自动/正常,如表 3.12 所示,显示屏右上方的触发指示器显示是否在进行触发。

表 3.12　触 发 模 式

名　称	功　　能
自　动	在检查 DC 信号或具有未知电平或活动的信号时;当触发条件经常发生,不必要进行强制触发时。
正　常	只需要采集由触发设置指定的特定事件;在串行总线的罕见信号(如 I2C、SPI、CAN、LIN 等)或在猝发中产生的其他信号上触发时;使用 Single(单次)键可进行单次采集

② 按一下"耦合"软键(图 3.37),然后旋转"Entry"旋钮以选择直流 DC/交流 AC/低频抑制,如表 3.13 所示。

表 3.13　触 发 耦 合

名　　称	功　　能
DC 耦合	允许 DC 和 AC 信号进入触发路径
AC 耦合	将 10 Hz 高通滤波器放置在触发路径中,以从触发? 波形中去除任何 DC 偏移电压;当波形具有较大的 DC 偏移时,使用 AC 耦合可获得稳定的边沿触发
LF(低频)抑制耦合	将一个具有 50 kHz 的 3 dB 点的高通滤波器与触发波形串联;当波形中具有低频噪声时,使用 LF 抑制耦合可获得稳定的边沿触发
TV 耦合	通常显示为灰色,但在"触发菜单"中启用 TV 触发时,会被自动选择

③ 按一下"噪声抑制"软键(图 3.37),启用或禁用它,■显示蓝色为已启用。噪声抑制给触发电路增加额外的滞后。通过增加触发滞后带,可降低噪声触发的可能性,但同时也会降低触发灵敏度,因此触发示波器需要一个稍大的信号。

④ 按一下"高频抑制"软键(图 3.37),启用或禁用它,■显示蓝色为已启用。HF 抑制在触发路径中添加 50 kHz 低通滤波器,从触发波形中移除高频分量。可使用高频抑制从快速系统时钟、触发路径中移除诸如 AM 或 FM 广播电台中的高频噪声或噪声。

⑤ 按一下"释抑"软键,然后旋转 Entry 旋钮以增大或减小触发释抑时间。触发释抑可设置触发之后重新接通触发电路之前示波器等待的时间。使用释抑可在重复波形上触发,这些波形在波形重复之间具有多个边沿(或其他事件)。如果知道猝发之间的最短时间,还可以使用释抑在猝发的第一个边沿上触发。例如,要在如下所示的重复脉冲猝发上获得稳定触发,可将释抑时间设置为>200 ns 但<600 ns 的值。

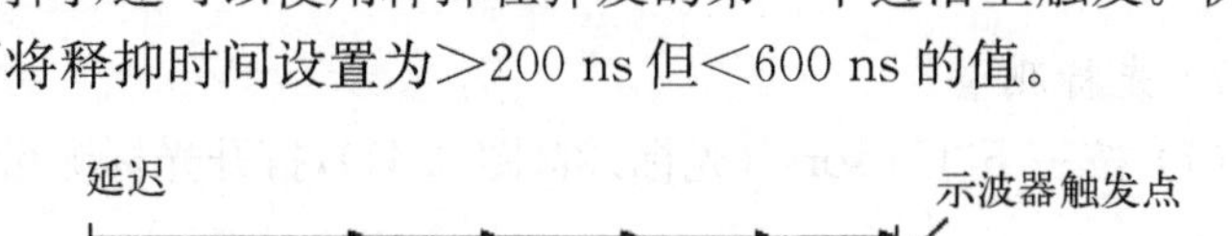

正确的释抑设置通常略小于波形的一次重复。将释抑设置为此时间,会为一个重复波形生成唯一触发点。更改时基设置不会影响触发释抑时间。

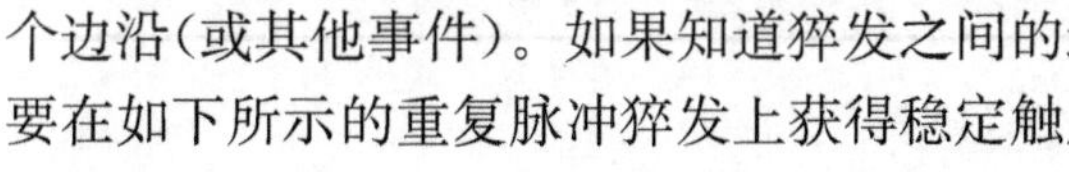

图 3.38　后面板示意图

(4) 外部触发 BNC 输入位于后面板上,标记为 EXT TRIG IN(图 3.38)。按一下"外部"软键(图 3.37),打开外部

图 3.39 外部触发菜单

触发菜单(图 3.39)，选择单位(探头类型)和探头比例(同前)。

(5) 强制触发。按一下“Force Trigger”(强制触发)键(图 3.7)，在未触发时可采集和显示数据。

① 在“正常”触发模式下，只有满足触发条件时才会进行采集。在此模式中，如果没有发生任何触发(即显示“触发?”指示信息)，则可以按一下“Force Trigger”(强制触发)以强制进行触发，并查看输入信号。

② 在“自动”触发模式中，当触发条件未满足时，将强制触发，并显示“自动?”指示信息。

6) 采集控制

(1) 采集基本概念简介。

① 可使用两个前面板键启动和停止示波器的采集系统：“Run(绿色)/Stop(红色)”(运行/停止)(图 3.7 标识 8)和 Single(单次)。

② 当按一下“Single”(单次)时，将清除显示屏中的内容，触发模式临时设置为“正常”(以防止示波器立即自动触发)，接通触发电路，[Single](单次)键点亮，示波器在显示波形之前会一直等待触发条件的出现。

③ 单次采集总是使用最大可用存储器，至少是“运行”模式中捕获采集时所用存储器大小的 2 倍，示波器至少存储 2 倍采样。如果时间/格设置较慢，因为有更多的存储器可用于单次采集，所以采集的有效采样率更高。

④ 如果示波器没有触发，则可以按一下“Force Trigger”(强制触发)键，以在任何条件下触发并进行单次采集。

⑤ 要显示多次采集的结果，可使用余辉。

(2) 采集控制设置方法。

① 按一下“Acquire”(采集)键(图 3.7)，打开采集设置菜单(图 3.40)。

图 3.40 采集设置菜单

② 按一下“采集模式”软键，然后旋转“Entry”旋钮以选择正常/峰值/平均/高分辨率，如表 3.14 所示。

表 3.14 采集模式

采集模式	功能
正常	在较慢的时间/格设置下进行正常抽取，不进行平均值计算；对大多数波形使用此模式
峰值检测	在较慢的时间/格设置下，存储有效采样周期中的最大采样值和最小采样值；使用此模式显示罕见的窄脉冲
平均	在所有时间/格设置下，对指定的触发数进行平均值计算；使用此模式可减小噪声，增大周期性信号的分辨率，而不会降低带宽或上升时间；平均数目可在 2～65 536 设定，每次增量为 2 的幂，更高的平均数目可将噪声降至更低并增加垂直分辨率，平均数目越高，显示的波形对波形变化的响应就越慢
高分辨率	在较慢的时间/格设置下，对有效采样周期中的所有采样进行平均值计算，并存储平均值；使用此模式减小随机噪声

7) 光标测量

(1) 按一下“Cursors”(光标)键(图 3.41)，打开光标测量菜单(图 3.42)。

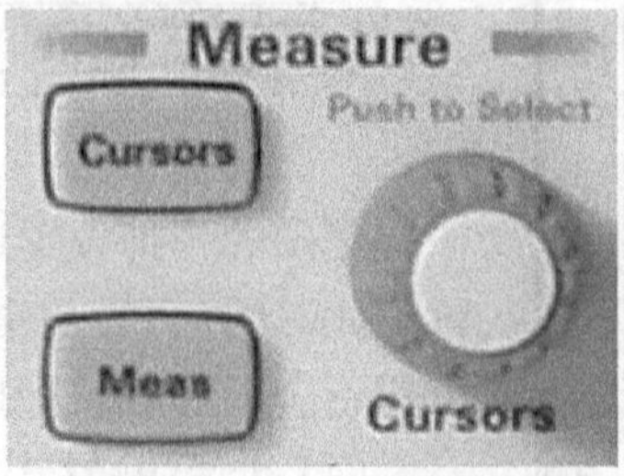

图 3.41 光标测量控制

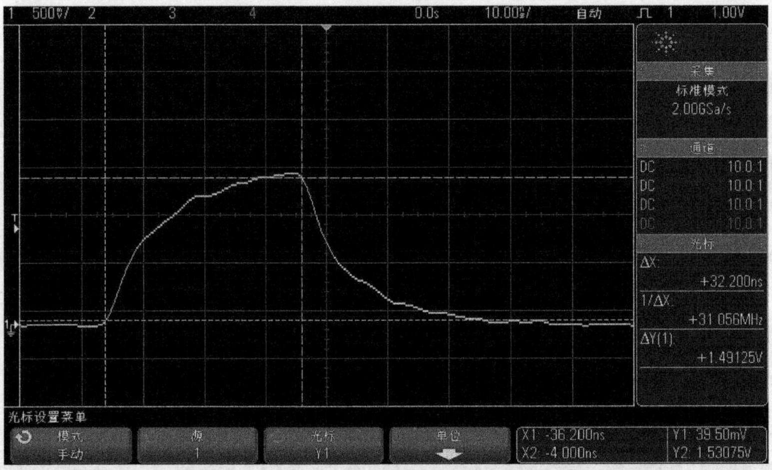

图 3.42 手动模式光标测量菜单

(2) 按一下“模式”软键(图 3.42),然后旋转 Entry 旋钮以选择手动/追踪波形/二进制/十六进制,如表 3.15 所示。

表 3.15 模 式

模 式	功 能
手 动	显示 ΔY、ΔX 和 $1/\Delta X$ 值,在屏幕右下方;按“源”软键(图 3.42),然后旋转 Entry 旋钮以选择通道
追踪波形	显示标记的时间和电压位置,标记之间的垂直(Y)和水平(X)差显示为 ΔX 和 ΔY 值;水平移动标记时,将追踪和测量波形的垂直幅度;按“X1 源”软键、“X2 源”软键(图 3.43),然后旋转 Entry 旋钮以选择通道
二进制/十六进制	在当前 X1 和 X2 光标位置显示的波形的逻辑电平以二进制/十六进制格式显示在软键上方,适用于数字信号

图 3.43 追踪模式光标测量菜单

备注:手动和跟踪波形模式可用于显示在模拟输入通道(包括数学函数)上的波形。

(3) 按一下“光标”软键(图 3.42),然后旋转 Entry 旋钮以选择光标 X1/X2/X1X2 锁定/Y1/Y2/Y1Y2 锁定。

(4) 旋转 Cursors(光标)旋钮(图 3.41),所选光标确定位置,此时测量结果同时显示。

备注:显示屏颜色的设置与相关通道的波形的颜色一致。

(5) 按一下“单位”软键(图 3.42),打开光标单位菜单(图 3.44)。

图 3.44 光标单位菜单

(6) 按一下“X 单位”软键(图 3.44),然后旋转“Entry”旋钮选择秒/Hz(1/s)/相位(°)/比例(%)。

(7) 按一下“Y 单位”(图 3.44)软键,然后旋转“Entry”旋钮选择低值/比例(%)。

(8) 按一下“使用 Y 光标作为 100%”软键(图 3.44)(此步骤只有在 Y 单位选择比例时使用)。

(9) 按一下“使用 X 光标作为 360°”软键(图 3.44)(此步骤只有在 X 单位选择相位时使用)。

(10) 按一下“使用 X 光标作为 100%”软键(此步骤只有在 X 单位选择比例时使用)。

8) XY 模式

(1) XY 模式基本概念简介。

① XY 模式可将电压-时间显示更改为电压-电压显示。

② 通道 1 幅度在 X 轴上绘制，通道 2 幅度在 Y 轴上绘制。

③ 可以使用 XY 模式比较两个信号的频率和相位关系。也可用于传感器，显示应力-位移、流量-压力、电压-电流或电压-频率。

④ 在 XY 显示模式中的 Z 轴输入(消隐)时基将会关闭。后面板 EXT TRIG IN 是 Z 轴输入(图 3.38)。如果只想看到部分 $Y-X$ 显示屏，则使用 Z 轴输入。Z 轴可打开或关闭轨迹。Z 轴值低时(<1.4 V)，将显示 $Y-X$；Z 轴值高(>1.4 V)时，轨迹将被关闭。

(2) 利用 Lissajous 法测量相同频率的两个信号之间的相差，XY 显示模式的通常用法。

① 按一下“Horiz”键(图 3.7)，打开水平设置菜单(图 3.45)。

图 3.45 水平设置菜单

② 按一下“时基模式”软键(图 3.45)，然后旋转 Entry 旋钮选择 XY。

③ 旋转通道 1 和 2 位置“♦”旋钮使信号在显示屏上居中(图 3.46)。

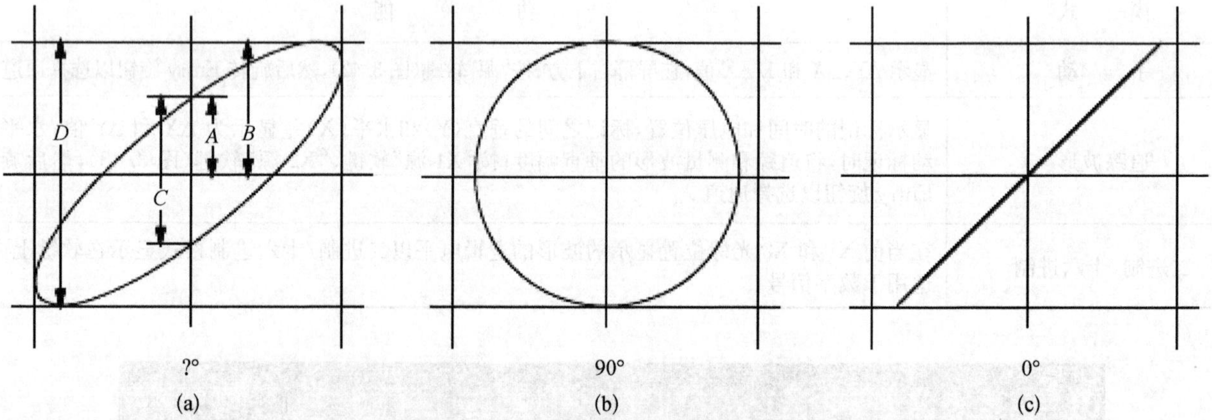

图 3.46 显示在屏幕上的 XY 模式信号

④ 旋转通道 1 和 2“∿∿”旋钮以及通道 1 和 2“微调”软键展开信号(图 3.46)。

方法一：用“光标”测量方法，直接测出 A、B、C、D 值，然后再使用公式计算相差角 (θ)：$\sin\theta=\dfrac{A}{B}$ 或 $\dfrac{C}{D}$(假定两个通道的幅度相同)。

方法二：根据“∿∿”旋钮选择值，直接从屏幕估算出 A、B、C、D 值，然后使用公式计算。

方法三：在光标设置菜单中(图 3.42)，按一下“单位”软键，然后旋转“Entry”旋钮选择相位(°)，直接读出相位。

9) 数学波形

(1) 显示数学波形。

① 按一下“Math”(数学)键(图 3.7)，左侧▶指示灯被点亮，并同时打开波形数学函数菜单(图 3.47)。

图 3.47 波形数学函数菜单

② 按一下“数学函数”软键(图 3.47)，然后旋转“Entry”旋钮以选择 $f(t)/g(t)$。

a. 在模拟输入通道上执行算术运算(加、减或乘)，所产生的数学波形以淡紫色显示。即使选择不在屏幕上显示通道，也可以在通道上使用数学函数。

b. 在模拟输入通道采集的信号上执行转换函数(FFT)。

c. 在算术运算的结果上执行转换函数。

③ 按"算子"软键(图 3.47)，然后旋转"Entry"旋钮以选择+/−/x/÷/FFT，如表 3.16 所示。

表 3.16　算　子

名　称	功　能
加或减	单位：伏或安；函数源 1 和函数源 2 值将逐点相加或相减，并显示结果；使用减进行微分测量或比较两个波形；若波形的 DC 偏移大于示波器输入通道的动态范围，则需改用微分探头
乘	单位：V^2、A^2 或 W(V・A)；如果其中一个通道与电流成正比，乘在查看功率关系时非常有用
FFT	单位：通道单位设置为伏而通道阻抗设置为 1 MΩ 时，单位将显示为 dBV；单位：通道单位设置为伏而通道阻抗设置为 50 Ω 时，显示为 dBm；单位：源通道单位设置为安时，所有其他 FFT 源的 FFT 显示为 dB；FFT 用于利用模拟输入通道或算术运算 $g(t)$ 计算快速傅里叶变换；记录指定源的数字化时间并将其转换为频域；FFT 频谱作为幅度以 dBV-频率被绘制在示波器显示屏上；水平轴的读数从时间变化为频率 Hz(赫兹)；垂直轴的读数从伏变化为 dB；查找串扰问题，查找失真问题在模拟波形中由放大器非线性引起的失真问题，或用于调整模拟滤波器

④ 按一下"函数源 1"软键(图 3.47)，然后旋转"Entry"旋钮以选择要在其上执行数学运算的模拟通道。如果选择转换函数(FFT)，则将显示结果。

⑤ 如果选择算术运算符，按一下"函数源 2"软键(图 3.47)，然后旋转"Entry"旋钮以选择要进行算术运算的第二个源，将显示结果。

备注：a. 数学运算时，如果模拟通道或数学函数被削波(未完全显示在屏幕上)，结果数学函数也将被削波。一旦显示了此函数，模拟通道可能关闭，以便更好地查看数学波形。

b. 可以调整每个数学函数的垂直定标和偏移以便查看和测量。可使用 Cursors(光标)或 Meas(测量)测量数学函数波形。

(2) 在算术运算上执行转换函数。

① 按一下"数学函数"软键(图 3.47)，并选择 $g(t)$：内部。

② 使用运算符、"函数源 1"和"函数源 2"软键设置算术运算。

③ 按一下"数学函数"软键(图 3.47)，并选择 $f(t)$：已显示。

④ 按一下"算子"软键，并选择转换函数(FFT)(图 3.47)。

⑤ 按一下"函数源 1"软键并选择 $g(t)$作为源。

备注：只有在上一步选择转换函数后 $g(t)$才可用。

10) 数学转换(FFT)

FFT 用于利用模拟输入通道或算术运算 $g(t)$计算快速傅里叶变换。FFT 记录指定源的数字化时间并将其转换为频域。选择 FFT 函数后，FFT 频谱作为幅度以 dBV-频率被绘制在示波器显示屏上。水平轴的读数从时间变化为频率(赫兹)，而垂直轴的读数从 V 变化为 dB。

使用 FFT 函数查找串扰问题，查找失真问题在模拟波形中由放大器非线性引起的失真问题，或用于调整模拟滤波器。

FFT 记录的采集点数最多为 65 536，当频率范围最大时，将显示所有点。显示 FFT 频谱后，使用频率范围和中心频率控制就像使用频谱分析仪的控件来详细检查感兴趣的频率。将所需的波形部分置于屏幕的中心，并降低频率范围以增加显示分辨率。当降低频率范围时，显示的点数便会减少，显示结果将会放大。

在显示 FFT 频谱的同时，请使用 Math(数学)和 Cursors(光标)键切换 FFT 菜单中的测量函数和频域控件。

FFT 分辨率是采样率和 FFT 点数的商(f_S/N)。如果 FFT 点数是固定的(最多 65 536)，则采样率越低，分辨率就越高。

通过选择较大的时间/格设置减少有效采样率时，将会增加 FFT 显示屏的低频率分辨率，并增加显示混叠的机会。FFT 分辨率是有效采样率除以 FFT 中的点数。实际的显示分辨率没这么精细，因为窗口形状为实际限制因素，限制 FFT 解析两个特别接近的频率的能力。若要测试 FFT 解析两个特别接近的频率的能力，最好检查调幅正弦波的边带。

FFT 混叠：使用 FFT 时，意识到频率混叠很重要。这要求操作者具备一些频域应包含什么的知识，进行 FFT 测量时还要考虑采样率、频率范围和示波器垂直带宽等。显示 FFT 菜单时，FFT 分辨率（采样率和 FFT 点数的商）直接显示在软键上面。

频域中的尼奎斯特频率和混叠：尼奎斯特频率是任何实时数字化示波器可进行采集而不会混叠的最高频率。此频率为采样率的一半。超过尼奎斯特频率的频率将处于欠采样状态，因此会导致混叠。尼奎斯特频率也称为折叠频率，因为在查看频域时，混叠的频率分量将从该频率向后折叠。

信号中的频率分量高于采样率的一半时发生混叠。因为 FFT 频谱受到该频率的限制，所以任何较高的分量都以较低（混叠）的频率显示。

FFT 频谱泄漏：FFT 运算假定时间记录可重复。除非记录中有已采样波形的周期倍数（为整数），否则将在记录结束时创建一个间断。这称为泄漏。为了将频谱泄漏减少到最低，在信号开始和结束时平稳接近为零的窗口被用作 FFT 滤波器。FFT 菜单提供四个窗口：Hanning、平顶、矩形和 Blackman-Harris。

(1) 按一下“算子”软键（图 3.47），然后旋转“Entry”旋钮以选择 FFT，并打开 FFT 菜单（图 3.48）

图 3.48 FFT 菜单

(2) 按一下“频率范围”软键（图 3.48），然后旋转 Entry 旋钮来设置所需显示的频率范围。可用于设置显示屏上看到的（从左到右）FFT 频谱的全部宽度。将范围除以 10 可计算得出每格的赫兹数。可以将“范围”设置为高于最大可用频率，在此情况下显示的频谱将不会占据整个屏幕。

(3) 按一下“中心”软键（图 3.48），然后旋转 Entry 旋钮来设置所需的显示屏的中心频率。设置 FFT 频谱频率，用显示屏的水平中心网格线表示。可以将“中心”设置为低于范围 1/2 或者大于最大可用频率，在此情况下显示的光谱将不会占据整个屏幕。

(4) 旋转“Math”（数学）键右侧的多路复用的定标（∿≑）和位置旋钮（≑），允许设置自己的 FFT 垂直定标因数和偏移，用 dB/div（分贝/格）和 dB 表示，并用显示屏的水平中心网格线表示。

备注：如果没有手动更改 FFT 定标或偏移设置，当旋转水平定标旋钮时，范围和中心频率设置将自动更改为允许对整个频谱进行最优查看；如果没有手动设置定标或偏移，旋转水平定标旋钮将不会更改范围或中心频率设置，允许更好地查看特定频率周围的详细情况。

(5) 按“更多 FFT”软键（图 3.48），打开更多 FFT 设置菜单（图 3.49）。

图 3.49 其他 FFT 设置菜单

① 按一下“函数”软键（图 3.49），然后旋转“Entry”旋钮以选择 Hanning/平顶/矩形/Blackman Harris，如表 3.17 所示。

表 3.17 函 数

函 数	功 能
Hanning	指用于精确测量频率或解析两个十分接近频率的窗口
平 顶	指用于精确测量频率峰值幅度的窗口

续表

函数	功能
矩形	能够精确地测量频率分辨率和振幅,但仅可在无泄漏影响的位置使用; 用于自窗口波形,如伪随机噪声、脉冲、正弦猝发和衰减正弦曲线
Blackman Harris	与矩形窗相比,窗口减少了时间解析度; 但是由于更低的辅助 LOB 而提高了检测较小脉冲的性能

② 按"垂直单位"软键(图 3.49),然后旋转"Entry"旋钮以选择 Decibels(分贝)/V RMS。

③ 按"自动设置"软键(图 3.49),将频率范围和中心设置为可显示全部可用光谱的值。

可用最大频率为有效 FFT 采样率的一半,它是时间/格设置的函数。FFT 分辨率是采样率和 FFT 点数的商(f_S/N)。当前 FFT 分辨率显示在软键的上面。

备注:按"FFT 自动设置"软键将自动重新定标波形,且范围和中心将再次自动跟踪水平定标设置。

举例:4 V、75 kHz 方波连接到通道 1 可获得 FFT 频谱如图 3.50 所示。将水平定标设置为 50 μs/div,将垂直灵敏度设置为 1 V/div,将单位/格设置为 20 dBV,将偏移设置为−60.0 dBV,将中心频率设置为 250 kHz,将频率范围设置为 500 kHz,并将窗口设置为 Hanning。

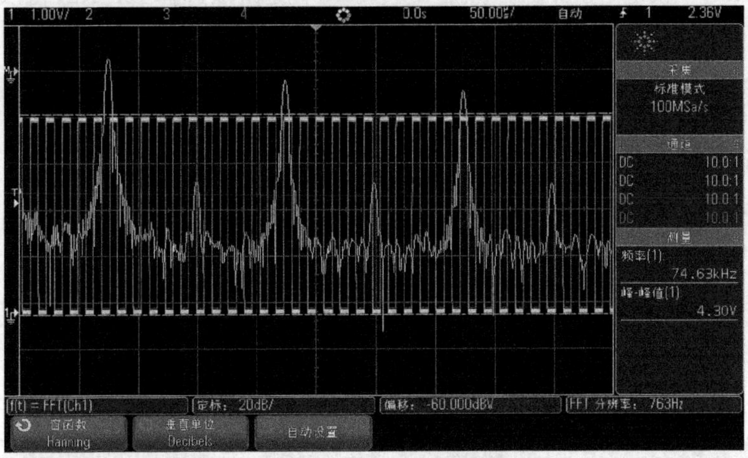

图 3.50 FFT 实例图

(6) 要获得最佳峰值测量的垂直精确度,请执行以下操作。

步骤 1:确保正确设置探头衰减。

步骤 2:对源灵敏度进行设置,使输入信号接近全屏幕且未被削波。

步骤 3:使用"平顶"窗口。

步骤 4:将 FFT 灵敏度设置为一个灵敏度范围,如 2 dB/格。

(7) 要获得最佳峰值频率精确度,请执行以下操作。

步骤 1:使用"Hanning"窗口。

步骤 2:使用光标将 X 光标放在所需的频率上。

步骤 3:调整频率范围获取更好的光标位置。

步骤 4:返回到"光标菜单",对 X 光标进行微调。

11) *参考波形*

可将模拟通道或数学函数波形保存到示波器中的两个参考波形位置中的一个,然后,可显示参考波形并与其他波形进行比较。一次可显示一个参考波形。

将多路复用的旋钮(∿⇕)分配给参考波形[按一下 Ref(参考)键并且其左侧的▶指示灯亮起时即表示已分配]时,可以使用旋钮对参考波形定标和定位,还可以调整参考波形的时差。示波器显示中可选择性地包括参考波形定标、偏移和时差信息。

可将模拟通道、数学函数或参考波形保存到 USB 存储设备上的参考波形文件中。可将参考波形文件从 USB 存储设备调用到其中一个参考波形位置。

(1) 按一下“Ref”(参考)键(图 3.7),左侧的▶指示灯被点亮,打开参考波形菜单(图 3.51)。

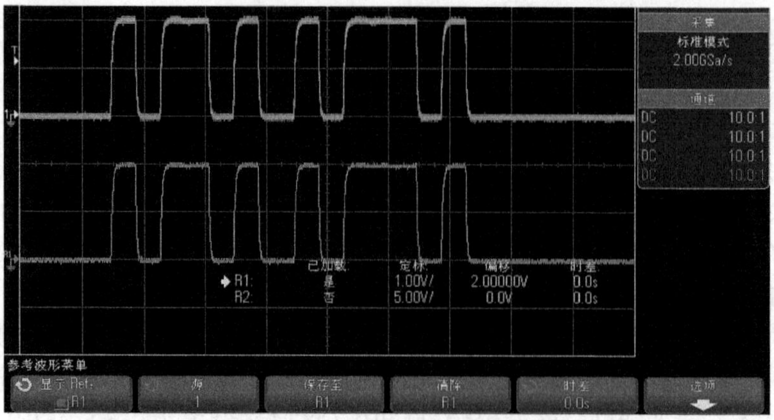

图 3.51　参考波形菜单

(2) 按一下“显示 Ref:”软键(图 3.51),然后旋转 Entry 旋钮以选择 R1/R2,再次按一下“显示 Ref:”软键或 Entry 旋钮,启用/禁用参考波形显示,一次可显示一个参考波形。

备注:■显示蓝色为已启用。

(3) 按一下“源”软键(图 3.51),然后旋转 Entry 旋钮以选择通道 1/2。

(4) 按一下“保存至”软键(图 3.51),将波形保存到参考波形位置。

备注:关闭电源然后再打开或执行默认设置后,仍将保留参考波形。

(5) 旋转“Ref”(参考)键右侧上方的多路复用的旋钮(∿≑)以调整参考波形定标。

(6) 旋转“Ref”(参考)键右侧上方的“⬍”旋钮以调整参考波形位置。

(7) 按一下“时差”软键(图 3.51),然后旋转“Entry”旋钮以调整参考波形时差。

(8) 按一下“选项”软键(图 3.51),打开参考波形选项菜单(图 3.52)

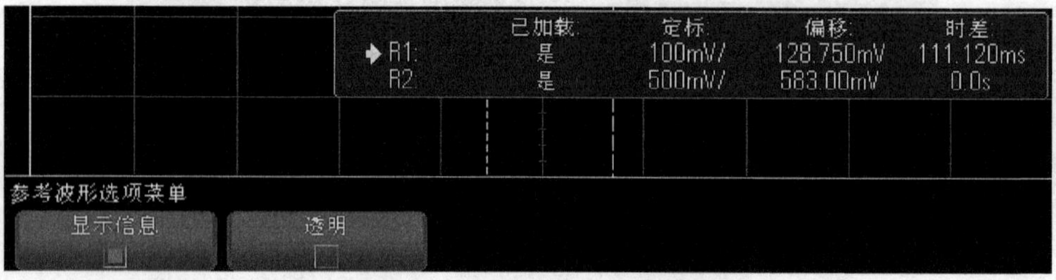

图 3.52　参考波形选项菜单

① 按“显示信息”软键(图 3.52),在示波器显示屏上启用或禁用参考波形信息。

备注:■显示蓝色为已启用。

② 按“透明”软键(图 3.52),启用或禁用透明信息背景。

备注:■显示蓝色为透明。

(9) 将参考波形文件保存到 USB 存储设备/从 USB 存储设备调用参考波形文件,存储格式为:参考波形数据(*.h5)。

6. 数字电压表

要具备数字电压表的功能,在购买示波器时需订购 DVM 选件,或在购买示波器后单独订购 DSOXDVM。

1) 性能特点

(1) 数字电压表(DVM)为内置式。

(2) 数字电压表(DVM)可使用任意模拟通道测量 3 位电压和 5 位频率。

(3) DVM 测量与示波器的采集系统异步，且始终进行采集。

(4) 当信号频率在 20 Hz～100 kHz 时，DVM 执行精确的 RMS 测量。当信号频率超出此范围时，DVM 显示中将出现“＜带宽限制”或“＞带宽限制”，警告注意不正确的 RMS 测量结果。

(5) DVM 显示一个七段读数，正如数字电压表上所示，它显示所选模式及单位。使用通道的“探头”菜单中的“单位”软键选择单位。

(6) DVM 定标取决于通道的垂直定标和参考电平。定标的蓝色三角形指示器显示最近的测量结果。上方的白色栏显示最近 3 s 的测量极值。

2) 数字电压表一般操作步骤

(1) 按一下[Analyze](分析)键(图 3.7)，打开数字电压表菜单(图 3.53)。

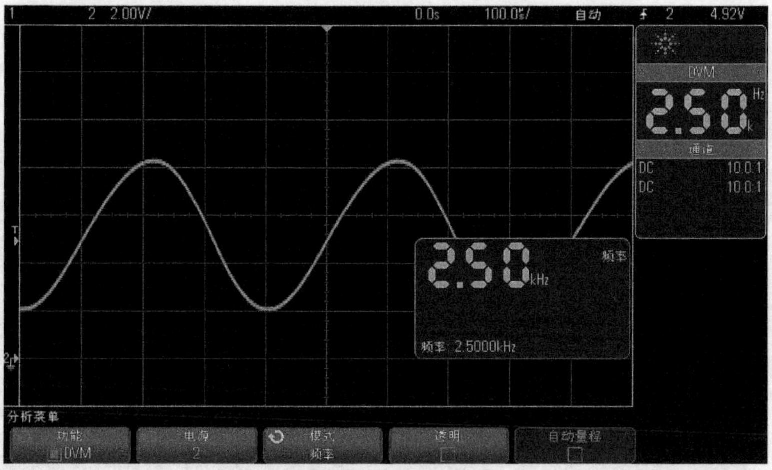

图 3.53 分析菜单

(2) 按一下“功能”软键，然后旋转“Entry”旋钮以选择数字电压表(DVM)(图 3.53)。

(3) 再一次按“功能”键或按一下“Entry”旋钮，启动数字电压表，显示数字电压表。

备注：▣显示蓝色为已开启数字电压表。

(4) 按“电源”软键(图 3.53)，然后旋转“Entry”旋钮以选择通道 1/2。

(5) 按“模式”软键(图 3.53)，然后旋转“Entry”旋钮以选择 AC RMS/DC/直流有效值/频率，如表 3.18 所示。

表 3.18 数字电压表模式

AC RMS	显示所采集数据的均方根值，并去除了直流电压分量
DC	显示所采集数据的直流电压值
直流有效值	显示所采集数据的均方根值
频率	显示频率计数器测量值

(6) 按“透明”软键(图 3.53)，选择背景是否为透明。

(7) 按“自动量程”软键(图 3.53)，启用/禁用通道的垂直定标和位置旋钮进行调整。

如果所选源通道未在示波器触发时使用，请按自动量程以禁用或启用 DVM 通道的垂直定标、垂直(接地电平)位置和触发(阈值电压)电平(用于计数器频率测量)的自动调整功能。启用后，自动量程将阻止对通道的垂直定标和位置旋钮进行调整。如果禁用，则可以正常使用通道的垂直定标和位置旋钮。

7. 数字通道简介

要具备数字通道的功能，可在 MSOX2000 X 系列型号和安装了 DSOX2 MSO 升级许可证的 DSOX2000 X 系列型号上启用数字通道。

1) 数字通道基本概念简介

(1) 使用数字通道采集波形。按一下“Run/Stop”(运行/停止)或“Single”(单次)键以运行示波器时，示波器会检查每个输入探头上的输入电压。当触发器条件满足时，示波器触发并显示采集。

对于数字通道，每次示波器采样时都将输入电压与逻辑阈值进行比较。如果电压在阈值之上，示波器在采样存储器中存储1，否则将存储0。

(2) 活动指示器。当打开数字通道时，在显示屏底部右侧的状态行上显示一个活动指示器。数字通道可以总是为高(¯)，总是为低(_)或活动地切换逻辑状态(↕)。在活动指示器中，任何已关闭的通道都显示为灰色。

2) DSO－X_2012A 数字示波器屏幕显示数字通道信息示意图(图 3.54)

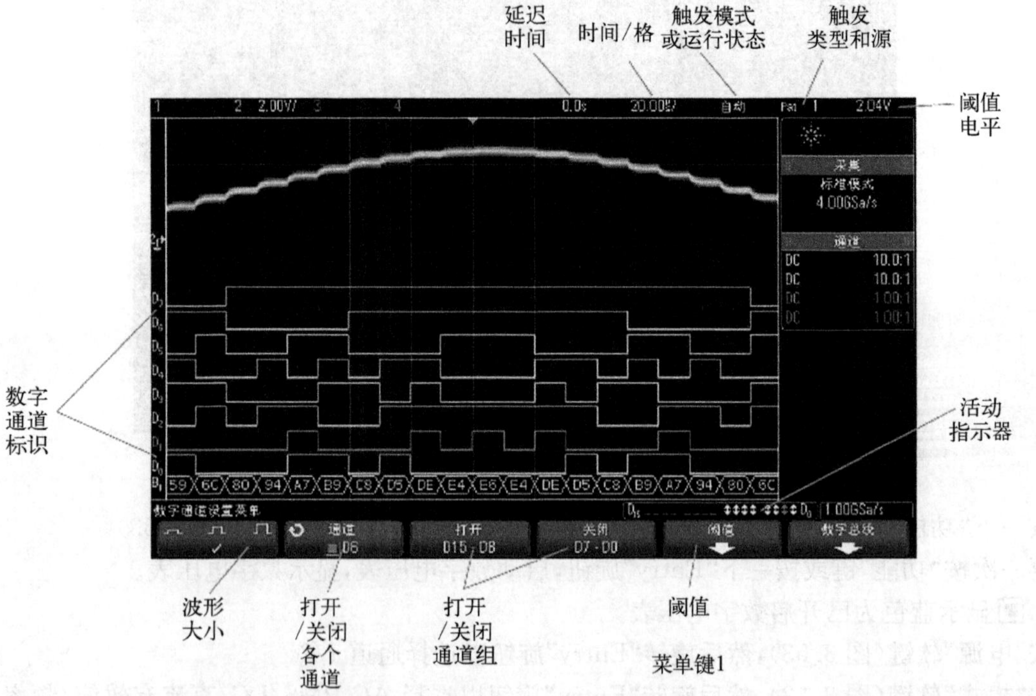

图 3.54 数字示波器屏幕显示数字通道信息示意图

3) 数字示波器数字探头外形图(图 3.55)

数字示波器数字探头原理图如图 3.56 所示。

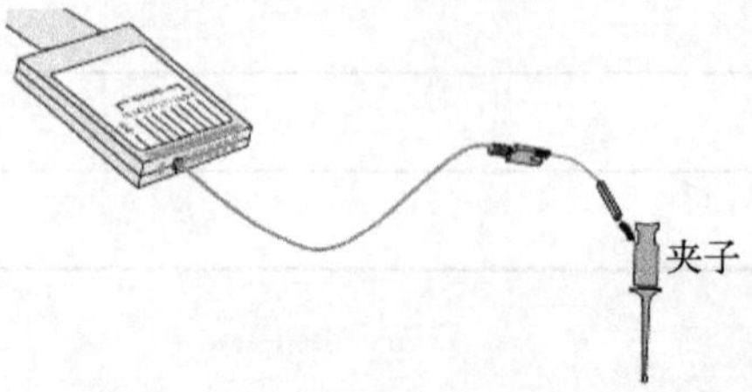

图 3.55 数字示波器数字探头外形图

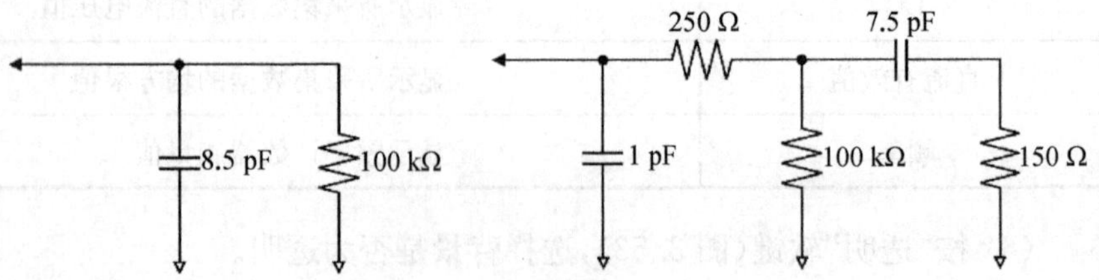

图 3.56 数字示波器数字探头原理图

4) 组建测试数字通道系统

(1) 将数字探头电缆连接到示波器前面板上的 DIGITAL 端口(图 3.7 标识 20)。

(2) 将数字探头连接到被测设备(图 3.57)。

(3) 使用探头夹子将接地导线连接到每组通道(图 3.57)，使用接地导线可提高传至示波器的信号的保真度，确保准确地测量。

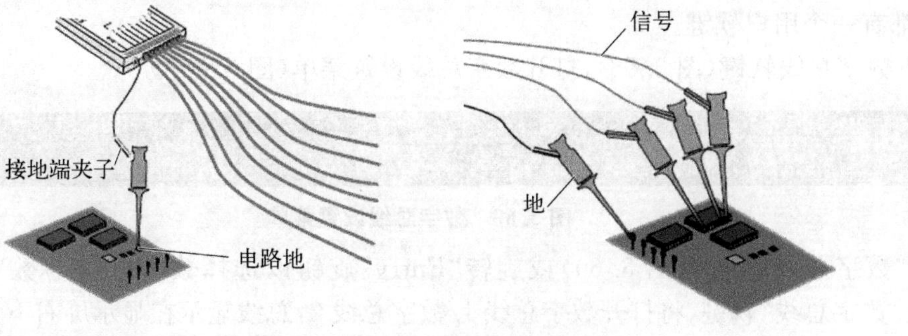

图 3.57　数字探头与被测设备连接图

5) 数字通道一般操作步骤

(1) 按一下“Digital”(数字)键(图 3.7),键左侧的▶指示灯被点亮,打开数字通道设置菜单(图 3.58)。

图 3.58　数字通道设置菜单

(2) 按大小“⌐⎍⎍”软键选择数字通道的显示方式,更改数字通道的显示大小。

(3) 按“通道”软键(图 3.58),然后旋转“Entry”旋钮,从弹出菜单中选择所需打开的通道,按一下“Entry”旋钮,打开/关闭所选通道。

备注:通道序号前的▣显示蓝色为已打开通道。

(4) 按“关闭(或打开)D7 - D0”软键(图 3.58),打开或关闭所有数字通道组,每次按一下软键,软键的模式将在打开和关闭之间切换。

备注:如果要关闭数字通道,而“数字通道设置菜单”尚未显示,则必须按“Digital”(数字)键两次才能关闭数字通道。第一次按下该键将显示“数字通道设置菜单”,第二次则会关闭通道。

(5) 旋转“Digital”(数字)键右边的多路复用(∿⇕)旋钮选择通道,所选的通道波形以红色突出显示。

(6) 旋转“Digital”(数字)键右边的多路复用(⇕)旋钮移动选定通道波形。如果将通道波形重新定位在另一通道波形上,轨迹左边缘的指示器将显示两个通道标识选中的通道打钩。

(7) 按一下“阈值”软键(图 3.58),打开数字通道阈值菜单(图 3.59)。

图 3.59　数字通道阈值菜单

按“D7 - D0”软键(图 3.59),然后旋转“Entry”旋钮以选择逻辑系列预设值或选择 User(用户)以定义自己的阈值,如表 3.19 所示。

表 3.19　阈　　值

逻辑系列	阈　值　电　压
TTL	+1.4 V
CMOS	+2.5 V
ECL	−1.3 V
用户可在	−8～+8 V 变化

① 大于所设阈值的值为高(1),小于所设阈值的值为低(0)。

② 电平可显示为 1(高于触发电平)、0(低于触发电平)、不定状态(↕)或 X 无关。

③ 如果“阈值”软键被设置为用户,请按下通道组的用户定义软键,然后旋转 Entry 旋钮以设置逻辑阈

值。每组通道都有一个用户软键。

(8) 按一下数字总线软键(图 3.58),打开数字总线设置菜单(图 3.60)。

图 3.60 数字总线设置菜单

① 按一下“数字总线”软键(图 3.60)或旋转“Entry”旋钮以选择数字总线 1/数字总线 2,再按一下“Entry”旋钮或“数字总线”软键,将打开数字总线 1/数字总线 2,总线显示在显示屏右下角底部。

备注:▣显示蓝色为已打开。

② 按一下“通道”软键(图 3.60),然后旋转“Entry”旋钮选择要包括在总线中的各个通道。可以旋转“Entry”旋钮并按一下它或按下软键来选择通道。

③ 可以按一下“取消选择 D7 - D0”软键,在每个总线中包括或排除由八个通道组成的组。

④ 按一下“进制显示”软键(图 3.60),然后旋转“Entry”旋钮以选择十六进制/二进制显示总线。

6) 使用光标读取任何点处的数字总线值

(1) 按一下“Cursors”(光标)键(图 3.7),按一下“模式”软键(图 3.61),然后旋转“Entry”旋钮以选择十六进制/二进制。

(2) 按一下“源”软键(图 3.61),选择数字总线 1/数字总线 2。

(3) 旋转“Cursors”旋钮,按“光标”软键(X1、X2、X1X2)将光标定位在要读取总线值的位置。

(4) 按一下“Digital”(数字)键以显示“数字通道设置菜单”时,数字活动指示器将显示在光标值所在位置上,光标处的总线值将显示在内部格线中(图 3.61)。

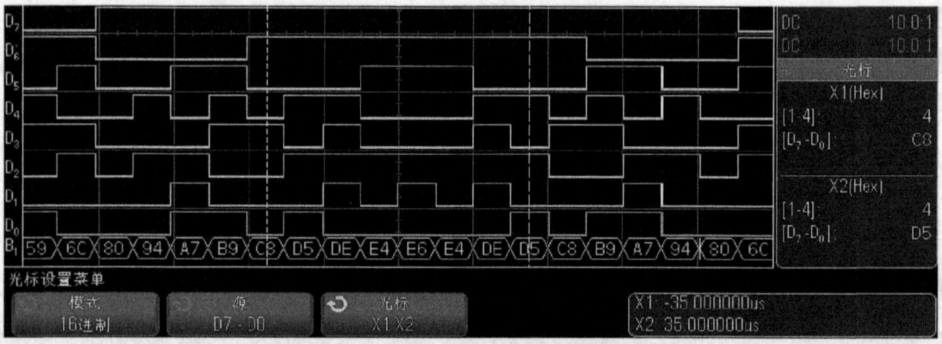

图 3.61 用光标读取时显示总线值

7) 使用码型触发时将显示总线值

(1) 按一下“Trigger”(触发)键(图 3.7),打开触发菜单(图 3.32)。

(2) 按一下“触发类型”软键,然后旋转“Entry”旋钮以选择码型,打开码型触发菜单(图 3.34)。

(3) 按一下“通道”软键(图 3.34),然后旋转“Entry”旋钮以选择数字总线 1/数字总线 2(图 3.62),值将显示在软键上方的右侧。

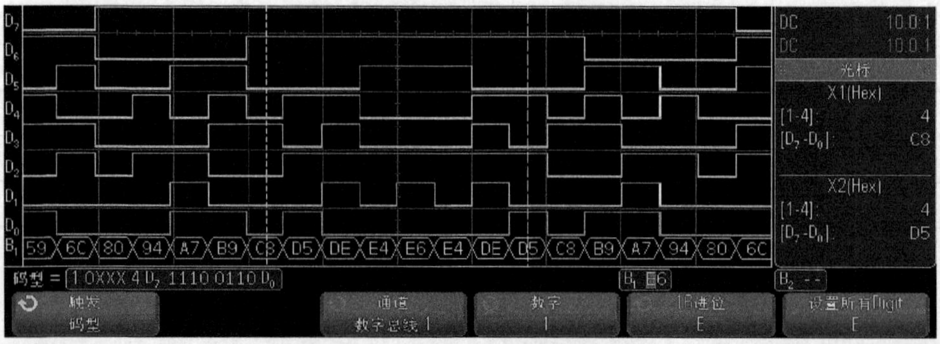

图 3.62 用码型触发时显示总线值

(4) 如果总线值无法显示为十六进制值，则在总线值中显示美元符号（$）。

(5) 如果码型规范中有一个或多个“无关”(X)以及低(0)和高(1)逻辑电平，或转换指示器-上升沿（ ）或下降沿（ ）—包括在码型规范中，则会发生这种情况。由所有无关(X)组成的字节将在总线中显示为无关(X)。

3.4　实验内容和方法

1. 用光标法测量 DEMO2 端子输出的方波信号参数(表 3.20)

要求：写明操作步骤，U 盘保存图像，画出波形参数。

表 3.20　DEMO2 端子输出信号参数

参　　数		实　测　值
波形类型		
幅　度	V_{pp}	
	V_{rms}	
频　　率		
偏　　移		

① ________________________　② ________________________

③ ________________________　④ ________________________

⑤ ________________________　⑥ ________________________

2. 分别用时基模式和 XY 模式测量相位延迟，比较测量结果。同时测量电容的等效内阻 R_c

条件：内置信号源输出正弦波，频率 1 kHz；幅度 $1V_{pp}$

理想的 RC 移相电路如图 3.63 所示，其电流与电压的相位关系如下

$$u = U_m \sin 2\pi ft,\quad i = I_m \sin(2\pi ft + \varphi)$$

则相移为

$$\varphi = \arctan \frac{1}{2\pi fRC}$$

若考虑电容的内阻 R_C，其等效电路如图 3.64 所示。由图可知电容的等效内阻为 $R_C = \dfrac{u_i - u_0}{u_0}R$，测试波形如图 3.65 所示。

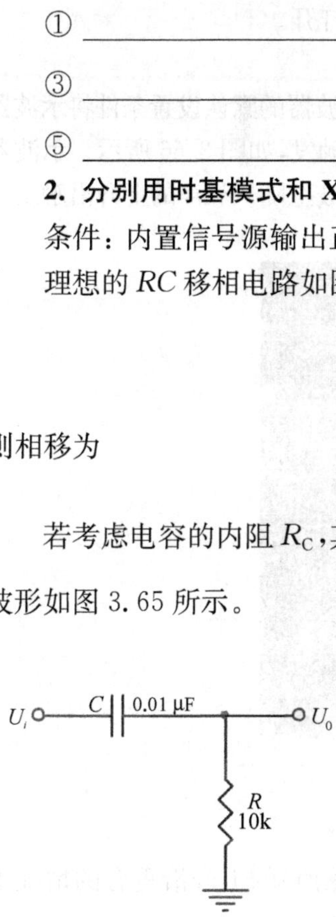

图 3.63　理想 RC 移相电路

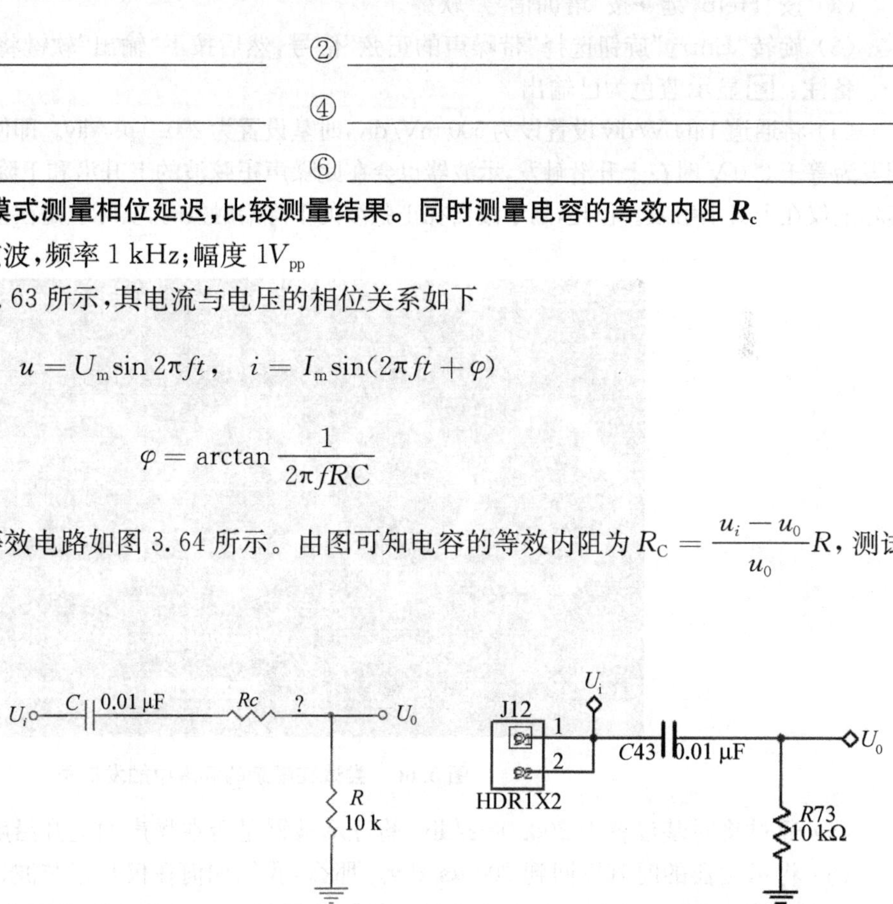

(a)　(b)

图 3.64(a) 实际 RC 移相电路；(b) 实际 RC 移相电路原理图

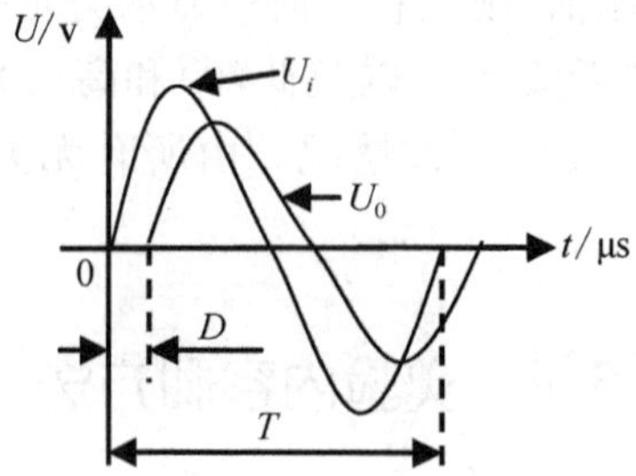

图 3.65 测试波形

由图 3.65 可知，相移为

$$\varphi = 360^\circ \frac{D}{T}$$

式中，T 为正弦信号的周期。

要求：请画出信号源、电路和示波器的连接图及波形参数图，并写明操作步骤，U 盘保存图像。

① ________________ ② ________________

③ ________________ ④ ________________

⑤ ________________ ⑥ ________________

3. 触发噪声信号

(1) 通道 1 探头连接到标记为 Demo1 的端子，将探头的地线连接到中心端子(接地)。

(2) 按“Help”键→按“培训信号”软键。

(3) 旋转“Entry”旋钮选择“带噪声的正弦”信号，然后按下“输出”软键将其打开。

备注：▣显示蓝色为已输出。

(4) 将通道 1 的 V/div 设置设为 500 mV/div，时基设置为 200.0 μs/div。即使示波器的默认设置条件将示波器配置为等于 0.0 V 时在上升沿触发，示波器也会在此噪声正弦波的上升沿和下降沿触发，如图 3.66 所示。示波器实际上仅在上升沿触发。但是，当示波器在正弦波的下降沿触发时，实际上是在正弦波上随机噪声的上升沿触发。

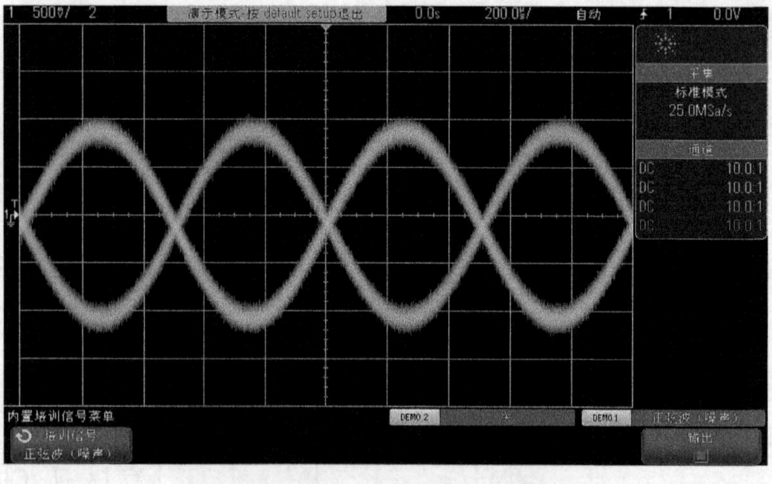

图 3.66 尝试在嘈杂的环境中触发信号

(5) 通过将时基设置为 200.0 ns/div，验证示波器是否在噪声的上升沿触发。

(6) 将示波器的时基设回到 200 μs/div。那么，我们如何在仅与正弦波(无噪声)的上升沿重合的情况下使示波器触发？现在，让我们更多地了解一些示波器的用户可选择触发耦合选项。

(7) 按“Mode/Coupling”键→按“高频抑制”软键，以打开高频抑制滤波器。

备注：▣显示蓝色为已打开。

向示波器输入的信号实际上被拆分并沿着示波器内部的两条不同模拟路径向下发送。沿着其中一条路径向下的信号将被示波器的采集系统捕获(图片获取系统)。类似的信号沿着一条单独的路径向下发送,由示波器的模拟触发电路处理(请参考示波器框图)。选择高频抑制后,由示波器的模拟触发电路处理的信号首先通过 50 kHz 低通滤波器。由于噪声由广泛连续的频率组成,包括高频率分量,因此触发电路随后会“看到”消除/衰减了大部分噪声的正弦波,而沿着采集路径向下发送的信号不受影响(噪声被保留)。这样,我们就会看到噪声,如图 3.67 所示,但是示波器的触发电路看不到噪声,并且有一些限制。

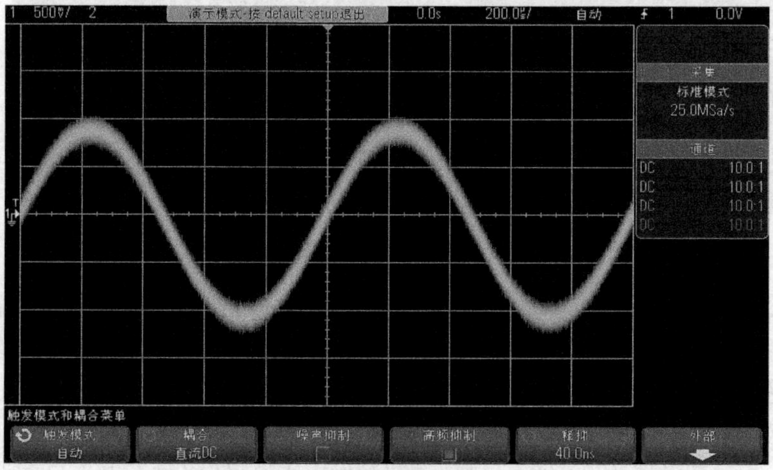

图 3.67 使用高频抑制触发噪声正弦波

由于高频抑制滤波器基于固定的 50 kHz 低通硬件滤波器,因此不能在更高频率的信号上使用。这种 50 kHz 低通滤波器不影响 1 kHz 正弦波培训信号。但是,如果我们尝试在 20 MHz 噪声正弦波上使用触发高频抑制,则 50 kHz 滤波器将“消灭”噪声和基本 20 MHz 正弦波,使其不可能触发任何信号。但是,我们还有两个选项。

(8) 再次按“高频抑制”软键,将其关闭。示波器应再次在正弦波的上升沿和下降沿触发。

(9) 按“噪声抑制”软键,以打开噪声抑制滤波器。

备注:▣显示蓝色为已打开。

噪声抑制滤波器不是基于频率,而是基于幅度。尽管我们讨论了单触发电平,实际上信号必须交叉通过两个电平才能被鉴定为有效触发。这称为“触发滞后”,有时称为“触发灵敏度”。大多数示波器的默认触发灵敏度为 0.5 格。这意味着输入信号必须摆动至少 0.5 格(峰到峰)才能被鉴定为有效触发条件。但是,这也意味着,当噪声超过越 0.5 格(峰到峰)时,示波器会触发噪声。选择噪声抑制时,示波器的滞后被扩展到约 1.0 格(峰到峰)。对于这种特定的噪声正弦波,大多数时候,1.0 格的触发滞后可以解决我们遇到的问题。可能会注意到示波器的显示屏上有一些“闪光”现象。这意味着 1.0 格的滞后相当不足。另一种解决方案是使用示波器的触发释抑功能,我们将在实验 1.3.4 节 4. 中讨论。从带有噪声的此正弦波的测量离开之前,如果想要查看此正弦波并对其执行测量,但却没有随机噪声,情况会怎样?

(10) 按“高频抑制”软键。现在,高频抑制滤波以及噪声抑制滤波都应打开,为我们提供一种非常稳定的触发。

(11) 按“Acquire”键→旋转“Entry”旋钮将示波器的采集模式从正常更改为平均。

选择平均采集模式时,示波器会对多个波形采集一起进行平均操作。如果信号中的噪声是随机的,则噪声分量会平均出来,因此我们随后可以仅对基本信号分量执行更准确的测量,如图 3.68 所示。

4. 使用触发释抑触发数字猝发

真实电子世界中的信号很少会像重复正弦波和方波一样简单。在较复杂的信号上建立唯一触发点(同步图形获取),有时需要使用触发“释抑”。在本实验中,您将了解如何使用示波器的触发释抑功能,来触发数字脉冲的猝发。

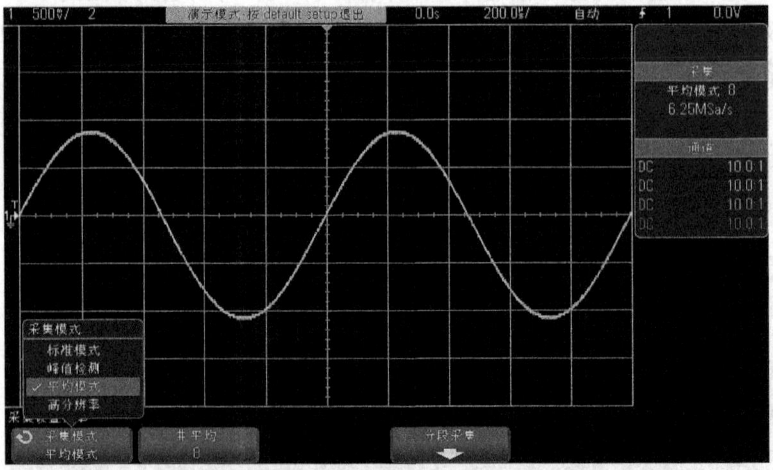

图 3.68　使用示波器的平均采集模式消除噪声

(1) 将通道 1 探头连接到标记为“Demo1”的输出端子，将探头的地线连接到中心端子(接地)。

(2) 按“Help”键→按“培训信号”软键→旋转“Entry”旋钮选择“数字猝发”信号，然后按“输出”软键将其打开。

备注：▣显示蓝色为已输出。

(3) 将通道 1 的 V/div 设置设为 1.00 V/div→将通道 1 的偏移/位置设置为大约+1.7 V，以便使此波形位于示波器显示屏的中心→时基设置为 20.00 μs/div→按“触发电平”旋钮将触发电平自动设置为大约 50%。

您应在示波器显示屏上看到可能与图 3.69 类似的一系列数字脉冲的未触发显示。示波器实际上会触发此复杂数字数据流的随机上升沿交叉，实为脉冲的“猝发”。遗憾的是，我们不能“看到”猝发活动，因为尚未将示波器设置为在此复杂信号上建立唯一触发点。所以，应立即“停止”重复采集，以便可以看到猝发的单次采集，然后执行某些测量。随后，我们将使用这些测量输入特定的触发释抑时间，以便在每个猝发的第一个脉冲上同步触发。

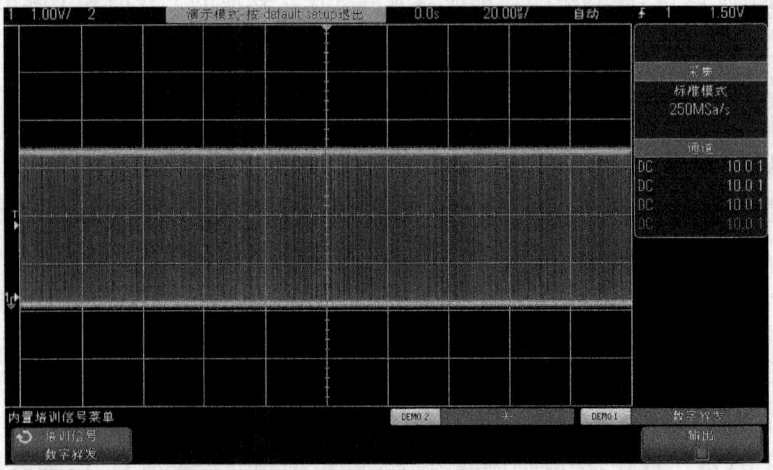

图 3.69　在使用示波器的默认触发设置条件时尝试查看脉冲猝发

(4) 按“Run/Stop”(绿色)前面板键，“Run/Stop”按键指示灯由绿色变红色，表示停止重复采集。

停止重复采集后，应该立即能看到如图 3.70 所示的数字猝发活动。也就是说，有一系列负脉冲，随后有一段短暂的信号停滞时间(高电平)，然后会重复执行。如果多次按“Single”键，应观察到每次采集的触发事件(最靠近中心屏幕的上升沿)在猝发中几乎始终为不同的脉冲。

使用学到的知识，估计或使用示波器的定时光标(X1 和 X2)，以测量一次脉冲猝发的宽度，同时测量从一次脉冲猝发开始到下一次脉冲猝发开始的时间。应该发现每次猝发的宽度约为 40 μs，猝发的间隔时间约为 50 μs。使用示波器的默认触发条件时，示波器会触发此信号的“任意”随机边沿。也就是说，有时示波器

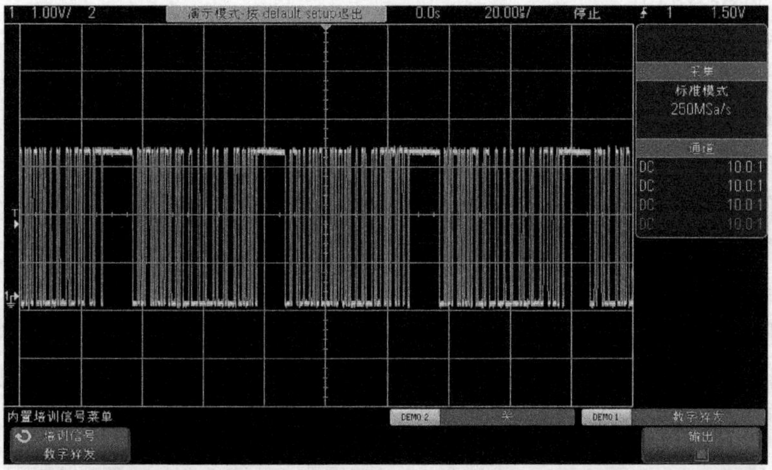

图 3.70　数字猝发输入信号上的随机边沿触发

会在猝发的第一个边沿触发，有时会在猝发的第 11 个边沿触发，有时会在第 5 个边沿触发等。理想的同步点是设置示波器，使其始终在每个猝发的第一个边沿触发，而不是在随机边沿触发。我们可以使用示波器的“触发释抑”功能执行此操作。使用触发释抑功能，可以指示示波器始终在每次脉冲猝发之间的信号停滞时间内接通触发。这样，示波器始终会在接通后在下一个上升沿触发，即始终为每次猝发的第一个边沿。实现此目标的理想释抑时间应为触发释抑时间，介于 40 μs（猝发宽度）与 50 μs（猝发的间隔时间）之间。这可能貌似非常混乱，就让我们执行此操作，看会发生什么。

（5）按“Run/Stop”前面板键再次开始重复采集→按前面板触发区中的“Mode/Coupling”键→按“释抑”软键→然后顺时针旋转“Entry”旋钮→直到释抑值设置为约 45.000 μs。

现在应看到一个同步显示，如图 3.71 所示。示波器将在脉冲猝发的第一个上升沿触发（中心屏幕），随后在 45.00 μs（释抑时间）内禁止触发。在此释抑时间内，示波器会忽略第二个、第三个、第四个……交叉点，随后在本次猝发结束之后，但下一次猝发开始之前（在信号的“停滞时间”内）重新接通触发。下一个有效的触发事件将再次为下一次猝发的第一个上升沿交叉。

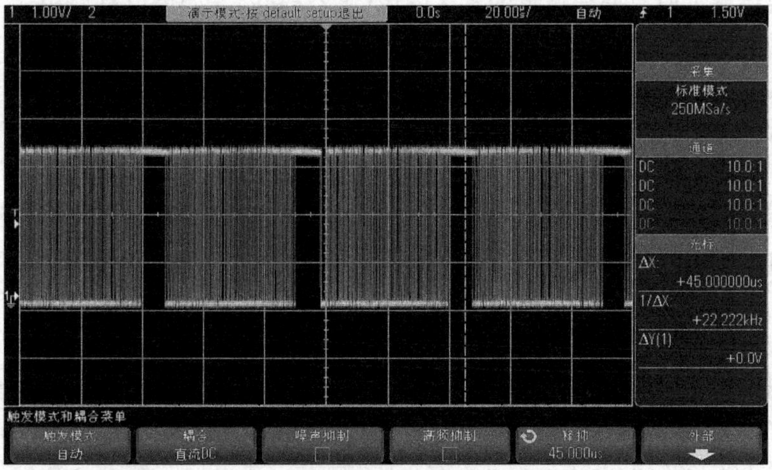

图 3.71　使用示波器的触发释抑功能对脉冲猝发执行同步

5. 触发、捕获和分析罕见事件

在本实验中，将了解如何使用示波器的某些不同余辉显示模式增强罕见毛刺的显示。此外，还将了解如何使用示波器的脉冲宽度触发模式触发毛刺。

（1）通道 1 探头仍然连接到标记为“Demo1”的端子。

（2）按示波器前面板上的“Help”键→按“培训信号”软键→旋转“Entry”旋钮，选择“带偶发毛刺的时钟”

信号,然后按“输出”软键将其打开。

(3) 将通道 1 的 V/div 设置设为 500 mV/div→将通道 1 的位置/偏移设置为 1.00 V,以便将屏幕中的波形居中→时基设置为 20.00 ns/div→按触发电平旋钮,以便将触发电平自动设置为约 50%(约 1.0 V)。此时,您可能会注意到中心屏幕附近罕见且模糊的“闪光”现象。这是示波器捕获的罕见毛刺(或窄脉冲)。尽管示波器通常在时钟信号的上升沿触发,但偶尔也会在此罕见毛刺的上升沿触发。此毛刺显示模糊的原因在于示波器会将常见信号显示得很明亮,而将罕见信号显示得很模糊。这提示我们,此毛刺不会经常出现。

(4) 按“Intensity”(亮度)键(图 3.7 标识 3),指示灯被点亮,然后顺时针旋转“Entry”旋钮,直到亮度调整为 100%,再按“Intensity”键,关闭亮度调节。将波形亮度调整为 100%后,示波器将以同样的亮度显示所有捕获的波形,我们就可以清楚地看到此罕见毛刺,如图 3.72 所示。在任何边沿交叉(默认触发类型)触发的同时捕获此类罕见事件时,需要使用波形更新率非常快(快速图形采集)的示波器。现在让我们来了解一些示波器中可用来进一步增强此毛刺观看能力的特殊显示模式。

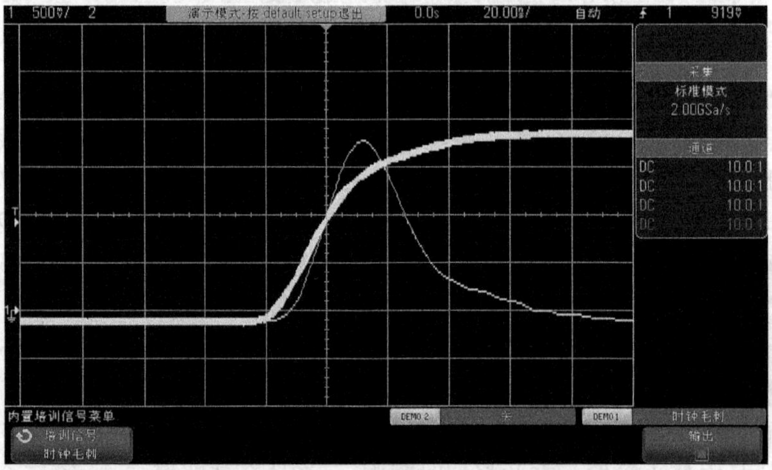

图 3.72 示波器的快速波形更新率可用于捕获罕见毛刺

(5) 按“Display”前面板键→按“余辉”软键,然后旋转“Entry”旋钮选择∞余辉显示模式。如果启用“∞余辉”模式,示波器将显示所有捕获波形的永久图像(永不擦除)。如果没有启用“∞余辉”模式,示波器将以 60 Hz 的频率擦除所有捕获的波形。在尝试捕获极为罕见的事件(如可能每两个小时才出现一次的毛刺)时,使用“∞余辉”模式可能极其有帮助。例如,可以设置夜间测试以查看是否会出现任何毛刺,随后在第二天返回实验时确定是否出现。“∞余辉”显示模式对于捕获和显示最差情形定时抖动和噪音也非常有用。请注意,除了“∞余辉”显示模式以外,此示波器还具有“可变余辉”显示模式,在此模式下可以定义波形显示擦除率。现在,我们使用示波器的脉冲宽度类型触发,将示波器设置为在此罕见毛刺上唯一触发。但是,首先应从视觉上估计一下此脉冲相对于触发电平设置的大约宽度,此宽度应设置为大约+1.0 V,应该约为 30 ns 宽。

(6) 按“余辉”软键并选择关闭以关闭余辉显示模式→按“清除余辉”软键。

(7) 按“Trigger”按键→按“触发类型-边沿”软键,然后旋转“Entry”旋钮,从默认边沿类型触发更改为脉冲宽度类型触发→按“＜30 ns”软键,然后旋转 Entry 旋钮,将脉冲宽度时间从“＜30 ns”更改为“＜50 ns”。

(8) 按前面板触发区中的“Mode/Coupling”键→按“触发模式-自动”软键→然后旋转“Entry”旋钮选择标准触发模式。

现在应看到一个稳定的显示画面,显示与图 3.73 类似的窄毛刺。使用“脉冲宽度”类型触发,可以定义要触发的负脉冲或正脉冲的独特宽度。时间变量包括“＜”、“＞”以及时间范围“＞＜”。实际触发点出现在时间限定脉冲结束之时。在本示例中,由于我们已将示波器设置为触发宽度小于 50 ns 的正脉冲,因此示波器将触发宽度约为 30 ns 的脉冲的后沿(下降沿)。如果要验证不存在比 30 ns 脉冲更窄的毛刺,请选择 Trigger 菜单,并将脉冲宽度时间值重新调整为其最低设置,并查看示波器是否还会触发。

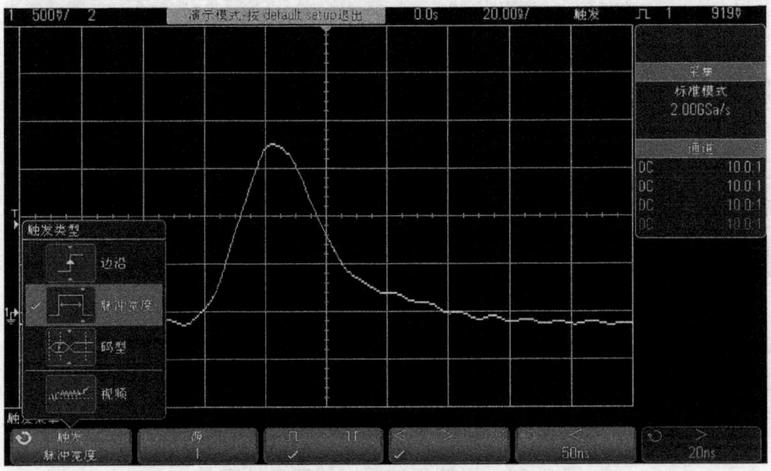

图 3.73　使用脉冲宽度触发限定独特的窄脉冲

脉冲宽度触发不仅对在不需要的毛刺上触发非常有用，而且对在有效的数字脉冲序列内建立唯一的触发点也会非常有用。

6. 捕获单冲事件

如果要捕获的事件是真正的“单冲”事件(意味着仅发生一次)，则必须对信号的特征有一定的了解，才能设置示波器来捕获它。捕获重复信号时，通常可以使用各种设置条件查看捕获的波形，然后开始“调节”示波器的标定，直到正确标定波形。

假设我们知道要捕获的单冲事件是数字脉冲，幅度应约为 2.5 V_{p-p}，偏移为＋1.25 V。也就是说，信号应从地面(0.0 V)摆动约＋2.5 V。或许这是仅在引导时发生的系统重置脉冲。用于捕获此信号的良好垂直设置则应为 500 mV/div，该设置使您可以捕获到 4 V_{p-p} 的信号摆动。良好的偏移/位置设置应为＋1.25 V，以便可以使波形位于屏幕中心，而且良好的触发电平也应为＋1.25 V(使用标准上升沿触发条件)。

假设我们还知道单冲事件的宽度约为 500 ns，那么良好的时基设置应为 200 ns/div。这将为我们提供 2.0 μs 的屏幕捕获时间，应该更足以捕获 500 ns 宽的脉冲。现在，让我们立即设置示波器以捕获此单冲脉冲。

(1) 通道 1 探头连接到标记为 Demo1 的端子。

(2) 按下示波器前面板上的“Default Setup”键。

(3) 将通道 1 的 V/div 设置设为 500 mV/div，将通道 1 的垂直位置/偏移设置为＋1.25 V，将触发电平设置为＋1.25 V，将示波器的时基设置为 200.0 ns/div。

(4) 按“Mode/Coupling”前面板键(触发电平旋钮旁边)→按“模式-自动”软键，然后从自动更改为标准。

请注意，必须使用正常触发模式来捕获单冲事件。如果将示波器保留在其默认的自动触发模式下，示波器将继续生成自己的自动异步触发，您将错过触发单冲事件。正常触发模式等待有效的触发事件出现(在这种情况下，上升沿在＋1.25 V 交叉)后才会捕获并显示任何图像。此时，我们已正确设置了示波器并等待单冲事件出现。让我们来生成单冲事件。

(5) 按“Help”键→按“培训信号”软键，旋转“Entry”旋钮选择“单次脉冲(带振铃)”信号，然后按“输出”软键将其打开。

备注：此操作不会生成单冲事件，只会启用此输出。接下来，请不要按“自动设置”软键。“自动设置”选择将覆盖刚执行的设置，此功能仅对设置示波器以捕获此特定单冲培训信号有用。设置示波器来捕获任意单冲信号(我们正在尝试模拟的信号)时，此功能不可用。

(6) 按“传输单冲”软键，以生成单冲事件。示波器刚捕获了此单冲事件，示波器的显示情况如图 3.74 所示。每次按“传输单冲”软键时，示波器都会再次捕获该事件。为了捕获此事件，我们使用示波器的运行采集模式中的正常触发模式。现在，我们将使用示波器的单个采集模式。

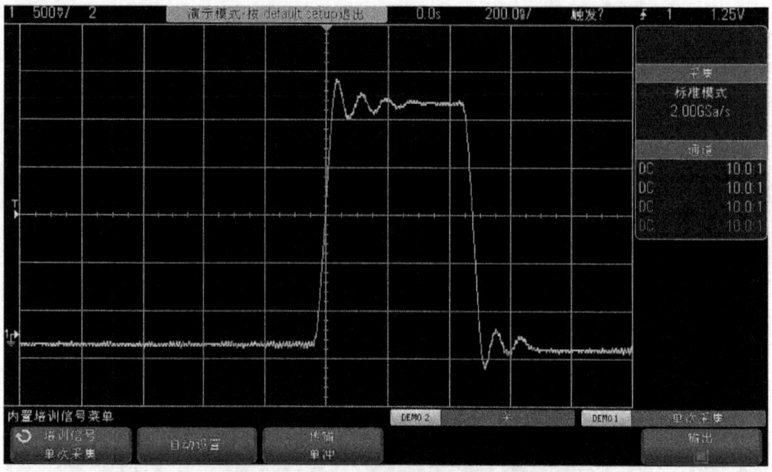

图 3.74 设置示波器以捕获单冲事件

(7) 按位于示波器前面板右上角的"Single"键→立即按"传输单冲"软键。使用示波器的单个采集模式时,示波器将捕获一次且仅捕获一次单冲事件。要重新接通示波器以捕获另一个单冲事件,必须再次按"Single"键(单冲出现之前)。还需注意的是,单个采集模式会自动选择正常触发模式。

7. 测量 SPD3303D 可编程线性直流电源上/下电的时间

SPD3303D 可编程线性直流电源上/下时间的示波器设置及测试数据如表 3.21 所示。

表 3.21 测量电源上/下电时间的示波器设置及测试数据

	上 电 时 间	下 电 时 间
电源电压	5 V	
Y 轴灵敏度	1 V/div	
X 轴灵敏度	5 ms/div	200 ms/div
触发模式	标准	
触发电平	2.5 V(50%)	
Y 位移	3 V	
触发类型	边沿	
触发斜率		
按 Single 键	"Single"键变橙色	
按 CH3 ON/OFF 键	打开电源,0 V→5 V "Run/Stop"变红灯	关闭电源,5 V→0 V "Run/Stop"变红灯
波 形	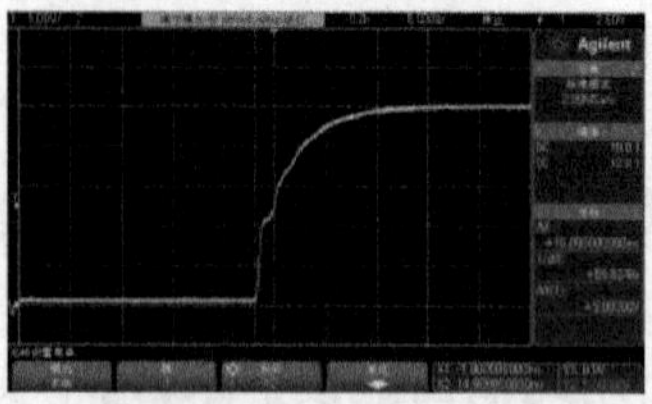	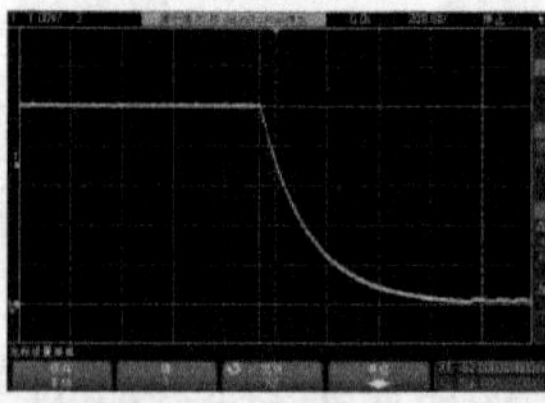
测量上/下电时间		

8. 对重复数字时钟执行 FFT 数学函数(图 3.75)

(1) 按"Help"键,然后按"培训信号"软键。

(2) 使用 Entry 旋钮选择"带偶发毛刺的时钟"信号,然后按下"输出"软键将其打开。

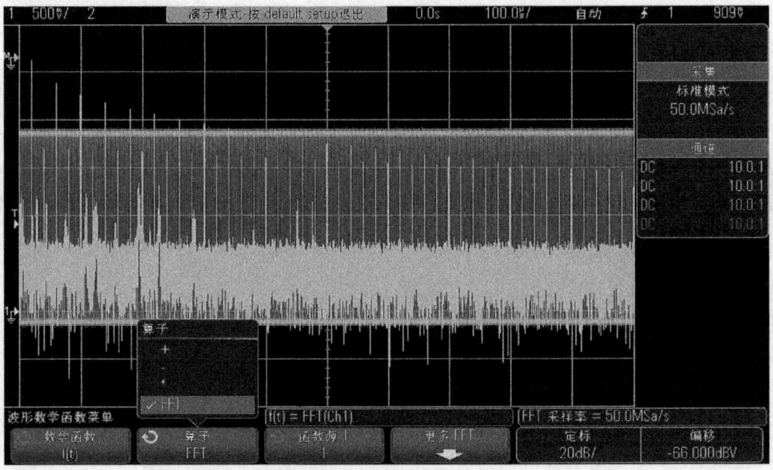

图 3.75　对重复数字时钟执行 FFT 数学函数

(3) 将通道 1 的 V/div 设置设为 500 mV/div。

(4) 将通道 1 的偏移设置为约 1 V，以便将屏幕中的波形居中。

(5) 按“触发电平”旋钮，以将触发电平设置为约 50%。

(6) 将时基设置为 100 μs/div。在此时基设置下，屏幕中存在时钟信号的许多周期，执行精确 FFT 数学函数时通常需要此信号。

(7) 按“Mach”前面板键，然后按“算子”软键，使用“Entry”旋钮选择 FFT 数学函数。

(8) 当“光标”菜单打开后，旋转“Entry”旋钮直到 X2 光标位于第二个最高频率峰的顶。

(9) 按“源”软键，然后旋转“Entry”旋钮将源从通道 1 更改为数学：$f(t)$。

(10) 按“光标”旋钮并选择 X1 光标，当“光标”菜单打开后，旋转“Entry”旋钮，直到 X1 光标位于最高频率峰的顶部(显示屏左侧附近)，再次按光标旋钮并选择 X2 光标。

什么是 X1 频率，哪一个是基本分量(显示屏底部附近的读数)？$F1=$ ________；

什么是 X2 频率，哪一个应为第三谐波？$F3=$ ________。

3.5 实验器材

(1) DSO - X_2012A 数字示波器　一台。

(2) 模电实验板　一块。

3.6 实验报告要求

(1) 整理测量数据，并完成各数据记录表格及画波形图。

(2) 画出相位测量波形图，比较几种测试方法的结果，并分析原因。

3.7 思考题

测量 SPD3303D 可编程线型直流电源上/下电的时间，若电源改为 1.8 V，将要调整哪些示波器设置？

第 4 章　信号发生器的使用实验

信号发生器也是电子电路调试的必备仪器，为电路提供标准的测试信号。

本教材使用 Agilent 公司(现改为“是德”)DSO－X_2012A 数字示波器中内置的波形发生器。

4.1　实验目的

掌握用内置信号源输出信号的方法。

4.2　预习要求

熟悉 DSO－X_2012A 数字示波器内置信号源的使用方法。

4.3　DSO－X_2012A 数字示波器内置信号源

1. 内置信号源常用操作步骤

(1) 信号线 BNC 端连接到信号源输出端，即内置波形发生器输出端(图 3.7 中标识 21)，连接方法如图 4.1 所示。

(2) 按“Wave Gen”键，指示灯被点亮(蓝色)，打开波形发生器菜单(图 4.2)。

备注：① 首次打开仪器时，波形发生器输出总是为禁用状态。

② 如果对 Gen Out BNC 施加过高电压，则将自动禁用波形发生器输出。

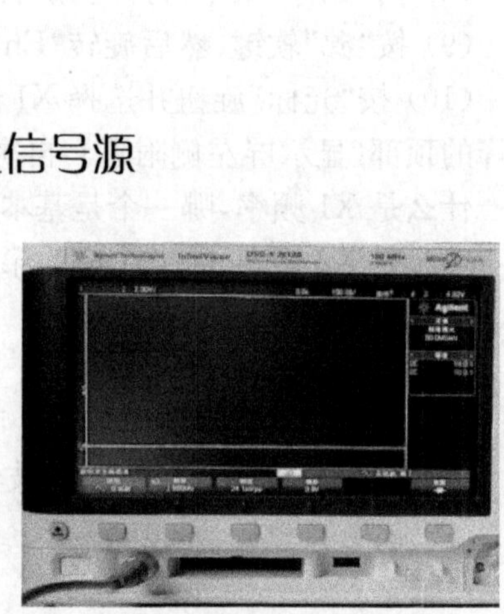

图 4.1　信号线 BNC 端连接

图 4.2　波形发生器菜单

(3) 恢复出厂设置(此步骤可省略)。

① 按“设置”软键(图 4.2)，打开波形发生器设置菜单(图 4.3)。

图 4.3　波形发生器设置菜单

② 按“缺省波形发生器”软键(图 4.3)，完成恢复出厂设置。

备注：a. 此时，Wave Gen 键指示灯熄灭。

b. 出厂默认设置为：1 kHz 正弦波，500 mV_{pp}，0 V 偏移，高阻输出负载。

(4) 按“波形”软键(图 4.2)，然后旋转“Entry”旋钮或按“波形”软键，选择波形类型：正弦波/方波/锯齿波/脉冲/DC/噪声。

(5) 按“频率”软键(图 4.2)，选择参数频率/频率微调/周期/周期微调，然后旋转“Entry”旋钮以调整参数值，如表 4.1 所示。

表 4.1　频率调整范围

波形类型	调整范围
正弦波频率	100 mHz～20 MHz
方波、脉冲	100 mHz～10 MHz
锯齿波	100 mHz～100 kHz

(6) 按“幅度”软键(图 4.2)，选择参数：幅度/高电平/高电平微调，然后旋转“Entry”旋钮，调整参数值如表 4.2 所示。

表 4.2　幅度调整范围

进入什么负载	调整范围
开路	20 mV_{pp}～5 V_{pp}
50 Ω	10 mV_{pp}～2.5 V_{pp}

(7) 按“偏移”软键(图 4.2)，选择参数：偏移/低电平/低电平微调，然后旋转“Entry”旋钮，调整参数值，调整范围：−2.5～2.5 V。

(8) 按“占空比”软键，然后旋转“Entry”旋钮，调整%值，占空比调整范围：20%～80%(此步骤仅在方波时使用)。

(9) 按“对称性”软键，然后旋转“Entry”旋钮，调整%值，对称性调整范围：0%～100%(此步骤仅在锯齿波时使用)。

(10) 按“宽度”软键，选择参数宽度/宽度微调，然后旋转“Entry”旋钮，调整参数值，脉冲宽度从 20 ns 调整为周期减 20 ns(此步骤仅在脉冲时使用)。

备注：按一下“Entry”旋钮可快速切换粗调和微调。

2. 内置信号源其他设置

必须处在波形发生器设置菜单(位于“Wave Gen”>设置下)(图 4.3)。

1) 波形发生器同步脉冲

按“触发输出”软键，然后旋转“Entry”旋钮以选择波形发生器同步脉冲(图 4.3)，如表 4.3 所示。

表 4.3　同步脉冲

波形类型	同步信号特征
除 DC 和噪声之外的所有波	在波形上升到高于 0 V(或者 DC 偏移值)时，同步信号为 TTL 正脉冲
DC	无
噪声	无

2) 指定预期的输出负载

按输出负载软键，然后旋转“Entry”旋钮以选择 50 Ω 或高 Z(图 4.3)。

备注：(1) 波形发生器的输出阻抗固定为 50 Ω。

(2) 但是，输出负载选择允许波形发生器显示预期输出负载的正确的幅度和偏移值。

(3) 如果实际负载阻抗与选定的值不同，则显示的幅度和偏移电平将是不正确的。

3) 使用波形发生器逻辑预设值

(1) 按“逻辑预设值”软键(图 4.3)，打开波形发生器逻辑电平预设值菜单(图 4.4)。

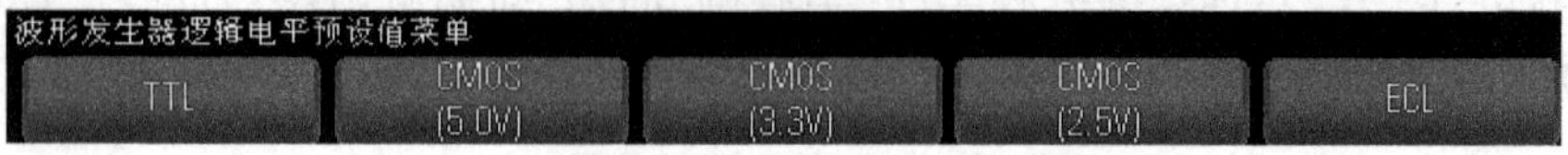

图 4.4 波形发生器逻辑电平预设值菜单

(2) 按下其中一个软键，以将发生的信号的低电平和高电平的电压值设置为逻辑兼容电平(表 4.4)。

表 4.4 逻辑兼容电平

软键(逻辑电平)	低电平	高电平，50 Ω 预期输出负载	高电平，高 Z 预期输出负载
TTL	0 V	+2.5 V(TTL 兼容)	+5 V
CMOS(5.0 V)	0 V	不可用	+5 V
CMOS(3.3 V)	0 V	+2.5 V(CMOS 兼容)	+3.3 V
CMOS(2.5 V)	0 V	+2.5 V	+2.5 V
ECL	−1.7 V	−0.8 V(ECL 兼容)	−0.9 V

4) 将噪声添加到波形发生器输出

按“添加噪声”软键，然后旋转“Entry”旋钮以选择要添加至波形发生器输出的白噪声的%量(图 4.3)。

备注：添加噪声会影响波形发生器源的边沿触发以及波形发生器同步脉冲输出信号，这是因为触发比较器位于噪声源之后。

5) 将调制添加到波形发生器输出

(1) 按“调制”软键(图 4.3)，打开波形发生器调制菜单(图 4.5)。

(2) 按下“调制”软键以启用或禁用调制波形发生器输出(图 4.5)。

备注：① ▣ 显示蓝色为已启用。

② 可以为除脉冲、直流和噪音之外的所有波形发生器功能类型启用调制。

图 4.5 将调制添加到波形发生器输出

(3) 按下“类型”软键(图 4.5)，然后旋转“Entry”旋钮以选择调制类型：幅度调制(AM)/频率调制(FM)/频移键控调制(FSK)。

(4) 按下“波形”软键(图 4.5)，然后旋转“Entry”旋钮以选择调制波形：正弦波/方形波/锯齿波。

(5) 按下“AM/FM 频率”软键(图 4.6/图 4.7)，然后旋转“Entry”旋钮以指定调制信号的频率。

(6) 按下“AM 深度”软键(图 4.6)，然后旋转“Entry”旋钮以指定幅度调制的%量(此步骤仅在 AM 时使用)。

备注：AM 深度指调制将使用的部分振幅范围。例如，随着调制信号从最小振幅上升到最大振幅，80%的深度设置将导致输出振幅从原始振幅的 10%变化到 90%(90%−10%=80%)。

(7) 按下“对称性”软键(图 4.6)，然后旋转“Entry”旋钮，调整%值(此步骤仅在载波信号为锯齿波时使用)。

(8) 按下“FM 偏差”软键(图 4.7)，然后旋转“Entry”旋钮来指定与原始载波信号频率之间的频率偏差(此步骤仅在 FM 时使用)。

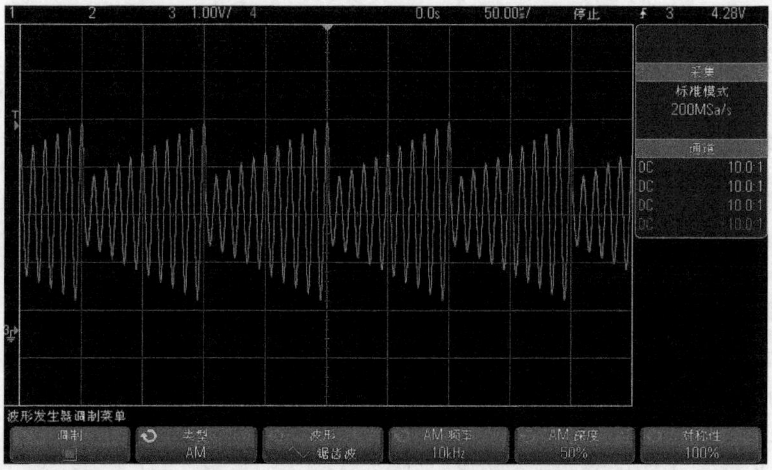

图 4.6　100 kHz 正弦波载波信号的 AM 调制

备注：① 当调制信号在其最大振幅时，输出频率为载波信号频率与偏差量之和。

② 当调制信号在其最小振幅时，输出频率为载波信号频率与偏差量之差。

③ 频率偏差不能大于原始载波信号频率。

④ 原始载波信号频率和频率偏差之和必须小于或等于所选波形发生器函数的最大频率加上 100 kHz之后的和。

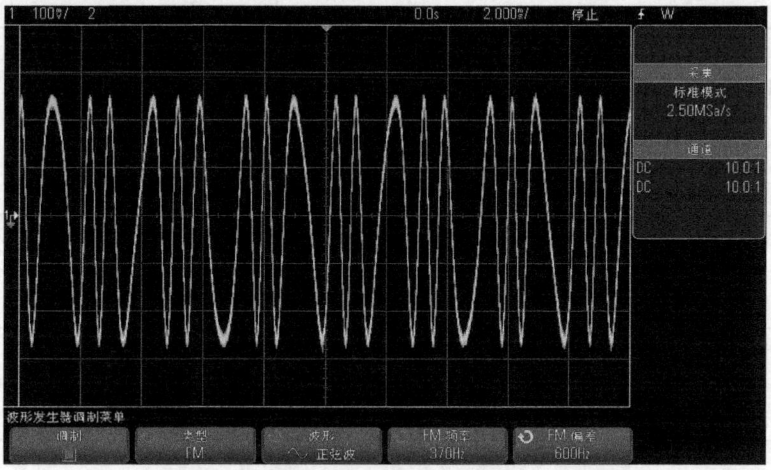

图 4.7　100 kHz 正弦波载波信号的 FM 调制

(9) 按“跳跃频率”软键(图 4.8)，然后旋转“Entry”旋钮以指定“跳跃频率”(此步骤仅在 FSK 时使用)。

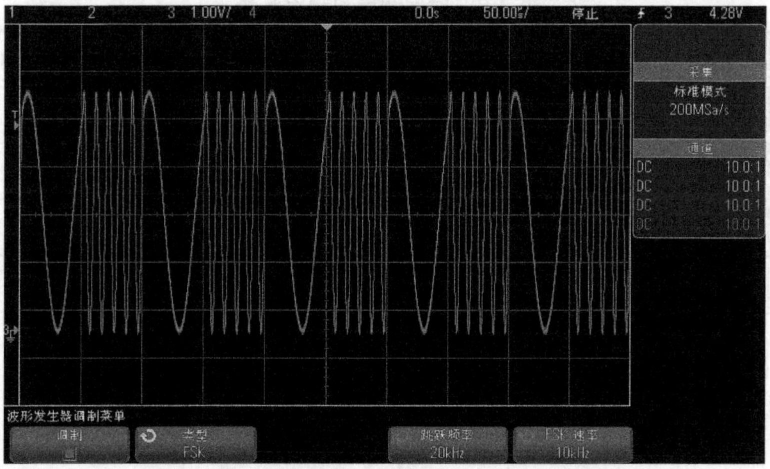

图 4.8　100 kHz 正弦波载波信号的 FSK 调制

备注：输出频率在原始载波频率和此跳跃频率之间移动。

(10) 按“FSK 速率”软键(图 4.8)，然后旋转“Entry”旋钮以指定输出频率的“移动”速率(此步骤仅在 FSK 时使用)。

备注：FSK 速率指定数字方波调制信号。

4.4 实验内容和方法

1. 波形参数(幅度)的测量(表 4.5)，用毫米方格纸作出峰值与有效值曲线

条件：信号源输出：正弦波；频率 $f = 1\ \text{kHz}$。

表 4.5 波形参数(幅度)测量

信号源输出峰-峰值 V_{PP}	0.02	0.2	1	2	3	4	5
实测峰-峰值 V_{PP}							
实测有效值 V_{RMS}							
有效值理论值 V_{RMS}							
峰-峰相对误差/%							
有效值相对误差/%							

2. 内置信号源的幅频特性测量(表 4.6)，用半对数纸作出幅频特性曲线 $V_{pp} \sim f$

条件：信号源输出：正弦波；幅度峰-峰 0.5 V_{pp}。

表 4.6 内置信号源的幅频特性测量

信号源输出 f/Hz	1	10	100	1 k	10 k	100 k	1 M	10 M	20 M
lg f									
实测有效值 V_{RMS}									
实测峰-峰值 V_{pp}									

3. 时间测量和频率测量(表 4.7)，用毫米方格纸作出频率与时间曲线

条件：内置信号源输出：正弦波；幅度峰-峰 0.5 V_{pp}。

表 4.7 时间测量和频率测量

f/Hz	10	50	100	500	1 k	50 k	100 k	500 k	1 M	5 M
S/div										
格数										
T(周期)										
f(校)										

4. 调幅信号的输出

要求：写明操作步骤，并用 U 盘保存图像。

表4.8　调 幅 信 号

调制信号	锯齿波：10 kHz;调幅深度：50%;对称性：100%
载波信号	正弦波：100 kHz

①________________　②________________
③________________　④________________
⑤________________　⑥________________

5. 调频信号的输出

要求：写明操作步骤,并用U盘保存图像

表4.9　调 频 信 号

调制信号	正弦波：10 kHz;FM频率：370 Hz;FM频偏：600 Hz
载波信号	正弦波：100 kHz

①________________　②________________
③________________　④________________
⑤________________　⑥________________

4.5　实 验 器 材

DSO-X_2012A数字示波器　一台。

4.6　实验报告要求

整理测量数据,并按要求完成各数据记录表格及曲线。

4.7　思 考 题

怎样选择数字示波器?

第 5 章　电路板的焊接实验

焊接是每个电子工程师必须掌握的基本技能之一。

在焊接模电、数电实验板之前，必须掌握一些相关知识，如焊接工具、焊接工艺、印制板设计规则和预防静电等知识。

5.1 实验目的

焊接模电、数电实验板。

5.2 预习要求

(1) 了解焊接工具。
(2) 掌握焊接工艺。
(3) 测量注意事项。
(4) 熟知预防静电的措施。

5.3 焊接的相关知识

1. 电烙铁

1) 电烙铁分控温电烙铁和尖头电烙铁(图 5.1 和图 5.2)

图 5.1　控温电烙铁

图 5.2　尖头电烙铁

尖头电烙铁分内热式和外热式；功率可分为 15 W，25 W，35 W，50 W，80 W，100 W，150 W，200 W，300 W 等。

2) 烙铁头种类

(1) 圆头：用在焊较大的焊点上(如直插元器件)。
(2) 尖头：用在焊较小的焊点上(如贴片元器件)。
(3) 扁头、刀形头：用在焊大焊点上(如大型插座)。

目前电子行业为了环保普遍使用无铅烙铁头。

3) 全新烙铁头使用步骤

控温电烙铁使用步骤如下,尖头电烙铁参考控温电烙铁的使用步骤。

(1) 将温度设定控制旋钮转至低温位置,打开电源开关。

(2) 加温到达200℃后,在烙铁头沾锡面加含助焊剂的锡丝。

(3) 在200℃持续加温5 min后,再将温度设定控制钮转至适当的使用温度位置。

(4) 到达适当的温度后,即可开始使用。

4) 烙铁头的维护保养

(1) 不要让烙铁头长时间停留在过高温度,易使烙铁头表面电镀层龟裂。

(2) 在焊接时,不要给烙铁头加太大的压力摩擦焊点,易使烙铁头受损。

(3) 绝对不要用粗糙的材料或锉刀清理烙铁头,视需要可以用金刚细砂布小心摩擦,并加温到200℃立即粘锡防氧化。

5) 烙铁的正确使用

(1) 烙铁的握法。A. 低温烙铁:手执钢笔写字状。B. 高温烙铁:手指向下抓握。

(2) 烙铁头与PCB的理想角度为45°。

(3) 烙铁头需保持干净。

(4) 控温太低将减缓焊锡的流动,控温过高会把焊锡中的助焊剂烧焦而转为白色浓烟,造成虚焊或烧伤电路板,所以一般使用温度不应该超过380℃。如果有需要使用较高温度,使用时间一定要短。

6) 焊接时间及温度设置

(1) 温度由实际使用决定,以焊接一个锡点4 s最为合适,最大不超过8 s,平时观察烙铁头,当其发紫时,温度设置过高。

(2) 一般直插元器件,将恒温烙铁头的实际温度设置为350～370℃;

(3) 贴片元器件(SMC),将恒温烙铁头的实际温度设置为(330～350℃);

(4) 特殊元器件,需要特别设置烙铁温度。例如,FPC、LCD连接器等要用含银锡线,温度一般在290～310℃;

(5) 焊接大的元件脚,温度不要超过380°,但可以增大烙铁功率。

(6) 当用25～40 W的尖头电烙铁时,一般2～3 s后,当看到焊锡流淌并充满焊盘后,即可移开电烙铁,注意保持元件位置不能松动。

7) 接地线

(1) 焊接电子元器件时,为了防止电烙铁上的静电损坏电子元器件,所以三芯电源线的接地端必须可靠接地,以确保使用安全。

(2) 如果尖头电烙铁是二芯电源线,那么必须增加一根导线,将室内地线与尖头电烙铁外部的金属外壳相连接。

(3) 如果尖头电烙铁有一根线悬空,则必须将悬空的线接到接地端,确保电源插座接地端与电烙铁的金属外壳相连接。

2. 焊接技术和工艺

焊接是通过加热的烙铁将焊锡丝熔化,再借助于助焊剂的作用,使焊锡丝流入被焊金属之间,待冷却后形成焊接点,是一个物理和化学过程的结合。

1) 焊接前的准备工作

(1) 熟悉电原理图,尽量看懂各元器件的作用。

(2) 核对清单上所列各元器件的数量和规格。

(3) 电路板表面已镀锡防氧化处理,避免手指直接触摸,防止沾上油腻和脏物。

(4) 装配印制板最重要的因素是具备好的焊接技术。建议使用25～40 W的尖头电烙铁或恒温烙铁,烙铁的顶部头应保持清洁使之容易上锡,一般可将烙铁头在潮湿的专用海绵上擦去氧化层。

(5) 只能用优质的松香焊锡丝,助焊剂使用松香酒精溶液。不能用酸性的焊油,防止酸性焊油腐蚀元件和焊盘。

(6) 元器件焊接原则：① 先小后大，先低后高；② 多引脚元件先焊一个引脚，整理位置后再焊其余引脚。

2) 正确的焊接步骤

(1) 右手电烙铁，把它推向引脚和焊盘，如图 5.3 所示。

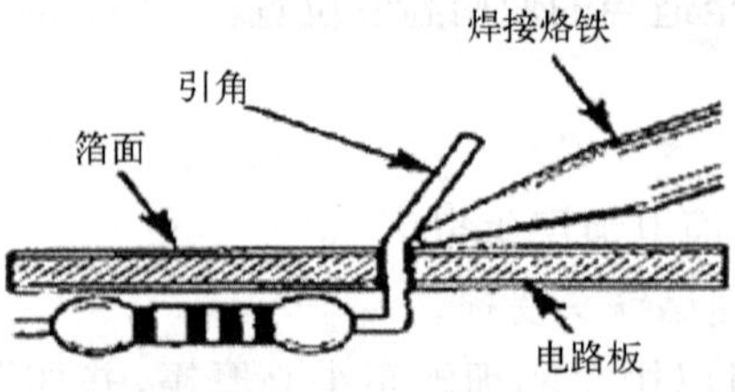

图 5.3　烙铁头接触位置

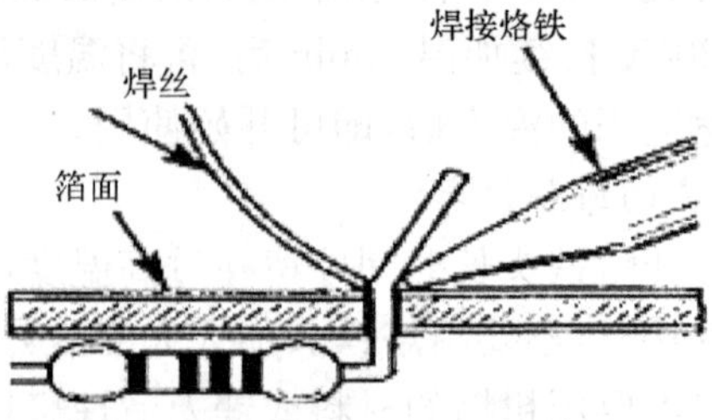

图 5.4　焊丝的供给

(2) 将少量的焊锡放在烙铁尖上，可以使热量从烙铁上传到焊盘上，然后用左手送上焊锡丝，将焊锡熔化。这时，看到焊锡在焊盘上自由流动，充满整个焊盘，如图 5.4 所示。

3) 贴片元器件的焊接

(1) 选择贴片元器件的一个焊盘预上锡。

(2) 用镊子夹住贴片元器件放在焊盘上，用烙铁熔化预上锡焊盘的焊锡，将贴片元器件移动到正确位置，把该引脚焊牢。

(3) 完成其他引脚的焊接。

4) 实验板的焊接次序

(1) 模电实验板的焊接次序。

裸铜导线→电阻→电容→二极管→发光二极管→三极管→集成电路插座→电位器→插针→电源插座→USB 插座→冷却后剪掉多余引脚，脚露出板子的长度在 1～1.2 mm→完成模电实验板的焊接工艺。

(2) 数电实验板的焊接次序。

贴片元器件→裸铜导线→发光二极管→集成电路插座→电位器→数码显示管→插针→电源插座→USB 插座→冷却后剪掉多余引脚，脚露出板子的长度在 1～1.2 mm→完成数电实验板的焊接工艺。

5) 焊接质量

锡点圆满、光滑、无针孔、无松香渍，没有虚焊、少锡、多锡和短路现象。

3. 印制板设计规则

1) 基本概念

(1) 位号：为了区分电路图上同一类元件中的不同个体而分别给其编的号。

(2) 值：表示元件特性的具体数值或器件型号。

(3) 库：为了区分电原理图和印板上不同元件而分别建的图形。

(4) 集成电路封装汇总(图 5.5.)。

DIP

DIP-18

DIP-20

DIP-40

SOP

SSOP

TSSOP

SOJ-32

图 5.5　集成电路封装总汇

2）实验板所用元器件规则汇总(表 5.1)

表 5.1　实验板所用元器件规则

名　称	位号	值	原 理 图 库	印 制 板 库
电阻 R	$R7$	2 kΩ	 R7 2k	贴片  R7 直插 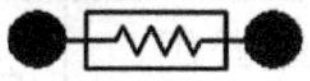 R7
电位器 VR	$VR1$	22 kΩ	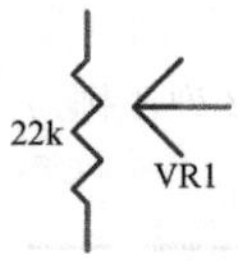 22k VR1	直插  VR1
自恢复电阻 F	$F1$	FUSE/SM	 FUSE/SM F1	贴片  F1 直插 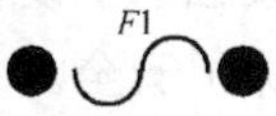 F1
电容 C	$C14$	0.1 μF	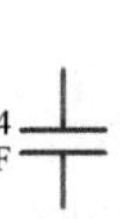 C14 0.1 μF	贴片  C14 直插  C14
电解电容 C	$C17$	16 V～100 μF	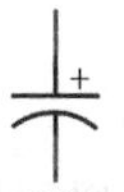 + C17 100 μF/16V	直插  C17

续　表

名　　称	位号	值	原理图库	印制板库
二极管 D	D1	HZ5.6		贴片  直插 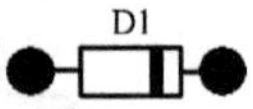
发光二极管 D	D19	绿灯		直插 
二极管 Q	Q4	2SC1815	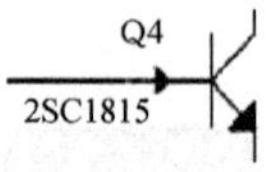	直插  贴片 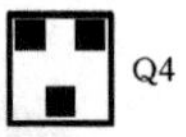
集成电路 IC	IC12	74LS04 或 CD4011	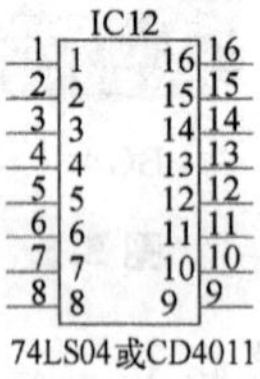	直插 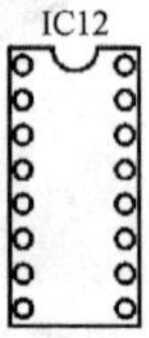
三端稳压 IC	IC1	LM317－ADJ	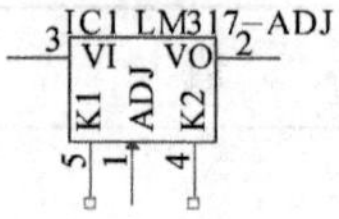	直插 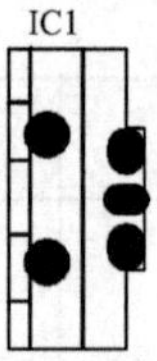
裸铜导线 JMP	JMP32	5 mm	无	直插 JMP32——
插座 J	J17	2 列 4 排	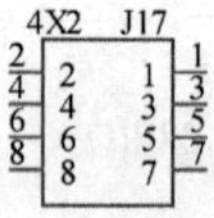	直插 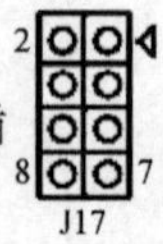

4. 测量注意事项

(1) 要求将电子设备的金属外壳接地。因为一旦电子设备漏电，外壳对地有一个电压，如果此电压较高，会使人接触电子设备外壳时触电。当电子设备的金属外壳接地后，电子设备的金属外壳对地电压就很小，从而确保了安全。

(2) 实验室或家里 220 V 交流电源插座有三个插孔，其中一个插孔已将地线接好，只要用三芯插头插入插座，电器外壳就接地了。

5. 静电(ESD)问题

ESD 是 electro-static discharge 的缩写，即"静电释放"。静电是一种电能，它存在于物体表面，是正负电荷在局部不平衡时产生的一种现象，当它的电能达到一定程度后，击穿介质而进行放电的现象就是静电放电。

1) 静电产生的原因

(1) 接触分离起电：两个不同的物体接触后再分离即可产生静电。例如脱衣服、剥离一张塑料薄膜而产生的静电。

(2) 摩擦起电：是一个机械过程，两个不同的物体不断接触与分离的过程即可产生摩擦静电。例如，物体的移动或摩擦而产生静电。

(3) 感应起电：针对导体材料而言，当带电导体接近不带电导体时，会在不带电的导体的两端分别感应出正、负电荷，即可产生感应静电。

(4) 传导起电：针对导电材料而言，因电子能在它的表面移动，即可产生传导静电。例如带电物体接触，将会发生电荷转移，即可产生传导静电。

2) 静电对电子产品的危害

分类：

(1) 静电放电电流直接通过电路，感应的电压或电流超过电路的允许范围，造成电路损坏。

(2) 静电放电电流产生的电磁场通过电容耦合、电感耦合或空间辐射耦合等途径对电路造成干扰。

(3) 静电电流产生热量导致电子产品的热失效。

(4) 由于静电感应出高的电压导致绝缘击穿。

3) 防静电的措施

(1) 穿全棉的工作服。

(2) 实验室铺设抗静电地板或抗静电地毯。

(3) 实验人员佩戴防静电手腕带、脚腕带和穿防静电鞋。

(4) 电子产品用防静电袋包装。

(5) 在实验室安装单独的防静电接地线。

要控制静电，最有效的措施是让静电以最快的速度落入大地，即人体与大地相“连接”，即接地，以消除其聚集的电能。

通常，接地线埋入地下深度大于 2 m，用 25 mm^2 的铜芯线与地网引线通过铜线连接器紧固件引入实验室内，防静电接地线电阻不大于 0.5 Ω。

防静电接地线主要是针对电子设备及电路的需要而设计安装的，与电子设备及电路工作与否无关。

第二篇

模拟电子电路实验

晶体管是电子电路的“细胞”，主要包括双极型晶体管(BJT)和场效应晶体管(FET)。根据晶体管的“放大”和“开关”作用，人们把电子电路的研究分为两个领域，即当晶体管工作在放大状态时，则是模拟电路研究的领域；当晶体管工作在开关状态时，则是数字电路研究的领域。本篇我们将针对模拟电路的内容，采用计算机仿真和实际操作两种形式，介绍模拟电路的验证性实验和设计型实验，旨在通过实验，掌握模拟电路的测试原理和方法，进一步掌握仪器仪表的使用方法，以及模拟电路的计算机仿真和实际制作，加深对模拟电路原理的理解。

第 6 章 晶体管特性的鉴别和测试

模拟电路是由电子元器件所组成的,晶体管是电子电路的核心器件,理解晶体管的特性对电子电路的分析与设计非常重要。在实际应用中,为了正确地选择和应用这些元器件,就需要对它们的特性进行简单的测试,并根据所测的一些参数和特性曲线,来鉴别其引脚和性能的优劣。在第一篇中介绍了电阻、电容和电感等元件的测试方法,本章主要介绍采用 MF500 型指针式万用表、UT801 数字式万用表和 XJ4810 半导体管特性图示仪,对半导体二极管、双极型晶体管和结型场效应管的测试方法及其性能鉴别,为电子电路实验打下基础。

6.1 半导体二极管实验

半导体二极管的主要特性是单向导电性,也就是在正向电压的作用下,其导通电阻很小,而在反向电压作用下其导通电阻很大。按半导体二极管的作用可分为整流二极管(如 1N4004)、开关二极管(如 1N4148)、肖特基二极管(如 BAT85)、发光二极管(如 FG112001)和稳压二极管(如 2CW－5.1 V)等。

常用二极管的封装可分为直插式和贴片式,如图 6.1 所示。

图 6.1 常用直插式和贴片式二极管封装示意图

6.1.1　实验目的

(1) 掌握利用指针式万用表和数字式万用表鉴别二极管引脚和性能的方法。

(2) 进一步熟悉二极管参数和特性曲线的物理意义。

(3) 掌握用图示仪测试二极管特性曲线的方法。

(4) 掌握运用特性曲线求二极管特性参数的方法。

6.1.2　实验预习要求

(1) 复习半导体二极管的基本特性。

(2) 复习 MF500 型指针式万用表欧姆挡和 UT801 数字万用表的使用方法。

(3) 熟悉 XJ4810 型半导体管特性图示仪的使用方法。

(4) 设计实验数据记录表格。

6.1.3　实验原理

万用表分为指针式和数字式两种形式，利用它可以对二极管的特性进行简单的鉴别和测试，这是模拟电路实验中最基本的实验操作。

1. 利用指针式万用表测试半导体二极管

1) 鉴别二极管的正负极

指针式万用表处于欧姆挡时，其黑表棒为欧姆表内部电池的正极，红表棒为内部电池的负极。万用表选 $R\times1\ \text{k}$ 挡，两表棒分别接二极管的两端，观察指针的偏转，反向再测一次。指针偏转较大(指在几千欧以下的位置)的那一次，黑表棒所测端为二极管的正极，此时二极管处于正偏；指针偏转较小(指在几百千欧以上的位置)的那一次，红表棒所测端为二极管的正极，此时二极管处于反偏。

注意，不同二极管指针偏转情况不同，有的反向时几乎没有偏转，而有的偏转较大，所以一般测量需要正反向各测量一次，比较两次偏转角度大小。

2) 鉴别二极管性能

当万用表黑表棒接二极管的正极，红表棒接二极管的负极时，二极管处于正偏，测得二极管的正向电阻一般在几千欧以下，要求正向电阻越小越好；而使二极管反偏时，测得的反向电阻一般在几百千欧以上。

若正反向电阻差不多，则二极管失去单向导电性；若正反向指针都不偏转，说明二极管已开路。反之，若指针偏转至零，说明二极管短路，均表明二极管损坏了。

另外，有特别品种的二极管例外，如高压硅堆，其正向电阻很大，而有的稳压二极管，其反向电阻较小。

2. 利用数字式万用表测试半导体二极管

1) 鉴别二极管的正负极

在测量二极管方面，数字式万用表与指针式万用表是不同的。测量时，数字式万用表选择二极管“▶|·))”挡。注意，数字万用表的红表棒始终是电源正极，电压约为 2.6 V。将两表棒分别接二极管的两端，观察表的示数。若示数在 500～800 范围内(发光二极管读数在 1 800 左右)，反过来再测一次，示数为“1”，说明前一次二极管正向导通，后一次二极管反向截止，则红表棒所测端为二极管的正极，黑表棒端为负极。

2) 鉴别二极管性能

若按图 6.2 测量正向电压时，蜂鸣器响起(电阻值<10 Ω)，说明二极管已短路。若按图 6.2 和图 6.3 测量，正、反向读数都显示“1”，表示二极管已开路。如果两次测量示数差不多，表示此二极管已经失去单向导电性。同样，也有特别品种例外，如高压硅堆(其正向电阻很大)、某些稳压二极管(其反向电阻小)。

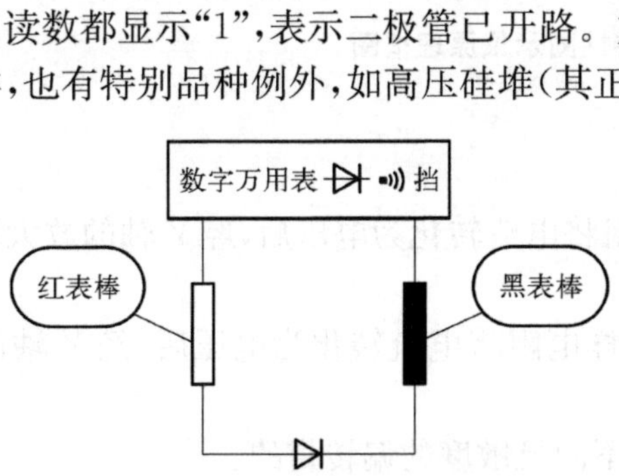

图 6.2　测二极管正向电压

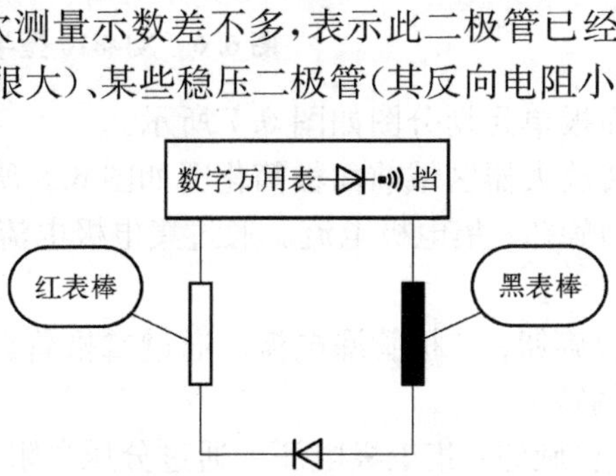

图 6.3　测二极管反向电压

3. 二极管伏安特性图示法

1) 图示法原理

在示波管的荧光屏上显示二极管正向特性曲线的基本原理如图 6.4 所示，它将一个随时间变化的锯齿波电压同时作用于被测二极管和示波管的 X 偏转板上。这样，二极管端电压的变化情况可由荧光屏上 X 轴方向的光点轨迹来反映。为了能使荧光屏上 Y 轴方向的光点轨迹反映二极管中电流的变化情况，可在二极管和锯齿波电压源之间串入一个小电阻 r，作为流过二极管电流的取样电阻，因 r 的端电压 V_r 大小反映了二极管中电流的大小，故将 V_r 作用于示波管 Y 轴偏转板上。当锯齿电压从 0 开始线性增加时，荧光屏光点向右偏移，同时，加在 Y 轴偏转板的 V_r 使荧光屏光点向上偏移。而 V_r 是反映二极管电流大小的电压，在锯齿波电压达到二极管导通电压以前，流过二极管的电流很小，V_r 也很小，荧光屏光点向上偏移很小。当锯齿波电压超过二极管导通电压后，V_r 增长加快，光点向右偏移的同时向上偏移明显，合成的轨迹如图 6.5 所示，描绘出二极管的正向特性曲线。由于锯齿波电压反复往返，荧光屏上显示出稳定的曲线图形。

将锯齿波电压反向作用于二极管上，则可从荧光屏上显示出二极管的反向特性曲线。

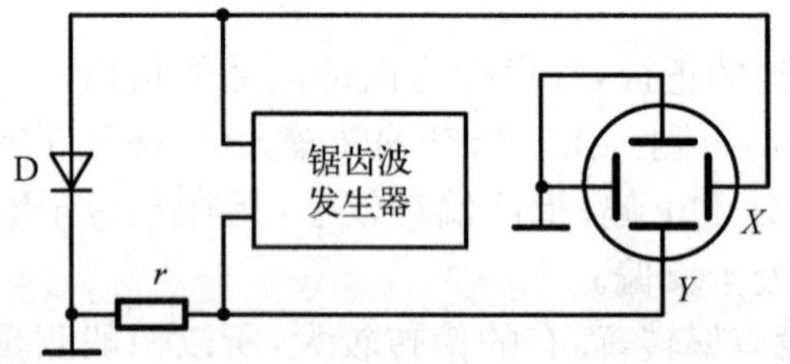

图 6.4　二极管正向特性曲线图示法原理图

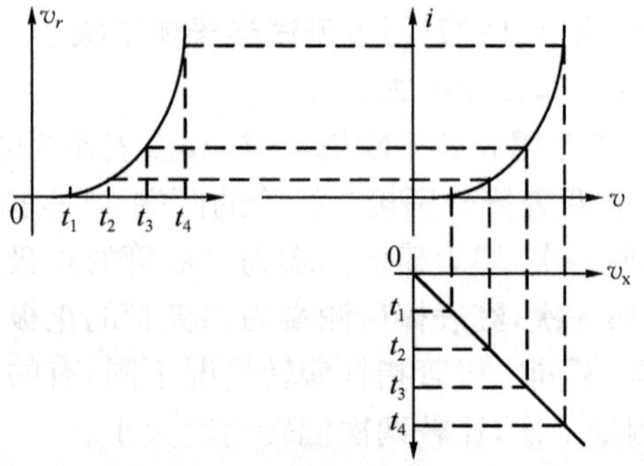

图 6.5　正向特性曲线的形成

2) XJ4810 型半导体管特性图示仪简介

XJ4810 型半导体管特性图示仪原理框图如图 6.6 所示。

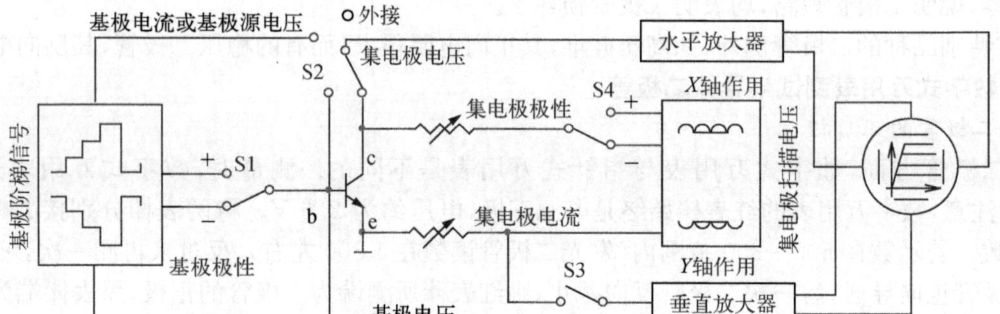

图 6.6　XJ4810 型半导体管特性图示仪原理框图

(1) 前面板单元划分图如图 6.7 所示。

(2) 偏转放大器区域前面板简化图如图 6.8 所示。

I_c(黑色)旋钮：集电极电流。通过集电极电流取样电阻将电流转化为电压后，经 Y 轴的放大取得读测电流的偏转值。

I_R(红色)旋钮：二极管漏电流。通过二极管漏电流取样电阻将电流转化为电压后，经 Y 轴的放大取得读测电流的偏转值。

V_{CE}(黑色)旋钮：集电极电压。通过分压电阻，以达到不同灵敏度的偏转目的。

V_{BE}(红色)旋钮：基极电压。通过分压电阻，以达到不同灵敏度的偏转目的。

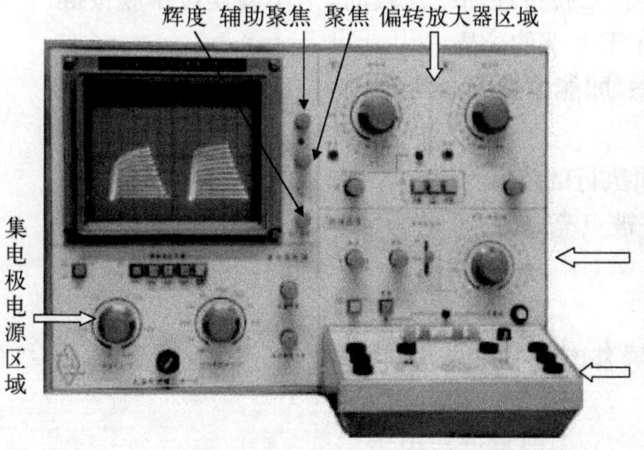

图 6.7　XJ4810 型半导体管特性图示仪前面板单元划分图

图 6.8　偏转放大器区域前面板简化图

(3) 阶梯信号区域前面板简化图如图 6.9 所示。

级/簇旋钮：阶梯信号的每一簇的级数。

调零旋钮：调整阶梯信号起始级、零电位的位置。

基极电流(红色)旋钮：通过改变开关的不同挡级的电阻值，使基极电流按 0.2 μA/级～50 mA/级，共 17 级，所在挡级的电流通过被测半导体。

基极电压(黑色)旋钮：通过改变开关的不同挡级的电阻值，使基极电流压按 0.05 V/级～1 V/级，共 5 级，所在挡级的电压加到被测半导体。

阶梯信号极性按键＋/－：用于被测半导体管的需要。

阶梯信号重复/关按键：阶梯信号重复出现作正常测试/阶梯信号处于待触发状态。

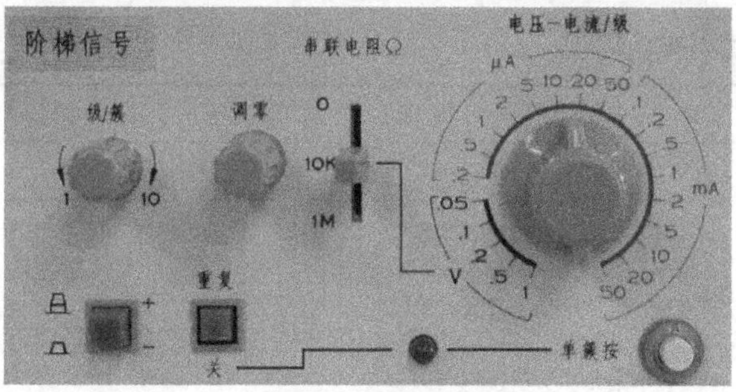

图 6.9　阶梯信号区域前面板简化示意图

图 6.10　集电极电源区域前面板简化示意图

(4) 集电极电源区域前面板简化示意如图 6.10 所示。

集电极电源极性按键＋/－：在 NPN 与 PNP 半导体测试时，极性可选择。

峰值电压范围按键，当由低挡改换高挡观察半导体管的特性时，需先将峰值电压%旋钮调到零值，换挡后再按需要的电压逐渐增加，否则容易击穿被测晶体管。AC 挡的设置专为二极管或其他元件的测试提供双向扫描，以便能同时显示器件正反向的特性曲线。

峰值电压%旋钮：调节所选峰值电压范围 0%～100%。

功耗限制电阻旋钮：它是串联在被测管的集电极电路中，限制超过功耗，亦可作为被测半导体管集电极的负载电阻。

(5) 测试台面板简化图如图 6.11 所示。

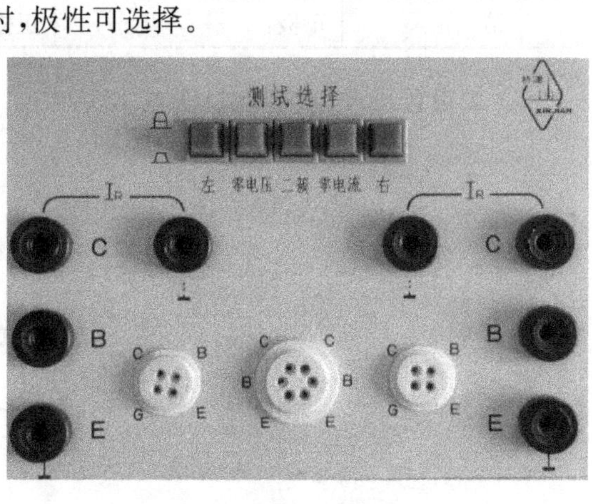

图 6.11　测试台面板简化图

“左”、“右”、“二簇”：可以在测试时任选左右两个被测管的特性，当置于“二簇”时，即通过电子开关自动地交替显示左右二簇特性曲线，此时“级/簇”应置适当位置，以利于观察。二簇特性曲线比较时，请不要误按单簇按键。

“零电压”键：按下此键用于调整阶梯信号的起始级在零电平的位置。

“零电流”键：按下此键时被测管的基极处于开路状态，即能测量 I_{CEO} 特性。

I_R：二极管反向漏电流专用插孔（接地端）。

(6) XJ4810 型半导体管特性图示仪校零（测试前必须执行的步骤）。

轻轻将辉度旋钮往外拉，辉度旋钮上方的红色指示灯被点亮，即打开电源（图 6.7）。

备注：所有按键默认为弹出。

将 X 轴和 Y 轴旋钮都旋至“⎍”（图 6.8）。

调节 X 轴（⇆）和 Y 轴（↓↑）的位移旋钮（图 6.8），使屏幕出现一条点状斜线。

调节聚焦旋钮（图 6.7），使点状斜线清晰。

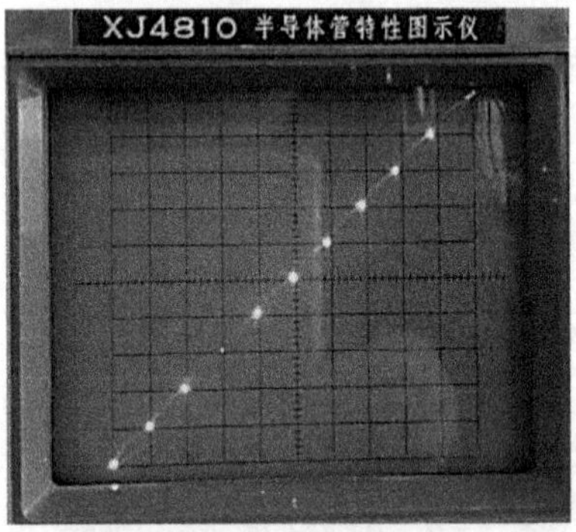

图 6.12 校零波形

调节辉度旋钮（图 6.7），斜线亮度适中。

按下“⊥”按键（图 6.8），点状斜线变成一光点，调节 X 轴（⇆）和 Y 轴（↓↑）的位移旋钮，使光点移至屏幕左下角(0, 0)处，即表示输入为零的基准点。

再按“⊥”按键，使“⊥”按键弹出，调节调零旋钮（图 6.9），保证斜线的起始点在屏幕左下角的(0, 0)处。

调节级/簇旋钮（图 6.9），使点状斜线上出现 11 个点，即阶梯信号共 10 级，如图 6.12 所示。

按下极性按键＋/－（图 6.9），调节调零旋钮（图 6.9），使点状斜线的末端也在(0, 0)处。反复按＋/－按键，同时反复调节调零旋钮，使点状斜线的两端（不同时，对应＋/－按键）都在(0, 0)处。

6.1.4 实验内容和方法

1. 鉴别二极管的正、负极性（表 6.1）

表 6.1 鉴别二极管极性

型　号	1N4148	1N4007	FG112001（发光）	2CW－5.1 V（稳压）
原理图	正—▷|—负	正—▷|—负	正—▷|—负	正—▷|—负
实　物	1—▭—2	1—▭—2	短 长	1—▭—2
红表棒 1 / 黑表棒 2	实测值：	实测值：	实测值：	实测值：
红表棒 2 / 黑表棒 1	实测值：	实测值：	实测值：	实测值：
结　论	正极：	正极：	正极：	正极：

2. 二极管正向特性测试（图 6.13）

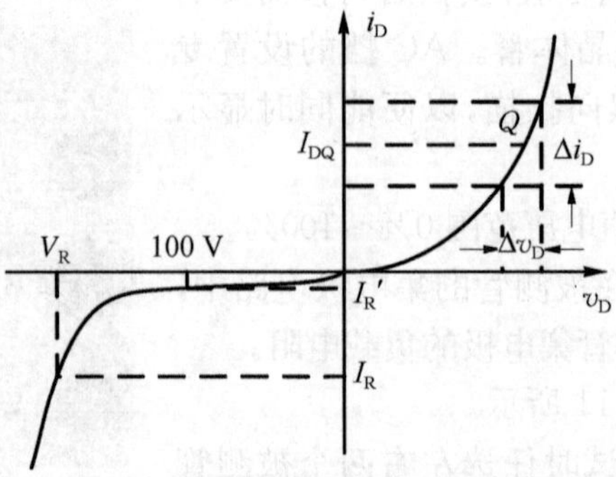

图 6.13 二极管正、反向特性

XJ4810 图示仪各挡旋钮的正确位置如表 6.2 和 6.3 所示。特别注意的是：测试前应将峰值电压旋钮逆时针旋至最左边(0 V)，再按测试按键(左/右)，然后慢慢旋转峰值电压%旋钮，增大峰值扫描电压，直至 $i_D=10\ \text{mA}$，将曲线描绘在坐标纸上，并将测试数据填入表 6.4 和表 6.5 内。

表 6.2　图示仪测量 1N4148 二极管特性时各挡旋钮位置

旋钮位置	正向	反向
峰值电压范围	10 V	500 V
集电极电源极性	正(+)	负(−)
功耗电阻	250 Ω	25 kΩ
X 轴集电极电压	V_{CE}：0.1 V/格	V_{CE}：20 V/格
Y 轴集电极电流	I_c：10 mA/格	I_c：50 μA/格
峰值电压%	逐增	逐增
测试位置	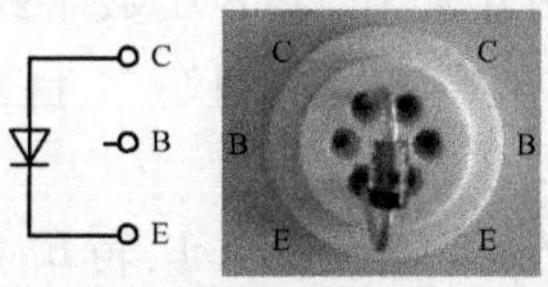	

表 6.3　图示仪测量 2CW－5.1 V 稳压二极管特性时各挡旋钮位置

峰值电压范围	10 V，AC(蓝色)
集电极电源极性	正(+)
功耗电阻	5 kΩ
X 轴集电极电压	V_{CE}：0.1 V/格
Y 轴集电极电流	I_c：0.1 mA/格
峰值电压%	逐增
测试位置	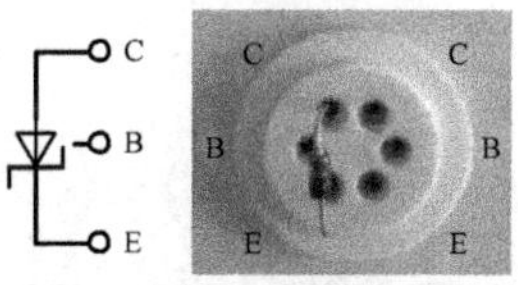

表 6.4　图示仪测量 1N4148 二极管特性测试数据

实测波形	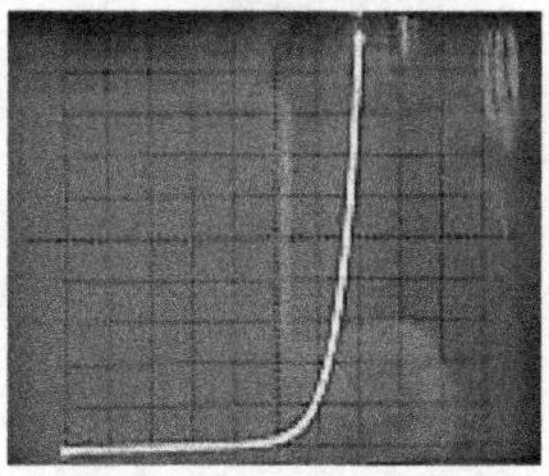	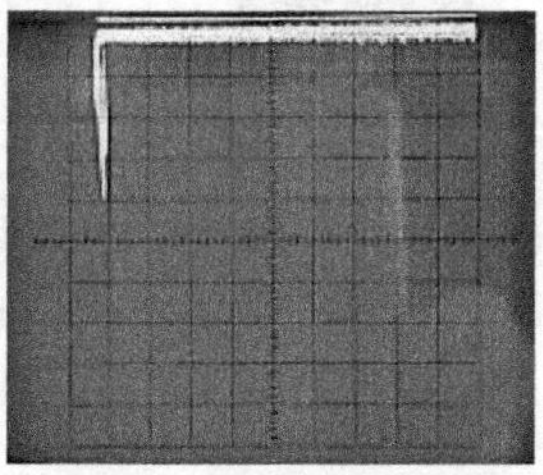
读测 $I_{DQ}=5\ \text{mA}$ 时的 U_{DQ}		/
计算直流电阻 $R_D=\dfrac{U_{DQ}}{I_{DQ}}$		/
计算交流电阻 $r_D=\dfrac{\Delta U_D}{\Delta I_D}$		/
读测 $V_R=100\ \text{V}$ 时的 $I_{R'}$	/	$I_{R'}=$
读测 $I_R=200\ \mu\text{A}$ 时的 V_R	/	$V_R=$

表 6.5 图示仪测量 2CW－5.1 V 稳压二极管特性测试数据

实测波形	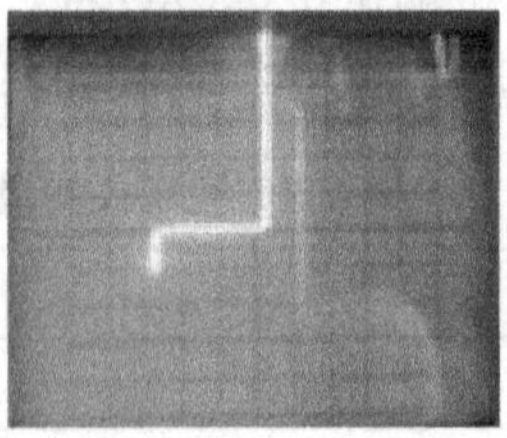
稳压值	
正向电压值	

6.1.5 实验器材

(1) 二极管：1N4148，1N4007，FG112001，2CW－5.1 V　各 1 个。

(2) MF500 指针式万用表和 UT801 数字式万用表　各 1 台。

(3) XJ4810 型半导体管特性图示仪　1 台。

6.1.6 实验报告要求

整理测量二极管的数据，填入表 6.1、表 6.4 和 6.5 内。

6.1.7 思考题

图 6.5 中的 r 对应 XJ4810 型半导体管特性图示仪中是哪个旋钮？

6.2 双极型晶体管实验

双极型晶体管有两种基本结构：PNP 型和 NPN 型。从其内部结构来看，有两个“结”，即发射结和集电结，可以等效于如图 6.14 所示的结构。

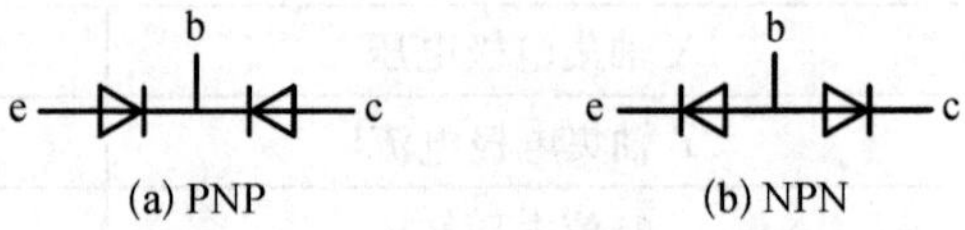

图 6.14 双极型晶体管的等效结构

常用双极型晶体管的封装可分为：直插式和贴片式，如图 6.15 所示。

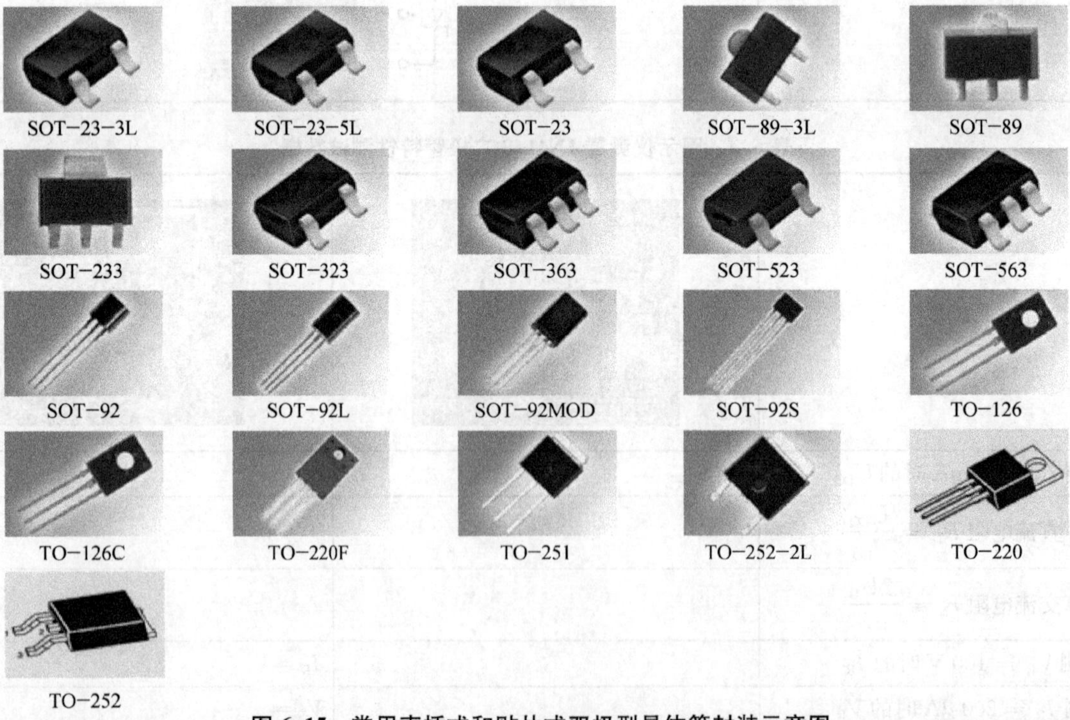

图 6.15 常用直插式和贴片式双极型晶体管封装示意图

6.2.1　实验目的

(1) 掌握用 MF500 指针式万用表和 UT801 数字式万用表粗略鉴别三极管引脚的方法。

(2) 进一步熟悉三极管参数和特性曲线的物理意义。

(3) 掌握用 XJ4810 型半导体管特性图示仪测试三极管特性曲线的方法。

(4) 掌握运用特性曲线求三极管特性参数的方法。

6.2.2　实验预习要求

(1) 复习三极管的基本特性。

(2) 复习 MF500 指针式万用表和 UT801 数字式万用表 UT801 的使用方法。

(3) 熟悉 XJ4810 型半导体管特性图示仪的使用方法。

6.2.3　实验原理

1. 利用指针式万用表测试小功率双极型晶体管

采用万用表的"$R\times100$"或者"$R\times1$ k"欧姆挡进行测试。

1) 基极 B 和管型的判断

将黑表棒接晶体管的某一极，红表棒依次接其他两个极，若两次测得电阻值都很小(在几千欧以下)，则黑表棒接的可能是 NPN 型管子的基极；若测得电阻值都很大(在几百千欧以上)，则黑表棒接的可能是 PNP 型管子的基极。再将表棒调换一下，红表棒接初定的基极，黑表棒依次接其他两极，若测得电阻值都很大，则可确定为 NPN 型管子的基极；若测得电阻值都很小，则可确定为 PNP 型管子的基极。若两次测得的电阻值一大一小，应换一个极再测试，直至找到基极为止。

2) 发射极 E 和集电极 C 的判断

以 NPN 型管为例，在 1)测试基极确定以后，用两个表棒分别接另外两个未知电极。先假设黑表棒接的是集电极，红表棒接的是发射极，用一个阻值为 100 kΩ 左右的电阻，一端接基极，另一端接假设的集电极，观察此时表针偏转的大小，再把两个未知电极对调一下，重复测试一遍。表针偏转大的一次，黑表棒接的确实是集电极，红表棒接的确实是发射极。也可以用手捏住基极和假设的集电极，以人体电阻代替外接的电阻，同样可以判断管子的电极。

用类似的方法可判断 PNP 型管子的三个电极。

在测试中，若被测晶体管任何两个电极之间的正反向电阻值都很小(趋于零)或者都很大(表针不动)，说明晶体管已经击穿或者烧断。

2. 利用数字式万用表测试小功率双极型晶体管

测量时，数字万用表选择二极管"⊣▷⊢ •))"挡。

1) 基极 B 的判断

将红表棒接晶体管的假设基极上，黑表棒依次接其他两个极，若两次测量在屏幕上显示的数字在 500～800 范围内，则说明红表棒接的是 NPN 型管子的基极，另外两个电极分别为集电极和发射极。反之，若红表棒接晶体管的假设基极，黑表棒依次接其他两个极，两次测量显示溢出符号"1"，则说明红表棒接的是 PNP 型管子的基极，如图 6.16 所示。若一次显示 500～800 范围内，另一次显示溢出符号"1"，则红表笔接的不是基极，此时应重新假设基极再次测量，直至找到基极为止。

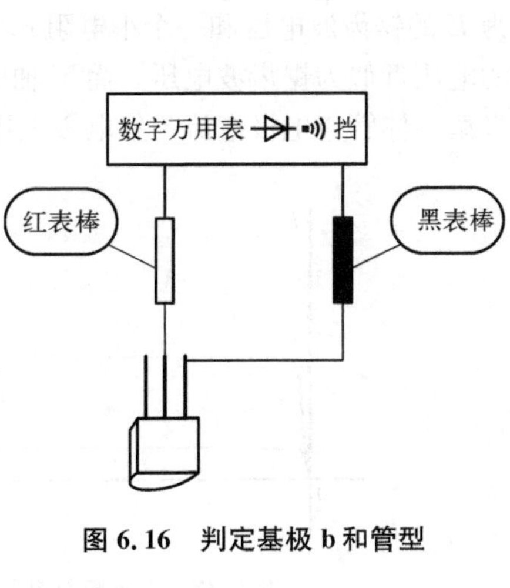

图 6.16　判定基极 b 和管型

还可以根据 PN 结正向导通时的结压降判断管子的材料类型，结压降在 0.1～0.3 V 的为锗材料晶体管，结压降在 0.5～0.7 V 的为硅材料晶体管。

2) 集电极 C 和发射极 E 的判断

(1) 方法一：用数字万用表测晶体管"h_{FE}"挡进行测量。

根据上述晶体管基极和管型的判断，将晶体管的基极按照基极的位置和管型插入 h_{FE} 值测量插座孔中，其他两个电极分别插入其余的两个孔中，观察屏幕显示数字。若测得的 h_{FE} 为几十至几百左右，则说明管子是正常的，且有放大能力，晶体管的引脚与相应插孔相同。如果测得的h_{FE}在几至十几之间，则表明C、E极插反了。可以反复对调晶体管的集电极和发射极，多测几次h_{FE}值，比较几次显示数字大小，以所测得的显示数字最大的一次为准，其显示数字即为晶体管的电流放大系数，此时对应插孔的引脚即为晶体管的集电极和发射极。

(2) 方法二：用万用表的“200 kΩ”或“2 MΩ”挡。

步骤一：把红表棒接到假设的集电极C上，黑表棒接到假设的发射极E上，并用手同时捏住B极和C极，此时人体电阻等效于在B、C之间接入的偏置电阻，或直接接入100 kΩ的电阻，相当于给晶体管的基极注入一个电流i_B，如图6.17(a)所示，读出万用表所示C、E间的电阻值，然后将红、黑表棒反接重测，如图6.17(b)所示。若第一次电阻比第二次电阻小(两次阻值有区别)，说明原假设成立，即红表棒所接的是集电极C，黑表棒接的是发射极E。

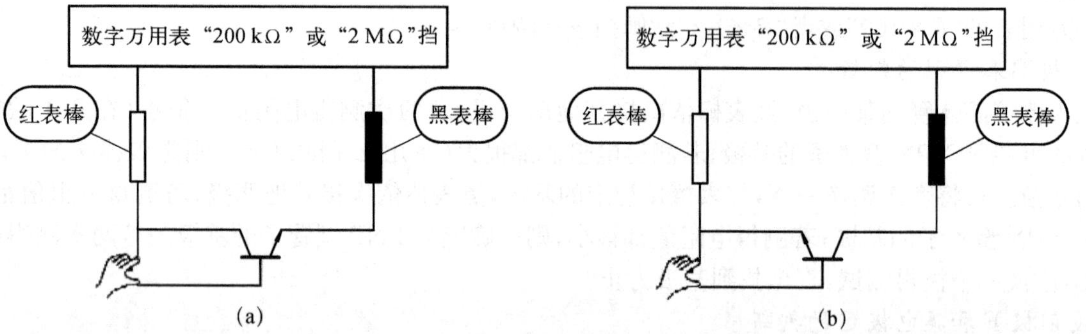

图6.17 判定集电极C

步骤二：手捏B极和E极(原假设)，方法同步骤一，读出两次测试的电阻值，如果两次电阻值都比步骤一中的大，则原假设成立。

3. 双极型晶体管伏安特性图示法原理

双极型晶体管输出特性曲线是一组曲线族，如图6.18所示，其中任意一条曲线均表示在i_B为常数条件下，集电极电流i_C与集-射电压v_{CE}之间的关系。要在示波管的荧光屏上显示一条特性曲线，可以采用图6.19所示的电路。图中T是被测双极型晶体管，r是T的集电极电流取样电阻。在晶体管的B-E回路中接电源E_B和电阻R_b，这时注入基极的电流$i_B=(E_B-v_{BE})/R_B$，E_B、R_B固定，则i_B固定。在C-E回路中，接入幅度为E的锯齿波电压和一个小电阻r。发射极接地，集电极接示波管的X偏转板。由于r很小，X轴偏转板上的电压近似为锯齿波电压。而Y轴偏转板上的电压接的是r上的电压。这样，在示波管荧光屏上将显示双极型晶体管集电极电流与集电极电压之间的关系曲线。

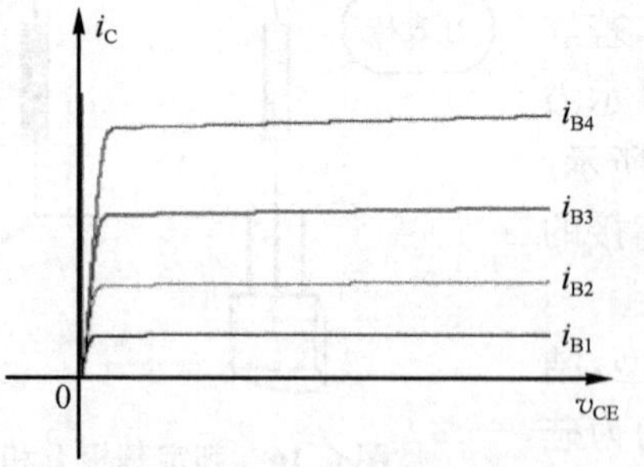

图6.18 输出特性曲线

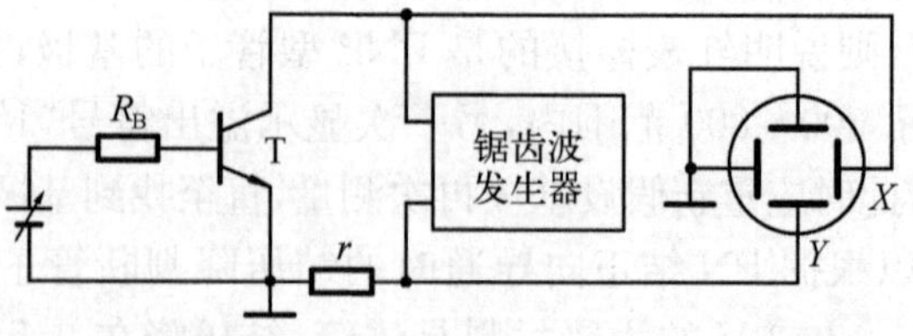

图6.19 双极型晶体管特性曲线图示法原理

为了显示整个特性曲线族，基极电流以阶梯形式变化，每一阶梯的维持时间正好等于加入集电极上的锯齿波电压的周期，如图6.20所示。锯齿波每经历一个周期，基极电流I_B增长一级阶梯的幅度。测试系统的电路连接如图6.21所示。晶体管特性图示仪就是按照上述原理设计的。

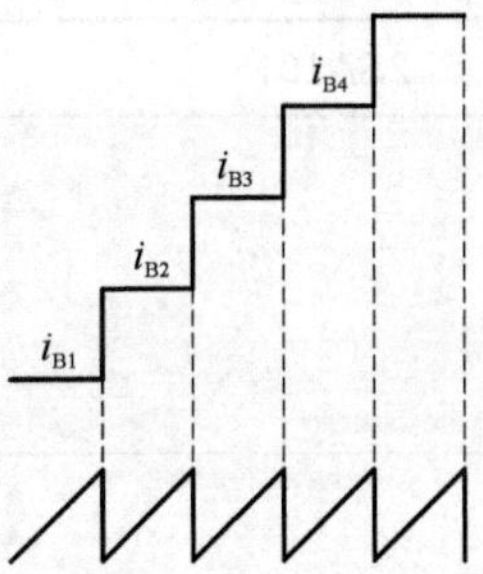

图 6.20　阶梯波与对应锯齿波

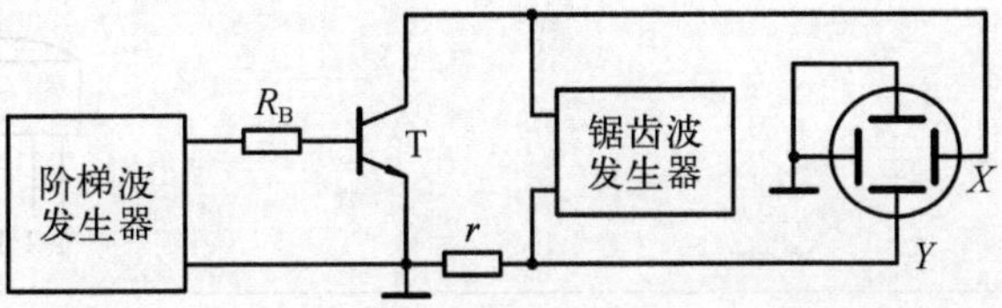

图 6.21　双极型晶体管特性曲线族图示法原理

6.2.4　实验内容与步骤

1. 鉴别双极型晶体管 9012 和 9013 的基极 B 和集电极 C

首先按表 6.6 鉴别出双极型晶体管 9012 和 9013 的基极 B。

然后按表 6.7 鉴别出双极型晶体管 9012 和 9013 的集电极 C。

表 6.6　鉴别双极型晶体管 9012 和 9013 的基极 B

<table>
<tr><td>型　号</td><td colspan="4">9012</td><td colspan="4">9013</td></tr>
<tr><td>实物图</td><td colspan="8">
1 2 3</td></tr>
<tr><td>原理图</td><td colspan="8">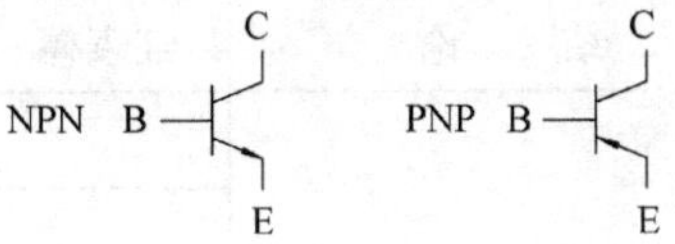
NPN B C E　PNP B C E</td></tr>
<tr><td>红表棒</td><td>黑表棒</td><td>实测值</td><td>结　论</td><td>红表棒</td><td>黑表棒</td><td>实测值</td><td>结　论</td></tr>
<tr><td>1</td><td>2</td><td></td><td rowspan="6">$B=$ NPN/PNP</td><td>1</td><td>2</td><td></td><td rowspan="6">$B=$ NPN/PNP</td></tr>
<tr><td>1</td><td>3</td><td></td><td>1</td><td>3</td><td></td></tr>
<tr><td>2</td><td>1</td><td></td><td>2</td><td>1</td><td></td></tr>
<tr><td>2</td><td>3</td><td></td><td>2</td><td>3</td><td></td></tr>
<tr><td>3</td><td>1</td><td></td><td>3</td><td>1</td><td></td></tr>
<tr><td>3</td><td>2</td><td></td><td>3</td><td>2</td><td></td></tr>
</table>

表 6.7　鉴别双极型晶体管 9012 和 9013 的集电极 C

<table>
<tr><td>型　号</td><td colspan="3">9012</td><td colspan="4">9013</td></tr>
<tr><td>红表棒</td><td>黑表棒</td><td>实测值</td><td>结　论</td><td>红表棒</td><td>黑表棒</td><td>实测值</td><td>结　论</td></tr>
<tr><td></td><td></td><td></td><td rowspan="2">$C=$</td><td></td><td></td><td></td><td rowspan="2">$C=$</td></tr>
<tr><td></td><td></td><td></td><td></td><td></td><td></td></tr>
</table>

2. 鉴别双极型晶体管 2SC1815 和 2SA1015 的 B 和 C 极

首先按表 6.8 鉴别出双极型晶体管 2SC1815 和 2SA1015 的基极 B。

然后按表 6.9 鉴别出双极型晶体管 2SC1815 和 2SA1015 的集电极 C。

表 6.8　鉴别双极型晶体管 2SC1815 和 2SA1015 的基极 B

型　号	2SC1815			2SA1015			
实物图							
原理图	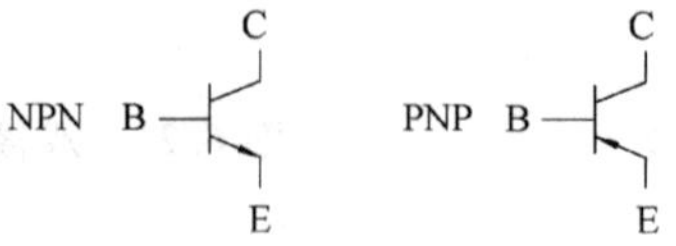						
红表棒	黑表棒	实测值	结　论	红表棒	黑表棒	实测值	结　论
1	2		$B=$ NPN/PNP	1	2		$B=$ NPN/PNP
1	3			1	3		
2	1			2	1		
2	3			2	3		
3	1			3	1		
3	2			3	2		

表 6.9　鉴别双极型晶体管 2SC1815 和 2SA1015 的集电极 C

型　号	2SC1815			2SA1015			
红表棒	黑表棒	实测值	结　论	红表棒	黑表棒	实测值	结　论
			$C=$				$C=$

3. 双极型晶体管输出特性测试求放大倍数 β

方法一：将三极管插入相应的 h_{FE} 孔，直接测得 h_{FE}。详见第 2 章“测量三极管放大倍数”实验。

方法二：从双极型晶体管输出特性上可以估算晶体管的 β 值，如图 6.23 中的 Q 点。

先通过 Q 点作横轴的垂直线，如图中虚线，确定对应 Q 点的 v_{CE} 值；再从图中求出一定 v_{CE} 值条件下的 Δi_B 和 Δi_C，则 Q 点附近的交流电流放大倍数为

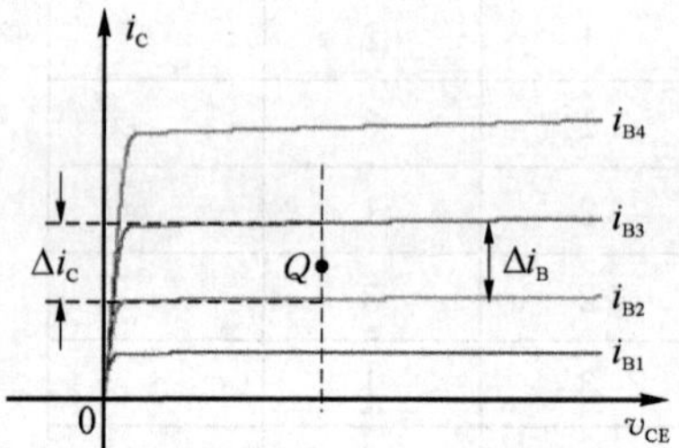

图 6.22　双极型晶体管输出特性

$$b=\left.\frac{\Delta i_C}{\Delta i_B}\right|_{v_{CE}=V_{CEQ}}$$

直流电流放大倍数为

$$\bar{b}=h_{FE}=\left.\frac{I_C}{I_B}\right|_{v_{CE}=V_{CEQ}}$$

XJ4810 图示仪各挡旋钮的正确位置如表 6.10 所示。特别注意的是，测试前应将峰值电压％旋钮逆时针旋至最左边(0 V)，再按测试按键(左/右)，然后慢慢旋转峰值电压％旋钮，直至出现整个输出特性曲线，将曲线描绘在坐标纸上，并将测试数据填入表 6.11 内。

表 6.10　用图示仪测量晶体管输出特性、求放大倍数 β 时的旋钮位置

晶体管型号	9012	9013
峰值电压范围	10 V	
集电极电源极性	—(按下)	+(弹出)
功耗电阻	250 Ω	
X 轴集电极电压	v_{CE}：1 V/格	
Y 轴集电极电流	i_C：0.5 mA/格	
峰值电压%	逐增	
阶梯信号	重复	
阶梯信号极性	—(按下)	+(弹出)
极/族	10	
阶梯选择(电流/级)	5 μA(I_B)	
测试位置	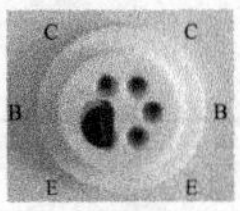	

表 6.11　晶体管输出特性求放大倍数特性测试波形及数据

型　号	9012	9013
测试条件	$V_{CEQ}=5$ V，$I_C=3$ mA	
实测波形	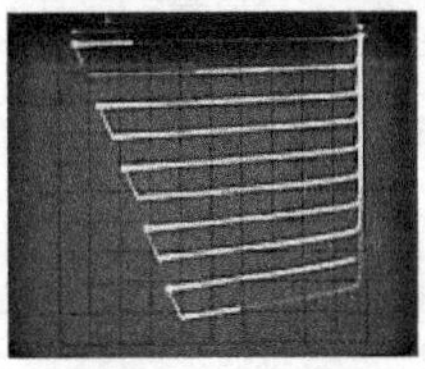	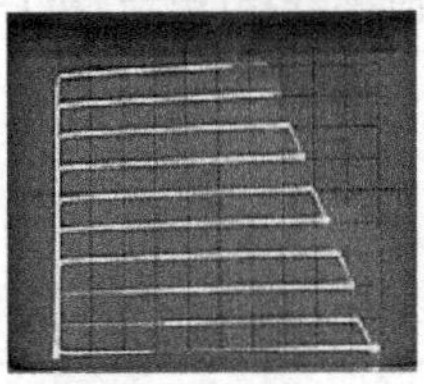
β		
h_{FE}		

方法三：把表 6.10 中的 X 轴集电极电压选择开关改为⎍，即得到电流放大特性曲线，将测试数据填入表 6.12。

表 6.12　晶体管电流放大特性测试波形及参数

型　号	9012	9013
实测波形	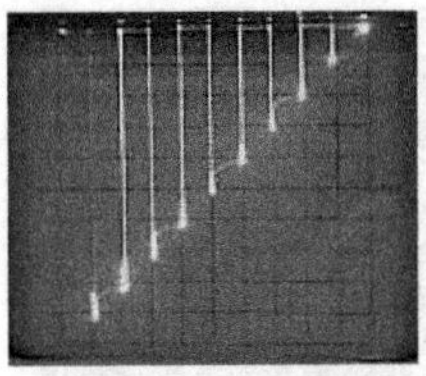	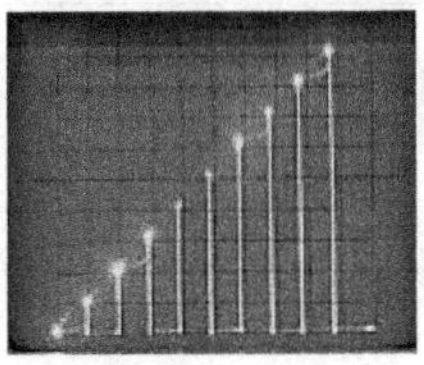
h_{FE}		

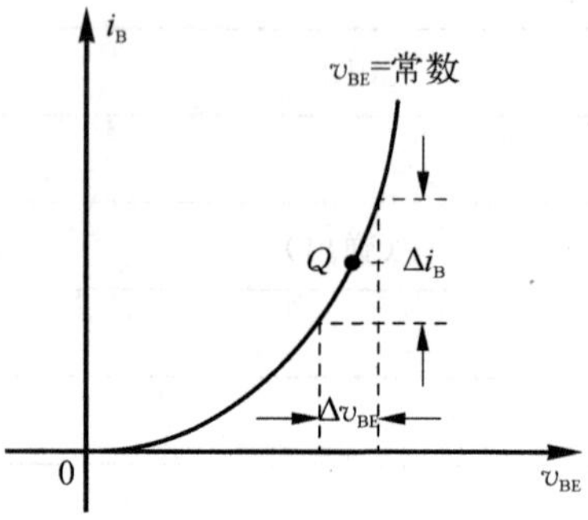

图 6.23 双极型晶体管输入特性

4. 双极型晶体管输入特性测试

从双极型晶体管输入特性曲线上可以估算晶体管的 r_{BE}值，如图 6.23 所示。欲求 Q 点的 r_{BE}，按图所示作三角形，求该点的斜率，即得

$$r_{be} = \left.\frac{\Delta v_{BE}}{\Delta i_B}\right|_{v_{CE}=V_{CEQ}}$$

XJ4810 图示仪各挡旋钮的正确位置如表 6.13 所示。特别注意的是，测试前应“将峰值电压%”旋钮逆时针旋至最左边(0 V)，再按测试按键(左/右)，然后慢慢旋转“峰值电压%”旋钮，直至出现整个输出特性曲线，将曲线描绘在坐标纸上，并将测试数据填入表 6.14 内。

表 6.13 图示仪测量双极型晶体管输入特性求输入电阻时旋钮位置

型　号	9012	9013
峰值电压范围	0～10 V	
集电极极性	－(按下)	＋(弹出)
功耗电阻	1 kΩ	
X 轴集电极电压	V_{BE}：0.1 V/格	
Y 轴集电极电流	基极电流 ⎍	
峰值电压%	逐增	
阶梯信号	重复	
阶梯信号极性	－(按下)	＋(弹出)
极/族	10	
阶梯选择(电流/级)	10 μA(Ib)	
测试位置	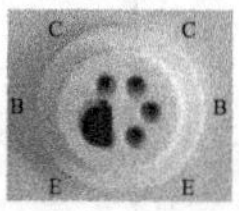	

表 6.14 双极型晶体管 9012、9013 输入特性求输入电阻测试波形及数据

型　号	9012	9013
$V_{CE}=0\,V$	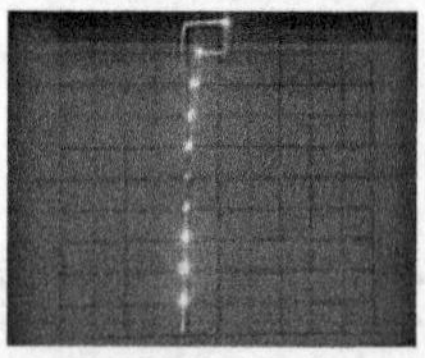	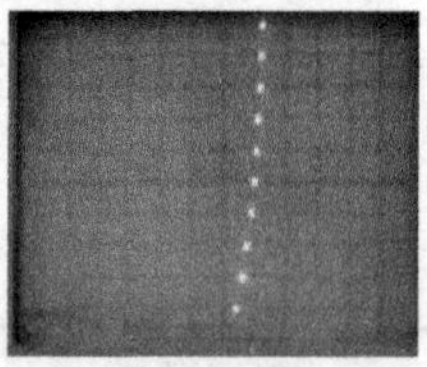
	r_{BE} =	r_{BE} =
$V_{CE}=5$ V, $I_B=50\ \mu A$	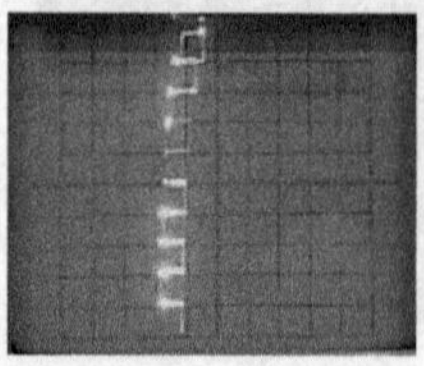	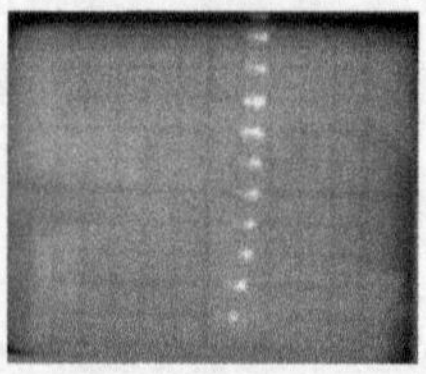
	r_{BE} =	r_{BE} =

续表

型　号	9012	9013
$V_{CE}=10\ \text{V}$	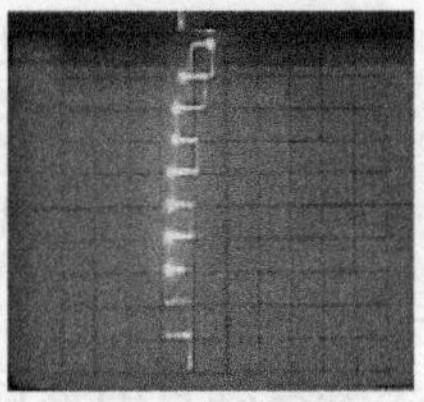	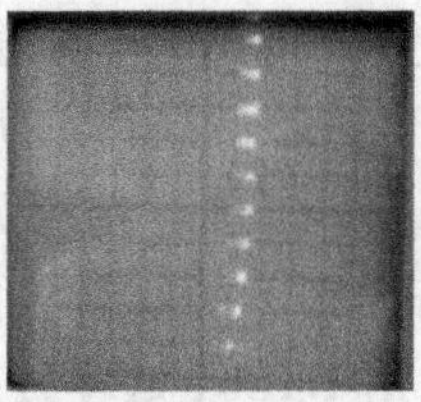
	$r_{BE}=$	$r_{BE}=$

6.2.5　实验器材

(1) 三极管：9012，9013，2SA1015，2SC1815　各 1 个。

(2) MF500 指针式万用表和 UT801 数字式万用表　各 1 台。

(3) XJ4810 型半导体管特性图示仪　1 台。

6.2.6 实验报告要求

整理双极型晶体管的测试数据，填入表 6.6～表 6.9、表 6.11、表 6.12 和表 6.14 内。

6.2.7　思考题

在什么条件下，双极型晶体管可作开关管？

6.3　结型场效应管

结型场效应晶体管(junction field-effect transistor，JFET)是一种具有放大功能的三端有源器件，是单极场效应管中最简单的一种，它分为 N 沟道和 P 沟道两种类型。以结型 N 沟道场效应晶体管为例，它是在一块 N 形半导体上制作两个高掺杂的 P 区，并将它们连接在一起，所引出的电极称为栅极 G，N 型半导体两端分别引出两个电极，分别称为漏极 D 和源极 S，如图 6.24 所示。常用结型场效应晶体管封装同双极型晶体管的封装相似。

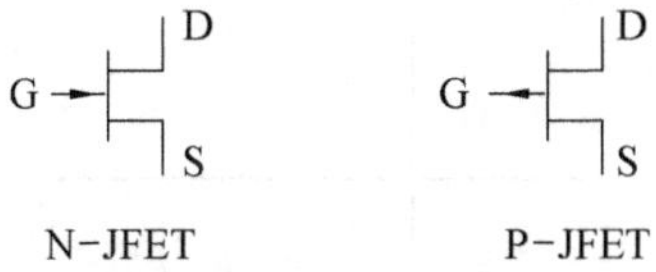

图 6.24　结型场效应晶体管

6.3.1　实验目的

(1) 掌握用 MF500 指针式万用表和 UT801 数字式万用表粗略鉴别结型场效应管引脚的方法。

(2) 进一步熟悉结型场效应管参数和特性曲线的物理意义。

(3) 掌握用 XJ4810 型半导体管特性图示仪测试结型场效应管特性曲线的方法。

(4) 掌握运用特性曲线求结型场效应管特性参数的方法。

6.3.2　实验预习要求

(1) 复习结型场效应管的基本特性。

(2) 复习 MF500 指针式万用表和 UT801 数字式万用表的使用方法。

(3) 熟悉 XJ4810 型半导体管特性图示仪的使用方法。

6.3.3　实验原理

1. 利用指针式万用表测试结型场效应管

1) 栅极的判断

用万用表的 $R\times1\ \text{k}$ 挡，将黑表棒接触管子的一个电极，用红表棒分别接触另外两个电极，若两次测得的阻值都很小，则黑表棒所接的电极就是栅极，而且是 N 型沟道场效应管。若红表棒接触一个电极，用黑表棒分别接触另外两个电极，如测得的阻值两次都很小，则红表棒所接的就是栅极，而且是 P 沟道场效应管。在测量中如出现两阻值相差太大，需改换电极重测，直到出现两阻值都很小或都很大时为止，这样就可以找到栅极。

2）性能好坏的判断

结型场效应管的漏极和源极可以互换，所以判断出栅极后，其余两个电极即为漏极和源极。管子好坏的判别用万用表的$R\times1$ k 挡，测 P 型沟道管时，将红表棒接源极 S 或漏极 D，黑表棒接栅极 G 时，测得的电阻应很大，交换表棒重测，阻值很小，表明管子基本上是好的。如测得的结果与其不符，则说明管子不好。当栅极与源极间、栅极与漏极间反向电阻均很小时，表明管子是坏的。

还可以将红、黑表棒分别接触源极 S、漏极 D，然后用手碰触栅极，表针会发生偏转，偏转较大，说明管子是好的，若表针不动，则说明管子是坏的或性能不良。

2. 利用 UT801 数字万用表鉴别小功率结型场效应管的极性

判定栅极（G）和管型：

N/P 沟道结型场效应管可看成一个 NPN/PNP 型双极型晶体管，栅极 G 对应基极 B，漏极 D 对应集电极 C，源极 S 对应发射极 E。所以只要像测量双极型晶体管那样测 PN 结的正、反向导通情况即可。又由于结型场效应管的漏、源极之间是对称结构，呈纯电阻性，即正反向电阻基本相等，所以漏极和源极可以互换，因此，只要判断栅极 G 即可。

3. 结型场效应管特性图示法原理

结型场效应管特性图示法原理与双极型晶体管相似，请参考双极型晶体管特性图示法原理。

6.3.4 实验内容与步骤

1. 鉴别结型场效应管 3DJ6 和 3DJ7 的栅极 G

按表 6.15 鉴别结型场效应管 3DJ6 和 3DJ7 的栅(G)极。

表 6.15 鉴别结型场效应管 G 极

型　号	3DJ6			3DJ7			
实物图	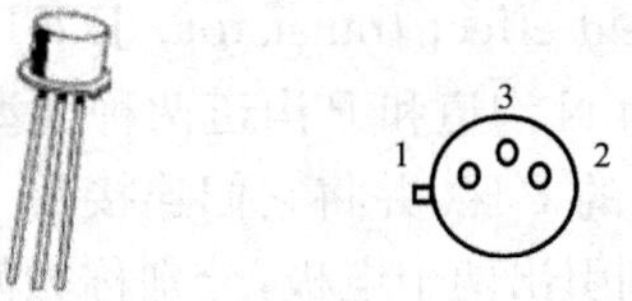 引脚底视图						
原理图	 N-JFET　P-JFET						
红表棒	黑表棒	实测值	结　论	红表棒	黑表棒	实测值	结　论
1	2		$G=$ N-JFET/P-JFET	1	2		$G=$ N-JFET/P-JFET
1	3			1	3		
2	1			2	1		
2	3			2	3		
3	1			3	1		
3	2			3	2		

2. 结型场效应管输出特性

测试饱和漏电流 I_{DSS}、低频跨导 g_m、夹断电压 $V_p=V_{GS(OFF)}$ 和源漏击穿电压 BV_{DS}

(1) 饱和漏电流(I_{DSS})。

方法一：在负栅压情况下，取最上面一条输出特性曲线 ($V_{GS}=0$)，取 X 轴电压 V_{DS}定值条件下(即 A

点)对应的 Y 轴电流,即为 I_{DSS}值,如图 6.25 所示。

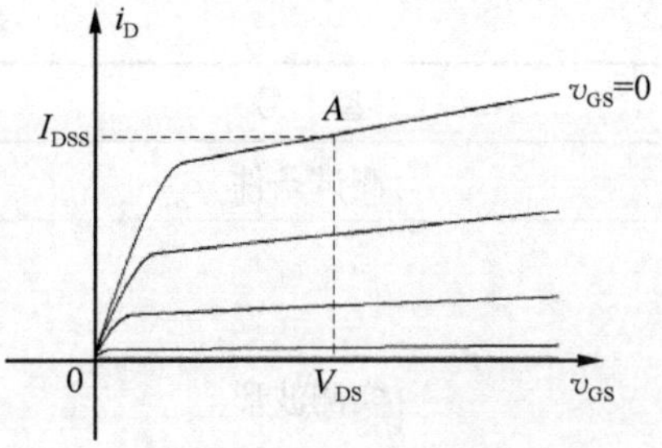

图 6.25　结型场效应晶体管输出特性

方法二:按下测试台上的测试选择"零电压"按键,荧光屏上只显示 $V_{GS}=0$ 的一根曲线,可读得 V_{DS}定值时对应的 I_{DSS}值。这种方法可以避免阶梯调零不准引起的误差。若 E、B 间有外接电阻,按键置于"零电流"挡亦可进行 I_{DSS}测量。

(2) 低频跨导(g_m):跨导值随工作条件而变化,一般情况下测量最大的 g_m值,即测量 $i_D=I_{DSS}$ 时的 g_m值。在图 6.25 中 $V_{GS}=0$ 的曲线上,对应于 V_{DS}定值条件下的 A 点,再从图 6.25 中求出一定 V_{DS}值条件下的 Δi_D和 ΔV_{GS},即得:$g_m=\left.\dfrac{\Delta i_D}{\Delta V_{GS}}\right|_{V_{DS}=\text{常数}}$。

(3) 夹断电压(V_p也称 $V_{GS(OFF)}$):从图 6.25 可看出最下面一条曲线,漏极电流减小到接近于零(或等于某一规定数值,如 10 μA)时的栅源电压,对应的 V_{GS}值就是 V_p。每两条曲线之间的间隔对应一定的栅压值(如−0.2 V)。I_{DS}最小是一个很小的值,可以通过改变 Y 轴上电流的量程读取。

(4) 源漏击穿电压(BV_{DS}):将峰值电压旋钮%转回 0%位置,电压范围改为 200 V,X 轴集电极电压改为 5 V/格或 10 V/格,加大功耗电阻,再调节峰值电压%旋钮,最下面一条输出特性曲线的转折点处对应的 X 轴电压,即为 BV_{DS}值。

J4810 图示仪各挡旋钮的正确位置如表 6.16 所示。由于所检测的场效应管是电压控制器件,测量中需将输入的基极电流改换为基极电压,这可将基极阶梯选择选用电压挡(V/级),也可选用电流挡(mA/级),但选用电流挡必须在测试台的 B−E 间外接一个电阻,将输入电流转换成输入电压。特别注意的是,测试前应将峰值电压%旋钮逆时针旋至最左边(0 V),再按测试按键(左/右),然后慢慢旋转峰值电压%旋钮,直至出现整个输出特性曲线,将曲线描绘在坐标纸上,并将测试数据整理填入表 6.17 内。

表 6.16　用 XJ4810 图示仪测量结型场效应管输出特性时的旋钮位置

型　号	3DJ6	3DJ7
峰值电压范围	10 V	
集电极电源极性	+(弹出)	−(按下)
功耗电阻	1 kΩ	
X 轴集电极电压	V_{CE}:1 V/格	
Y 轴集电极电流	I_c:0.5 mA	
峰值电压%	逐增	
阶梯信号	重复	
阶梯信号极性	−(按下)	+(弹出)
极/族	10	
阶梯选择:电压/级	0.2 V/级	
测试位置	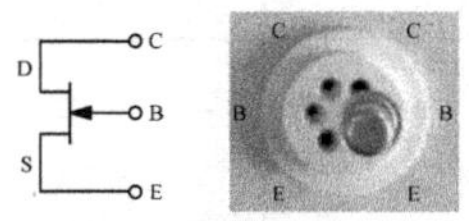	

表 6.17　结型场效应管输出特性测试波形及数据

型　号	3DJ6	3DJ7
测试条件	$V_{GS}=0$、$V_{DS}=5$ V	
实测波形	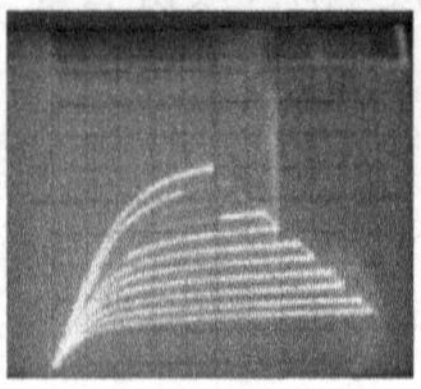	
饱和漏电流 I_{DSS}		
低频跨导 g_m		
夹断电压 V_p		
源漏击穿电压 BV_{DS}		

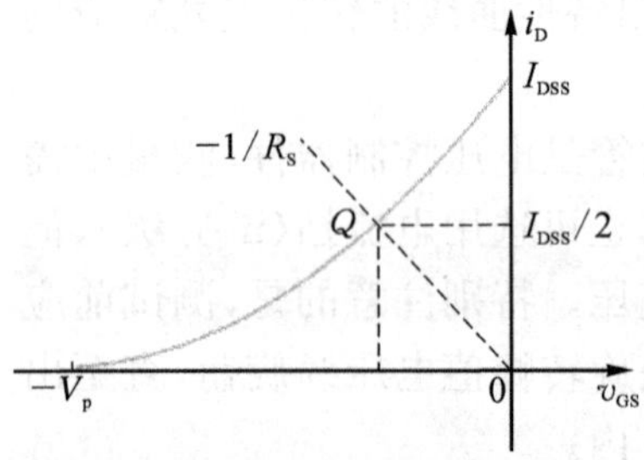

图 6.26　结型场效应管转移特性

3. 结型场效应管转移特性测试求源极电阻(R_S)

从结型场效应管转移特性曲线上(图 6.26),可以估算晶体管的源极电阻(R_S)值。过 $I_{DSS}/2$ 作一条平行于 V_{GS} 的直线,与转移特性曲线相交于 Q 点,连接 Q 点与坐标原点的直线即为输入回路的负载线,该负载线斜率的倒数即源极电阻 $R_S=-\dfrac{2V_{GS}}{I_{DSS}}$。

XJ4810 图示仪各挡旋钮的正确位置如表 6.18 所示。转移特性曲线测量的是 i_{DS} 与 V_{GS} 的关系,因而需注意另一引脚(漏极)的偏置,此处将 V_{DS} 偏置为 10 V(也可试着改变该值,看所测结果是否变化)。特别注意的是,测试前应将峰值电压%旋钮逆时针旋至最左边(0 V),再按测试按键(左/右),然后慢慢旋转峰值电压%旋钮,直至出现整个转移特性曲线,将曲线描绘在坐标纸上,并将测试数据整理填入表 6.19 内。

表 6.18　图示仪测量结型场效应管转移特性求 R_S 时旋钮位置

型　号	3DJ6	3DJ7
调节 X 轴位移旋钮(⇆)	使零点从(0, 0)移至(10, 0)	
峰值电压范围	50 V	
集电极电压极性	+(弹出)	−(按下)
功耗电阻	1 kΩ	
X 轴集电极电压	V_{BE}: 0.2 V	
Y 轴集电极电流	I_C: 0.5 mA	
峰值电压%	逐增	
阶梯信号	重复	
阶梯信号极性	−(按下)	+(弹出)
极/族	10	
阶梯选择(电压-电流/级)	0.2 V/级	
测试位置	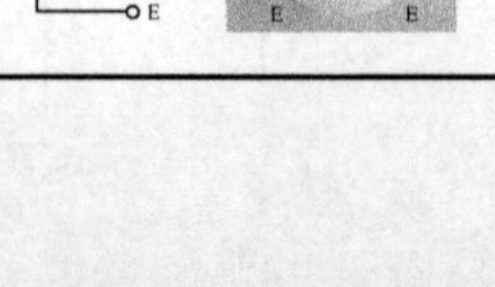	

表 6.19　结型场效应管 3DJ6 转移特性求 R_S 特性测试波形及数据

型　号	3DJ6	3DJ7
测试条件：	$I_{DSS}/2$	
实测波形	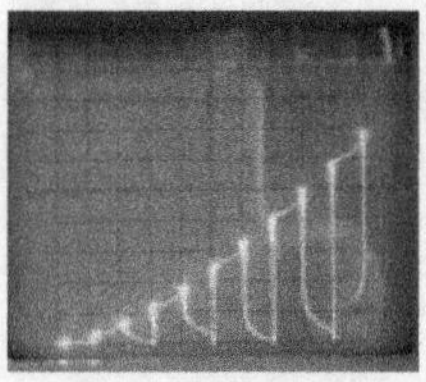	
V_{GS}		
R_S		

6.3.5　实验器材

(1) 三极管：3DJ6，3DJ7　各 1 个。

(2) MF500 指针式万用表和 UT801 数字式万用表　各 1 台。

(3) XJ4810 型半导体管特性图示仪　1 台。

6.3.6　实验报告要求

整理测量结型场效应晶体管的数据，处理并填入表 6.15、表 6.17 和表 6.19 内。

6.3.7　思考题

(1) 双极型晶体管与结型场效应管特性测量时，阶梯信号的设置有何不同？

(2) 利用 Multisim 仿真，研究半导体二极管、双极型晶体管和场效应管的特性。

第 7 章　直流电源电路

一般来说，电子系统都需要稳定的直流电源供电，并且电源性能的优劣对电子系统有直接的影响，而人们设计制作各式各样的电源电路，是为了满足不同实际电路的需要。本章主要针对线性电源电路中的两个基本模块进行实验，以达到制作和测试简易直流稳压电源的目的。

7.1　整流滤波电路实验

在直流稳压电源中，整流滤波电路是将交流电转换为直流电必不可少的电路模块，本小节将选择桥式整流、全波整流加电容滤波作为制作和测试的电路。

7.1.1　实验目的

(1) 理解桥式整流滤波和全波整流滤波电路原理，掌握其电路结构。

(2) 学会焊接、测试桥式整流滤波和全波整流滤波电路。

(3) 学会使用数字示波器和数字万用表。

7.1.2　实验预习要求

(1) 复习桥式整流、全波整流、滤波电路原理。

(2) 掌握数字示波器和数字万用表的使用方法。

(3) 用 Multisim 仿真软件对实验电路进行仿真。

7.1.3　实验原理

1. 全波整流

整流是把交流电变换为直流电的过程，它的基本原理是利用半导体二极管的单向导电性。对纯电阻负载的全波整流电路及其波形如图 7.1(a)和(b)所示，图 7.1(c)是实验原理图。

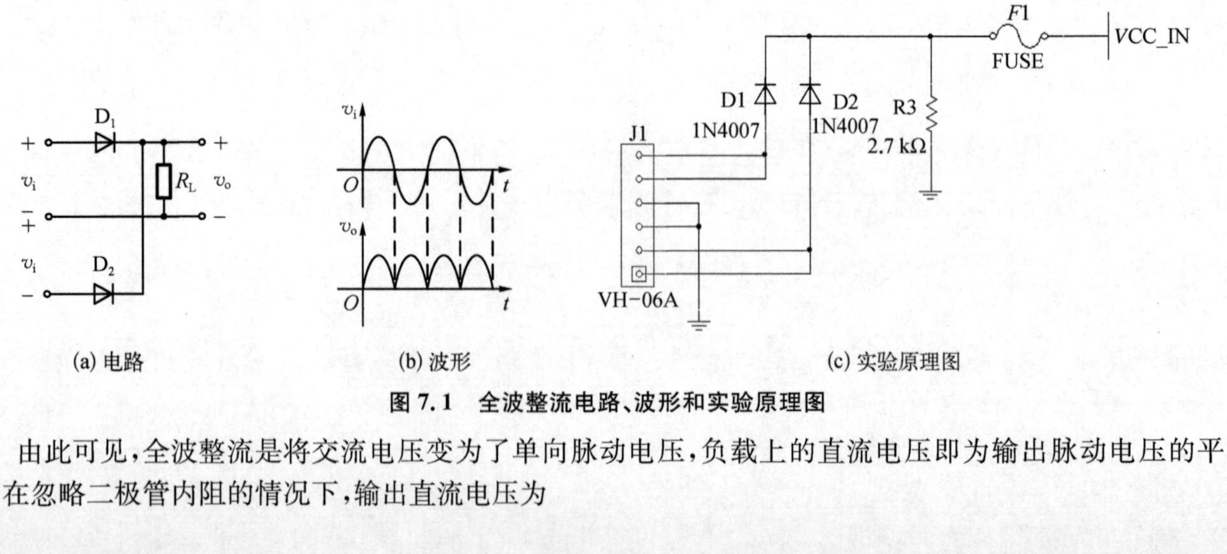

(a) 电路　　(b) 波形　　(c) 实验原理图

图 7.1　全波整流电路、波形和实验原理图

由此可见，全波整流是将交流电压变为了单向脉动电压，负载上的直流电压即为输出脉动电压的平均值，在忽略二极管内阻的情况下，输出直流电压为

$$V_0 = \frac{2\sqrt{2}}{p} V_1 = 0.9V_1$$

式中，$p = \pi$，V_I为输入电压 v_i的有效值。

整流的目的是得到直流电，其中所含交流分量越小越好。为了衡量整流电路特性的优劣，常用纹波因数 γ 来表示，定义为

$$g = \frac{\text{交流分量的总有效值}}{\text{直流分量}}$$

显然，γ 越小，输出脉动越小。实验中，可以利用仪器仪表，通过对交流有效值的测量，直接得到交流分量的总有效值。

2. C 型滤波

由于整流之后得到的单向脉动直流电纹波因数较大，所以需进行滤波才能得到较平滑的直流电，常用的滤波器有 C 型、Γ 型、Π 型等，本实验只介绍 C 型滤波。全波整流 C 型滤波电路实验印制板原理图及其波形如图 7.2 所示。

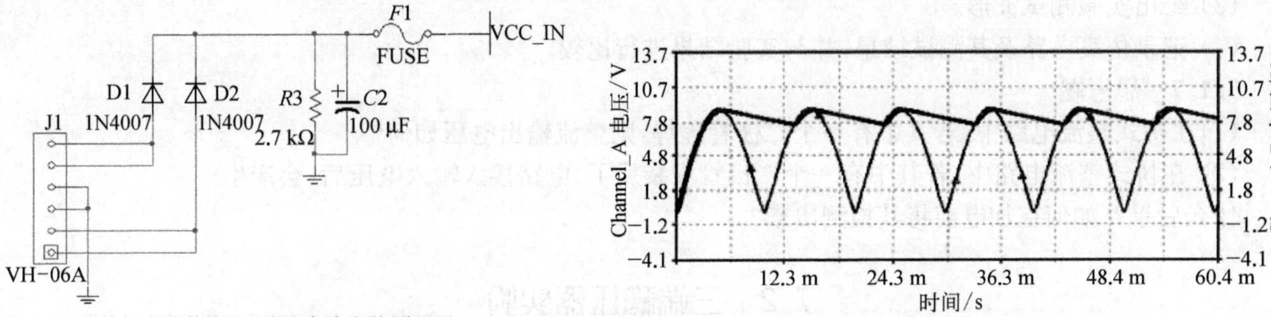

(a) 全波整流C型滤波电路实验原理图　　(b) C型滤波的波形

图 7.2　全波整流 C 型滤波电路及其波形

可见，经 C 型滤波输出的电压变得比较平滑，输出的直流电压比未加电容时还高，负载 R_L、C 的数值越大，输出直流电压越接近变压器次级交流电压的幅值，且纹波因数越小，输出电压越平滑。输出直流电压的范围为

$$V_0 = (0.9 \sim 1.4)V_I$$

3. 桥式整流 C 型滤波双电源电路

以上介绍的是全波整流 C 型滤波单电源电路，据此可得到桥式整流 C 型滤波双电源电路，如图 7.3(a)所示。其工作原理读者可自行分析。图 7.3(b)是桥式整流 C 型波双电源电路的实验原理图。

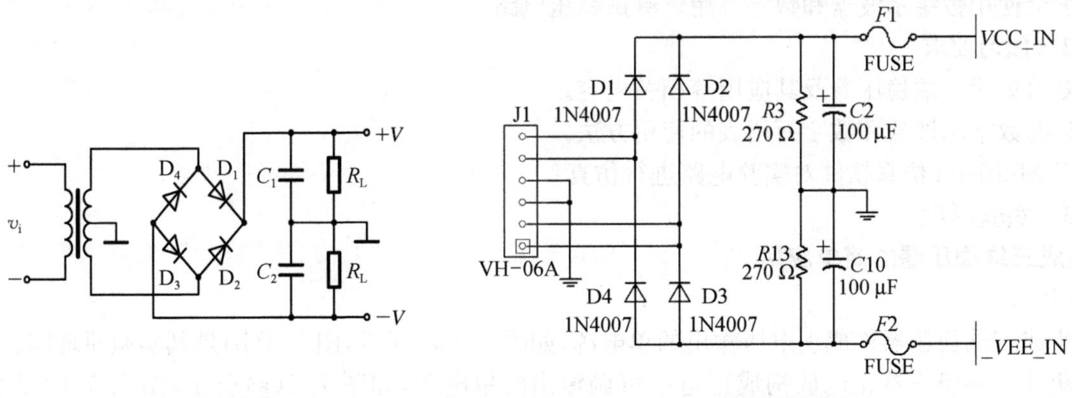

(a) 电路　　(b) 实验原理图

图 7.3　桥式整流 C 型滤波双电源电路及其实验原理图

7.1.4 实验内容及方法

(1) 安装、焊接电路实验板上的电源模块——桥式整流C型滤波电路,并进行简单检测。

(2) 接通开关,使220 V、50 Hz正弦交流电接入,用数字万用表交流电压挡测量变压器次级电压和全波整流、桥式整流C型滤波电路的输出电压。

(3) 用示波器观察并记录输出电压波形。

(4) 测量纹波因数。

7.1.5 实验器材

(1) MSO - X_2012A数字示波器。

(2) 数字万用表UT801。

(3) 模电实验板。

7.1.6 实验报告要求

(1) 简述安装、焊接和检测电路情况。

(2) 绘出实验电路。

(2) 自行设计实验记录表格,并记录相关实验测试数据。

(3) 绘出实验测试波形。

(4) 记录仿真电路及其测试结果,并与实验结果进行比较。

7.1.7 思考题

(1)在桥式整流电路中,若其中有一个二极管虚焊,则整流输出电压如何?

(2) 在桥式整流电路中,若其中有一个二极管安装反了,电路接入输入电压后,会产生什么后果?如何在加电前将其检测出来?

7.2 三端稳压器实验

7.1节介绍的整流滤波电路也是一种直流电源,即所谓整流电源,其优点是线路简单,成本低。它的主要缺点是输出电压不够稳定,只能用于要求不高的场合下。

为了克服整流电源的缺点,得到高稳定度的电源,需在整流电源的输出端接入稳压器,这就构成了常用的直流稳压电源。其主要优点是输出电压高度稳定,而这种稳定主要取决于稳压器的稳压性能。

集成稳压器是人们常用的一种稳压器,其性能明显优于分立元件稳压器,鉴于此,本节将主要介绍集成三端稳压器的简单应用。

7.2.1 实验目的

(1) 了解集成三端稳压器的主要性能指标,掌握其主要应用电路结构。

(2) 学会安装、焊接、测试集成三端稳压器电路。

(3) 学会使用数字示波器和数字万用表测试稳压电路。

7.2.2 预习要求

(1) 复习集成三端稳压器及其应用等相关内容。

(2) 掌握数字示波器和数字万用表的使用方法。

(3) 用Multisim仿真软件对实验电路进行仿真。

7.2.3 实验原理

1. 集成三端稳压器的简单应用

1) 单电源

利用集成三端稳压器构成正电压输出的单电源,如图7.4(a)所示,图7.4(b)是其实验原理图。

利用集成三端稳压器和运放构成正电压可调输出的单电源,如图7.5(a)所示,图7.5(b)是其实验原理图。

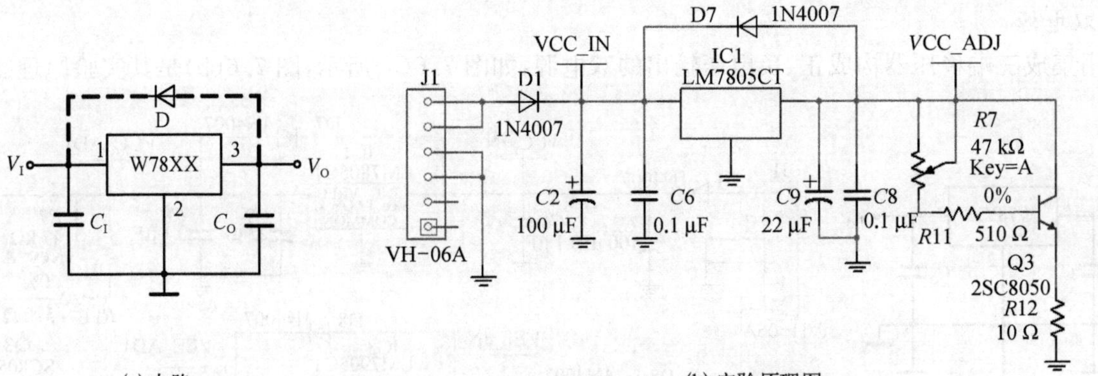

(a) 电路　　(b) 实验原理图

图 7.4　W7800 系列集成三端稳压器基本电路和实验原理图

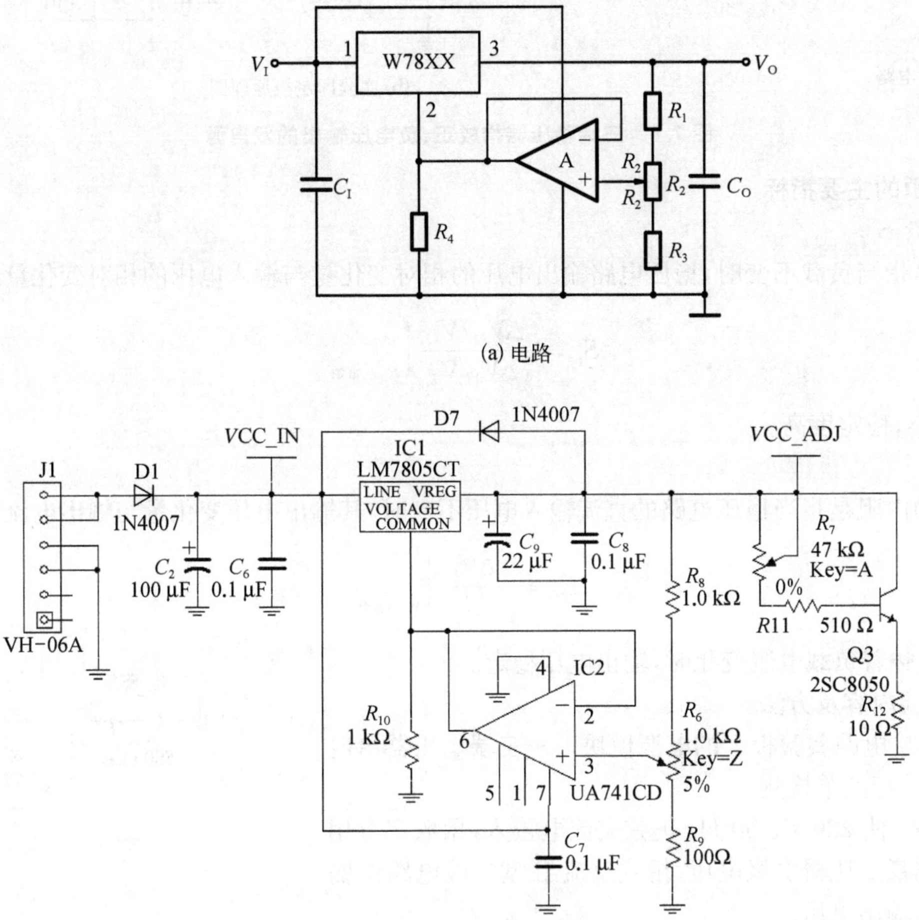

(a) 电路

(b) 实验原理图

图 7.5　三端稳压器和运放构成正电压可调输出的单电源电路和实验原理图

当电位器 R_2 滑动端处于最上端时，电路输出的最大电压为

$$V_{\mathrm{Omax}} = \frac{R_1 + R_2 + R_3}{R_1} V_{\mathrm{XX}}$$

同理，当电位器 R_2 滑动端处于最下端时，电路输出的最小电压为

$$V_{\mathrm{Omin}} = \frac{R_1 + R_2 + R_3}{R_1 + R_2} V_{\mathrm{XX}}$$

注意上述两式的使用条件。

2) 双电源

利用集成三端稳压器构成正、负电压输出的双电源，如图 7.6(a)所示，图 7.6(b)是其实验原理图。

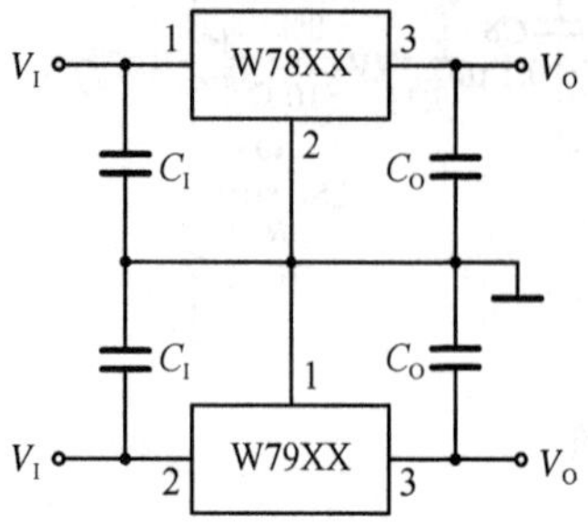

(a) 电路

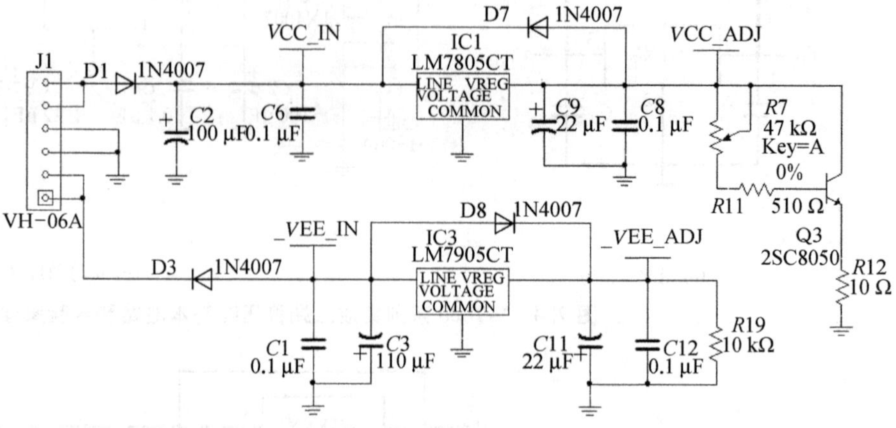

(b) 实验印制板原理图

图 7.6　三端稳压器构成正、负电压输出的双电源

2. 稳压电源的主要指标

1) 稳压系数 S_r

稳压系数是指当负载不变时，稳压电路输出电压的相对变化量与输入电压的相对变化量之比，即

$$S_r = \left.\frac{\Delta V_O / V_O}{\Delta V_I / V_I}\right|_{R_L=\text{常数}}$$

即稳压系数 S_r 小，稳定度高。

2) 内阻 R_0

稳压电路的内阻是指当稳压电路的直流输入电压不变时，其输出电压变化量与输出电流变化量之比，即

$$R_0 = \left.\frac{\Delta V_O}{\Delta I_O}\right|_{V_I=\text{常数}}$$

即内阻 R_0 小，意味着负载电流变化时，输出电压稳定。

7.2.4 实验内容及方法

1. 安装、焊接电路实验板上的电源模块——三端稳压器单电源和双电源，并进行简单检测。

2. 接通开关，使 220 V、50 Hz 正弦交流电接入，用数字万用表交流电压挡测量变压器次级电压、桥式整流 C 型滤波电路的输出电压和稳压器输出电压。

3. 用示波器观察并记录各输出点电压波形。

4. 接入有源负载(有源负载电路如图 7.7 所示)，调节 $R7$ 改变等效负载 R_L，按表 7.4 记录有关数据，作出 $V_O \sim I_L$ 曲线。

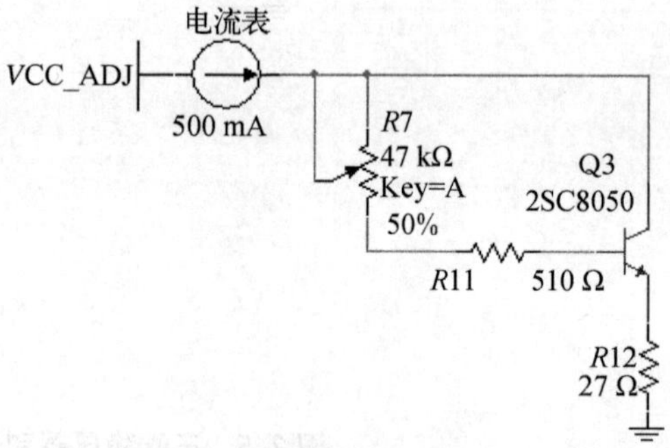

图 7.7　利用双极型晶体管构成有源负载

表 7.1　特性指标的测量 ($V_I = 10$ V)

I_L/mA	min	30	60	90	120	max
V_O/V	7.2					

5. 测量特性指标。

1) 内阻

(1) 令 $V_I = 10$ V，改变负载电流 I_L，按表 7.2 记录有关数据，并求动态内阻 R_o。

(2) 拆去外接直流稳压器，接入整流电源。

(3) 调节输出电压 V_O为 7.2 V，负载电流为 50 mA，测量纹波电压。

(4) 保持输入电压 V_I为 10 V，改变负载 I_L，观察 I_L变化对纹波电压的影响。

表 7.2 R_o和纹波的测量 ($V_I = 10$ V)

I_L/mA	min	30	50	70	90	110	130	150	max
V_O/V	7.2								
R_o/Ω									
纹波/mV									

2) 稳定度

(1) 令 $V_I = 10$ V。

(2) 调节被测稳压器的电位器使输出电压 V_O为 6 V。

(3) 改变负载 R_L，使负载电流固定在 $I_L = 80$ mA。

(4) 改变输入电压 V_I，按表 7.3 测量有关数据，并求稳定度。

表 7.3 稳定度的测量(I_L=常数)

输入电压 V_I/V	9	9.5	10	10.5	11
输出电压 V_O/V			7.2		
稳定度 S_r					

7.2.5 实验器材

(1) MSO - X_2012A 数字示波器。

(2) 数字万用表 UT801。

(3) 直流稳压电源。

(4) 模电实验板。

7.2.6 实验报告要求

(1) 简述安装、焊接和检测电路情况。

(2) 绘出实验电路。

(3) 记录相关实验测试数据，并计算相关特性指标。

(4) 绘出实验测试波形。

(5) 记录仿真电路及其测试结果，并与实验结果进行比较。

7.2.7 思考题

(1) 在上述测量中，为什么采用数字万用表？用指针式万用表可否？为什么？

(2) 如果将稳压电源给一个相距较远的实验装置供电，稳压系数会变大，分析其原因，并给出改进的办法。

第8章　放 大 电 路

放大电路是模拟电路中的基本电路，也是构成各种模拟功能电路的核心电路，在掌握模电理论的基础上，通过实验来学习放大电路的安装、焊接、调试和各项特性指标的测试，为设计制作各种模拟电路功能模块以及系统打下基础。

8.1　集成运算放大器实验

集成运算放大器实质上是一个直接耦合的高增益差分放大电路，它可以组成各种线性的或非线性的电路，用途非常广泛。本节主要介绍以集成运算放大器组成的反相电路、同相电路、差分电路、积分电路、微分电路等各种功能电路。

本实验中的加法电路是模拟电路功能模块综合的一个单元电路。

8.1.1　实验目的

(1) 掌握集成运算放大器的性能。

(2) 学习集成运算放大器的使用方法。

(3) 学会安装、焊接、调试由集成运算放大器组成的各种功能电路。

8.1.2　预习要求

(1) 复习集成运算放大器及其应用等相关内容。

(2) 掌握数字示波器和数字万用表的使用方法。

(3) 用 Multisim 仿真软件对实验电路进行仿真。

8.1.3　实验原理

1. 反相电路

1) 反相比例运算电路

反相比例运算电路如图 8.1(a)所示，当驱动源为电压源时，电路的输出电压与输入电压为反相比例运算关系，即

$$v_O = -\frac{R_F}{R_1}v_I$$

式中，R_F/R_1 为比例系数，“－”表明输出电压与输入电压反相。图中电阻 R' 称为平衡电阻，其阻值 $R' = R_1 /\!/ R_F$，用于减小输入级偏置电流引起的误差。

图 8.1(b)为反相比例运算电路的实验原理图。

2) 反相加法运算电路

反相加法运算电路如图 8.2(a)所示，当两个驱动源为电压源时，电路的输出电压与两个输入电压为反相加法运算关系，即

$$v_O = -\left(\frac{R_F}{R_1}v_{I1} + \frac{R_F}{R_2}v_{I2}\right)$$

图中 $R' = R_1 /\!/ R_2 /\!/ R_F$。

图 8.2(b)是反相加法运算电路的实验原理图。

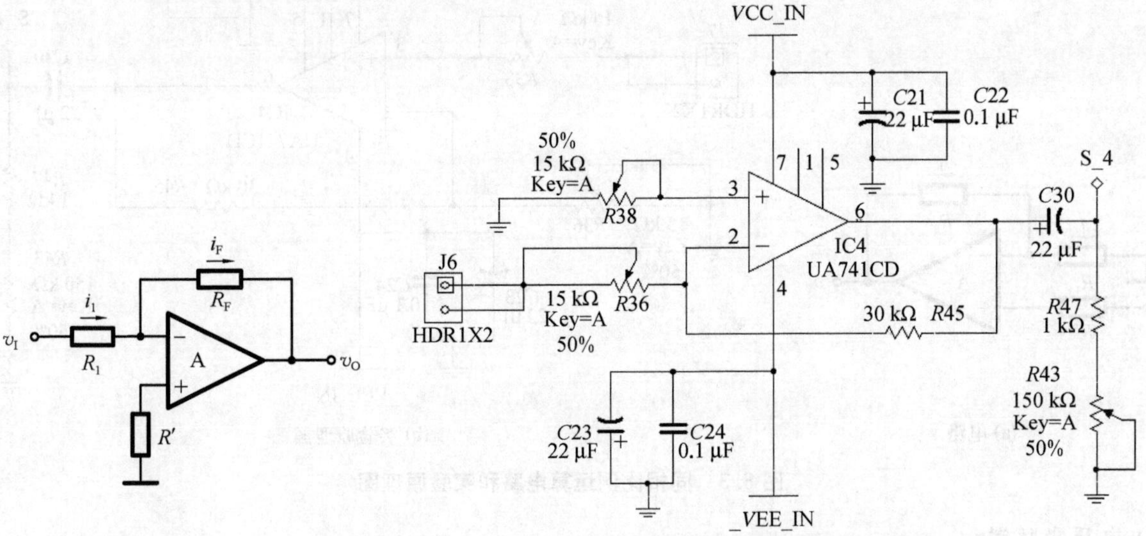

(a) 电路　　　　(b) 实验原理图

图 8.1　反相比例运算电路

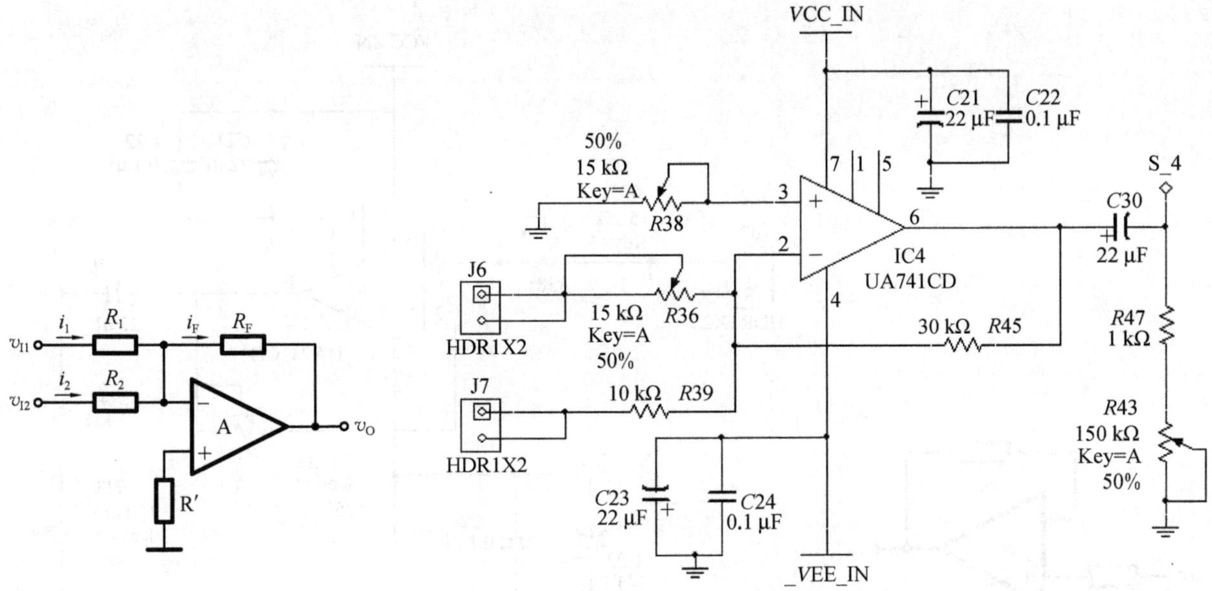

(a) 电路　　　　(b) 实验原理图

图 8.2　反相加法运算电路和实验原理图

2. 同相电路

1）同相比例运算电路

同相比例运算电路如图 8.3 所示，输出电压与输入电压为同相比例运算关系，即

$$v_O = \left(1 + \frac{R_F}{R_1}\right)v_I$$

图中电阻 R' 也称为平衡电阻，其阻值 $R' = R_1 /\!/ R_F$。

图 8.3(b)是同相比例运算电路的实验原理图。

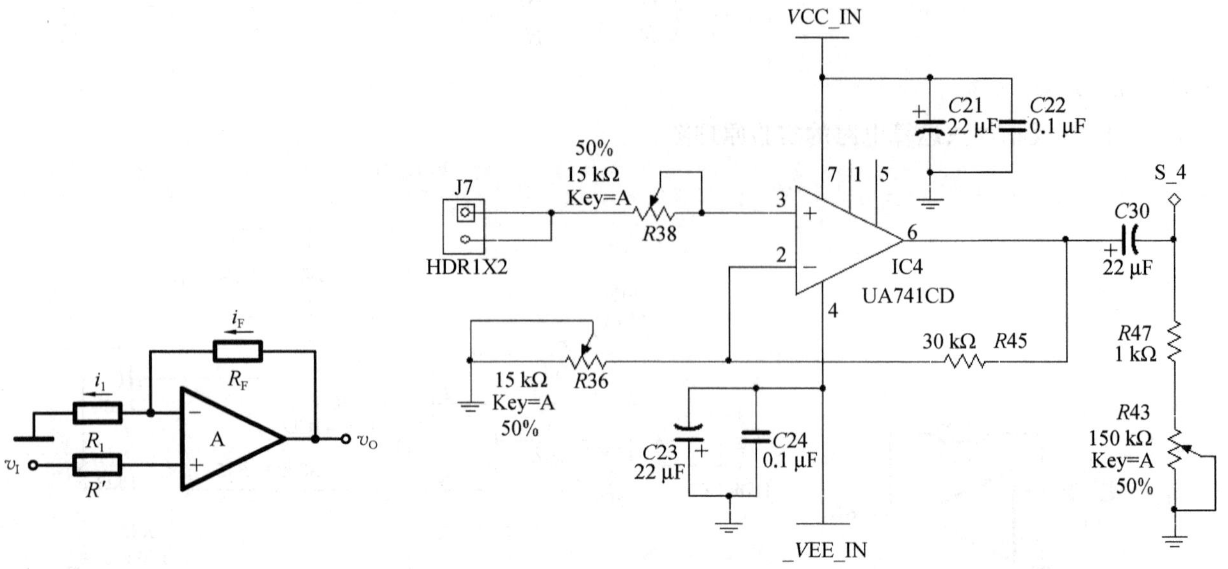

(a) 电路　　　　(b) 实验原理图

图 8.3　同相比例运算电路和实验原理图

2) 电压跟随器

根据同相比例运算电路输出电压与输入电压的关系，当 $R_1 \to \infty$ 时，即断开 R_1，则有 $v_O = v_I$，此时电路称为电压跟随器，如图 8.4(a)所示，图 8.4(b)是电压跟随器的实验原理图。

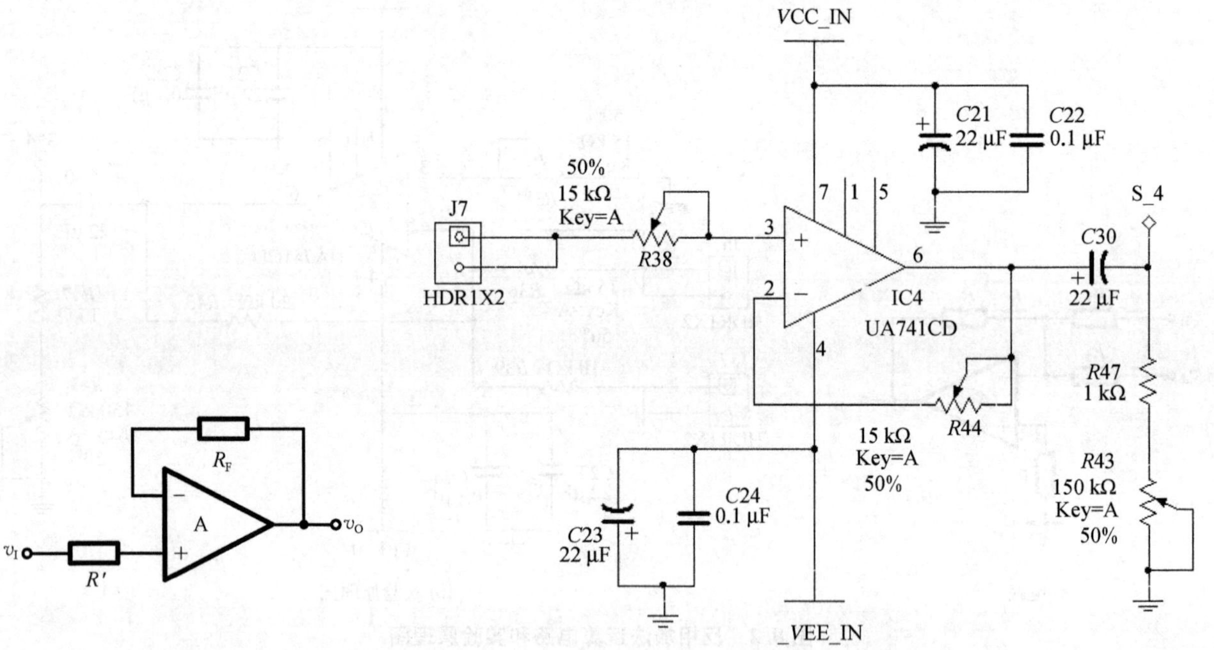

(a) 电路　　　　(b) 实验印制板原理图

图 8.4　电压跟随器

电压跟随器具有输入电阻高、输出电阻低和输出电压跟随输入电压的特点，所以，作为一个单元电路得到了广泛的应用，可用于放大电路的输入级、缓冲级(隔离级)和输出级。

3. 差分电路

以上介绍的反相电路和同相电路是由运放构成的两种单端输入放大电路，下面将分析几个不同电路结构的差分电路。

1）单运放差分运算电路

如图 8.5(a)所示，输入信号 v_{I2} 和 v_{I1} 分别作用于运放的同相端和反相端，若取 $R_1 = R_2$，$R_3 = R_F$，则

$$v_O = \frac{R_F}{R_1}(v_{I2} - v_{I1})$$

且有 $R_1 \mathbin{/\!/} R_F = R_2 \mathbin{/\!/} R_3$。

图 8.5(b)是单运放差分运算电路的实验原理图。

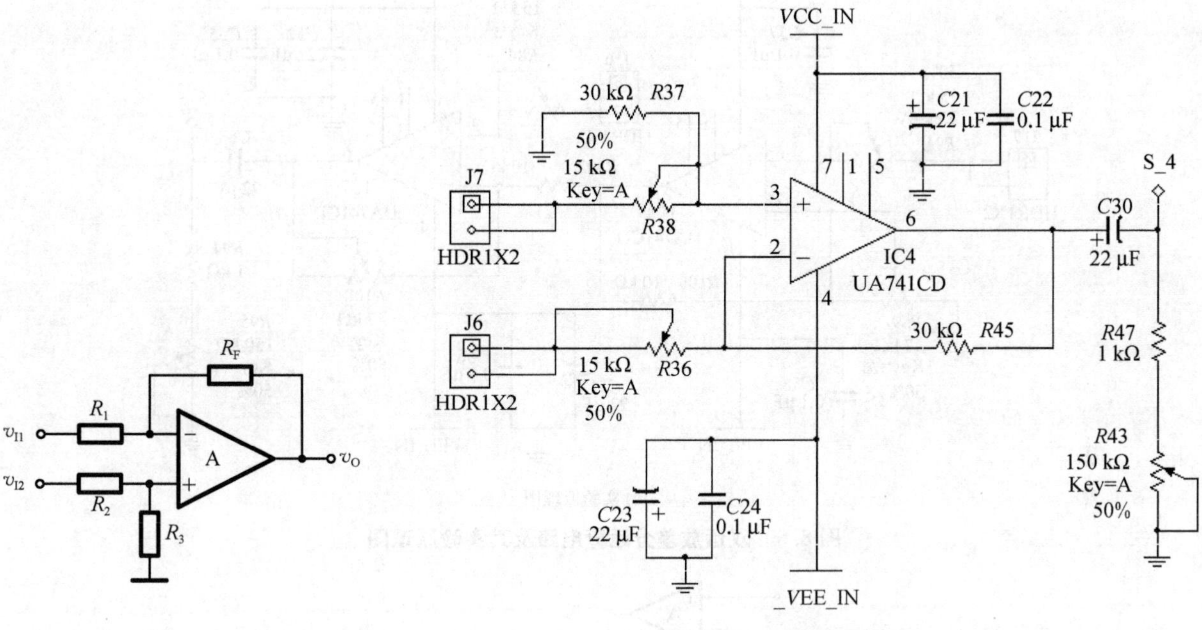

(a) 电路　　　　(b) 实验原理图

图 8.5　单运放差分运算电路和实验原理图

2）双运放差分运算电路

对于每一路输入信号来说，单运放差分电路呈现出不同的输入电阻，这在实际应用中会导致两路输入信号的不平衡。如图 8.6(a)所示，是由两运放构成的双运放差分电路。这样，既提高了每一路信号的输入电阻，又使电路参数的选取更为方便。

若取 $R_1 = R_{F2}$，$R_{F1} = R_2$，则

图 8.6(b)是双运放差分运算电路的实验原理图。

$$v_O = \left(1 + \frac{R_{F2}}{R_2}\right)(v_{I2} - v_{I1})$$

表明该电路为差分电路。显然，有 $R' = R_1 \mathbin{/\!/} R_{F1}$，$R'' = R_2 \mathbin{/\!/} R_{F2}$，且 $R' = R''$。

3）三运放差分运算电路

以上介绍的两种形式的差分电路，在合理的电阻值范围内，很难做到既高输入阻抗，又高电压增益，并且不能方便地改变电路的增益。如图 8.7(a)所示，这是由三个运放构成的三运放差分电路，其特点是，高输入阻抗，低输出阻抗，高共模抑制能力，以及通过改变一个电阻的阻值就可以改变放大电路的增益。输出电压与输入电压的关系为

$$v_O = \frac{R_4}{R_3}(v_{O2} - v_{O1}) = \frac{R_4}{R_3}\left(1 + \frac{2R_2}{R_1}\right)(v_{I2} - v_{I1})$$

图 8.7(b)是三运放差分运算电路的实验原理图。

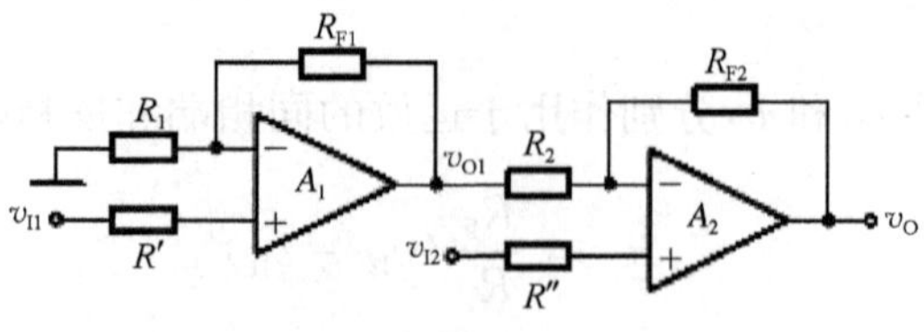

(a) 电路

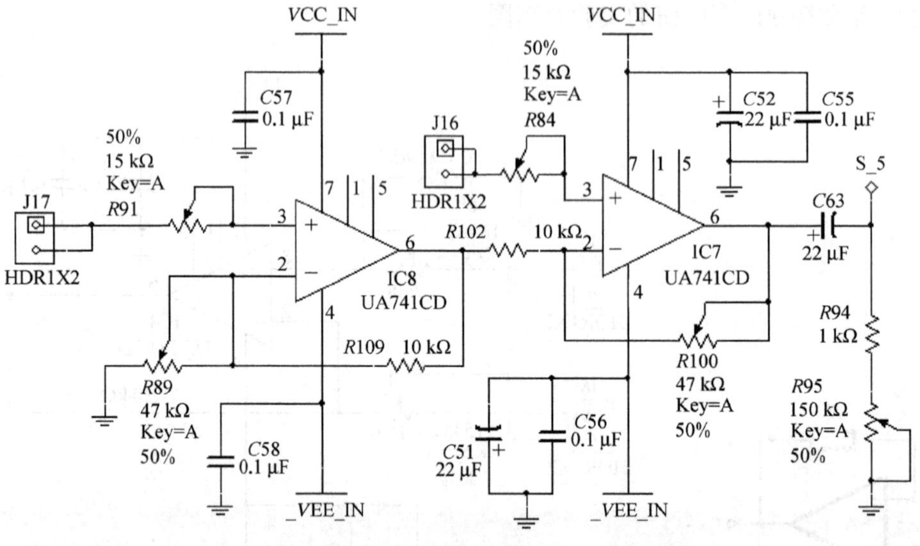

(b) 实验原理图

图 8.6 双运放差分运算电路及其实验原理图

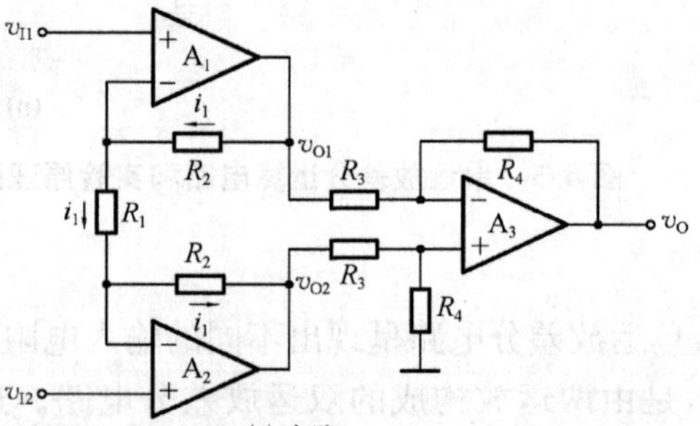

(a) 电路

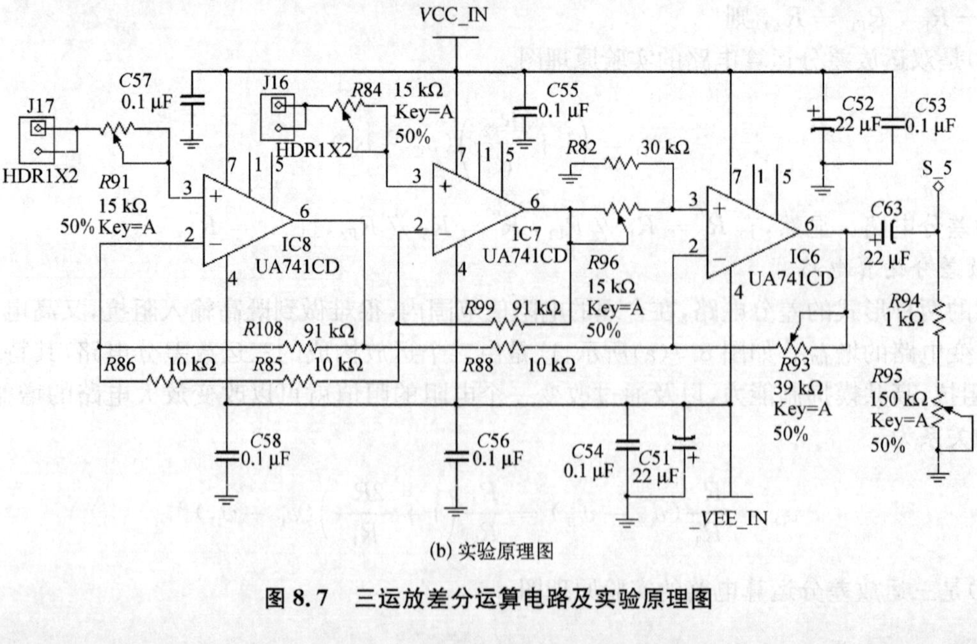

(b) 实验原理图

图 8.7 三运放差分运算电路及实验原理图

4. 积分运算电路

将反相比例运算电路中的电阻 R_F 用电容 C 取代，可得到反相积分运算电路，如图 8.8(a)所示。如果电容器两端的初始电压为零，输出电压与输入电压的关系为

$$v_O = -\frac{1}{RC}\int_0^t v_I(t)\,dt$$

图 8.8 中电容 C 上并联了一个阻值较大的电阻 R_F，是为了使电路保持直流负反馈通路，以确保运放工作在线性状态。图 8.8(b)是积分运算电路的实验原理图。

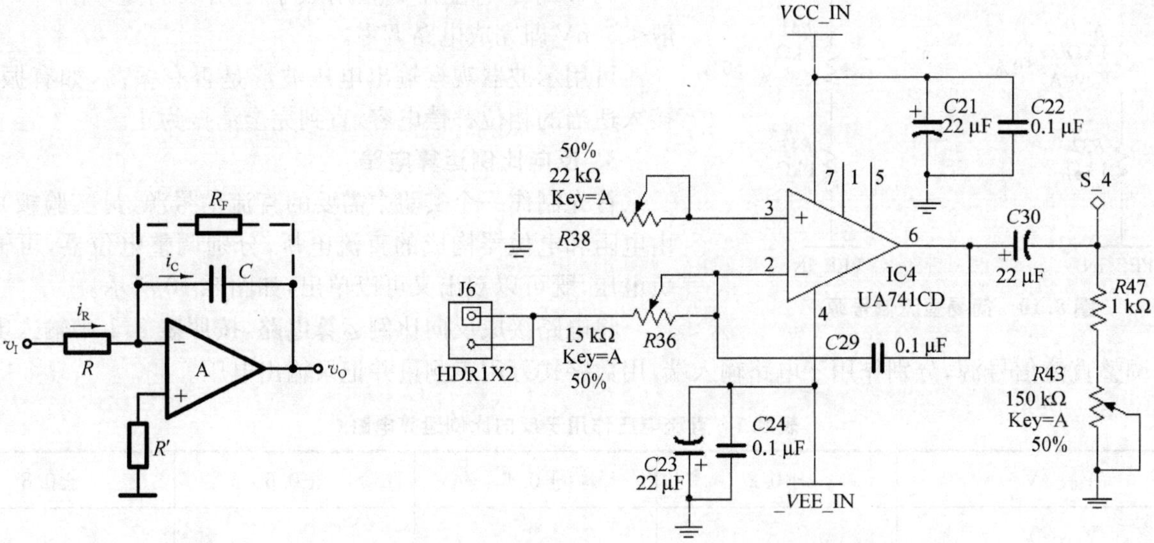

(a) 电路　　(b) 实验原理图

图 8.8　积分运算电路及实验原理图

5. 微分电路

将积分运算电路中的电阻 R 和电容 C 的位置互换，可得到微分运算电路，如图 8.9(a)所示，图 8.9(b)是微分电路的实验原理图。输出电压与输入电压的关系为

$$v_O = -RC\frac{dv_I}{dt}$$

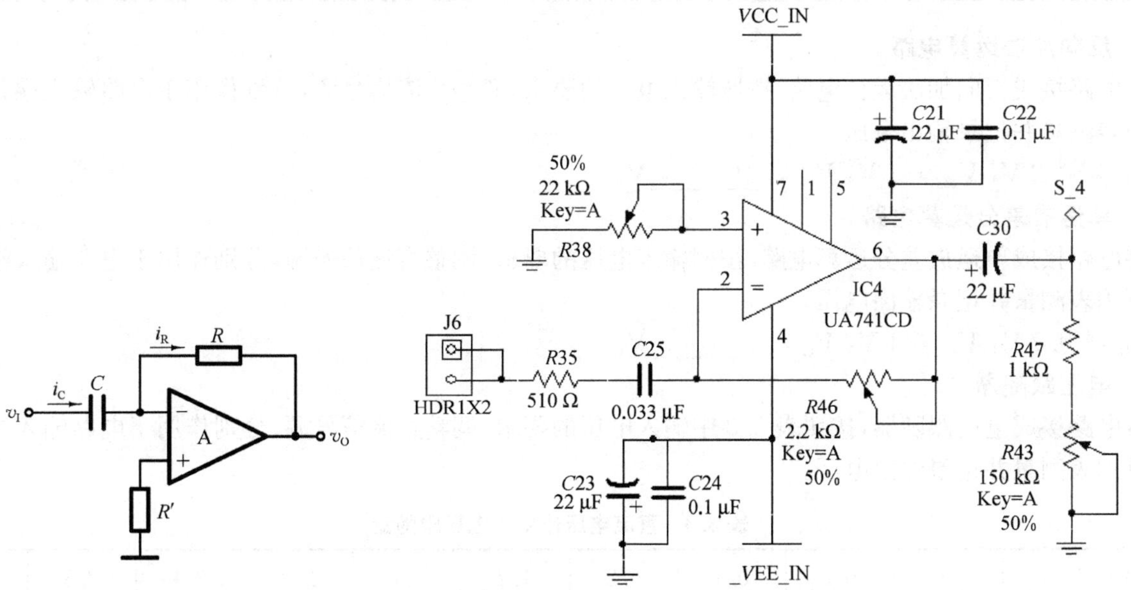

(a) 电路　　(b) 实验原理图

图 8.9　微分运算电路及实验原理图

8.1.4 实验内容及方法

1. 安装、焊接电路实验板上的放大电路模块

安装并焊接实验板上的放大电路模块——集成运算放大器，并进行简单检测。

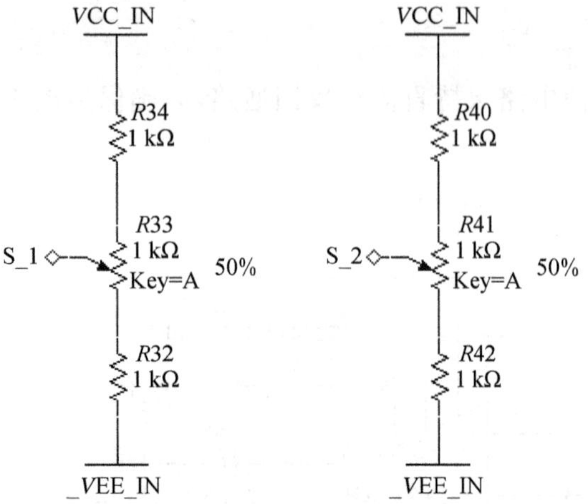

图 8.10 简易直流信号源

2. 调零及消振

一般集成运放使用手册中都给出调零和消除自激的相位补偿电路，比如，μA741(F007)需要外接调零电位器 R_w。将电路的输入端接地，检查实验板连线，检查无误，接通电源。

调节调零电位器 R_w，用数字万用表测量 $V_O = 0$ V，一般 <5 mV 即完成电路调零。

可用示波器观察输出电压波形是否有振荡，如有振荡，应接入适当的相位补偿电容，直到完全消振为止。

3. 反向比例运算电路

首先制作一个实验中需要的直流信号源(见实验板)，这是由电阻和电位器构成的直流电桥，分别调整电位器，可输出正负电压，既可以双出又可以单出，如图 8.10 所示。

将电路接成反向比例运算电路，按照表 8.1 中输入电压的要求，调整直流信号源，分别作用于电路输入端，用数字式万用表测量并记录输出电压。

表 8.1 直流电压作用于反向比例运算电路

V_{IDC}/V	±0.2	±0.4	±0.6	±0.8
V_{ODC}/V				

将输入电压改为 1 kHz 正弦交流信号，按照表 8.2 中输入电压的要求，调整交流信号源，分别作用于电路输入端，用示波器测量并记录输出电压。

表 8.2 交流(1 kHz)电压作用于反向比例运算电路

V_{Irms}	0.2	0.4	0.6	0.8
V_{Orms}				

4. 反向加法运算电路

将电路接成反向加法运算电路，按照输入电压的要求，调整直流信号源，分别作用于电路输入端，用数字式万用表测量并记录输出电压。

$V_{I1} = 0.2$ V，$V_{I2} = 1$ V，$V_O =$ ________V。

5. 单运放差分运算电路

将电路接成单运放差分运算电路，按照输入电压的要求，调整直流信号源，分别作用于电路输入端，用数字式万用表测量并记录输出电压。

$V_{I1} = 0.2$ V，$V_{I2} = 1$ V，$V_O =$ ________V。

6. 电压跟随器

将电路接成电压跟随器，按照表 8.3 中输入电压的要求，调整直流信号源，分别作用于电路输入端，用数字式万用表测量并记录输出电压。

表 8.3 直流电压作用于电压跟随器

V_I/V	0	0.2	0.4	0.8	1.2	1.6	2.0	2.4	2.8	3.0
V_O/V										

7. 积分运算电路

将电路接成积分运算电路，按照表 8.4 中输入电压的要求，调整信号源，分别作用于电路输入端，用示波器测量并记录输出电压及其波形。

表 8.4 方波作用于积分运算电路

	V_{Irms}	$V_{\text{P-P}}$/V	T/ms
v_I 	0.5		1
v_O 			

8.1.5 实验器材

(1) MSO－X_2012A 数字示波器。

(2) 数字万用表 UT801。

(3) 模电实验板。

8.1.6 实验报告要求

(1) 简述安装、焊接和检测电路情况。

(2) 绘出实验电路，标明元件参数。

(3) 记录相关实验测试数据，分析测量值与理论值之间的差异。

(4) 绘出实验测试波形。

(5) 记录仿真电路及其测试结果，并与实验结果进行比较。

8.1.7 思考题

(1) 在比例系数相同的条件下，若用图 8.6 和图 8.7 所示电路重做单运放差分运算电路实验，三个电路的输出电压相同吗？为什么？

(2) 若提高输入方波的频率，积分运算电路的输出波形如何变化？

8.2 单电源集成运放放大器实验

通常，集成运放采用正负电源对称的双电源供电，且两个电源的公共端与电路的地相连，输入的信号源和输出的电压均相对于此地。

如今，在众多的电池供电设备中，需要运放在单电源下运行。在实际应用中，电路有直接耦合和交流耦合之分，本节选择交流耦合单电源集成运放放大器。

8.2.1 实验目的

(1) 学习集成运放的单电源使用。

(2) 掌握交流耦合单电源集成运放放大器的测试方法。

(3) 了解交流耦合单电源集成运放放大器的特点。

8.2.2 预习要求

(1) 复习集成运算放大器单电源应用等相关内容。

(2) 掌握数字示波器和数字万用表的使用方法。

(3) 用 Multisim 仿真软件对实验电路进行仿真。

8.2.3 实验原理

在实际应用中，若只希望放大输入信号中的交流分量，而避免其直流分量对电路的影响，可采用交流耦合方式。利用电容“通交隔直”的作用，在放大器的信号输入端串入耦合电容，可实现交流耦合方式。

交流耦合单电源供电的集成运放反相放大器的电路及实验原理图如图 8.11 所示。输出电压与输入电压的关系为

$$v_O = V_{REF} - \frac{R_2}{R_1} v_i$$

为简单起见，在实际电路中，V_{REF}可采用电阻对电源电压分压得到。

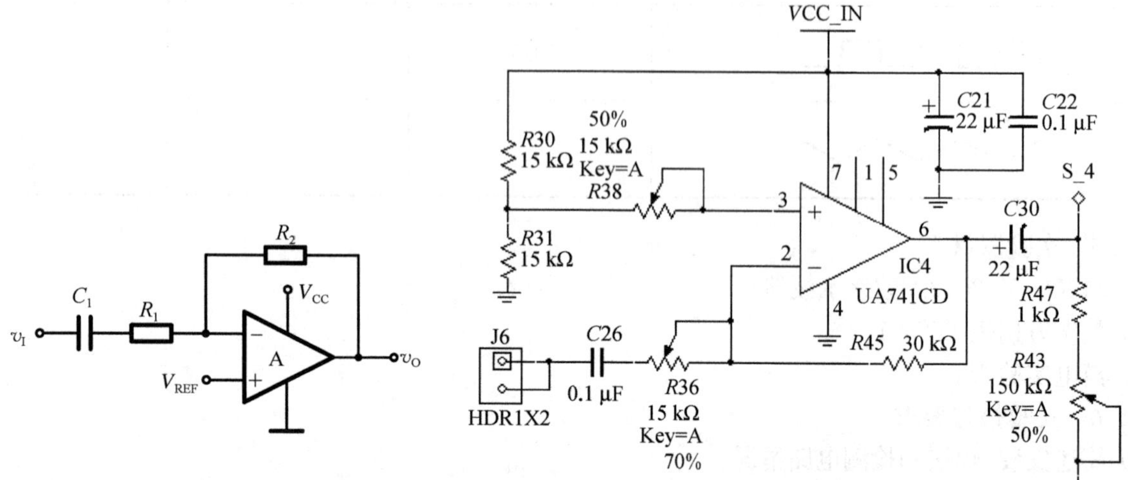

(a) 电路　　　　(b) 实验原理图

图 8.11　交流耦合单电源供电的集成运放反相放大器电路及实验原理图

由于电容的阻抗与信号的频率有关，所以，采用交流耦合方式会影响电路的频率特性，主要影响电路的低频特性。

8.2.4　实验内容及方法

(1) 安装、焊接电路实验板上的放大电路模块——单电源集成运算放大器，并进行简单检测。

(2) 测试 V_{REF}的值和输出直流电压并记录。

(3) 在放大器的输入端加入频率为 1 kHz，有效值约为 20 mV 的正弦电压信号，用示波器观察输出波形。

(4) 调节输入信号幅度，在放大器的输出波形基本不失真情况下(用示波器观察)，用示波器分别测量放大器的输入电压 v_i和输出电压 v_o，求出 A_v。

(5) 改变输入信号频率 f，测量不同 f 情况下的电压放大倍数。

8.2.5　实验器材

(1) MSO-X_2012A 数字示波器。

(2) 数字万用表 UT801。

(3) 模电实验板。

8.2.6　实验报告要求

(1) 简述安装、焊接和检测电路情况。

(2) 绘出实验电路，标明元件参数。

(3) 记录实验测试数据，并求出相关参数。

(4) 绘出实验测试波形。

(5) 记录仿真电路及其测试结果，并与实验结果进行比较。

8.2.7　思考题

(1) 能否用万用表交流电压挡测量放大器的输入、输出电压？为什么？

(2) 在实际电路中，V_{REF}的设置有什么具体要求？

(3) 对于交流耦合单电源供电的集成运放同相放大器来说，电路结构如何？

8.3 单管共射放大器实验

双极型晶体管在电子电路中应用极为广泛，它可以构成各种功能的电子电路，本节以单管共射放大器为例，学习双极型晶体管的基本使用方法及其相关电路参数的测试方法。

本实验是模拟电路功能模块综合的一个单元电路。

8.3.1 实验目的

(1) 掌握双极型晶体管电路的安装、焊接和调试方法。

(2) 掌握静态工作点调整和测试方法。

(3) 理解放大器静态工作点的意义和电路主要元件对静态工作点的影响。

(4)掌握交流放大倍数的测量方法，研究电路参数对放大倍数的影响。

(5) 掌握单管放大器频响特性和输入、输出电阻的测量方法。

8.3.2 预习要求

(1) 复习单管共射放大器相关内容。

(2) 复习示波器的使用说明。

8.3.3 实验原理

一个放大器需经过设计、制作、调试、测量等环节，才能达到预期目标。下面将在完成实验板的安装、焊接等环节的基础上，进行放大器的调试和测量，这对于我们能否完成最终目标是非常重要的。

就单管共射放大器来说，其基本任务是将输入信号进行不失真的放大，首先需要设置合适的静态工作点，才能避免失真现象，其次是放大器的动态指标测量，这就是“先静态后动态”，大体概括为：静态工作点的调试与测量；电压放大倍数的测量；频响特性的测量；非线性失真的测量；输入、输出电阻的测量；噪声的测量。

本实验采用的是具有稳定静态工作点的偏置电路的单管共射放大电路，电路及实验原理图如图 8.12 所示。

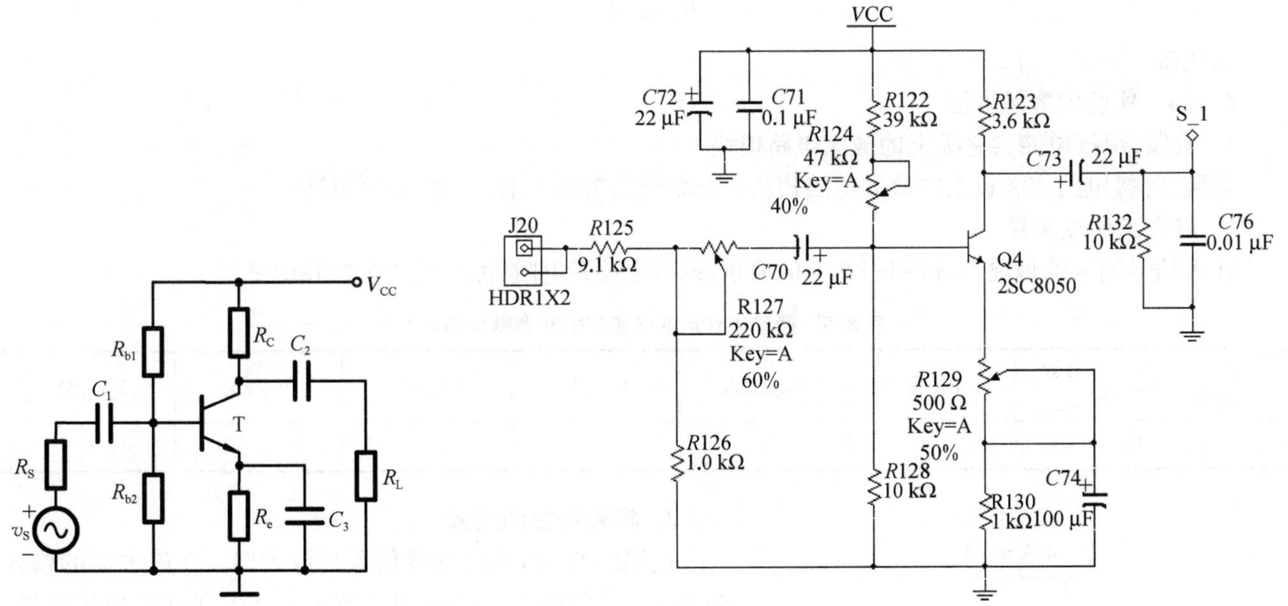

(a) 电路　　　　(b) 实验原理图

图 8.12　单管共射放大电路及其实验原理图

电路的静态工作点可用以下表达式估算：在 $I_{R1} \gg I_B$ 的条件下，有

$$\begin{cases} V_{BQ} = \dfrac{R_{b2}}{R_{b1}+R_{b2}}V_{CC} \\ I_{EQ} = \dfrac{V_{EQ}}{R_e} = \dfrac{V_{BQ}-V_{BEQ}}{R_e} \approx I_{CQ} \quad (\text{其中 } V_{BEQ} \text{ 是已知的}) \\ I_{BQ} = \dfrac{I_{EQ}}{1+\beta} \\ V_{CEQ} = V_{CC} - I_{CQ}R_c - I_{EQ}R_e \approx V_{CC} - I_{CQ}(R_c+R_e) \end{cases}$$

电路的动态参数可用以下表达式估算：电压增益为

$$\dot{A}_v = \frac{\dot{V}_O}{\dot{V}_i} = -\frac{\beta R_L'}{r_{be}}$$

式中，$r_{be} = r_{bb'} + (1+\beta)\dfrac{26(\text{mV})}{I_{EQ}(\text{mA})}$。当$(1+\beta)\dfrac{26}{I_{EQ}} \gg r_{bb'}$，且 $\beta \gg 1$ 时，有

$$\dot{A}_v = \frac{R_L'}{26}I_{EQ}$$

此时，$\dot{A}_v$几乎与β无关，且适当增大静态值 I_{EQ}，可提高$\dot{A}_v$的值。

输入电阻

$$R_i = R_{b1} /\!/ R_{b2} /\!/ r_{be}$$

一般情况下，有 $R_{b1} /\!/ R_{b2} \gg r_{be}$，则

$$R_i \approx r_{be}$$

输出电阻

$$R_o = R_c /\!/ r_{ce}$$

考虑到 $r_{ce} \gg R_c$，则有

$$R_o \approx R_c$$

通频带　$BW = f_H - f_L$

8.3.4 实验内容及方法

1. 安装、焊接电路实验板上的放大电路模块

安装、焊接电路实验板上的放大电路模块——单管共射放大器，并进行简单检测。

2. 静态工作点测量

在无信号输入的情况下，按照表 8.5 的要求，调节上偏置电阻，测量相关参数并记录。

表 8.5　静态工作点的测量（*R*129 调整为最大）

参数 / 万用表	E_C/V	I_{EQ}/mA	V_{BQ}/V	V_{CQ}/V	V_{EQ}/V	V_{BEQ}/V
读　数		1				

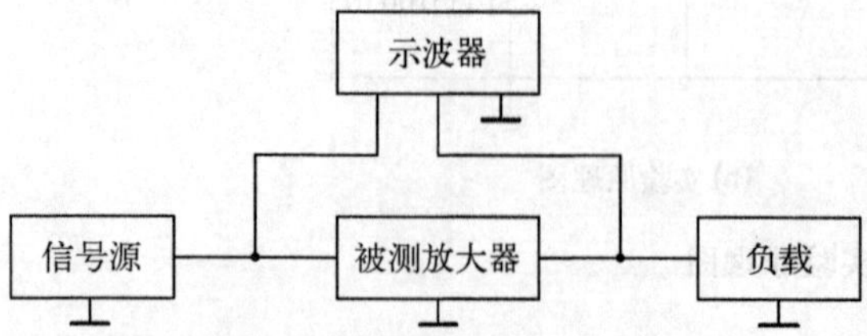

图 8.13　幅频特性测量连线图

3. 幅频特性的测量

按照图 8.13，连接测量仪器与放大器。在放大器的输入端加入一个频率为 1 kHz，有效值为 20 mV 的正弦电压信号，使放大器的输出波形不失真（用示波器观察）。然后用示波器分别测量放大器的输入电压 v_i和输出电压 v_o，求出 1 kHz 中频时的放大倍数 A_o。

根据归一化公式

$$\frac{A(f)}{A_0(1\,\text{kHz})}=\frac{V_O(f)/V_I(f)}{V_O(1\,\text{kHz})/V_I(1\,\text{kHz})}=\frac{V_O(f)}{V_O(1\,\text{kHz})}=V_O(f)$$

得到表8.6。用逐点法测出放大器的幅频特性，把实验数据记录在表8.6中。测量时输入信号幅度应保持不变。

注意：由于要求幅频特性曲线的纵坐标用放大倍数 $A(f)/A_0(1\,\text{kHz})$ 的相对变化量来表示，横坐标用频率的对数值 $\lg f$ 来标度，可选用半对数坐标纸作频响曲线。

表 8.6 放大器的幅频特性测量 ($V_{rms}=20\,\text{mV}$)

1	测量条件	f/Hz					1 k				
	$C_e=220\,\mu F$ $C_L=2\,200\,pF$ $V_I=$______mV	V_O/V	0.6	0.7	0.8	0.9	1	0.9	0.8	0.7	0.6
		$A(f)/A_0$ (归一化)	0.6	0.7	0.8	0.9	1	0.9	0.8	0.7	0.6
2	测量条件	f/Hz					1 k				
	$C_e=47\,\mu F$ $C_L=0.01\,\mu F$ $V_I=$______mV	V_O/V	0.6	0.7	0.8	0.9	1	0.9	0.8	0.7	0.6
		$A(f)/A_0$ (归一化)	0.6	0.7	0.8	0.9	1	0.9	0.8	0.7	0.6

4. 输出电阻的测量

先使放大器工作在中频段，然后进行输出电阻的测试。从放大器的输出端看入，可以把放大器等效成一个电压源与输出电阻串联，通过测量放大器接入负载前后输出电压的变化量，即可求得输出电阻。

按照图8.14连线，由低频信号发生器输出一个适当的中频信号作为放大器的输入信号，

在输出波形不失真的情况下，用示波器测量这时放大器的输出电压，即开路电压 V_O。保持放大器输入信号不变，在放大器输出端接入负载，在输出波形不失真的情况下，测量这时的输出电压 V_L，则 $R_O=(V_O/V_L-1)R_L$。

为了减小测量误差，可用三种不同值 R_L 进行测量，求得输出电阻的平均值。

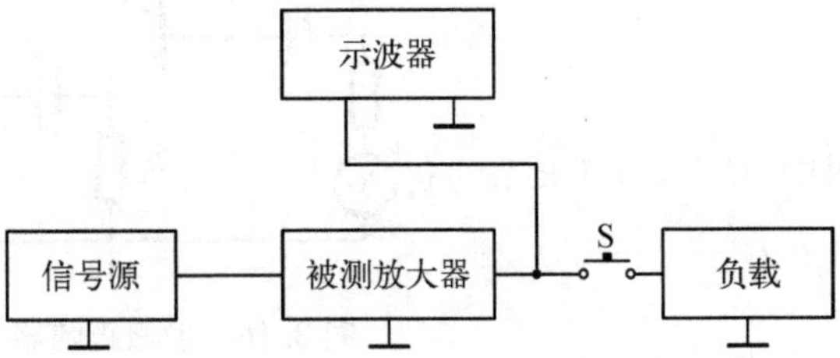

图 8.14 输出电阻的测量

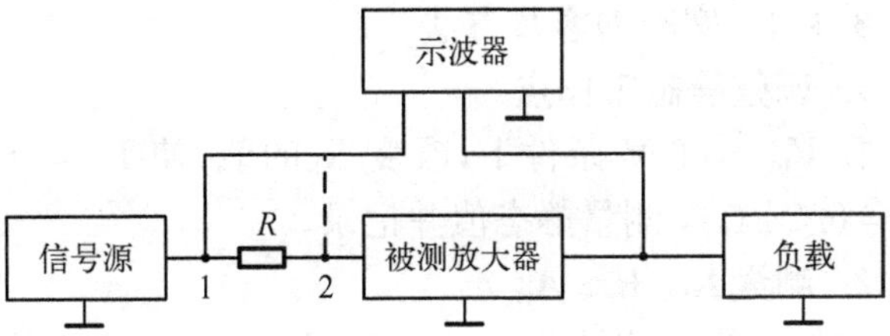

图 8.15 输入电阻的测量

5. 输入电阻的测量

按照图8.15连线，在信号源与放大电路输入端之间串入一个已知电阻 R，在保证示波器的波形不失真的条件下，用示波器分别测出 R 两端的电压 V_1 和 V_2 的值，然后可求得 R_i，即

$$R_i=\frac{V_2}{V_1-V_2}R$$

6. 记录

调整 $R129$，观察电路电压增益的变化，并记录结果。

8.3.5 实验器材

(1) MSO-X_2012A 数字示波器。

(2) 数字万用表 UT801。

(3) 模电实验板。

8.3.6 实验报告要求

(1) 简述安装、焊接和检测电路情况。

(2) 绘出实验电路,标明元件参数。

(3) 记录实验测试数据,并求出相关参数。

(4) 绘出实验测试特性曲线,求出下限频率和上限频率。

(5) 记录仿真电路及其测试结果,并与实验结果进行比较。

8.3.7 思考题

(1) 调整偏置电路中的上偏置电阻,可以调整三极管的静态工作点,为什么该电阻用一个固定电阻与一个可变电阻串联?

(2) 在图 8.15 中,能否直接测量 R 两端的电压,为什么?

(3) 在测量放大器的输入、输出电阻时,为什么信号频率选 1 kHz,而不选更高的频率?

8.4 射极跟随器实验

共射、共集和共基电路是双极型晶体管的三种基本电路,而共集电路(又称射极跟随器)是一种深度电压串联负反馈放大器,具有输入电阻高,输出电阻低,电压增益小于接近 1 且输出电压与输入电压同相,电流增益及功率增益均大于 1,频率特性好等特点,使该电路多用于放大电路的输入级、输出级和缓冲级,应用极为广泛。

8.4.1 实验目的

(1) 掌握射极跟随器的性能。

(2) 学会射极跟随器动态参数的测试。

8.4.2 预习要求

(1) 复习射极跟随器的相关内容。

(2) 熟悉 Multisim 仿真软件。

8.4.3 实验原理

仿真实验电路如图 8.16 所示。

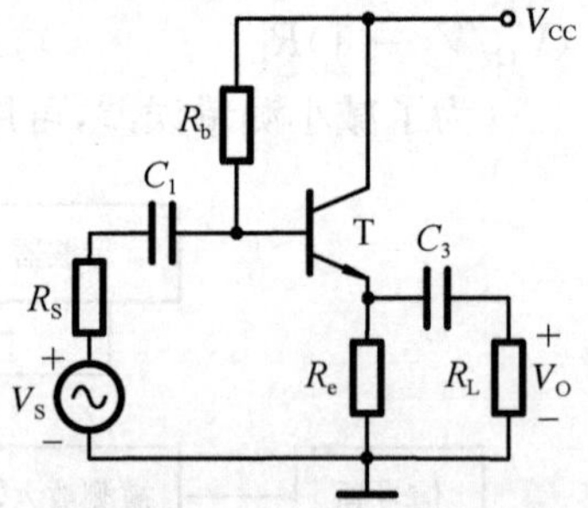

图 8.16 射极跟随器

8.4.4 实验内容及方法

1. 调整静态工作点

在 $V_{CC}=9$ V 条件下,改变 R_b的值,使 $I_E=1$ mA(图中,$R_e=5.1$ kΩ、$R_L=6.2$ kΩ),测量静态值并记录。

2. 测量 R_i、R_o、A_{vf}

在保持输入信号 $f_i=1$ kHz、$V_i=0.1$ V 的条件下,完成表 8.7。

表 8.7 跟随器 R_i、R_o、A_{vf}的测试

测量条件				测量值			计算值			
R_e/Ω	R_L/Ω	β	I_E/mA	R_i/Ω	R_O/Ω	A_{vf}	R_i/Ω	R_O/Ω	A_{vf}	误差
5.1 k	6.2 k	>100	1							
5.1 k	1 k	>100	1							
1.5 k	1 k	>100	4.0							

3. 频响特性

令 $R_e=5.1$ kΩ、$R_L=6.2$ kΩ、$C_L=0.01$ μF、$I_E=1$ mA,通过 AC 扫描,得到电路的频响特性曲线。

4. 测量射随器跟随特性 $V_O \sim V_i$ 曲线

测量时,保持输入信号的频率 f 为 1 kHz,逐渐增大输入电压 V_i,用示波器观测输出电压波形,并记录电

压读数 V_O，填入表 8.8 中(注：要测到失真为止)。

也可以通过 DC 扫描，得到电路的传输特性。

表 8.8 电压跟随范围测量

V_i/V								
V_O/V								
波形情况								

8.4.5 实验报告要求

(1) 记录仿真电路图。

(2) 整理实验数据，比较分析取不同元件参数和工作条件时，对 R_i、R_O、A_v 的影响。

(3) 记录频率响应特性曲线，并在特性曲线上标出 f_H 的值。

(4) 绘出取不同 R_L 时的 $V_O = f(V_i)$ 曲线，求出输出电压跟随范围。记录 DC 扫描传输特性，并求得电路的电压跟随范围。

(5) 记录仿真过程中使用的仪器仪表。

8.4.6 思考题

(1) 为了提高射极跟随器的输入电阻，应考虑改变电路中的哪些参数？如何改变？

(2) 电路如图 8.17 所示，这是一种“自举”电路，可以提高偏置电路的等效输入电阻，试分析之。

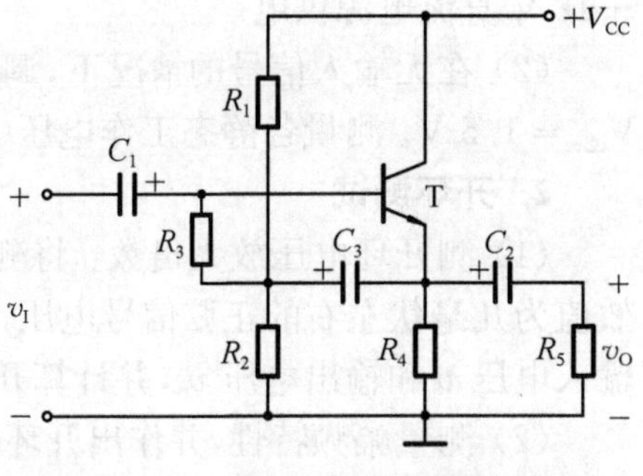

图 8.17 具有“自举”电路的射极跟随器

8.5 负反馈对放大电路性能影响的研究实验

在实用电子电路中，总是要引入不同形式的反馈来改善其各方面的性能，以满足实际问题对电路的要求，也就是说，任何一种实用电子电路都存在反馈技术的应用。当放大电路中采用负反馈时，将以放大电路的增益降低为代价，但是其性能得到多方面的改善。

在四种负反馈类型中，本实验选择电压串联负反馈两级放大电路作为研究对象。

8.5.1 实验目的

(1) 加深理解负反馈对放大器性能的影响。

(2) 进一步掌握放大器的静态工作点的调整及其频率特性、输入电阻、输出电阻的测量方法。

8.5.2 预习要求

(1) 复习负反馈对放大器性能影响及相关知识点。

(2) 设计实验数据记录表格。

8.5.3 实验原理

分立元件的两级放大电路如图 8.18 所示。图中电阻 R_f 将第二级 T_2 的输出端与第一级 T_1 的发射极联系起来，构成交流电压串联负反馈。C_L 是等效负载电容，R_Φ、C_Φ 是防止低频自激的电源退耦网络。

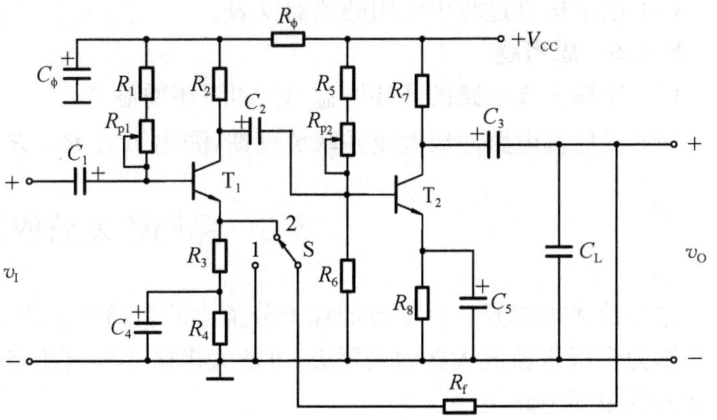

图 8.18 两级共射负反馈放大器

图 8.18 电路中的元器件及其参数如表 8.9 所示。

表 8.9 元器件及其参数

$R1$、Rp1	680 kΩ	Rf	3 kΩ
$R2$、$R8$	1.5 kΩ	$C1$、$C2$、$C3$、$C4$	47 μF
$R3$	300 Ω	$C5$	1 μF
$R4$、$R\phi$	1 kΩ	CL	0.01 μF
$R5$、Rp2	68 kΩ	$C\phi$	100 μF
$R6$	27 kΩ	T1、T2	NPN 小功率晶体管
$R7$	6.2 kΩ	VCC	12 V 直流电压

8.5.4 实验内容及方法

1. 调整静态工作点

(1) 按照图 8.18 连接好电路，将图中的开关 S 与 1 连通，使 R_f左端接地，作为放大器的负载电阻。采用 +12 V 直流电源供电。

(2) 在无输入信号的情况下，调节 R_{p1}，使 $I_{c1} \approx 0.5$ mA，即 $V_{Re} = 0.5$ V，调节 R_{p2}，使 $I_{c2} \approx 1$ mA，即 $V_{e2} = 1.5$ V。测量各静态工作电压(V_{E1Q}、V_{C1Q}、V_{BE1Q}、V_{E2Q}、V_{C2Q}、V_{BE2Q})并记录。

2. 开环测试

(1) 测开环电压放大倍数：将测量仪器与放大器连接，在放大器的输入端加入一个频率为 2.5 kHz，有效值为几毫伏左右的正弦信号电压，使放大器的输出波形不失真(用示波器观察)。然后分别测量放大器的输入电压 v_i和输出电压 v_o，并计算开环电压增益 A_v。

(2) 测量幅频特性，并作出开环幅频曲线，求出 f_H和 f_L。

(3) 开环输出电阻测量：输入端加入频率为 2.5 kHz 的正弦波信号，方法同前实验。

(4) 开环输入电阻测量：输入端加入频率为 2.5 kHz 的正弦波信号，方法同前实验。

3. 闭环测试

将图 8.18 中的开关 S 拨向 2，使电路处于负反馈状态。重复上述步骤 2，测量负反馈时的放大倍数 A_{vf}、闭环频率响应特性曲线 BW_f、输入电阻 R_{if}、输出电阻 R_{of}。

8.5.5 实验报告要求

(1) 记录仿真电路图。

(2) 整理实验记录，在坐标纸上绘出开环和闭环状态两条频响特性曲线(在同一对数坐标系中)。

(3) 由频响特性曲线，求出开环时的下限频率 f_L 和上限频率 f_H 及闭环时的 f_{Lf} 和 f_{Hf}，并与理论值进行比较。

(4) 将 R_{if}和 R_{of}的仿真测试值与理论值进行比较。

(5) 记录仿真过程中使用的仪器仪表。

8.5.6 思考题

(1) 计算仿真电路的开环增益 A_{vO}和闭环增益 A_{vf}。

(2) 将仿真电路改成电流并联负反馈，测出 A_{vf}、R_{if}、R_{Of}、f_{Lf}和 f_{Hf}，并与理论值进行比较。

8.6 晶体管差分放大电路实验

差分放大电路是一种零点漂移十分微小的直流放大器，其主要特点是“放大差模信号，抑制共模信号”。它常作为多级直流放大器的前置级，可放大极微小的直流信号或缓慢变化的交流信号，已成为电子电路中非常重要的单元电路之一。

8.6.1 实验目的

(1) 了解差分电路的性能和特点，掌握提高其性能的方法。

(2) 学会差分放大电路静态工作点的测试。

(3) 掌握对差分放大电路 A_d、A_c、CMRR、传输特性的测量方法。

(4) 理解恒流源在提高差分放大电路性能上的作用。

8.6.2 预习要求

复习差分电路的相关内容。

8.6.3 实验原理

实验差分放大电路如图 8.19 所示。图中电路结构及元件性能参数对称，两个三极管的集电极静态电流相等，在输入端短路时，两集电极间的电压等于 0。但在实际电路中，电路参数总有差异，所以两集电极间总有一定的电压，需通过调节 R_p 使两管的静态电流相等。

若在电路输入端 A_1、A_2 送入信号 v_{Id}，由于 R_1、R_2 的分压作用，则放大器的两输入端将得到大小相等、极性相反的信号输入，即 $\pm v_{Id}/2$，称为差模输入。在差模信号的作用下，放大器的输出端 c_1、c_2 两点有 v_{Od1} 与 v_{Od2} 输出电压，在 c_1、c_2 之间有输出电压 v_{Od}，其关系为

$$A_d = v_{Od}/v_{Id}$$

$$A_{d1} = v_{Od1}/v_{Id1}$$

$$A_{d2} = v_{Od2}/v_{Id2}$$

式中，A_d 为双端输出差模放大倍数；A_{d1}、A_{d2} 分别为 T_1、T_2 单端输出差模放大倍数。

若将电路输入端 A_1、A_2 短接，然后对地送入信号 v_{Ic}，此时电路两输入端均有幅度为 v_{Ic}、极性相同的信号输入，称为共模信号。在共模信号的作用下，电路输出端有共模输出电压 v_{Oc}，其关系为

$$A_c = v_{Oc}/v_{Ic}$$

$$A_{c1} = v_{Oc1}/v_{Ic}$$

$$A_{c2} = v_{Oc2}/v_{Ic}$$

式中，A_c 为双端输出共模电压放大倍数；A_{c1}、A_{c2} 称为单端输出共模放大倍数。

因为

$$A_c = (v_{Oc1} - v_{Oc2})/v_{Ic}$$

所以有

$$A_c \approx 0$$

差分放大电路的共模抑制比 CMRR 为差模放大倍数与共模放大倍数的比值，即

$$\text{CMRR} = 20\lg(A_d/A_c)(\text{dB})$$

图 8.19 电路中的元器件及其参数如表 8.10 所示。

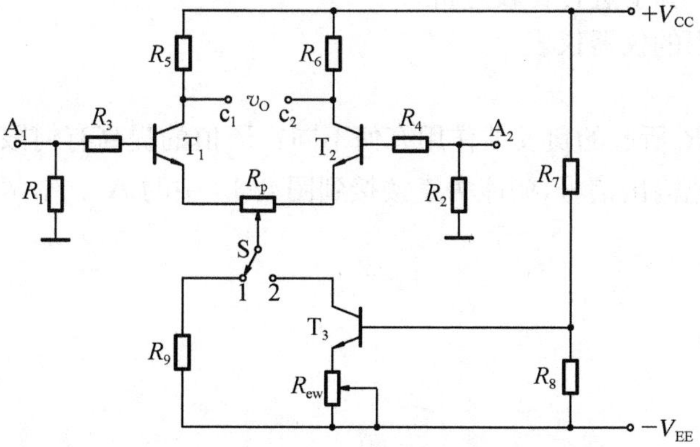

图 8.19 差分放大电路

表 8.10 元器件及其参数

$R1$、$R2$	510 Ω	Rp	100 Ω
$R3$、$R4$	10 kΩ	Rew	2.2 kΩ
$R5$、$R6$、$R9$	5.1 kΩ	T1、T2、T3	NPN 小功率晶体管
$R7$	43 kΩ	+VCC	+6 V 直流电压
$R8$	13 kΩ	−VEE	−6 V 直流电压

8.6.4 实验内容及方法

1. 静态工作点调试

(1) 按照图 8.19 连接电路，将开关 S 接到“1”的位置，此时的差分电路称为长尾式差分放大电路。

(2) 将输入端 A_1、A_2短接，调节 R_p，使 c_1、c_2之间直流电压为 0。

(3) 测量 T_1、T_2的静态工作点 V_{CQ}、V_{BQ}、V_{EQ}并记录。

2. 测量长尾式差分电路的 A_d、A_c、CMRR

(1) 测量差模电压增益 A_d、A_{d1}或 A_{d2}。将信号源对地送入 A_1端，A_2端接地，信号输入方式为单端输入。信号源为频率 1 kHz，幅度 100 mV 的正弦信号。用示波器分别测量其输入电压及双端和单端输出电压，分别计算出双端输出增益 A_d及单端输出增益 A_{d1}或 A_{d2}，并记录。

(2) 测量共模电压增益 A_c、A_{c1}或 A_{c2}。将 A_1、A_2两输入端短接，并与信号源相连，以实现共模信号输入。信号源为频率 1 kHz，幅度 100 mV 的正弦信号。用示波器分别测量其输入电压及双端和单端输出电压，分别计算出双端输出增益 A_c及单端输出增益 A_{c1}或 A_{c2}，并记录。

(3) 计算长尾式差分电路的 CMRR。

3. 测量恒流源差分放大器的 A_d、A_c、CMRR

(1) 将图 8.19 电路中开关 S 置于“2”，此时的差分电路称为恒流源差分放大电路。调节 R_{ew}使静态工作点与步骤 1 相同并记录实验数据。

(2) 测量单端输入、双端及单端输出差分电路的差模输入参数，步骤同 2(1)，并记录实验数据。

(3) 测量并联输入、双端及单端输出差分电路的共模输入参数，步骤同 2(2)，并记录实验数据。

(4) 计算恒流源差分电路的 CMRR。

4. 通过 DC 扫描，得到单入双出和左右单入单出的电压传输特性曲线

8.6.5 实验报告要求

(1) 记录仿真电路图。

(2) 将测量结果进行整理，填入设计好的表格中，同时计算相关参数，比较长尾式和恒流源差分电路的参数差异。

(3) 记录差分电路的电压传输特性。

(4) 将实验数据与理论计算值进行比较分析。

(5) 记录仿真过程中使用的仪器仪表。

8.6.6 思考题

(1) 在图 8.19 中，R_p与 R_e所起的负反馈作用有何不同？R_e值的提高有何限制？如何解决？

(2) 若信号发生器是对地输出信号，问能否直接接到图 8.19 中的 A_1、A_2两端进行放大？

第9章　有源滤波器

滤波器的功能是让指定频段的信号通过，而把其余频段的信号加以抑制，因而它实质上就是选频电路。利用集成运算放大器和无源 *RC* 网络可构成有源滤波器，与无源的 *LC* 滤波器相比，其优点首先是不用电感元件，这样就避免了电感的体积大、质量大、特性非线性、易产生杂散磁场和损耗功率大的缺点；其次是不需要阻抗匹配，并且通带的增益可以灵活调节，易于制成截止频率或中心频率连续可调的滤波器。但是，由于集成运算放大器的带宽有限，所以这类滤波器只能在不太高的频率范围内工作。

本章研究的对象是由单个集成运算放大器构成的二阶滤波器，它是有源滤波器的基本单元电路。

9.1　二阶低通滤波器实验

一般来说，根据滤波器的工作频率范围可分为低通、高通、带通、带阻和全通滤波器五种类型，其中低通滤波器是指低于角频率 ω_p 的信号能够通过，高于 ω_p 的信号被衰减的滤波电路。本节选择二阶低通有源滤波器进行研究。

9.1.1　实验目的

(1) 熟悉由单个集成运算放大器构成的二阶有源低通滤波器的电路结构和工作原理。

(2) 学会有源滤波器的调整测试方法。

9.1.2　预习要求

(1) 阅读有源滤波器的有关参考文献，掌握实验电路的工作原理。

(2) 确定实验中元件参数值。

9.1.3　实验原理

二阶有源低通滤波器如图 9.1 所示，这就是著名的赛伦-凯电路。电路的传递函数为

$$T(s)=\frac{V_O(s)}{V_i(s)}=\frac{A_{Lp}}{1+s[(R_3+R_4)C_2+(1-A_{Lp})R_3C_1]+s^2R_3R_4C_1C_2}$$

式中，$A_{Lp}=1+\frac{R_2}{R_1}$ 是滤波器的通带电压增益。

令

$$\omega_n=\frac{1}{R_3R_4C_1C_2}$$

$$Q=\frac{\sqrt{R_3R_4C_1C_2}}{(R_3+R_4)C_2+(1-A_{Lp})R_3C_1}$$

可得到二阶有源 *RC* 低通滤波器传递函数的标准形式为

$$T(s)=\frac{A_{\mathrm{Lp}}w_{\mathrm{n}}^{2}}{s^{2}+\frac{\omega_{\mathrm{n}}}{Q}s+\omega_{\mathrm{n}}^{2}}$$

其中，ω_{n} 为特征角频率；Q 为电路的品质因数。

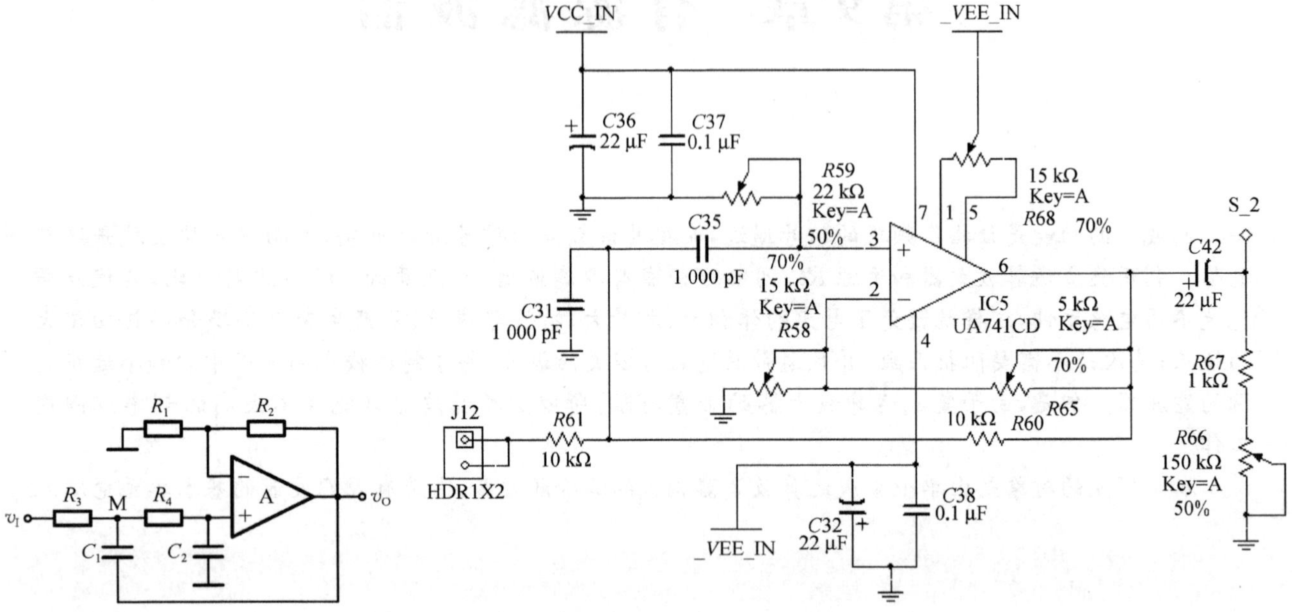

(a) 电路　　　　(b) 实验原理图

图 9.1　二阶有源低通滤波器电路及实验原理图

由此可见，该电路的通带电压增益仅取决于负反馈网络元件 R_2 和 R_1 的值[如图 9.1(a)]。若按比例改变 R_3、R_4 或 C_1、C_2，则会使特征角频率 ω_{n} 改变而 Q 值不变，但当改变 A_{LP} 时，Q 值会发生变化。当 $Q=0.707$ 时，其通带特性为“最平坦”型，它的 -3 dB 截止角频率等于特征角频率，即 $\omega_{\mathrm{p}}=\omega_{\mathrm{n}}$。当 $Q>0.707$ 时，高频端将出现高峰。

在实际问题中，可根据具体要求来确定 A_{LP}、ω_{n} 和 Q，以此选用 R、C 元件，R、C 取值一般有两种方法：① $R_1=R_2$，$C_1\neq C_2$，$A_{\mathrm{LP}}=1$；② $R_1\neq R_2$，$C_1=C_2$，$A_{\mathrm{LP}}\neq 1$。

若需要更高的滤波性能，可将两个以上的二阶低通滤波电路串联起来，组成四阶以上滤波器以满足需要。

在实际调测该滤波器时，应注意信号源内阻的影响等问题。

9.1.4　实验内容及方法

二阶低通有源滤波器的调整与测试：

(1) 实验电路图 9.1(b)所示，图中集成运算放大器用 μA741。引脚②为反相输入端，引脚③为同相输入端，引脚⑥为输出端，引脚⑦接 +12 V，引脚④接 −12 V，引脚①和⑤接电位器 R_{W}(10 k)调零。

(2) 按图 9.1(b)所示电路图接线，先进行直流调零，然后调节信号源频率，对滤波器幅频特性进行测试。在输出波形不失真的条件下(用示波器观测)，选取适当幅度的输入正弦信号，逐点改变输入信号频率，即可测得其幅频特性。根据实测数据，作出幅频特性曲线，并求得 A_{LP} 和 -3 dB 截止频率 f_n 的值。

(3) 通过 AC 分析，得到该电路的幅频特性和相频特性，据此求得 A_{LP} 和 -3 dB 截止频率 f_n 的值，并与步骤(2)比较。

4. 通过 AC 分析，得到不同 Q 值时的幅频特性，并比较之。

9.1.5　实验报告要求

(1) 记录仿真电路图。

(2) 整理实验测试数据，作出二阶低通有源滤波器的幅频特性曲线。

(3) 将测得的滤波器的参数值与理论计算值进行比较，说明产生误差的原因。

(4) 记录AC分析结果。

(5) 记录仿真过程中使用的仪器仪表。

9.1.6 思考题

(1) 选择不同于图9.1电路结构的二阶低通有源滤波器，仿真分析它们的频率特性。

(2) 设计一个二阶高通有源滤波器，仿真分析其频率特性，得到相关参数并与理论值进行比较，分析运放的频率参数对滤波器频率特性的影响。

9.2 二阶带通滤波器实验

带通滤波器是指在低频段截止角频率 ω_{p1} 到高频段截止角频率 ω_{p2} 之间的信号能够通过，低于 ω_{p1} 和高于 ω_{p2} 的信号被衰减的滤波电路。本节选择二阶带通有源滤波器进行研究。

9.2.1 实验目的

(1) 熟悉由单个集成运算放大器构成的二阶有源带通滤波器的电路结构和工作原理。

(2) 学会有源滤波器的调整测试方法。

9.2.2 预习要求

(1) 阅读有源滤波器的有关参考文献，掌握实验电路的工作原理。

(2) 确定实验中元件参数值。

(3) 用Multisim仿真软件对实验电路进行仿真。

9.2.3 实验原理

二阶有源带通滤波器如图9.2所示。

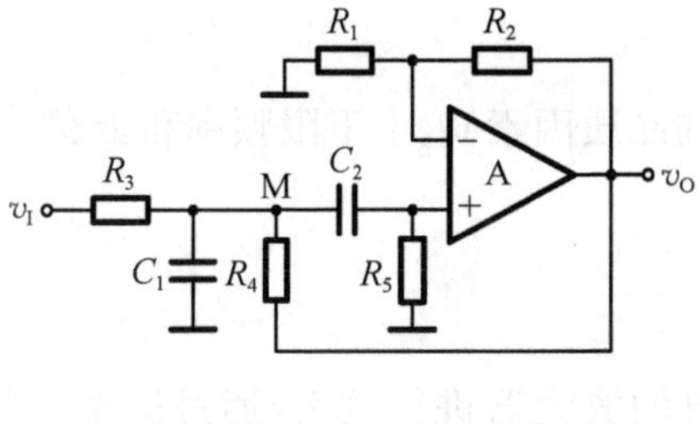

(a) 电路

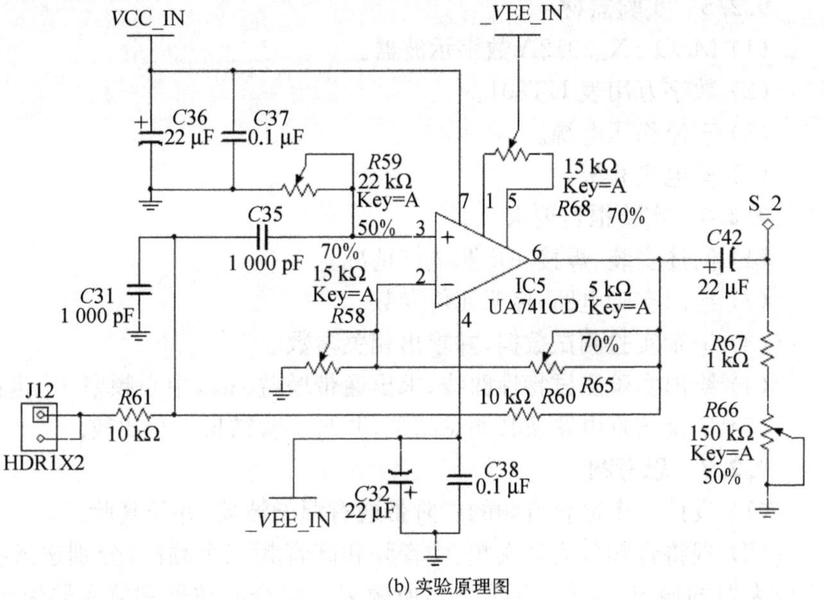

(b) 实验原理图

图9.2 二阶有源带通滤波电路及实验原理图

图中 R_3、C_1 组成低通电路，R_5、C_2 组成高通电路。为了使电路分析简单，不妨设 $R_3=R_4=R$，$R_5=2R$，$C_1=C_2=C$。带通滤波电路的传递函数为

$$T(s)=\frac{A_{Bp}sRC}{1+(3-A_{Bp})sRC+(sRC)^2}$$

式中，$A_{Bp}=1+\dfrac{R_2}{R_1}$。令 $\omega_n=\dfrac{1}{RC}$ 和 $Q=\dfrac{1}{3-A_{Bp}}$，可得二阶有源 RC 带通滤波电路传递函数的标准形式为

$$T(s)=\frac{A_{Bp}\omega_n S}{s^2+\frac{\omega_n}{Q}s+\omega_n^2}$$

这里 ω_n 为带通滤波电路的中心角频率 ω_0。带通滤波电路的两个截止角频率分别为

$$\begin{cases}\omega_{p1}=\frac{\omega_0}{2Q}\sqrt{1+4Q^2}-\frac{\omega_0}{2Q}\\ \omega_{p2}=\frac{\omega_0}{2Q}\sqrt{1+4Q^2}+\frac{\omega_0}{2Q}\end{cases}$$

由此，带通滤波电路的带宽为

$$\mathrm{BW}=\frac{\omega_{p2}-\omega_{p1}}{2\pi}=\frac{\omega_0}{2\pi Q}=\frac{f_0}{Q}$$

表明电路的 Q 值愈大，中心频率增益愈大，通频带愈窄，电路的选择性愈好。

9.2.4 实验内容及方法

二阶带通有源滤波器的调整与测试：

(1) 安装、焊接实验电路如图 9.2 所示，图中集成运算放大器用 μA741。引脚②为反相输入端，引脚③为同相输入端，引脚⑥为输出端，引脚⑦接+12 V，引脚④接−12 V，引脚①和⑤接电位器 R_W(10 k)调零。

(2) 先进行直流调零，然后调节信号源频率，对滤波器幅频特性进行测试。在输出波形不失真的条件下(用示波器观测)，选取适当幅度的输入正弦信号，逐点改变输入信号频率，即可测得其幅频特性。根据实测数据，作出幅频特性曲线，并求得通带增益 A_{BP}、中心频率 f_0、电路的品质因素 Q 和上下限频率。

9.2.5 实验器材

(1) MSO-X_2012A 数字示波器。

(2) 数字万用表 UT801。

(3) 直流稳压电源。

(4) 模电实验板。

9.2.6 实验报告要求

(1) 简述安装、焊接和检测电路情况。

(2) 绘出实验电路，标明元件参数。

(3) 记录实验测试数据，并求出相关参数。

(4) 绘出实验测试特性曲线，求出通带增益 A_{BP}、中心频率 f_0、电路的品质因素 Q、上下限频率和带宽。

(5) 记录仿真电路及其测试结果，并与实验结果进行比较。

9.2.7 思考题

(1) 设计一个适合音频的二阶带通有源滤波器，并仿真验证。

(2) 现将音频分为低音频、中音频和高音频三个频段，分别送入各自的放大器进行放大，通过调整各频段放大器的输出，以产生不同的试听效果。结合滤波器和放大器说出你的实现方案？作出原理框图和电原理图。

第10章　信号发生器

信号发生器又称信号源或振荡器，是一种能提供各种频率、波形等信号的设备，它在测量各种电路系统的振幅特性、频率特性、传输特性及其他电参数，以及测量元器件的特性与参数时，可用作测试的信号源或激励源，因此它在生产实践和科技领域中获得广泛应用。

根据所产生波形的不同，可将振荡器分成正弦波振荡器和非正弦波振荡器两大类。前者可产生正弦波，后者可产生方波、三角波和矩形脉冲波等。

10.1　桥式 *RC* 振荡器实验

桥式 *RC* 振荡器即文氏电桥振荡器，它具有较好的正弦波振荡波形、频率调节范围宽等优点，在低频振荡器中有着广泛的应用。

本实验是模拟电路功能模块综合的一个单元电路。

10.1.1　实验目的

掌握应用集成运放构成正弦波振荡器的工作原理及其调整测试方法。

10.1.2　预习要求

(1) 复习由集成运放构成桥式 *RC* 振荡器的相关内容，弄懂与本实验有关的电路工作原理。

(2) 了解所用元器件的特性和参数。

(3) 用 Multisim 仿真软件对实验电路进行仿真。

10.1.3　实验原理

桥式 *RC* 正弦波振荡器如图 10.1(a)所示，图中的 *R*、*C* 组成串并联正反馈选频网络，电阻 R_1、R_w、R_2、D_1、D_2组成负反馈网络。振荡条件主要由这两个反馈回路的参数决定，其振荡频率为

$$f_0 = \frac{1}{2pRC}$$

电路中的二极管和 R_1 为自动增益控制电路，当振幅不断增大时，导致二极管导通，其等效电阻减小，使得放大器的闭环增益降低，从而保持振幅的稳定并改善了波形的失真。

图 10.1(b)是桥式 RC 正弦振荡器的实验原理图，图 10.1(c)是基于 RC 桥式正弦波振荡器的简易电子琴电路。

10.1.4　实验内容及方法

1. 安装、焊接实验板的振荡器模块——桥式 *RC* 正弦波振荡器，并对电路进行检测。

2. 接通±5 V 电源，用示波器观察振荡波形。将示波器接在振荡器的输出端，调节电位器 R_w，以改变负反馈的大小，观察振荡输出波形的变化。当 R_w 调到某一位置时，振荡产生，并输出较好的正弦波。若继续调节 R_w，输出波形将产生非线性失真。

(1) 保持 $R = 10\ \text{k}\Omega$，$C = 0.01\ \mu\text{F}$，用示波器观察并测量正弦波输出电压幅度和振荡频率。

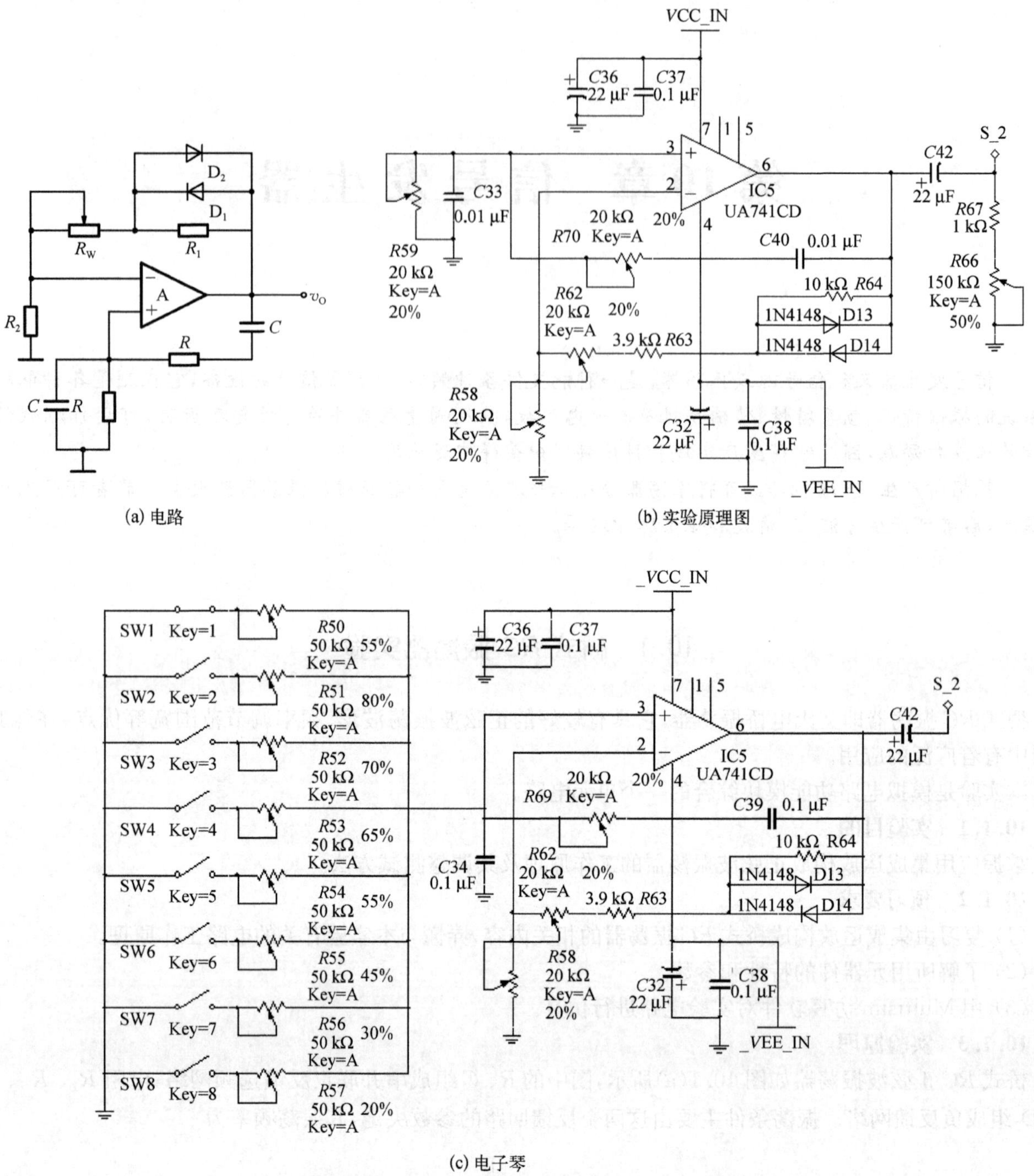

(a) 电路　　(b) 实验原理图　　(c) 电子琴

图 10.1　桥式 RC 正弦波振荡器电路和实验原理图及电子琴原理图

(2) 保持 $R=10\ \text{k}\Omega$，改变 $C=1\ 000\ \text{pF}$，用示波器观察并测量正弦波输出电压幅度和振荡频率。

(3) 保持 $C=0.01\ \mu\text{F}$，改变 $R=1\ \text{k}\Omega$，用示波器观察并测量正弦波输出电压幅度和振荡频率。

10.1.5　实验器材

(1) MSO－X_2012A 数字示波器。

(2) 数字万用表 UT801。

(3) 直流稳压电源。

(4) 模电实验板。

10.1.6　实验报告要求

(1) 简述安装、焊接和检测电路情况。

(2) 绘出实验电路，标明元件参数。

(3) 列表整理实验数据，记录有关波形，分析测量值与理论值之间的误差原因。

(4) 记录仿真电路及其测试结果，并与实验结果进行比较。

10.1.7　思考题

(1) 画出两种不同于图 10.1 电路结构的 *RC* 正弦波振荡电路，并仿真分析之。

(2) 当 *RC* 串并联电路中的 *R* 不相等时，桥式 *RC* 正弦波振荡器的输出波形如何？

10.2　电容三点式振荡器实验

LC 振荡器分为变压器反馈式、电感三点式、电容三点式等电路形式，其中电容三点式更适于制作高频振荡器。为此，它的放大电路应选择高频特性好的电路，如共集和共基组态。本节将通过仿真设计一款电容三点式振荡器。

10.2.1　实验目的

(1) 掌握电容三点式振荡电路的设计方法。

(2) 学会测试振荡频率及频率稳定度。

(3) 研究影响频率稳定度的因素。

10.2.2　实验原理

图 10.2 给出了三种组态的电容三点式振荡电路。可以看出，电路中的晶体管工作在不同组态，它们依次为共射振荡电路、共基振荡电路和共集振荡电路。图 10.3 和图 10.4 分别给出了电容三点式振荡电路的两种改进型，分别是克拉帕振荡器和西勒振荡器。

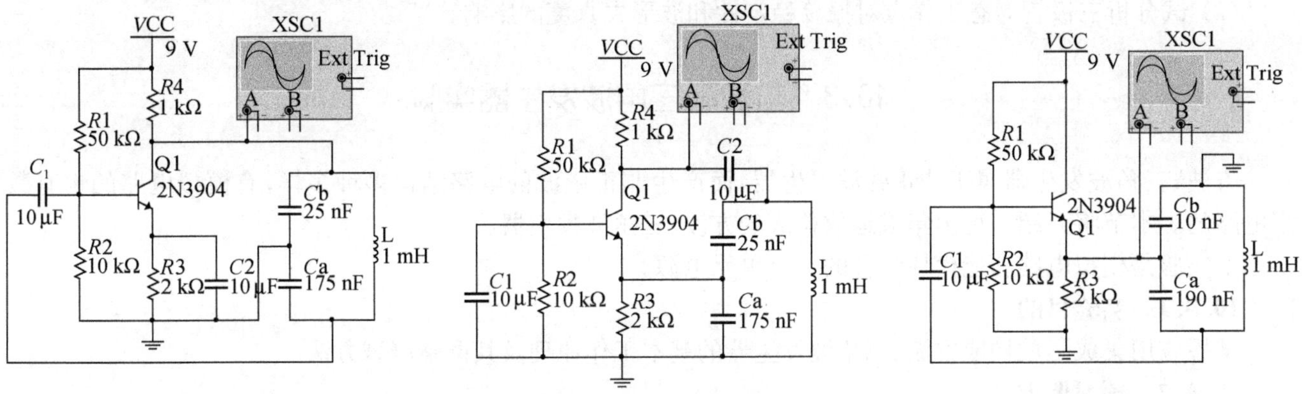

(a) 共射振荡电路　(b) 共基振荡电路　(c) 共集振荡电路

图 10.2　三种组态电容三点式振荡电路

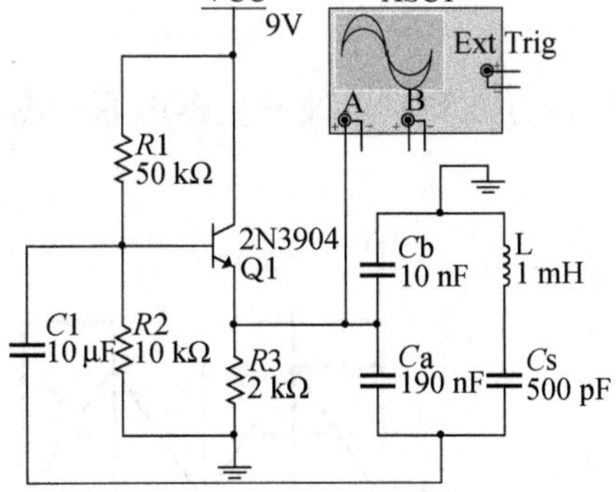

图 10.3　克拉帕振荡器

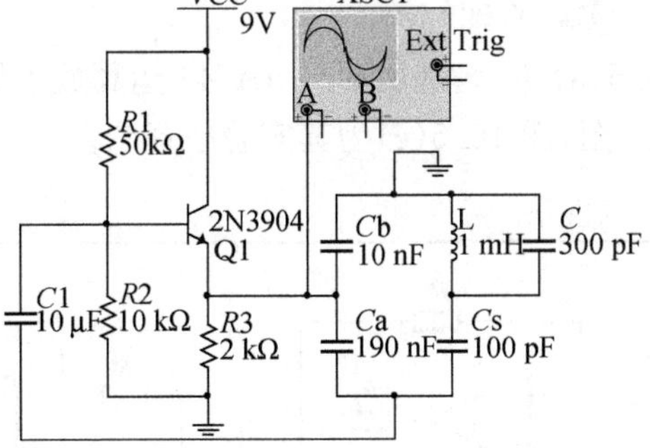

图 10.4　西勒振荡器

以上各电路作为本次实验的参考电路，可根据题目要求来选择。另外，如果振荡器外接负载，可以设计一个射极跟随器作为缓冲隔离，以减小负载对振荡器的影响。

10.2.3 实验内容及方法

1. 设计电容三点式振荡器

设计一个三点式振荡器，要求振荡器输出端加接射极跟随器作缓冲隔离。振荡器指标要求：

(1) 振荡频率 $f_0 = 80\ \mathrm{MHz} \pm 10\%$。

(2) 振荡电压 $>3\ \mathrm{V_{pp}}$。

(3) 电源电压 $V_{CC} = 12\ \mathrm{V}$。

2. 测试静态工作点

用示波器测试振荡频率和振荡电压并记录。

3. 研究外界条件变化对振荡频率的影响

(1) 改变电源电压。当 $V_{CC} = 12\,V$，$10\,V$，$8\,V$ 时，用示波器测出振荡频率的变化，求出频率稳定度。

(2) 改变环境温度。用温度扫描，测量振荡频率随温度的变化，求出频率稳定度。

10.2.4 实验报告要求

(1) 简述电路设计过程(方案选择、参数计算等)。

(2) 画出设计电路的电原理图，标明元件参数。

(3) 测试静态工作点及振荡频率并记录。

(4) 列出实验步骤，整理实验数据、分析实验结果。

(5) 记录实验仪器仪表。

10.2.5 思考题

(1) 使用万用表测量三极管的直流电压，可判断电路是否起振，为什么？

(2) 试分析三极管静态工作点对振荡稳定性和波形失真度的影响。

10.3 方波和三角波发生器实验

方波、三角波发生器属于非正弦波发生器，而产生非正弦波的电路结构多种多样，有模拟电路的也有数字电路的。本节将介绍一种由集成运放构成的方波、三角波发生器。

本实验是模拟电路功能模块综合的一个单元电源。

10.3.1 实验目的

掌握应用集成运放构成方波、三角波发生器的基本工作原理及其调整测试方法。

10.3.2 预习要求

(1) 复习由集成运放构成方波、三角波发生器的相关内容，弄懂与本实验有关的电路工作原理。

(2) 了解所用元器件的特性和参数。

(3) 用 Multisim 仿真软件对实验电路进行仿真。

10.3.3 实验原理

如图 10.5(a)所示，是用两只 μA741 运算放大器组成的对称方波和三角波发生器电原理图，图 10.5(b)为其工作波形图，图 10.5(c)为其实验原理图。

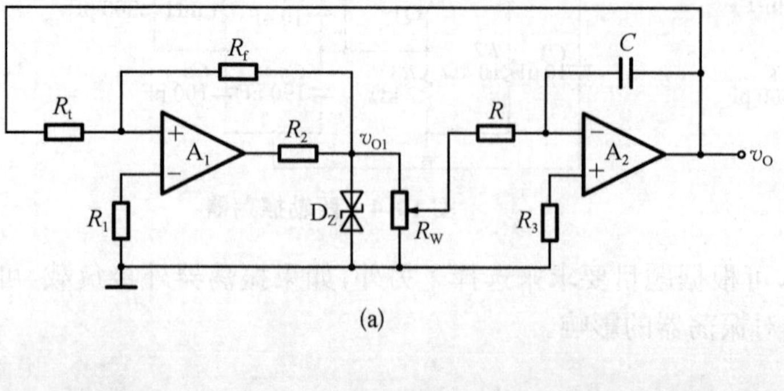

(a)

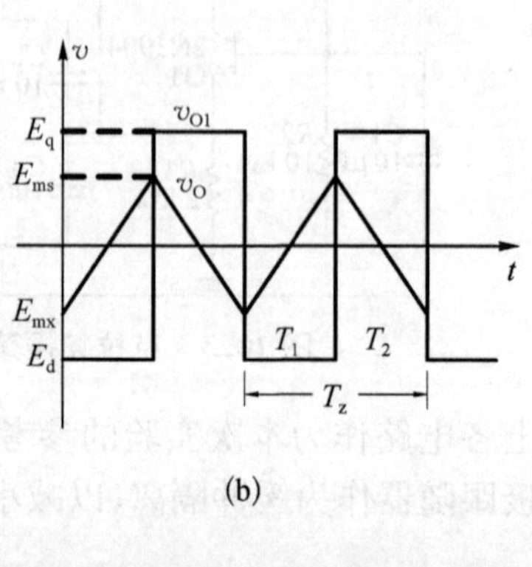

(b)

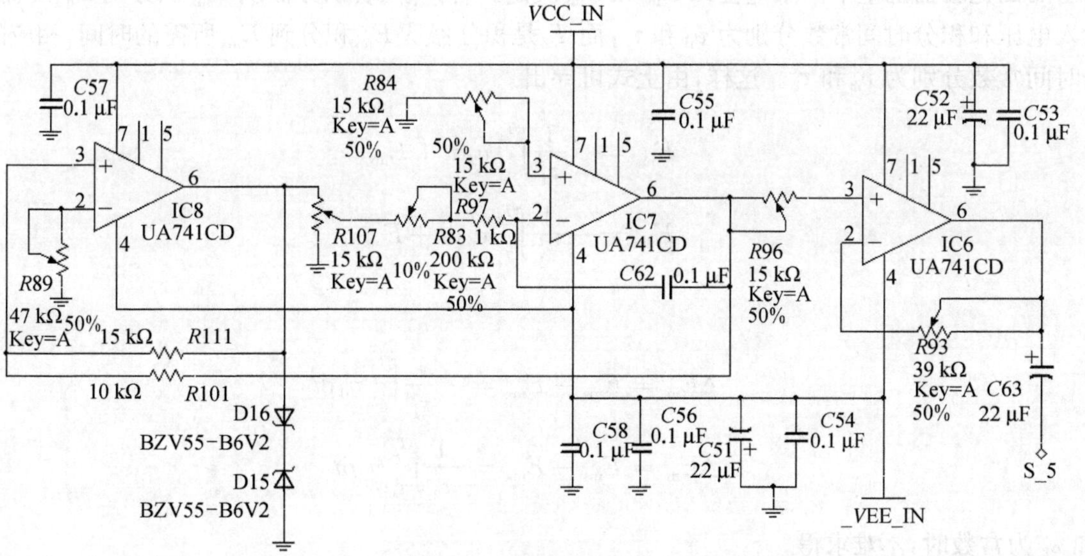

(c) 实验原理图

图 10.5 方波、三角波发生器电路和实验原理图

由图 10.5(a)可见，该电路由 A_1 组成的滞回比较器和由 A_2 组成的积分器两个部分构成。A_1 产生方波，经 A_2 积分后产生三角波。为保证所需的极性，这里的积分器的输出与比较器的同相输入端相连。电路自激振荡的过程简要叙述如下：

图 10.5(a)中迟滞比较器的基准电压 $E_i = 0$，它输出的高低电位 E_q 和 E_d 由稳压管 Dz 的稳定电压 E_z 决定，即

$$E_q = E_Z$$
$$E_d = -E_Z$$

比较器输入的上限电位为

$$E_{ms} = -\frac{R_t}{R_F}E_d = \frac{R_t}{R_F}E_Z$$

比较器输入的下限电位为

$$E_{mx} = -\frac{R_t}{R_F}E_q = -\frac{R_t}{R_F}E_Z$$

它的门限宽度为

$$\Delta E_m = \frac{R_t}{R_F}(E_q - E_d) = 2\frac{R_t}{R_F}E_Z$$

当 $V_{01} = E_d = -E_Z$ 时，经电位器 R_w 分压后加到积分器的输入电压为负值，若 R_w 的分压系数为 a_w，则此值为 $-a_w E_Z$。积分器 A_2 对此电压进行积分，其输出电压将从 E_{mx} 线性增长到 E_{ms}，所需时间为 T_1。当到达 E_{ms} 时，比较输出从 E_d 突变到 $E_q = E_Z$。这时，积分器的输入电压极性变号，变为 $a_w E_Z$，积分器反向积分，它的输出电压从 E_{ms} 线性下降到 E_{mx}，所需时间为 T_2。当回到 E_{mx} 时，上述过程又重复，如此形成自激振荡。

积分器的输出电压和输入电压之间的一般关系式为

$$v_0 = -\frac{1}{\tau}\int_0^t v_i \mathrm{d}t + v_0(0)$$

式中，τ 为积分时间常数；$v_0(0)$ 为起始值。在积分器和滞回比较器组成的振荡电路中，积分器输出电压

的区间由滞回比较器的上下门限电位即 E_{ms} 和 E_{mx} 决定。若 T_1 代表积分器从 E_{mx} 积分到 E_{ms} 所需的时间，相应的输入电压和积分时间常数分别为 v_{i1} 和 τ_1，而 T_2 是积分器从 E_{ms} 积分到 E_{mx} 所需的时间，相应的输入电压和积分时间常数分别为 v_{i2} 和 τ_2。这样，由上式可导出

$$E_{ms} = -\frac{1}{\tau_1}\int_0^{T_1} v_{il}\,dt + E_{mx}$$

$$E_{mx} = -\frac{1}{\tau_2}\int_{T_1}^{T_2} v_{i2}\,dt + E_{ms}$$

或者

$$\Delta E_m = E_{ms} - E_{mx} = -\frac{1}{\tau_1}\int_0^{T_1} v_{i1}\,dt$$

$$\Delta E_m = E_{ms} - E_{mx} = \frac{1}{\tau_2}\int_{T_1}^{T_2} v_{i2}\,dt$$

当 v_{i1} 和 v_{i2} 为常数时，不难求得

$$T_1 = \frac{2R_tRC}{a_wR_F}$$

$$T_2 = \frac{2R_tRC}{a_wR_F}$$

振荡器的振荡频率 f_z 为

$$f_z = \frac{1}{T_1 + T_2} = \frac{R_F}{4R_tRC}a_w$$

不难看出，这是一个对称的方波和三角波振荡器，选用不同的 E_Z 值，可调节输出方波的幅值，同时也影响三角波的幅值；改变比值 R_t/R_F，可调节三角波的幅值，不影响方波的幅值，但影响振荡频率；改变 R_w 分压系数 a_w 和积分时间常数 RC，可调节振荡频率，但不影响输出波形的幅值。一般用 R 或 C 作频率量程切换，R_w 作量程内频率细调。电路最高振荡频率受积分运算放大器的上升速率和最大输出电流限制，最低振荡频率取决于积分漂移。

10.3.4 实验内容及方法

1. 安装、焊接实验板的信号发生器模块——方波、三角波发生器，并对电路进行检测，检查无误后，接通 ±12 V 电源

2. 主要参数测试

(1) 方波参数的测量。令 $C = 0.047\ \mu F$，$R = 47\ k\Omega$，调整电位器 R_w 中心抽头位于上端，用示波器观测方波、三角波的参数。

① 方波的最大峰-峰值 $V_{p\text{-}p}$ = ________V；

② 方波的脉冲宽度 T_1 = ________ms；

③ 方波的周期 T_Z = ________ms。

(2) 三角波参数的测量。

① 三角波的最大峰-峰值 $V_{p\text{-}p}$ = ________V；

② 三角波的周期 T_Z = ________ms。

(3) 保持 R_w 位置不变，用示波器同时观察并记录对称的方波和三角波，并注意它们之间的时间相位关系。

E_q = ________V　　　E_d = ________V；

E_{ms} = ________V　　E_{mx} = ________V；

$T_1 =$ ________ms　　$T_2 =$ ________ms。

测量结果与(1)、(2)两步骤的数据相比较。

(4) 改变 R_W,注意记录波形频率的变化范围 f_H 和 f_L。

(5) 令 $C = 0.047\ \mu F$, $R = 150\ k\Omega$,用示波器同时观测方波、三角波的幅值和频率。

(6) 令 $C = 0.01\ \mu F$, $R = 47\ k\Omega$,用双踪示波器同时观测方波、三角波的幅值和频率。

10.3.5 实验器材

(1) MSO-X_2012A 数字示波器。

(2) 数字万用表 UT801。

(3) 直流稳压电源。

(4) 模电实验板。

10.3.6 实验报告要求

(1) 简述安装、焊接和检测电路情况。

(2) 绘出实验电路,标明元件参数。

(3) 列表整理实验数据,记录有关波形,分析测量值与理论值之间的误差原因。

(4) 记录仿真电路及其测试结果,并与实验结果进行比较。

10.3.7 思考题

(1) 如何使电路输出锯齿波信号,画出电原理图,说明工作原理。

(2) 设计一个函数发生器,可以产生同频率的正弦波、方波和三角波,画出电原理图,说明工作原理。

第11章　功率放大器

功率放大器是能够为负载提供足够大的信号功率的放大器，与小信号放大器相比，二者都是利用晶体管将直流能量转换为交流能量，而后者着眼于电压(或电流)的放大，以频率失真为主要技术指标，前者着眼于输出功率的放大，以提高输出功率为主要目的，由此电路的效率和非线性失真成为功率放大器的主要问题。

目前，各种集成音频功率放大器很多，引脚少，使用方便，但对于了解其内部结构，理解其工作原理以及电路的调试与测量多有不便，因此本章选择半分立的OCL音频功率放大器和D类音频功率放大器作为研究对象，以便对功率放大器有一个更好的理解。

11.1　OCL音频功率放大器实验

OCL功率放大电路即无输出电容的功率放大电路，它克服了输出电容在电路频响和集成等方面诸多不足，在具有较高效率的同时，又兼顾交越失真小，输出波形好，所以在实际电路中得到了广泛的应用。

本实验是模拟电路功能模块综合的一个单元电路。

11.1.1　实验目的

(1) 了解甲乙类功率放大器的特点。

(2) 学会甲乙类功率放大器的静态调整以及输出功率、效率的测量。

(3) 观察功率放大器的输出波形，了解工作点对输出波形的影响。

11.1.2　预习要求

(1) 复习OCL功率放大电路的相关内容。

(2) 复习集成运放的应用电路。

(3) 用Multisim仿真软件对实验电路进行仿真。

11.1.3　实验原理

实验电路如图11.1所示，这是一个带自举电路的OCL音频功率放大电路。图中集成运放构成互补输出级的前置放大级，为使电路输入电阻大、输出电压稳定，电路中通过电阻$R142$引入了电压串联负反馈。在深度负反馈下，电路的电压增益为

$$A_v = 1 + \frac{R142}{R141}$$

图中的二极管D20、D21和电阻$R144$用于克服输出级的交越失真，调整$R144$可使输出级处于甲乙类工作状态；晶体管Q5～Q8构成准互补输出级，实现了以较小的基极电流控制大的输出电流。另外，图中$C86$称为自举电容，和$R145$共同组成自举电路。

在理想情况下，"满功率"时的输出功率、直流电源提供的功率和效率分别为

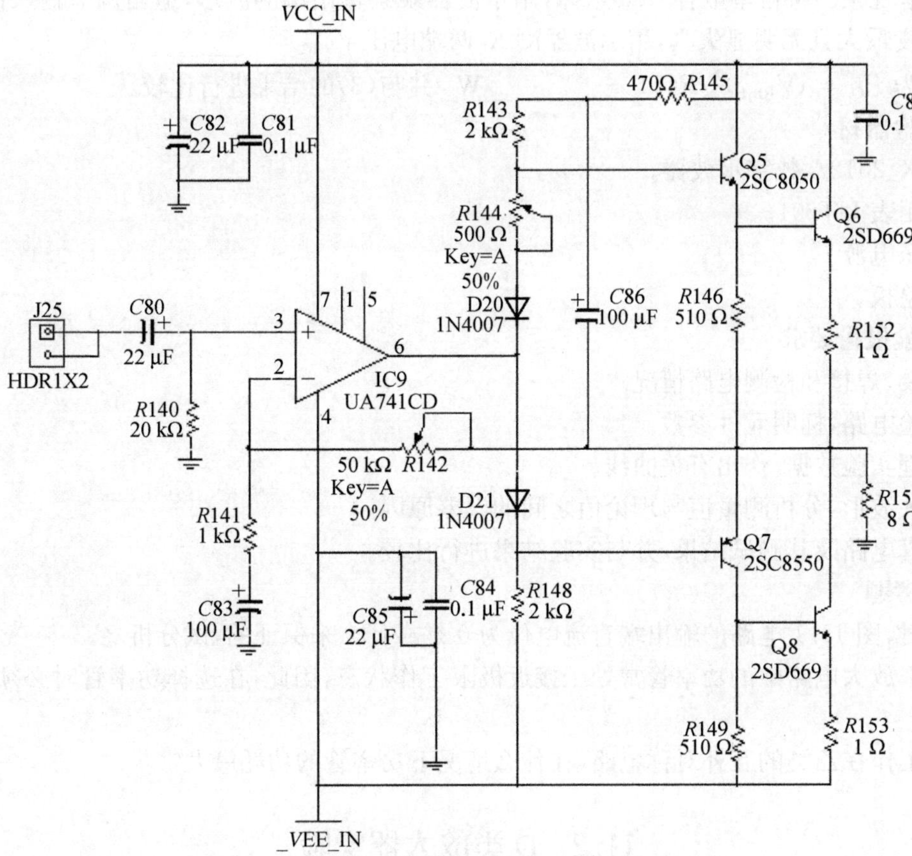

图 11.1　带自举电路的 OCL 音频功率放大电路

$$P_{om} \approx \frac{1}{2}\frac{V_{CC}^2}{R_{151}}$$

$$P_v \approx \frac{2V_{CC}^2}{\pi R151} = \frac{4}{\pi}P_{om}$$

$$\eta = \frac{P_{om}}{P_v} = \frac{\pi}{4} = 78.5\%$$

如果考虑到管压降等因素，实际上，晶体管一般都没有工作在“满功率”状态，所以输出功率和效率都将减小，最高效率大约在 60%。

11.1.4　实验内容及方法

1. 安装、焊接实验板的功率放大器模块

安装、焊接实验板的功率放大器模块——OCL 音频功率放大器，并对电路进行检测。

2. 输出负载扬声器用 8.2 Ω，2 W 假负载电阻替代

3. 调整直流工作状态

(1) 先将电阻 $R144$ 调至最小，接通供电电压±5 V，监测 Q6 集电极电流，此时该电流应该很小。然后，调整 $R144$，使该集电极电流在 3 mA 左右。此时假负载的端电压应该为零。

(2) 观察波形。调节信号源为频率 1 kHz 的正弦波，用示波器观察输出端的波形，调节输入信号的幅度，使输出端的波形幅度最大且无明显失真，此时为“满功率”状态。

(3) 测量输出功率。在输出波形不失真的前提下，用示波器测假负载 $R151$ 两端电压 $V_{R151}=$ ________ V 则输出功率为 $P_O=(V_{R151})^2/R151=$ ________ W。同时，用万用表直流挡测出此时输出三极管集电极平均电流，算出直流功耗和效率。

(4) 测半功率带宽。以 1 kHz 为中频，改变频率，测出半功率点的 f_L 和 f_H，作出功率频率特性曲线。

(5) 观察自举现象。将自举电容 $C86$ 拿掉，用示波器观察输出端的波形，适当调节输入信号的幅度，使输出端的波形幅度最大且无明显失真，用示波器测 R_L 两端电压 V_{R151} = ________ V

则输出功率为 $P_O = (V_{R151})^2/R151$ = ________ W。并与(3)的结果进行比较。

11.1.5 实验器材

(1) MSO-X_2012A 数字示波器。

(2) 数字万用表 UT801。

(3) 直流稳压电源。

(4) 模电实验板。

11.1.6 实验报告要求

(1) 简述安装、焊接和检测电路情况。

(2) 绘出实验电路，标明元件参数。

(3) 列表整理实验数据，作出有关曲线。

(4) 记录有关波形，分析测量值与理论值之间的误差原因。

(5) 记录仿真电路及其测试结果，并与实验结果进行比较。

11.1.7 思考题

(1) 在静态时，图 11.1 电路的输出端直流电位为 0 是靠什么来保证的，试分析之。

(2) 由于功率放大电路中的功率管常处于接近极限工作状态，因此，在选择功率管时必须特别注意哪三个参数？

(3) 试分析工作在乙类的互补对称电路，在什么情况下功率管的功耗最大？

11.2 D类放大器实验

D类放大器(又称数字放大器)是一种利用开关技术放大音频信号的功率放大器，其原理是利用输入信号的幅度线性调整高频脉冲的宽度，得到脉冲宽度调制信号(pulse width modulation, PWM)，用以驱动工作在开关状态的功率输出管，最后经滤波电路在负载上得到还原的信号。由于功率输出管工作在开关状态，所以电路可以达到极高的效率。如果忽略饱和压降，则瞬时管耗下降到零，这样集电极效率理论上可以达到100%，实际的应用也可达到80%～95%。

本实验是模拟电路功能模块综合的一个单元电路。

11.2.1 实验目的

(1) 理解D类放大器的工作原理。

(2) 学会D类放大器的静态调试，以及输出功率、效率的测量。

11.2.2 预习要求

(1) 复习D类放大器的相关内容。

(2) 用 Multisim 仿真软件对实验电路进行仿真。

11.2.3 实验原理

电路如图 11.2(a)所示。由图可以看出，电路由比较器、门电路、BJT 互补电路、MOS 反相器和 LC 滤波网络组成。其中 LM311 是单集成比较器芯片，采用集电极开路输出，电路中 LM311 采用单电源供电，R_1 是输出端上拉电阻，R_2～R_5 提供输入端偏置。

音频信号和三角波信号同时送入比较器 LM311，二信号比较后得到 PWM 信号，经反相器 7404 整形，再分别经与门 7408 同相延迟和 7404 反相延迟后，送入驱动电路。驱动电路由 BJT 管互补电路 T_1、T_2 和 T_3、T_4 组成。R_6～R_9 为驱动电路和输出管设置偏置。由 MOS 功率管 T_5、T_6 和 T_7、T_8 分别组成两组反相器，完成最后的 PWM 信号输出。L_1～L_4 和 C_2～C_5 构成了两组四阶巴特沃思输出滤波网络。这种全桥对称的放大器结构倍增了负载上的电压，极大地提高了输出功率，而且无须调整直流漂移。

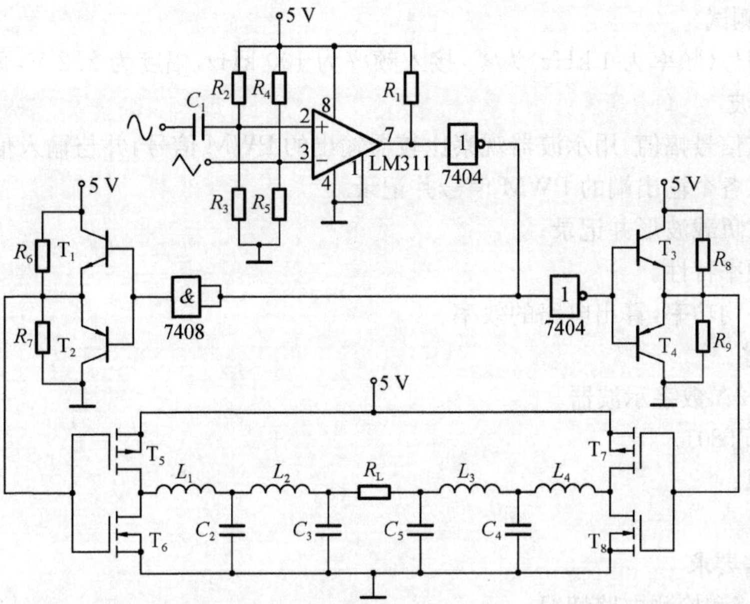

(a) 电路

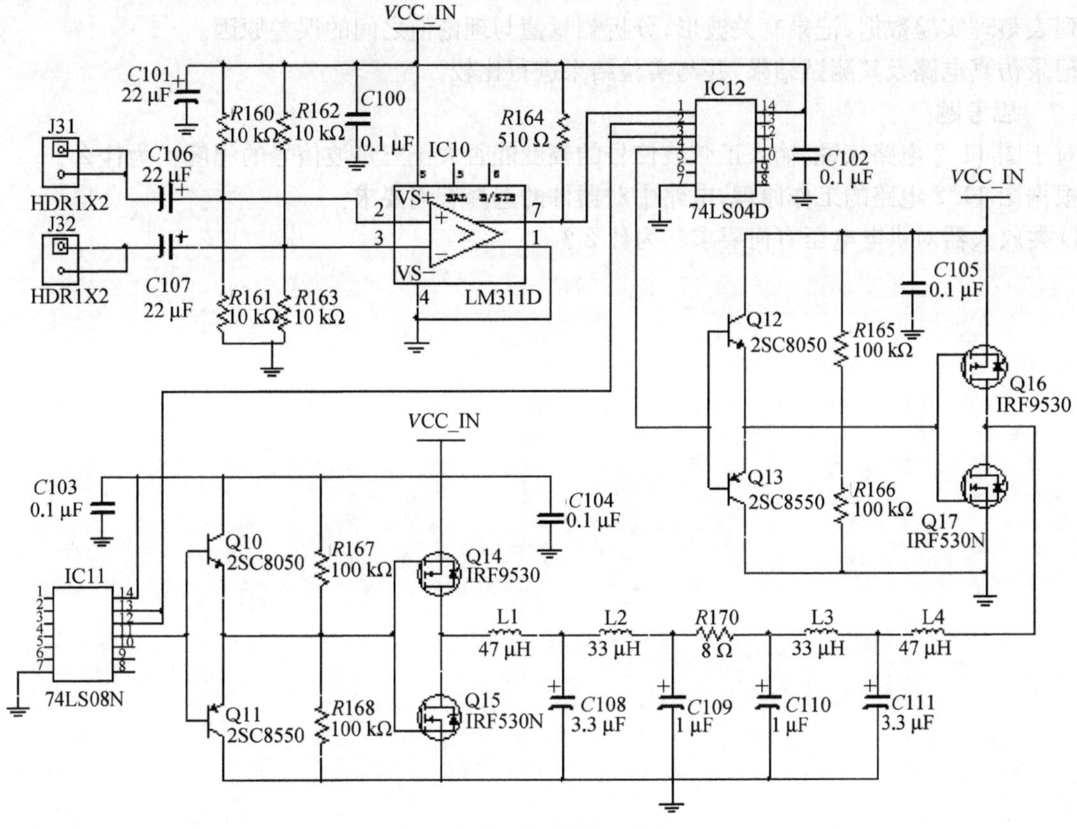

(b) 实验原理图

图 11.2　D 类放大器电路及实验原理图

11.2.4　实验内容及方法

1. 安装、焊接实验板的功率放大器模块

安装、焊接实验板的功率放大器模块——D 类放大器，并对电路进行检测。输出负载扬声器用 8.2 W 假负载电阻替代。

2. 直流工作状态测试

接通电源电压 5 V，测量各个输出端电压并记录

3. 交流工作状态测试

(1) 令输入正弦信号(频率为 1 kHz)为零,接入频率为 100 kHz,幅度为 2.2 V,偏置为 2.5 V 左右的三角波,比较器输出为方波。

(2) 逐步调大正弦信号幅值,用示波器观察比较器输出的 PWM 信号,并与输入信号波形进行对比。

(3) 用示波器测试各个输出端的 PWM 信号并记录。

(4) 用示波器测试负载波形并记录。

(5) 测量电路的频率特性。

(6) 测量电源的平均功率,算出电路的效率。

11.2.5 实验器材

(1) MSO - X_2012A 数字示波器。

(2) 数字万用表 UT801。

(3) 直流稳压电源。

(4) 模电实验板。

11.2.6 实验报告要求

(1) 简述安装、焊接和检测电路情况。

(2) 绘出实验电路,标明元件参数。

(3) 列表整理实验数据,记录有关波形,分析测量值与理论值之间的误差原因。

(4) 记录仿真电路及其测试结果,并与实验结果进行比较。

11.2.7 思考题

(1) 对于图 11.2 电路来说,输入正弦波信号的幅度能否大于三角波信号的幅度?为什么?

(2) 根据图 11.2 电路的工作原理,电路中对器件的选择有何要求?

(3) D类放大器对供电电压有何要求?为什么?

第 12 章　模拟电子电路综合设计

在模拟电路的学习中，首先以放大器作为基本电路，从电路分析和设计入手，学习了集成运算放大器、双极型晶体管和场效应管所构成的各种放大器，然后研究了基于放大器的各种功能模块，如有源滤波器、振荡器和直流稳压电源等，这些电路是我们设计一个电子系统的基本单元电路。本章我们提供了八个方面具有某种功能的小电子系统供读者选作，旨在通过这样一个设计制作过程，加深对已学模电知识的理解，初步尝试利用基本单元电路设计电子系统及其制作和调试的过程，为进一步的专业学习打下模电基础。

12.1　DC - DC 变换器设计实验

DC - DC 变换器通常是指可将一种直流电压转换为各种不同直流电压的电子设备。它有多种电路形式，按激励方式不同可分为自激式和他激式，常用的有工作波形为方波的脉宽调制(PWM)变换器和工作波形为正弦波的谐振型变换器。本实验主要介绍 PWM 变换器。

12.1.1　实验目的

(1) 掌握一种 DC - DC 变换器的工作原理。

(2) 学会查阅、选择晶体管、集成运算放大器。

(3) 学会设计、制作和测试 DC - DC 变换器。

12.1.2　实验原理

DC - DC 变换器的基本电路分为降压型、升压型和升降压型三种形式，如图 12.1 所示。

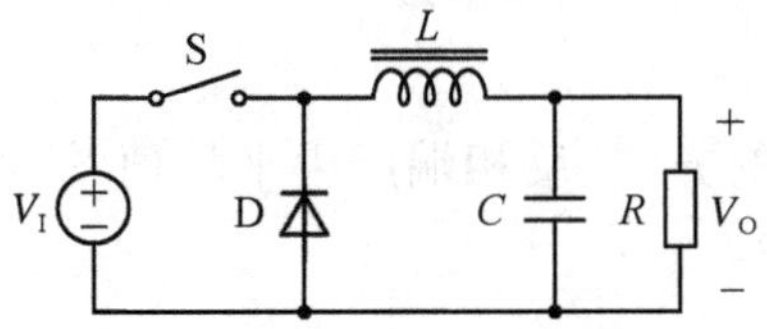

(a) 降压型

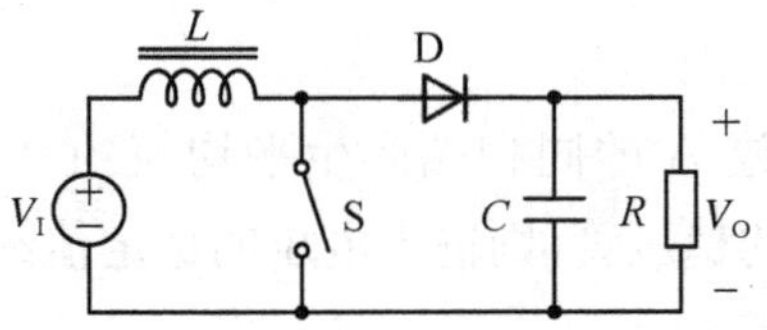

(b) 升压型

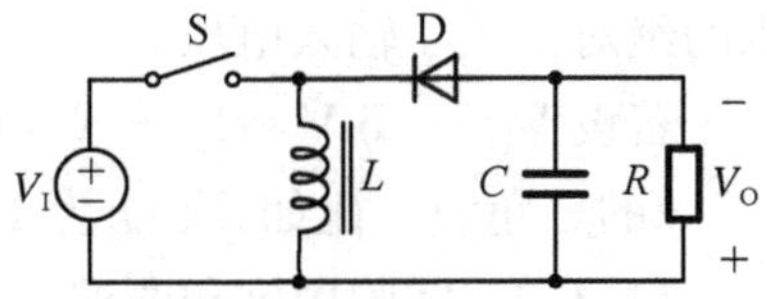

(c) 升降压型

图 12.1　DC - DC 变换器的基本电路

图 12.1 中，降压型变换器的电压变比(输出电压与输入电压之比)为

$$M = D$$

这里 D 为工作方波的占空比。因 $D < 1$，故 $M < 1$。

升压型变换器的电压变比为

$$M = \frac{1}{1-D}$$

因 $(1-D)<1$,故 $M>1$。

升降压型变换器的电压变比为

$$M=\frac{D}{1-D}$$

当 $D>(1-D)$ 时,$M>1$;当 $D<(1-D)$ 时,$M<1$。

图 12.2 给出了一种实用稳压 DC-DC 变换器的电原理图。它属于自激式 PWM 升降压型变换器。图 12.2 中,集成运放 A、电容 C_1 和电阻 $R_1 \sim R_4$ 组成单电源方波发生器,稳压管 D_2 与 R_4、C_1 充放电回路相连,为 C_1 提供了一个放电回路,以实现对振荡方波占空比的控制,故该方波发生器具有脉宽调制(PWM)功能。图 12.2 的简化图如图 12.3 所示,据此来分析电路的工作过程。当电路接通电源 V_{CC} 后,方波发生器输出方波信号,控制开关 S(即晶体管 T)的闭合和断开。开关闭合时,电源电压 V_{CC} 加到电感 L 上,电感 L 蓄积能量;开关断开时,由于电感上电流的连续性,二极管 D_1 由截止变为导通,蓄积在电感 L 的能量释放给负载,同时,电容 C_2 充有上正下负的电压,于是得到对地为负的输出电压($-V_O$)。随着电感 L 上能量的不断释放,电容 C_2 上的电压值将不断提高,即输出电压将不断降低。当输出电压 $-V_O$ 达到某值时,稳压管 D_2 导通,使电容 C_1 放电,方波发生器输出为高电平,晶体管 T 截止,电感 L 蓄积能量减少,使输出电压不再降低,从而稳定了 $-V_O$ 的值。

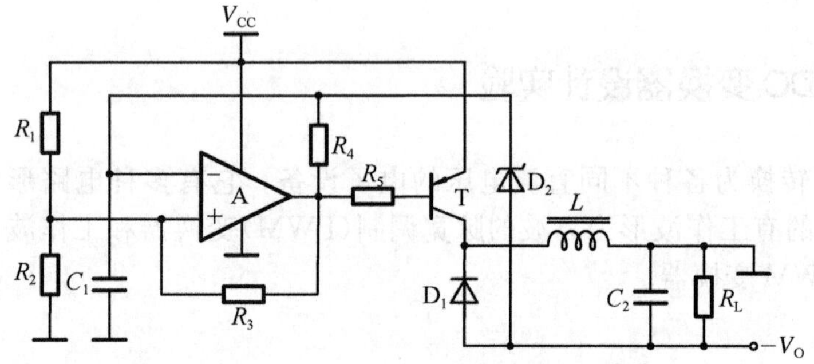

图 12.2 实用稳压 DC-DC 变换器电原理图

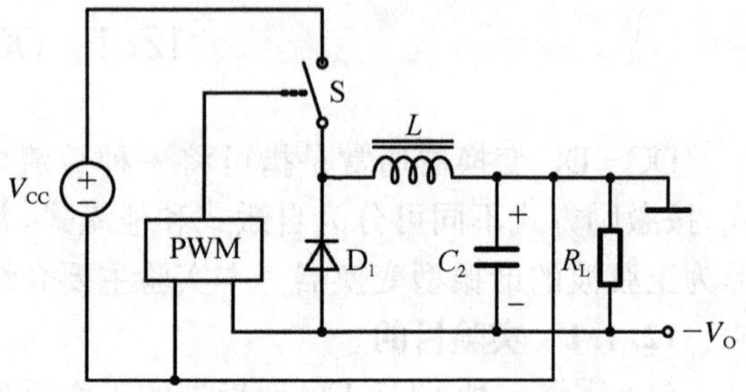

图 12.3 图 12.2 的简化图

由此可见,在稳压管导通之前,运放输出为方波,即占空比为 0.5;在稳压管导通之后,即处于稳压状态时,运放输出为矩形波,占空比小于 0.5。但由于晶体管 T 为 PNP 型,高电平时不导通,低电平时导通,所以晶体管 T(开关 S)的工作方波的占空比大于 0.5,也就是说,该电路的电压变比 $M=\dfrac{D}{1-D}>1$,即输出电压的绝对值大于输入电压。

若设 $V_{CC}=5$ V, $R_1=R_2$,则运放 A 的同相端产生平均值约 2.5 V 的方波,反相端产生平均值约为 2.5 V的三角波。比如,取 D_2 为 15 V 的稳压管,则输出电压的稳定值约为 12 V。

12.1.3 实验内容和要求

(1) 查阅双极型晶体管、集成运算放大器的有关资料,了解其主要参数。

(2) 根据 DC-DC 变换器原理,设计电路的元器件参数,利用 Multisim 对设计的电路进行仿真验证。

(3) 设计制作电路的 PCB,安装焊接元器件。

(4) 对电路进行调试、实测。

12.1.4 实验材料

(1) 集成运算放大器。

(2) 大功率双极型晶体管。

(3) 电阻、电容、电感、二极管和稳压管。

(4) 实验仪器仪表。

12.2　跟踪直流稳压电源设计实验

在设计电子电路时，经常需要使用双电源，特别是在精密运算电路中，对电源的稳定度、精度和对称性提出了更高的要求，为保证正负电源电压相等，抑制零点漂移，可以设计一种跟踪电源，它可以在调整其输出电压时，其负电源输出电压可以自动跟踪正电源的变化。

12.2.1　实验目的

(1) 掌握跟踪直流稳压电源的工作原理。

(2) 学会查阅、选择晶体管、集成运算放大器和三端稳压器。

(3) 学会设计、制作和测试跟踪电源。

12.2.2　实验原理

可调跟踪双电源是在可调单电源的基础上设计而来的，所以可选择一款三端可调稳压芯片，先设计一个可调单电源，然后通过比较放大电路的控制，使负电源跟踪正电源，这样就构成了一个跟踪电源。

跟踪电源参考电路图如图 12.4 所示。图 12.4 中，LM317、R_1、R_2 等构成一个输出稳定的可调正电压电源；T_1、T_2 为复合管，组成负电源(负电源部分也可以选择负电压输出的三端可调稳压器)输出调整管；A、T_3 组成比较放大部分，其中 T_3 扩大了 A 的输出范围，从而使整个电路的电压跟踪范围变宽，而不受运放工作电压范围约束；R_3、R_4 组成反馈网络，用来完成对输出电压变化的取样；R_5、R_6、D_1、D_2 构成简易±15 V 双电源稳压电路，为运放 A 供电。当输入电压为±35 V 时，输出电压可在±1.25～±32 V 跟踪可调。

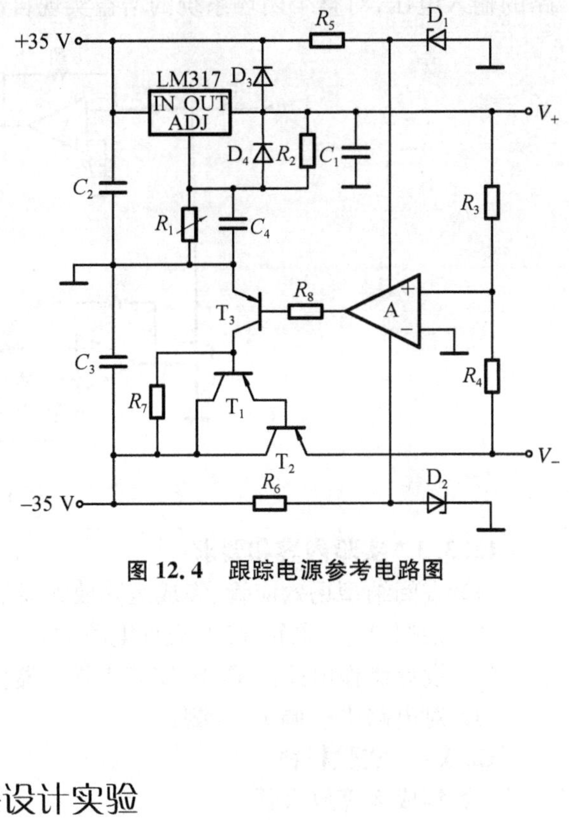

图 12.4　跟踪电源参考电路图

12.2.3　实验内容和要求

(1) 查阅双极型晶体管(小功率和大功率)、集成运算放大器和可调三端稳压器的有关资料，了解其主要参数。

(2) 根据跟踪电源原理，设计电路的元器件参数，利用 Multisim，对设计的电路进行仿真验证。

(3) 设计制作电路的 PCB，安装焊接元器件。

(4) 对电路进行调试、实测。

12.2.4　实验材料

(1) 正电压可调三端稳压器和集成运算放大器。

(2) 小功率和大功率双极型晶体管。

(3) 电阻、电容、电位器、二极管和稳压管。

(4) 实验仪器仪表。

12.3　AGC 放大电路设计实验

自动增益控制(automatic gain control，AGC)电路具有自动调整放大电路增益的功能，从而使输入信号幅度在一定范围内波动时，放大电路的输出仍能保证稳定不变。

12.3.1　实验目的

(1) 了解 AGC 电路的工作原理。

(2) 学会查阅、选择晶体管和集成运算放大器。

(3) 学会设计、制作和测试 AGC 放大电路。

12.3.2　实验原理

AGC 放大电路的闭环系统框图如图 12.5 所示。

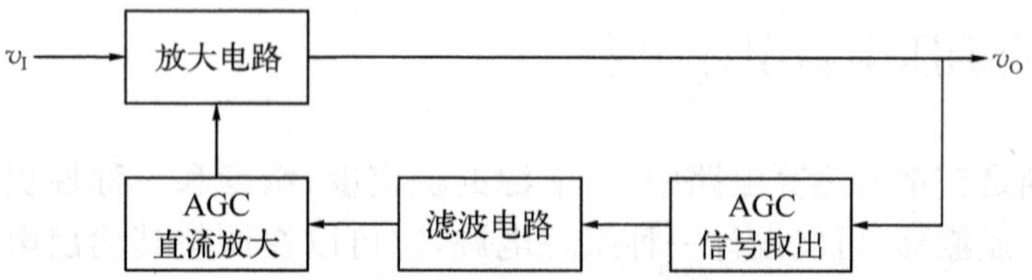

图 12.5　AGC 系统框图

一般情况下，AGC 应满足以下三点要求：

（1）可控范围大：当输入信号变化时，能使输出基本保持不变的信号电平范围称为 AGC 可控范围。可控范围大则适应环境变化能力强。AGC 可控范围受到放大电路最大增益的限制，当输入信号增强时，通过 AGC 电路控制，放大电路的增益下降，从而达到输出保持基本不变的要求。

（2）控制灵敏度高：AGC 控制灵敏度高，则当输入变化很大时，可保证输出基本不变或者变化很小，且反应也快。若希望 AGC 电路灵敏度高，传输特性平坦，则 AGC 电路必须有足够的直流放大，将 AGC 电压加以放大后再加到控制端，使放大电路增益有效下降，从而基本维持输出不变。

（3）控制性能稳定：当 AGC 电路工作时，受控放大电路对前后级影响要小，且不能影响电路的频率特性，此外，AGC 电路在温度变化和外来干扰下应能正常工作。

AGC 参考电路如图 12.6 所示。图中，A_1、A_2 等组成两级放大电路；A_3、A_4 等组成全波精密整流电路，完成对输出信号的取样和整流；R_{14} 和 C_2 组成低通滤波器；A_5、R_{15}～R_{18} 等组成差分电路；T_1 为结型场效应管，工作于可变电阻区，其栅极电压受 A_5 输出电压控制，以达到控制其漏源电阻 R_{ds} 的目的，从而控制放大电路的输入电压，对整个闭环系统的增益实现自动控制；C_1 为隔直作用，V_1 为参考电压。

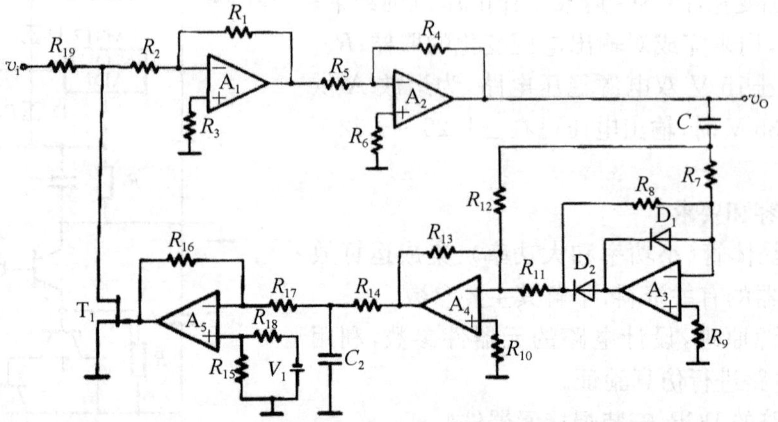

图 12.6　AGC 参考电路图

12.3.3　实验内容和要求

（1）查阅结型场效应管、集成运算放大器的有关资料，了解其主要参数。

（2）根据 AGC 电路原理，设计电路的元器件参数，利用 Multisim 对设计的电路进行仿真验证。

（3）设计制作电路的 PCB，安装焊接元器件。

（4）对电路进行调试、实测。

12.3.4　实验材料

（1）集成运算放大器。

（2）结型场效应管。

（3）电阻、电容、电位器和二极管。

（4）实验仪器仪表。

12.4　助听器设计实验

助听器是一种微小型扩音设备，它将外界的声音放大到听力损失患者需要的程度，或者在患者残余听力的基础上补偿听力的不足，使听力损失患者能和正常人一样听到声音，这是目前帮助听力损失患者改善听力的最有效工具。

12.4.1　实验目的

（1）掌握助听器的工作原理。

（2）学会查阅、选择晶体管和集成功率放大器。

（3）学会设计、制作和测试助听器。

12.4.2　实验原理

1. 助听器原理

助听器主要由麦克风、放大器、受话器、电池、音量音调控制旋钮等部分组成。声音信号首先经麦克风转换为电信号，然后送入放大器放大后，由受话器将电信号还原为声音信号传至人耳。这一过程概括为：声音信号→电信号→声音信号，这是助听器的基本功能。目前市场销售的助听器除基本功能外，还有很多附加功能，如降噪、防啸叫、防风噪声等。

助听器在声音信号→电信号→声音信号的过程中，需要将电信号放大到一万乃至几万倍，这样，对不同的听力损失患者来说，可以通过音量、音调等方面的调节，来满足各自对听力的需求。而有些患者对小声音听取感到困难，但稍响的声音又难以忍受，他们对响度的感觉动态范围明显变小，对此，在硬件电路上可以利用 AGC 技术实现输出声音大小的自动限幅，使这类人群较满意地使用助听器以克服听力障碍。

助听器的技术指标主要有：频率范围大致分为低挡助听器在 300～3 000 Hz，普通助听器的高音频可达 4 000 Hz，高挡助听器在 80～8 000 Hz；增益在 30～80 dB；信噪比在 30～40 dB，谐波失真小于 10%等。

2. 助听器参考电路

助听器有低挡和高挡之分，它们的功能有简单和多功能之别，其硬件电路可以由双极型晶体管构成，也可以由集成功率放大器构成，或者由二者混合构成，电路结构多种多样。读者可根据制作要求，查阅相关资料，确定电路结构。

12.4.3　实验内容和要求

（1）查阅晶体管、集成功率放大器的有关资料，了解其主要参数。

（2）根据助听器技术指标，设计电路的元器件参数，利用 Multisim 对设计的电路进行仿真验证。

（3）设计制作电路的 PCB，安装焊接元器件。

（4）对电路进行调试、实测。

12.4.4　实验材料

（1）集成功率放大器。

（2）双极型 NPN、PNP 晶体管。

（3）电阻、电容、电位器、驻极体和受话器。

（4）实验仪器仪表。

12.5　音频功率放大器设计实验

具有不同电路拓扑结构的音频功率放大器多种多样，在上述基础实验中，我们介绍了 OCL 和 D 类功率放大器，本节将介绍 BTL 功率放大器。

12.5.1　实验目的

（1）掌握音频 BTL 功率放大器的工作原理。

（2）学会查阅、选择晶体管和集成功率放大器。

（3）学会设计、制作和测试音频 BTL 功率放大器。

12.5.2　实验原理

1. BTL 放大电路原理

我们知道，OCL 电路的负载一端接地，输入信号正、负半周时，分别由正、负电源通过对应的上、下晶体管向负载提供能量，若电源电压为 V_{CC}，则负载上信号电压的峰值为 $(V_{CC}-|V_{CES}|)$，这不仅电源利用率低，而且对上、下晶体管的对称性要求较高。

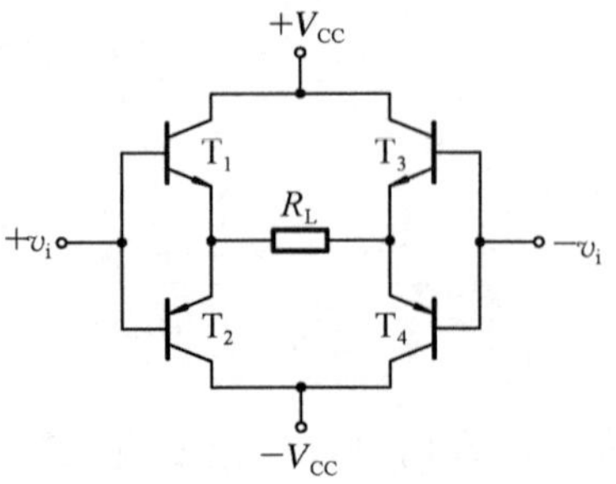

图 12.7
BTL 放大电路的基本原理图

如图 12.7 所示为 BTL 放大电路的基本原理图，它是将负载接在两个相同的 OCL 电路的输出端，故负载是浮地的。可以看出四只晶体管构成一桥式结构，依据电桥平衡原理，只要 T_1 和 T_3、T_2 和 T_4 分别配对即可实现桥路的对称，这对于同极性、同型号间三极管的配对来说，显然比互补对管的配对要容易得多。

在静态时，由于两个 OCL 电路的输出端电位相等（正常时应为零），故负载两端的直流电压为零，此时电桥处于平衡状态。在动态时，以正弦波为例，当输入信号为正半周时，由于两个输入端信号的相位相反，故 T_1 与 T_4 导通，负载上得到输出信号的正半周；而当输入信号为负半周时，T_2 与 T_3 导通，负载上得到输出信号的负半周。这样，负载上得到一个完整的正弦波。

若电源电压为 $\pm V_{CC}$，则负载上信号电压的峰值为 $2(V_{CC}-|V_{CES}|)$，故负载上的最大输出功率为

$$P_{om}=\frac{\left[\frac{2(V_{CC}-|V_{CES}|)}{\sqrt{2}}\right]^2}{R_L}=4\frac{(V_{CC}-|V_{CES}|)^2}{2R_L}$$

BTL 电路在信号的一个周期内的正负半周均能充分利用双电源电压进行工作，在电源电压和负载相同的条件下，其输出功率是 OCL 电路的 4 倍，效率与 OCL 电路相当。

由于 BTL 电路是电路形式和工作状态都对称平衡的一种电路形式，特别是人们采用集成电路组成 BTL 功率放大电路，不仅可以获得较大的输出功率，而且使输出电路的对称性更好，从而可以减小电路的开环失真，因此 BTL 电路得到了较广泛的应用。

2. 音频 BTL 功率放大器参考电路

一种实用音频 BTL 功率放大电路如图 12.8 所示。图中，T_1、T_2、T_3 组成带恒流源的差分放大电路，是整个电路的输入级，其两个单端输出的大小相等、相位相反的信号，分别送给由 A_1、A_2 构成的完全相同的两个同相放大电路，负载接在 A_1、A_2 的输出端，所以输出级为 BTL 放大电路。这样，使整个电路的输入和输出特性均达到对称平衡，电路将具有更好的性能指标。

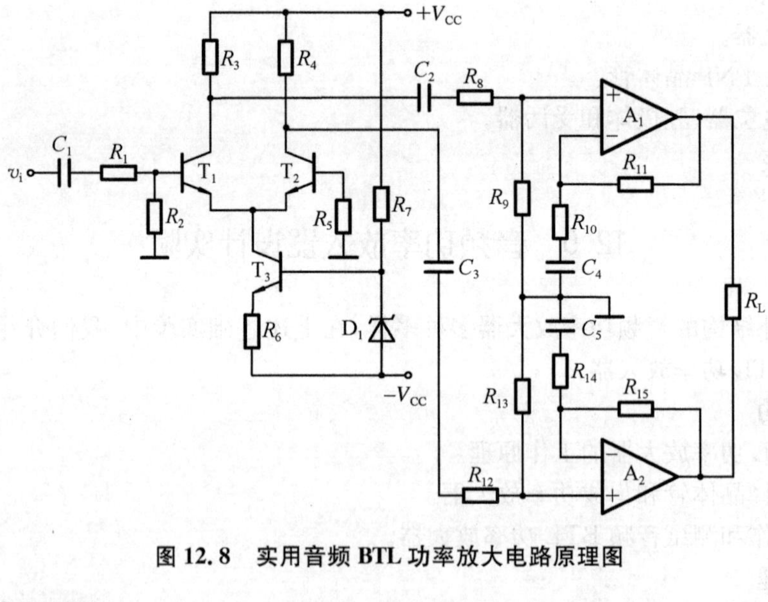

图 12.8 实用音频 BTL 功率放大电路原理图

12.5.3 实验内容和要求

（1）查阅晶体管、集成功率放大器的有关资料，了解其主要参数。

（2）要求输入信号为 0.01 V、1 kHz 的正弦波信号，负载(8)上可获得不低于 4 V 的 1 kHz 的正弦波信号。设计电路的元器件参数，利用 Multisim 对设计的电路进行仿真验证。

(3) 设计制作电路的PCB,安装焊接元器件。

(4) 对电路进行调试、实测。

12.5.4 实验材料

(1) 集成功率放大器。

(2) 双极型NPN晶体管、稳压管。

(3) 电阻、电容和扬声器。

(4) 实验仪器仪表。

12.6 简易电子琴设计实验

电子琴是一种键盘乐器,它的硬件电路采用大规模集成电路,以实现其各项功能,而简易电子琴侧重其基本功能,实现的电路形式很多,本节仅利用所学模拟电路知识,设计制作一种简易电子琴。

12.6.1 实验目的

(1) 根据电子琴的基本功能,采用模拟电路,实现一种简易电子琴。

(2) 学会设计制作简易电子琴的各功能模块。

12.6.2 实验原理

简易电子琴的基本功能就是通过键盘控制,使扬声器发出不同音阶的声音,而能够实现这个基本功能的途径很多,下面介绍两种实现的原理。

1. 原理1

通过键盘控制键控振荡电路,产生不同频率的振荡信号,再送入音频功率放大电路,使扬声器发声,原理框图如图12.9所示。

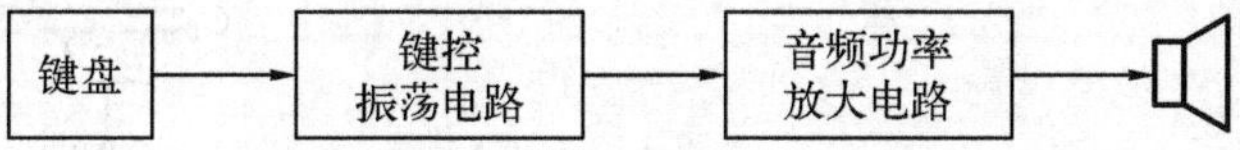

图12.9 原理1框图

键控振荡器参考电路如图12.10所示。可以看出,这是一个RC桥式振荡电路,其振荡频率为

$$f_0 = \frac{1}{2p\sqrt{R_9 C_1 R C_2}}$$

式中,$p=\pi$;R为R_1~R_8其中之一。分别设计R_1~R_8的值,可以使振荡器的中心频率等于音阶中各音的频率;通过调整R_{10}~R_{12}的值,可以改变电路的Q值,使振荡电路能够准确地输出所需频率的信号。

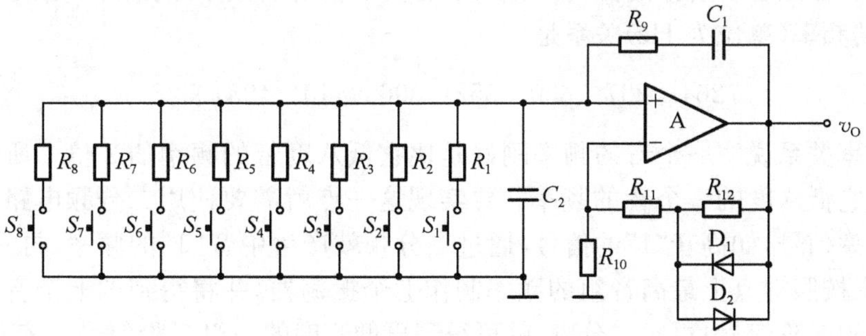

图12.10 键控振荡器电原理图

将键控振荡器的输出电压v_O送入音频功率放大器,即可使扬声器发声。

2. 原理2

简易电子琴的硬件电路可由振荡器、分频器、功率放大器和直流电源组成,其原理框图如图12.11所示。图中直流电源部分未画出。

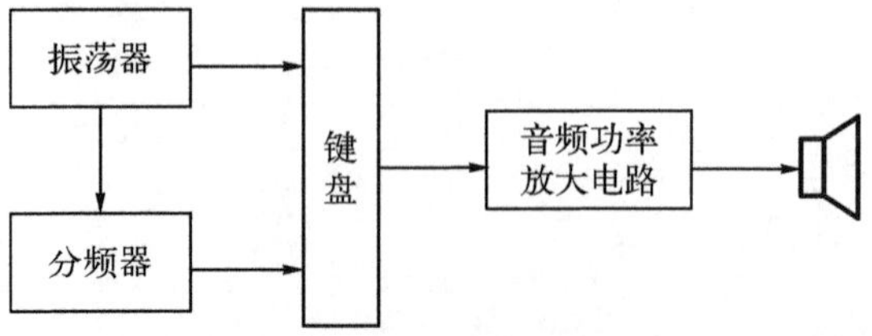

图 12.11 原理 2 框图

基本原理概括为：利用振荡器产生一定频率的方波信号，该信号通过分频器可得到不同频率的信号，然后送入音频功率放大器进行放大，并推动扬声器发声。电子琴的键盘实际是一些开关，按下键盘的一个键，相当于接通一个开关，只允许某一种频率的信号送入放大器，此时扬声器可发出一个音。这样，当按照一定的演奏规律按键时，便可以奏出美妙的音乐。直流电源为各部分电路供电。

下面介绍振荡器和分频器的工作原理。

(1) 方波振荡器：如图 12.12 所示，方波的频率为

$$f=\frac{1}{2RC\ln\left(1+\dfrac{2R_1}{R_2}\right)}$$

改变 RC 的值或 R_1/R_2 的值都能调整方波的频率，实际上，调整 R 较为方便，方波的幅度可通过选择 Dz 的稳压值来确定。这样，根据音阶中各音的频率，确定电路的元器件参数。

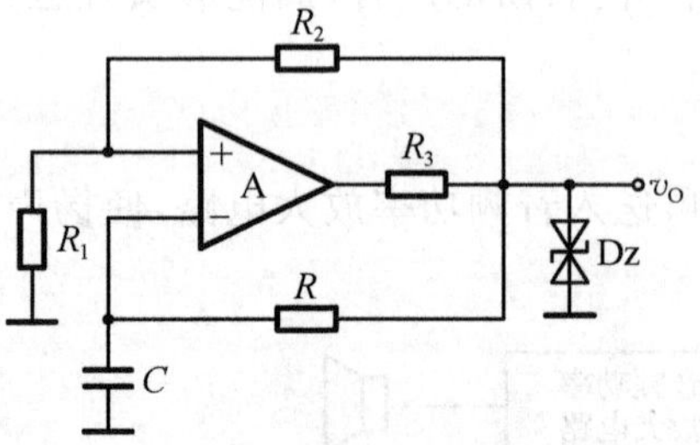

图 12.12 方波振荡器

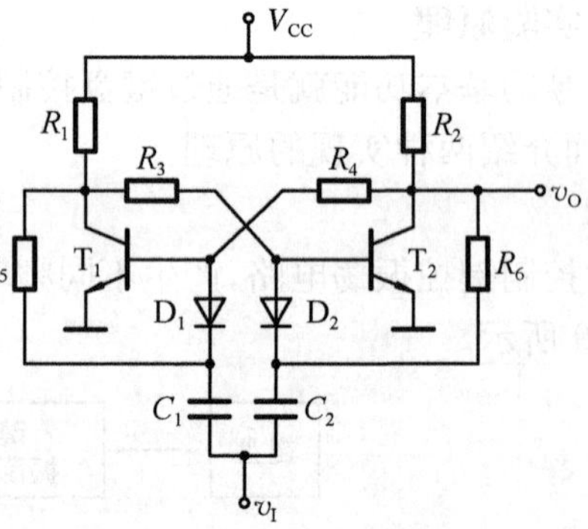

图 12.13 二分频器

(2) 二分频器：如图 12.13 所示，这是一个双稳态电路，可实现二分频。其工作原理：晶体管 T_1 导通、T_2 截止和 T_1 截止、T_2 导通是该电路的两种稳定状态。当在它的输入端加入一个信号脉冲时，它的状态就翻转一次，即由一种稳态迅速变成另一种稳态，再输入一个信号脉冲，它又会翻转一次，还原成起始的稳态。这样，在它的输入端加入两个信号脉冲时，在它的输出端就得到一个信号脉冲。也就是说，输出信号频率比输入信号频率低一半，故称其为二分频器。

电子琴使用二分频器是音阶规律的需要。音乐中的基本音阶的频率是按照一定规律排列的，以 C 调为例，音阶中各音之间的频率(单位为 Hz)关系是：

264　297　330　352　396　440　495　528

音阶中各音之间的频率关系说明一个音的频率刚好是比它低八度音的频率的 2 倍。所以，只要把一个音的频率除以 2 就得到比它低八度的一个音的频率。要实现这一点就需要使用二分频电路。这样，只要振荡器产生一个标准音的频率信号，如高音“1”的信号，通过二分频就产生中音“1”的频率，再一次二分频就产生低音“1”的频率了。如果按照键盘上最高音组的频率制作七个振荡器，并将得到的七个音阶信号分别二分频，便可得到低八度的一组音阶信号；再次二分频，就可得到再低八度的一组音阶信号。依此类推，最后，就能得到键盘上所有的音阶信号了。

12.6.3 实验内容和要求

(1) 查阅运算放大器的有关资料，了解其主要参数。

(2) 按照要求，设计电路的元器件参数，利用 Multisim 对设计的电路进行仿真验证。

(3) 设计制作电路的 PCB，安装焊接元器件。

(4) 对简易电子琴进行调试、实测。

12.6.4　实验材料

(1) 通用四运放。

(2) 集成功率放大器。

(3) 双极型 NPN 晶体管、稳压管、二极管。

(4) 电阻、电容、电位器和扬声器。

(5) 琴键键盘。

(6) 实验仪器仪表。

12.7　温度测量仪设计实验

基于集成温度传感器、集成运算放大器和数字电压表，可以设计一款简易数字显示温度测量仪。本节将通过资料查阅、电路设计、仿真验证、PCB 板设计、安装焊接和调试等环节，完成温度测量仪的制作。

12.7.1　实验目的

(1) 掌握集成温度传感器的工作原理。

(2) 学会查阅和选择集成运放。

(3) 学会设计、制作和测试温度测量仪。

12.7.2　实验原理

1. 集成温度传感器

温度传感器是利用物体的某种性质随温度变化而改变的特性制成的，常见的有双金属片、热敏电阻、热电偶和集成温度传感器等。而集成温度传感器由于具有线性度好、灵敏度高、精度适中、体积小和使用简便等特点，得到了广泛应用。根据集成温度传感器的输出形式可分为电压型和电流型，其中电流型温度传感器较适用于长线传输，用途较广，常见的典型产品有 AD590 和 LM134/334，其灵敏度为 1 μA/K。

2. 温度测量仪参考电路

图 12.14 是温度测量仪的电原理图。图中，R_1 取 227 Ω 时可获得 1 μA/K 的灵敏度，经取样电阻 R_2、R_3 转变为 1 mV/K 的电压输出，在 0～100℃范围内 $V_A = 2.73 \sim 3.73$ V，经 A_1 电压跟随器隔离缓冲后输出的 2.73～3.73 V，作用于 A_2 差分电路的反相端；由 A_4 提供的基准电压作用于其同相端。在 0℃时调节 R_{10}，使 A_2 的输出电压为零。A_3 为 10 倍反相放大器，在 100℃时调节 R_{13}，使 A_3 的输出电压为 10 V。最后输出的 0～10 V 电压至数字电压表来指示当前温度。

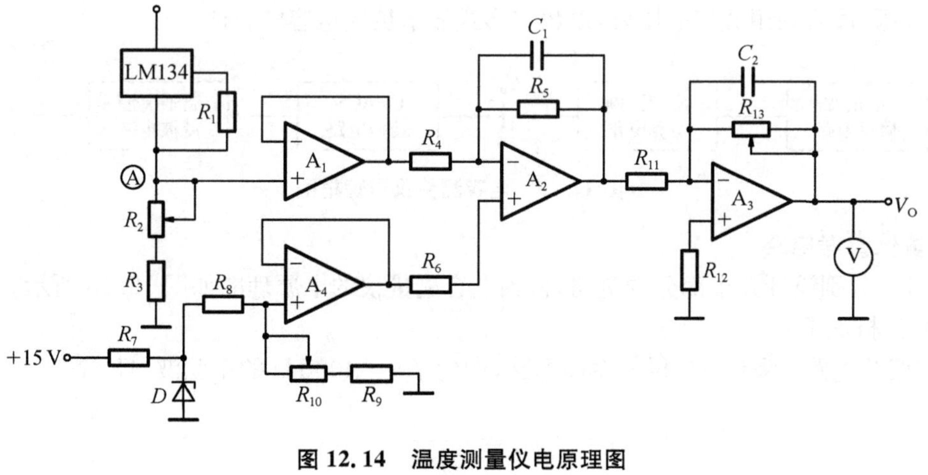

图 12.14　温度测量仪电原理图

3. 调试要点

(1) 在常温 25℃时，调节 R_2，使 $V_A = 2.98$ V。

(2) 将 LM334 置于冰水混合物中(注意 LM334 的绝缘),调节 R_{10},使 $V_O = 0\,V$。

(3) 将 LM334 置于沸水中(注意 LM334 的绝缘),调节 R_{13},使 $V_O = 10\,\text{V}$。

12.7.3 实验内容和要求

(1) 查阅温度传感器的有关资料,了解它们的工作原理,比较它们的优缺点。

(2) 查阅运算放大器的有关资料,了解其主要参数。

(3) 按照要求,设计电路的元器件参数,利用 Multisim 对设计的电路进行仿真验证。

(4) 设计制作电路的 PCB,安装焊接元器件。

(5) 对温度测量仪进行温度定标。

(6) 分析温度测量仪的测量误差。

12.7.4 实验材料

(1) 集成温度传感器。

(2) 通用四运放。

(3) 精密稳压管。

(4) 电阻、电容和电位器。

(5) 实验仪器仪表。

(6) 水银温度计(200℃)。

12.8 电容测量仪设计实验

从电容器容量的测量原理来看,可实现测量的电路结构多种多样,在这里我们介绍一种利用模拟电路功能模块来实现的电容器容量测量电路。本节将通过资料查阅、电路设计、仿真验证、PCB板设计、安装焊接和调试等环节,完成电容测量仪的制作。

12.8.1 实验目的

(1) 了解一种电容器容量测量的基本原理。

(2) 利用模拟电路功能模块,设计电容器容量测量电路。

(3) 通过仿真、PCB 板设计、安装焊接和调试等环节,完成电容测量仪的制作。

12.8.2 实验原理

1. 测量原理

电容测量仪的原理框图如图 12.15 所示。其原理概括为:将频率为 f_0 的正弦波电压作用于被测电容 C_x,通过 C/ACV 转换电路,将 C_x 转换为交流电压信号,再经带通滤波器滤去干扰频率,从而输出幅值正比于 C_x 的 f_0 正弦波电压,最后利用数字电压表,以数字形式显示被测电容的容值。

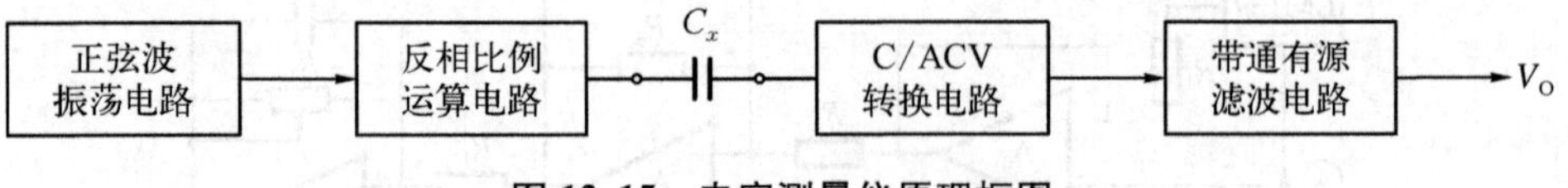

图 12.15 电容测量仪原理框图

2. 电容测量仪参考电路

根据图 12.15,分别设计几个部分的电路,得到电容测量仪的电原理图如图 12.16 所示。

各部分电路分析如下。

(1) 正弦波振荡电路:采用 RC 桥式振荡电路,产生 $f_0 = 400\,\text{Hz}$ 的正弦波,且

$$f_0 = \frac{1}{2pRC}$$

式中,$p = \pi$,这里取 $R = R_1 = R_2$,$C = C_1 = C_2$。

(2) 反相比例运算电路:为了隔离振荡电路与被测电容,这里设置了由 A_2、$R_6 \sim R_8$ 组成的反相比例运

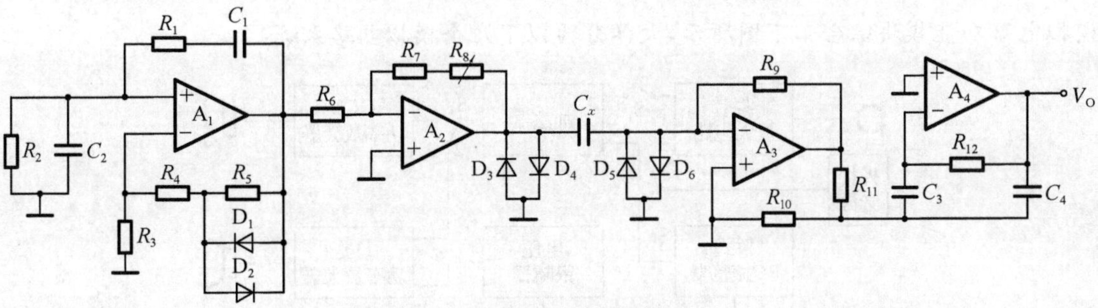

图 12.16　电容测量仪电原理图

算电路起到缓冲作用，同时，通过调整 R_8 可以改变比例系数，起校准作用。对 A_2 来说，有

$$A_{v2}=-\frac{R_7+R_8}{R_6}$$

(3) C/ACV 转换电路：由 A_3 组成 C/ACV 转换电路，其转换系数为

$$A_{v3}=-\frac{R_9}{1/jw_0C_x}=-j2pf_0R_9C_x$$

故 A_3 输出电压的有效值 $V_{O3}=2pf_0R_9C_xV_{O2}$，式中 $p=\pi$，V_{O2} 是 A_2 输出电压的有效值。可见，当频率为 f_0 的正弦波电压幅度一定时，V_{O2} 也是定值，对于一定范围的 C_x，选定 R_9，则 V_{O3} 与 C_x 成正比。

二极管 D_3～D_6 起限幅作用，以保护运放安全工作。

(4) 带通有源滤波电路：带通有源滤波电路用以滤除非线性失真引起的谐波频率，由 A_4 等元器件组成，其中心频率为

$$f_0=\frac{1}{2p}\sqrt{\frac{1}{R_{12}C_3C_4}\left[\frac{1}{R_{10}}+\frac{1}{R_{11}}\right]}$$

式中，$p=\pi$，其输出电压是与被测电容容量成正比的 400 Hz 交流信号。

12.8.3　实验内容和要求

(1) 查阅运算放大器的有关资料，了解其主要参数。

(2) 按照要求，设计电路的元器件参数，利用 Multisim 对设计的电路进行仿真验证。

(3) 设计制作电路的 PCB，安装焊接元器件。

(4) 对电容测量仪进行调试、实测。

(5) 分析电容测量仪的测量误差。

12.8.4　实验材料

(1) 运算放大器。

(2) 普通二极管。

(3) 电阻、电容和电位器。

(4) 实验仪器仪表。

(5) 被测电容器。

模拟电路实验综合提高

本篇的前面章节对模拟电路中几个功能模块的实验，从而对它们的电路结构、工作原理、基本功能、主要参数等有进一步的了解，在此基础上，可以将各部分功能模块连在一起，构成较大的具有某种功能的模拟电路系统，这不仅加深了对这些功能模块的理解，而且对如何构成一个电子系统，以及功能模块之间怎样连接等问题是很好的实例训练，将为我们今后学习打下模拟电路基础。

模拟电路功能模块综合如下图所示，大体分为以下几个模拟电路系统：

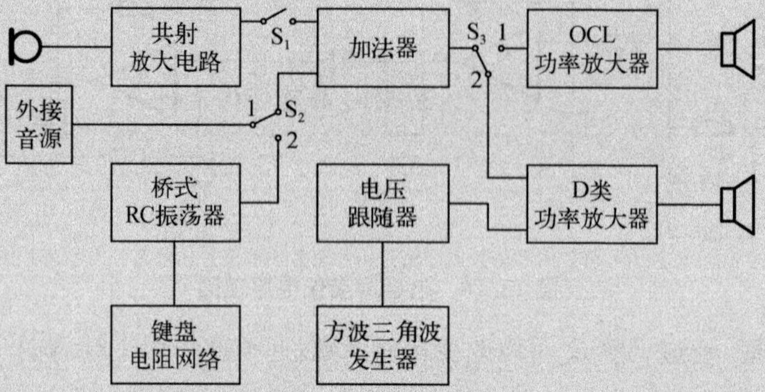

模拟电路功能模块综合

(1) 当S_1闭合、S_2、S_3均处于“1”位置时，可构成具有卡拉OK功能的OCL音频功率放大器。其中共射放大电路完成驻极体信号的前置放大，然后与外接音源同时送入加法器，完成两路音频信号的混合，最后送入OCL功率放大器，完成对扬声器的功率输出。

如果不接外接音源，则电路只完成驻极体信号的功率输出，即为扩音器。

(2) 当S_1闭合、S_2处于“1”位置、S_3处于“2”位置时，可构成具有卡拉OK功能的D类音频功率放大器。其中方波三角波发生器通过电压跟随器为D类功率放大器提供三角波载频信号，这里的电压跟随器起隔离缓冲作用。同时由加法器输出音频信号，也送入D类功率放大器，这样就完成了音频信号的D类功率放大。

(3) 当S_1断开、S_2处于“2”位置、S_3处于“1”或“2”位置时，可构成具有一定功率输出的简易电子琴。其中桥式RC振荡器与键盘电阻网络构成简易电子琴，将其音频送入加法器放大后，最后由OCL功率放大器或D类功率放大器完成功率输出。

如果S_1闭合，即可实现电子琴伴奏了。

至此，我们完成了模拟电路功能模块及其综合共计六章的实验内容，我们从一个门外汉不经意间变成了一个电子琴制作者。

也为进一步的模拟电路设计型实验打下了基础。在第二篇的第12章主要是设计性实验，通过8个应用实例，尝试了模拟电路的实战训练。

第三篇

数字电路实验

本篇结合数字电路实验电路板，从数字电路基础知识和概念验证开始，对数字电路 8 大函数的功能和方法逐一实现和领悟，串起来得到了“简易药品包装生产线控制器”，到专业方法训练，再到专业能力提升。专业基础知识概念验证穿插于理论教学，专业方法训练于理论教学完成之后，而专业能力训练则让学生在综合电路实验制作中充分发挥自己的设计能力，自己体会用数字电路解决实际工程问题的思路和方法。

数字电路实验建议：

数字电路的实验分为四个层次，第一层是专业基础知识概念验证，具体安排如下：第13章，13.2节"TTL门电路外部特性的研究实验"、13.3节"CMOS集成电路外部特性的研究实验"；第14章，14.2节"基本门电路组合实现逻辑功能的实验"、14.3节"通用逻辑门电路实现逻辑功能的实验"中验证部分，14.4节"加法器的研究实验"中的验证部分、14.5节"比较器的研究实验"中的验证部分、14.6节"编码器的研究实验"中的验证部分、14.7节"译码器的研究实验"中的验证部分和14.8节"数据选择器的研究实验"中的验证部分；第15章15.2节"多谐振荡器与脉冲产生电路的实验研究"；第16章16.2节"锁存器构成和触发器特性研究实验"、16.3节"同步时序电路分析验证实验"、16.4节"时序电路设计验证实验"中JK触发器构造计数器部分、16.5节中74LS160功能验证部分、16.6节"移位寄存器应用研究"中扫描键盘部分。这部分实验是穿插于理论教学的，一边教授理论课一边焊接数字电路实验电路板、做实验，实验完成后一个"简易药品包装生产线控制器"就完成了，这就是所谓的"引领式教学"。

第二个层次是专业方法训练，包含第13章，13.3节"OC门和OD门特性研究实验"；第14章，14.3节"通用逻辑门电路实现逻辑功能的实验"中设计实验部分，14.4节"加法器的研究实验"中的设计实验部分、14.5节"比较器的研究实验"中的设计实验部分、14.6节"编码器的研究实验"中的设计实验部分、14.7节"译码器的研究实验"中的设计实验部分和14.8节"数据选择器的研究实验"中的设计实验部分、14.9节"代码转换函数的研究实验"中用3种不同的方法实现同一逻辑功能；第15章15.4节"高精度秒脉冲发生器的实验研究"和15.5节"波形调整实验研究"；第16章16.4节"时序电路设计验证实验"中D触发器构造序列检测器部分、16.5节中利用74LS160进行逻辑设计部分、16.6节"移位寄存器应用研究"中序列发生器设计部分。这部分实验是理论教学完成后的实验，是数学工具(真值表、布尔表达式和状态方程推导)与本专业的概念和原理结合在一起，形成的独特的数字逻辑方法训练。这部分实验也可以在数字电路实验电路板上完成。

第三层是专业能力训练，选取一个有一定实用功能的应用目标，完全由数字电路8大函数和模拟电路(含晶体管、运算放大器)实现，让学生充分发挥自己的设计能力。具体包括第16章，16.7节"有限状态机方法与编程实现"、第17章"数字电路综合设计"、第四篇"数模综合运用实验"。这部分实验也可以在数字电路实验电路板基础上外加面包板完成。

第四层是专业思维提炼，在第四篇"数模综合运用实验"实践过程中认真思考和提高，把数字逻辑专业方法拓展到非电路设计领域。这部分实验也可以结合数字电路实验电路板、模拟电路实验板，再外加面包板完成。

第 13 章　基本门电路外部特性的实验研究

门电路把抽象的"0"和"1"具体化了，通过实验理解数字电路上的"0"和"1"，也在布尔代数和数字电路之间架起了桥梁。

13.1　基础 TTL 与非门电路

标准 74 系列 TTL 与非门电路如图 13.1 所示。

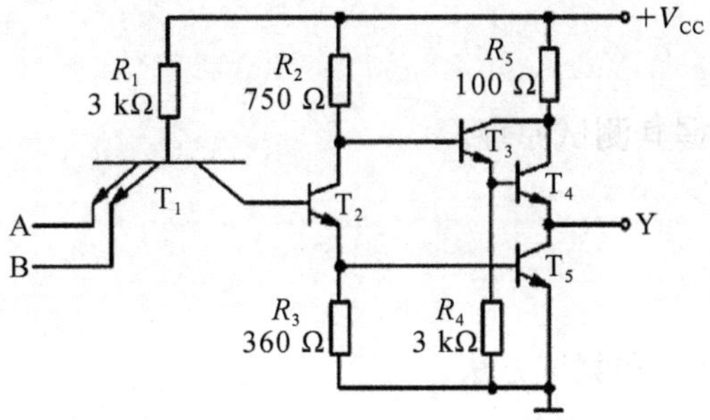

图 13.1　标准 TTL 与非门电路图

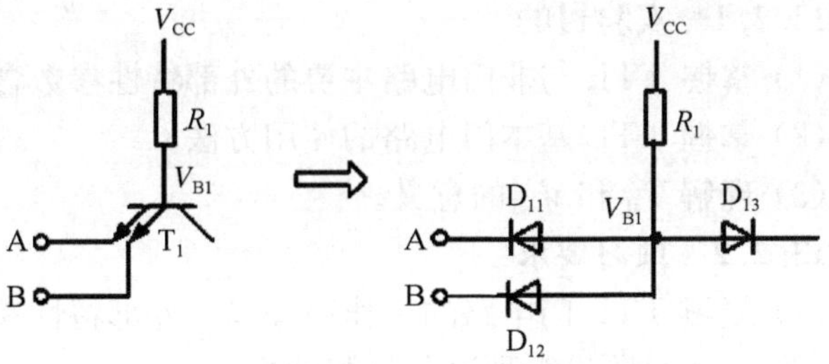

图 13.2　多发射极三极管等效电路

工作原理如下：

(1) 多发射极三极管 T_1完成了逻辑"与"的功能。T_1的等效电路如图 13.2 所示。

(2) 当输入端 A、B 中至少有一个为低电平 ($V_{IL}=0.3\,V$) 时，T_1的基极和该发射极之间便导通，所以 T_1的基极电位为

$$V_{B1}=V_{IL}+V_{BE1}=0.3+0.7=1\,V$$

T_2基极的反向电流就是 T_1的集电极电流，其值极小，因此 T_1处于深饱和状态，集电极和发射极之间的导通压降为 0.1 V，由此可以得到

$$V_{C1}=V_{IL}+V_{CES1}=0.3+0.1=0.4\,V$$

因为 $V_{C1}=0.4\,V$，所以 T_2、T_5均为截止，V_{CC}经 R_2使得 T_3、T_4导通。基极和发射极间的导通压降为 0.7 V，所以空载时的输出电压 V_{OH}为

$$V_{OH}\approx V_{CC}-V_{BE3}-V_{BE4}=5-0.7-0.7=3.6\,V$$

(3) 当输入电平 A、B 均为高电平 ($V_{IH}=3.6\,V$) 时，T_1的基极电位足以使得 T_2、T_5的发射极导通。V_{BE1}的电位被钳制在 2.1 V，这时 T_1的发射极处于反向偏置，集电极处于正向偏置，此时 T_1的状态称为倒置放大。倒置放大时，其 β值很小，所以此时有

$$I_{B2} = I_{B1}(1+\beta_{反}) \approx I_{B1} \approx \frac{V_{CC}-V_{B1}}{R_1} = \frac{5-2.1}{3} = 0.97\ \text{mA}$$

$$I_{C2} = \frac{V_{CC}-V_{CE2}-V_{BE5}}{R_2} = \frac{5-0.3-0.7}{0.75} \approx 5.3\ \text{mA}$$

由 I_{B2} 和 I_{C2} 之间的关系可以求出 T_2 的 β 值，只要大于 5β，就可以使得 T_2 处于深饱和状态。此时，T_3 的基极电位为

$$V_{B3} = V_{C2} = V_{CE2} + V_{BE5} = 0.3 + 0.7 = 1\ \text{V}$$

由于 T_3 的基极电位是 1 V，从而使得 T_3 导通，这时 T_4 的基极电位为

$$V_{B4} = V_{E3} = V_{B3} - V_{VE3} = 1 - 0.7 = 0.3\ \text{V}$$

因此 T_4 截止。T_5 由于 T_2 能够提供足够的基极电流，处于深饱和状态，因此输出电压 V_O 为低电平，其值为 $V_{CE5} \approx 0.3$ V。

13.2 TTL门电路外部特性的研究实验

在实际的数字系统中，所使用的集成电路外部特性并不是理想的。基本的集成逻辑门电路也同样会受到各种外部特性的限制。本实验主要是研究和测试常见的 74 系列门电路的主要外部特性：电压传输特性、输入负载特性、输出特性。

13.2.1 实验目的

(1) 掌握 TTL 与非门电路主要的外部特性参数含义，掌握其测试原理。

(2) 掌握 TTL 基本门电路的使用方法。

(3) 理解 V_{IL} 和 V_{IH} 的意义。

13.2.2 预习要求

(1) 复习 TTL 门电路的工作原理以及外部特性参数的定义和测试方法。

(2) 对实验题进行理论分析和计算。

(3) 学习 74LS00 参数手册，并列出待实验芯片的参数值。

(4) 查看实验电路板 U_{15} 有关区域，设计实验连线图。

13.2.3 实验原理

1. 电压传输特性

电压传输特性是研究输出电压 V_O 对输入电压 V_I 变化的响应。通过研究门电路的电压传输特性，还可以从曲线中直接读出几个门电路的重要参数。

(1) 阀值电压 V_T：指传输特性曲线的转折区所对应的输入电压，也称门槛电压。V_T 是决定与非门电路工作状态的关键值。如果与非门电路所有输入端接 V_I，当 $V_I > V_T$ 时，门输出低电平 V_{OL}；当 $V_I < V_T$ 时，门输出高电平 V_{OH}。

(2) 关门电压 V_{OFF}：在保证输出为额定高电平的 90%条件下，允许的最大输入低电平值。

(3) 开门电压 V_{ON}：在保证输出为额定低电平时，所允许的最小输入高电平值。

(4) 低电平噪声容限 V_{NL}：在保证输出高电平不低于额定值的 90%前提下，允许叠加在输入低电平的噪声，$V_{NL} = V_{OFF} - V_{IL}$。

(5) 高电平噪声容限 V_{NH}：在保证输出低电平的前提下，允许叠加在输入高电平的噪声，$V_{NH} = V_{IH} - V_{ON}$。噪声容限是用来说明门电路抗干扰能力的参数，噪声容限越大，则抗干扰能力越强。

电压传输特性曲线测试电路如图 13.3 所示。图中输入电压 V_I 变化范围为 0～4.6 V，输出端接直流电压表。调节 10 kΩ 的可变电阻 R_W 改变输入电压 V_I，即可得到相应的 V_O。测试时可用示波器 $X-Y$ 方式直接测试出特性曲线，也可以采用逐点测试法，在方格纸上描绘出曲线。逐点测试 V_I 及 V_O，描绘成曲线。测得

的 $V_O = f(V_I)$ 的曲线如图 13.4 所示，由图可知：

(1) ab 段为截止区，输入电压 $V_I < 0.6$ V，与之相对应的输出电压 $V_O = 3.6$ V，V_O的逻辑表现为“1”。

(2) bc 段为线性区，输入电压在 0.6 V $< V_I <$ 1.3 V，对应 V_O的输出线性下降，V_O的逻辑不能确定。

(3) cd 段为转折区，转折区中间位置对应的输入电压称为阈值电压 V_T，V_T的典型值通常为 1.4 V。

(4) de 段为饱和区，输入电压 $V_I > V_T$。

在常规的使用中，应该避免输入电压在 0.6～1.3 V，以造成输出逻辑的不确定。

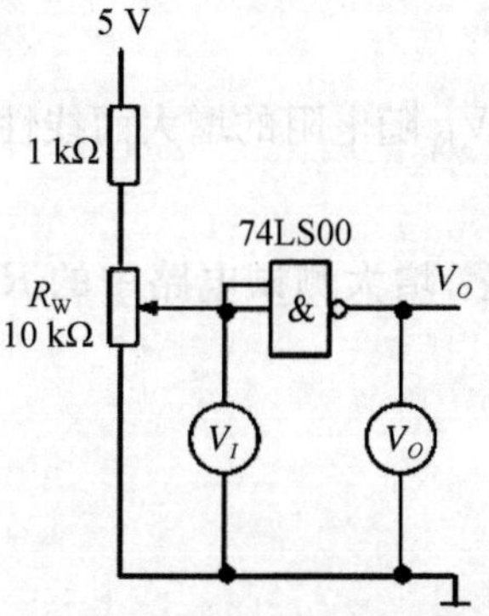

图 13.3　电压传输特性曲线测试电路图

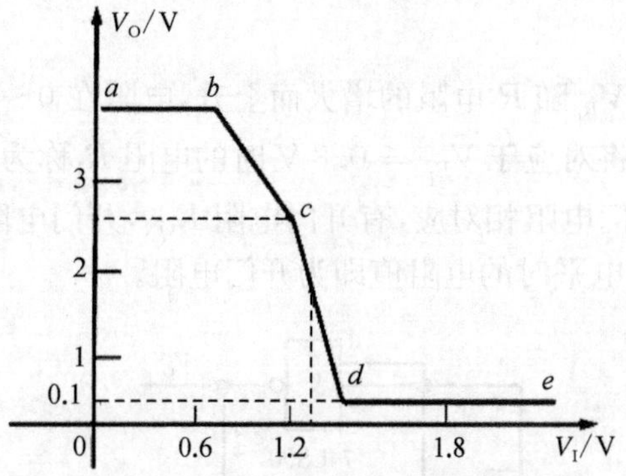

图 13.4　电压传输特性曲线

2. 输入负载特性

输入负载特性是研究门电路输入端的负载电阻和电压之间的关系，如图 13.5 所示。在设计数字电路的过程中，经常会有某个与非门的输入端通过一个电阻接地。在正常情况下，输入端 V_I的值低电平时为 $V_{ILmax} < 0.8$ V，高电平时为 $V_{IHmin} >$ 2.0 V。如果输入端的负载电阻 R_L使得 V_I的值超过正常的范围，门电路将会进入不稳定的工作状态。

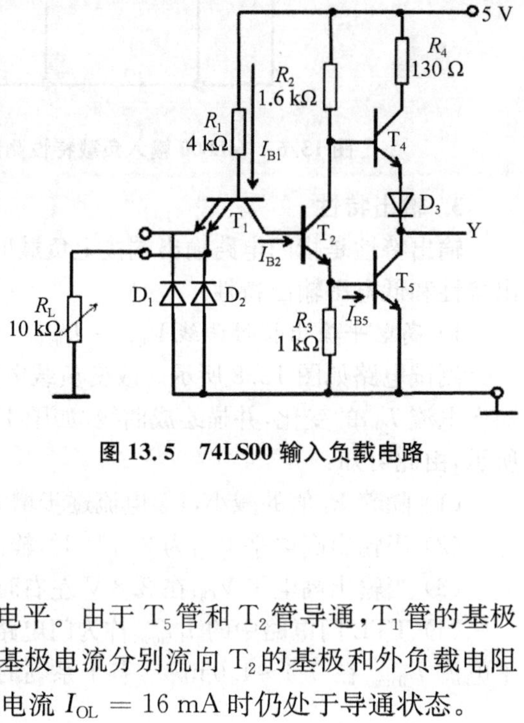

图 13.5　74LS00 输入负载电路

1) 输入端为低电平

由图 13.5 可知，为使稳定地输出高电平，输入端电平 $V_{ILmax} < 0.8$ V，则 R_L的值可由下式求出

$$\frac{V_{CC} - V_{BE1}}{R_1 + R_L} \cdot R_L \leqslant V_{ILmax}$$

解得 $R_L \leqslant 0.91$ kΩ。

2) 输入端为高电平

当输入为高电平时，T_5管和 T_2管处于饱和导通状态，输出低电平。由于 T_5管和 T_2管导通，T_1管的基极电位被钳位在 2.1 V 左右，V_I的值被钳位在 1.4 V 左右。T_1管的基极电流分别流向 T_2的基极和外负载电阻 R_L。流向 T_2基极的电流主要是提供给 T_5管，使得 T_5管在最大灌电流 $I_{OL} = 16$ mA 时仍处于导通状态。

设电路内部三极管的 $\beta \geqslant 10$，则 T_5的基极驱动电流应为

$$I_{b5} \geqslant \frac{I_{c4}}{\beta_4} = \frac{16\ \text{mA}}{10} = 1.6\ \text{mA}$$

T_2的发射极电流为

$$I_{e2} \geqslant \frac{V_{e2}}{R_3} + I_{b5} = \frac{0.7\ \text{V}}{1\ \text{k}\Omega} + 1.6\ \text{mA} = 2.3\ \text{mA}$$

T_2的基极驱动电流为

$$I_{b2} \geqslant \frac{I_{e2}}{1+\beta_2} \approx 0.21\ \mathrm{mA}$$

因此可以得出

$$R_I \geqslant \frac{1.4\ \mathrm{V}}{I_{b1}-I_{b2}} = \frac{1.4\ \mathrm{V}}{0.725\ \mathrm{mA}-0.21\ \mathrm{mA}} \approx 2.7\ \mathrm{k\Omega}$$

测试电路如图 13.6 所示。调节 10 kΩ 的可变电阻 R_I，测得 74LS00 门电路的 $V_{R_I} = f(R_I)$ 的曲线，如图 13.7 所示。

(1) 电压 V_{R_I} 随 R_I 电阻的增大而上升，电阻在 0～1 K 时，电压 V_{R_I} 随电阻的增大而线性上升。

(2) 通常将对应于 $V_{R_I} = 0.8$ V 时的电阻 R_I 称为关门电阻。

(3) 与关门电阻相对应，有开门电阻 R_{ON}，开门电阻测量方法是：增大测试电路中的 R_I 的阻值，当 V_O 从高电平跳为低电平时的电阻值即为开门电阻。

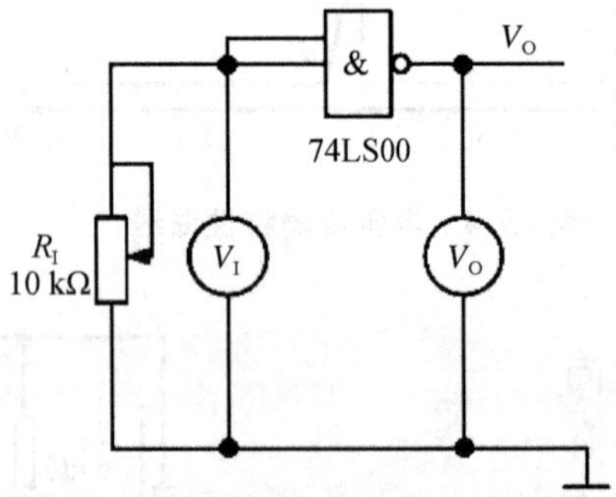

图 13.6 74LS00 输入负载特性测试电路

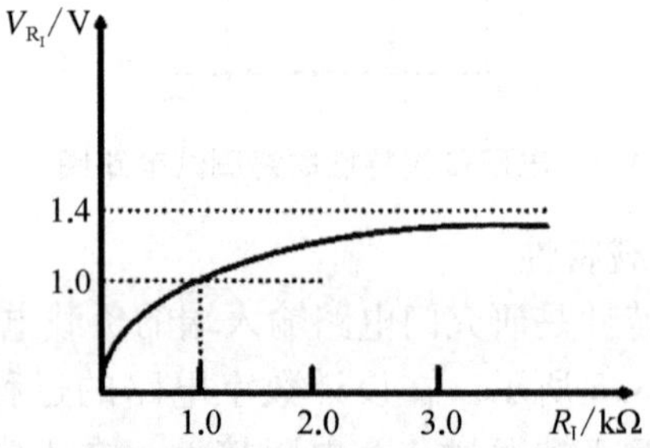

图 13.7 输入负载特性曲线

3. 输出特性

输出特性是指门电路输出端接上负载时，输出电流和输出电压的关系。输出特性又可以分为高电平输出特性和低电平输出特性。

1) 高电平输出特性曲线 $V_{OH} - I_{OH}$

测试电路如图 13.8 所示。改变负载电阻 R_L，输出端电流 I_{OH} 将随之改变。通过改变负载电阻 R_L，观察输出电流 I_{OH} 的变化，并描绘成曲线，如图 13.9 所示。74LS00 集成片测得的高电平输出特性曲线如图 13.9 所示，由此可知：

(1) 随着 R_L 值的减小，I_{OH} 电流逐步增大，输出端电压 V_{OH} 也将下降。

(2) 当输出高电平 V_{OH} 为 3.6 V 时，输出端电流 I_{OH} 电流约为 6 mA。

(3) 当输出高电平 V_{OH} 在 2.8 V 左右时，输出端电流 I_{OH} 电流约为 11 mA。

(4) TTL 门电路中的 I_{OHmax} 称为门电路的拉电流。由于受集成门电路功耗的影响，在实际使用时，高电平电流 I_{OHmax} 在 0.4～1.0 mA。各个系列的 TTL 门电路的 I_{OHmax} 电流也各不相同。

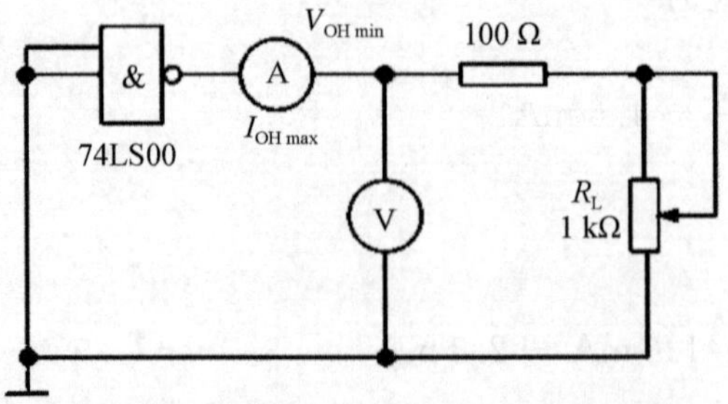

图 13.8 高电平输出特性曲线测试电路图

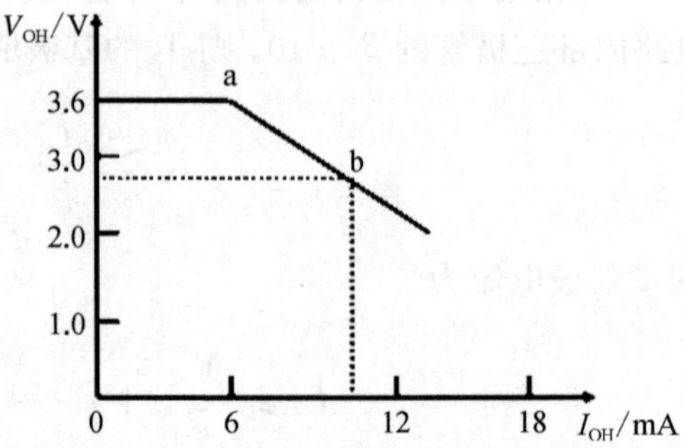

图 13.9 高电平输出特性曲线

2）低电平输出特性曲线 $V_{OL}-I_{OL}$

当门电路输出低电平时，仅考虑外负载对门电路的灌入电流。测试电路图 13.10 所示。74LS00 的低电平输出特性曲线如 13.11 所示，由图可知：

（1）当 I_{OL} 为 0 时，即输出端开路时，V_{OL} 通常为 0.1～0.3 V。

（2）V_{OL} 在一定范围内随着 I_{OL} 的上升而线性上升。

（3）当 I_{OL} 继续上升时，V_{OL} 会出现明显的上升。

TTL 门电路中的 I_{OL} 称为门电路的灌电流。74 系列的 I_{OL} 通常最大只有 8 mA。

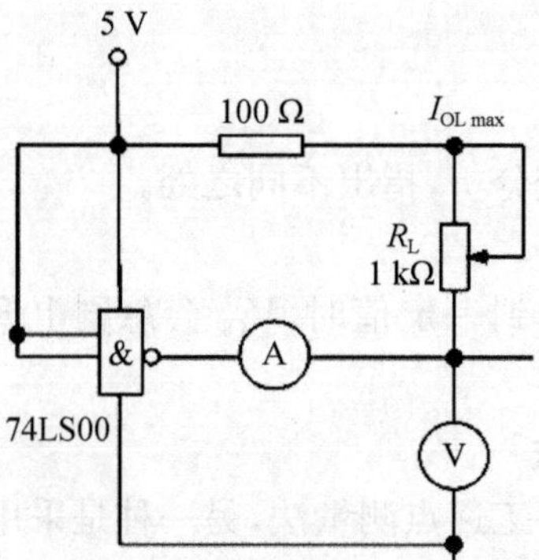

图 13.10　74LS00 低电平输出时特性曲线测试电路

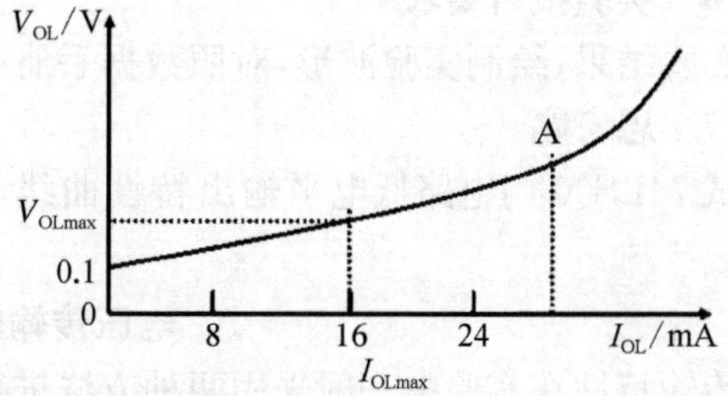

图 13.11　74LS00 低电平输出时的特性曲线

13.2.4　实验内容和方法

1. 电压传输特性曲线测试

按图 13.3 接好电路，接通电源，采用逐点测试法，将数据记录入表 13.1 中。并在毫米坐标纸上作出曲线图，标明曲线参数。

表 13.1　74LS00 电压传输特性数据记录表

V_I													
V_O													

2. 输入负载特性曲线实验

输入负载特性曲线是测量输入端接入不同接地电阻时，在输入端产生的不同直流电压值以及对应的输出电压值。按图 13.6 连线，采用逐点测量法，将数据记录入表 13.2 中，作曲线图，标明曲线参数。

表 13.2　74LS00 输入负载特性数据记录表

V_{R_I}													
R_I													

3. 高电平输出特性曲线测试

按图 13.8 接好电路，打开电源，采用逐点测试法，将数据记录入表 13.3 中，作曲线图，标明曲线参数。

表 13.3　74LS00 高电平输出特性数据记录表

V_{OH}													
I_{OH}													

4. 低电平输出特性曲线测试

按图 13.10 接好电路，打开电源，采用逐点测试法，将数据记录入表 13.4 中，作曲线图，标明曲线参数。

表 13.4 74LS00 低电平输出特性数据记录表

V_{OL}													
I_{OL}													

13.2.5 实验器材

(1) 实验电路板。

(2) 示波器 Agilent DSO-X 2012A。

(3) 台式万用表。

(4) 实验元器件 74LS00、电阻、电容等。

13.2.6 实验报告要求

记录实验结果，绘制实验波形，对照数据手册中的指标进行比较分析，指出不同之处。

13.2.7 思考题

在测试 74LS00 门电路低电平输出特性曲线 I_{OL} 时，当 I_{OL} 增大到一定值时，V_{OL} 会急剧上升，试分析其原理。

电压传输特性曲线测量方法

电压传输特性在实验中一般采用两种方法进行测量。一种是手工逐点测量法，另一种是采用示波器 $X-Y$ 方式进行直接观察。手工逐点测量法可以采用图 13.12 所示电路，改变输入端电压，把每次测量的数据记录在坐标纸上，所有的点连接起来就是电压传输特性曲线。

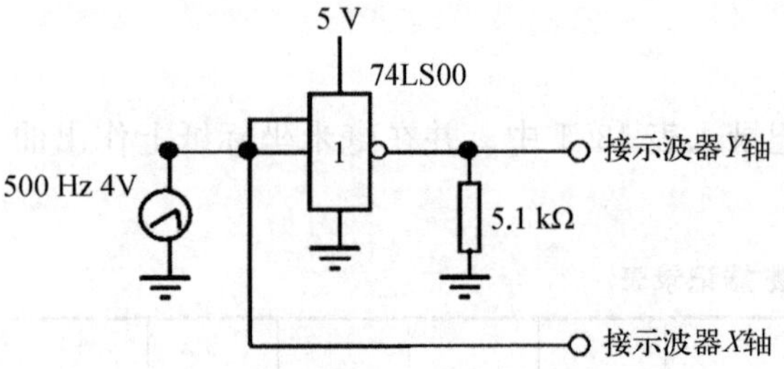

图 13.12 测试 74LS00 的电压传输特性曲线

我们也可以在示波器上利用示波器的 $X-Y$ 方式进行测量。利用示波器 $X-Y$ 图示仪的功能，能直观地观察完整的电压传输特性曲线。

在实验中需要注意的是：① 输入信号的电压要选择合适的值，一般与电路实际的输入动态范围相同，如果太大，除了会影响测量结果以外，还可能会损坏器件；如果太小，不能完全反映电路的传输特性。例如，TTL 电路应该根据其输入信号的动态范围选择电压最小值为 0，最大值为 5 V 的信号。② 输入信号的频率也要选择合适的值，频率太高会引起电路的各种高频效应，太低则使显示的波形闪烁，都会影响观察和读数，一般取 500～1 000 Hz 即可。③ 为了正确的读数，在测量前要先进行原点校准，把示波器设成 X-Y 方式，两个通道都接地，此时应该能看到一个光点，调节相应的位移旋钮，使光电处于坐标原点。④ 在测量时，一般将输入耦合方式设定为 DC，比较容易忽视的是，在 $X-Y$ 方式下，在 X 通道的耦合方式是通过触发耦合按钮来设定的，同样也要设成 DC。

13.3 CMOS 集成电路外部特性的研究实验

CMOS 集成电路由成对互补的场效应管构成，由于具有输入阻抗高、功耗低、抗干扰性能强、便于大规模集成等优点，而得到了广泛的应用。

13.3.1 实验目的

(1) 理解 CMOS 与非门电路主要的外部特性参数含义，掌握测试原理。

(2) 掌握 CMOS 基本门电路的使用方法。

13.3.2 预习要求

(1) 复习 CMOS 门电路的工作原理。

(2) 画出实验测试电路与数据记录表格。

(3) 学习 CD4069 参数手册。

(4) 查看实验电路板 U_{15} 有关区域，设计实验连线图。

13.3.3 实验原理

1. 场效应晶体管

场效应晶体管(field effect transistor, FET)是利用电场效应来控制半导体中电流运动的一种半导体器件。场效应管具有输入阻抗高、噪声低、功耗小、制造工艺简单和便于集成化等优点。

场效应晶体管有结型场效应晶体管和绝缘栅型场效应晶体管两大类。结型场效应晶体管可分为 N 沟道和 P 沟道两种,绝缘栅型场效应晶体管可分为增强型和耗尽型两种。根据所用半导体材料的不同,绝缘栅型场效应管又可分为 N 沟道场效应管和 P 沟道场效应管,分别简称为 NMOS 管和 PMOS 管。常用的 CMOS 门电路是由增强型 NMOS 管和增强型 PMOS 管构成,如图 13.13 和图 13.14 所示。

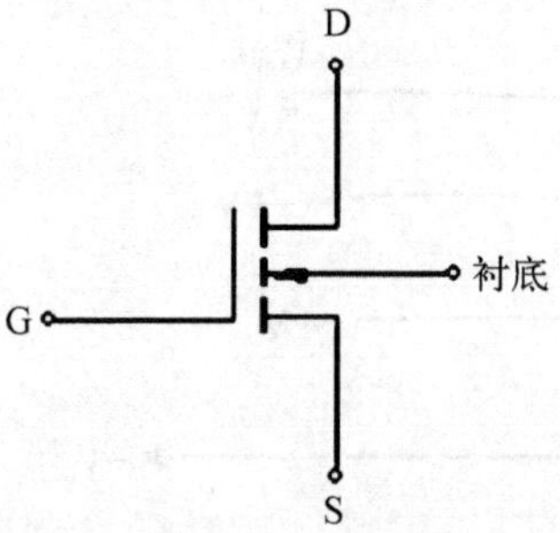

图 13.13 N 沟道增强型 MOS 管符号

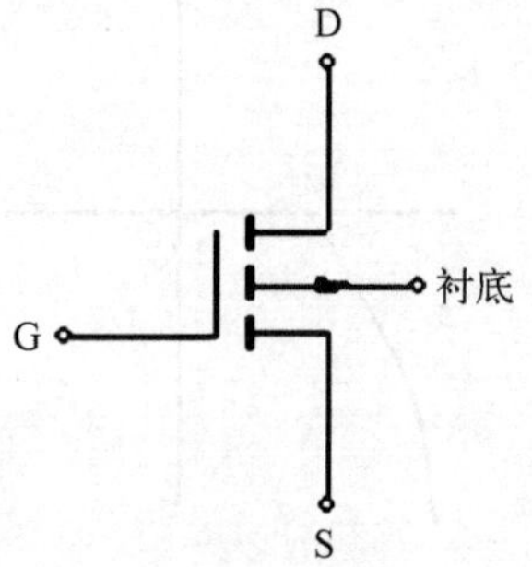

图 13.14 P 沟道增强型 MOS 管符号

1) N 沟道增强型 MOS 管特性

当 $V_{GS}=0\,V$ 时,漏极 D 与源极 S 之间的电阻 R_{DS} 非常大,可达到 $10^9 \sim 10^{15}\,\Omega$,当 V_{GS} 增加时,R_{DS} 减小,其电阻最小可达到 10 Ω 左右。因为栅极与漏源之间有一层 SiO_2 绝缘层,所以 MOS 管的栅极有非常高的输入阻抗,栅极几乎没有电流流过,因此可以把绝缘栅型场效应晶体管看成电压控制电流器件,如图 13.15 所示。

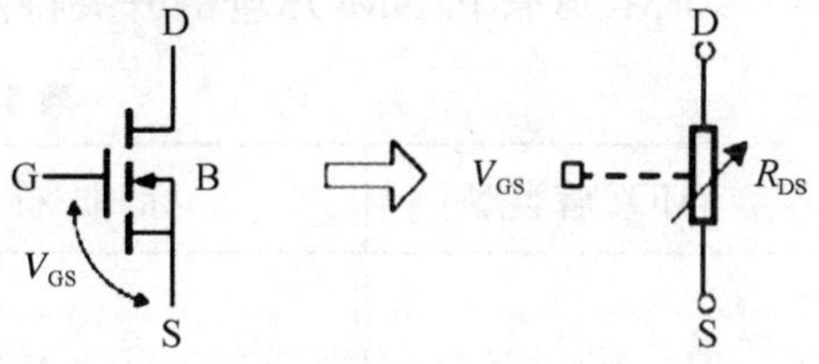

图 13.15 MOS 管的电压控制电阻模型

N 沟道增强型场效应管,可用转移特性、输出特性表示 I_D、V_{GS}、V_{DS} 之间的关系,如图 13.16 所示。所谓转移特性,就是输入电压 V_{GS} 对输出电流 I_D 的控制特性。从转移特性曲线中可以看出,当输入电压 $V_{GS}=0\,V$ 时,加在漏源极间的电压不会在漏极和源极间形成电流;只有当输入电压 V_{GS} 到达 V_T 时,漏源极间才会有电流。V_T 称为开启电压,显然,只有 $V_{GS}>V_T$ 时,电压 V_{GS} 才对漏源极间的电流有控制作用。随着 V_{GS} 的继续增加,漏源极间的电流也随之增加。

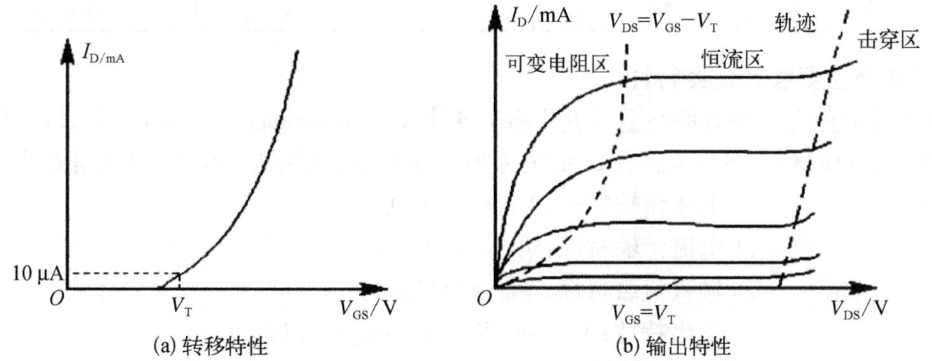

图 13.16 N 沟道增强型 MOS 管的特性曲线

输出特性表示在 V_{GS} 一定时,I_D 与 V_{DS} 之间的关系。输出特性曲线可分为 4 个区,即可变电阻区、恒流区、击穿区和截止区。

(1) 当栅源极的输入电压 $V_{GS}<V_T$ 时,$I_{DS}=0$,称为截止区。

(2) 当栅源极的输入电压 $V_{GS}>V_T$,并且 $V_{DS}<(V_{GS}-V_T)$ 时,流经漏极和源极的电流 I_{DS} 和漏源极间的

电压呈线性关系，称为可变电阻区。

(3) 当栅源极的输入电压 $V_{GS} > V_T$，并且 $V_{DS} \geqslant (V_{GS} - V_T)$ 时，流经漏极和源极的电流 I_{DS} 几乎不再变化，称为恒流区。

(4) 击穿区会导致晶体管损坏，避免在击穿区工作。

2) P 沟道增强型 MOS 管的特性曲线

P 沟道 MOS 管是 N 沟道 MOS 管的对偶型，正如双极型中 PNP 管是 NPN 管的对偶型一样。使用时，V_{GS} 和 V_{DS} 的极性与 N 沟道相反，增强型管的开启电压 V_T 是负值，如图 13.17 所示。

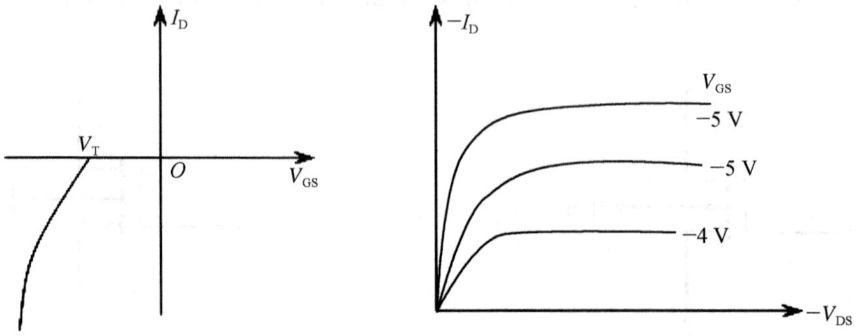

图 13.17 P 沟道增强型 MOS 管的特性曲线

PMOS 管和 NMOS 管的开关特性比较如表 13.5 所示。

表 13.5 PMOS 管和 NMOS 管的开关特性比较

MOS 管类型	标准符号	简化符号	开关特性
NMOS	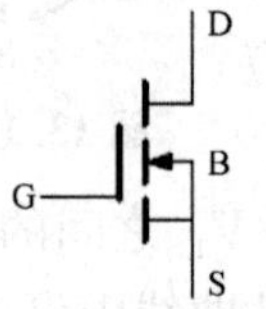	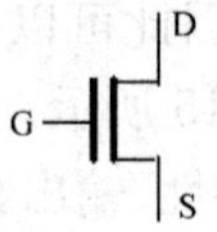	当 $v_{GS} > V_{TN}$ 时导通 当 $v_{GS} < V_{TN}$ 时截止
PMOS	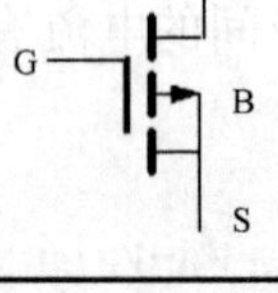	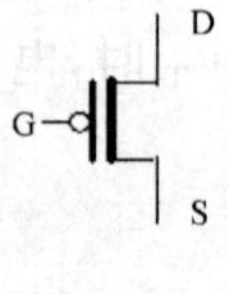	当 $\lvert v_{GS} \rvert > \lvert V_{TP} \rvert$ 时导通 当 $\lvert v_{GS} \rvert < \lvert V_{TP} \rvert$ 时截止

2. CMOS 门电路主要静态电器特性

CMOS 集成电路全称为互补对称型金属氧化物半导体(complementary symmetry metal-oxide semiconductor, CMOS)集成电路。常见的 CMOS 门电路有 CD4000 系列。CMOS 门电路通常涉及的主要静态特性有以下几点。

(1) 电压传输特性：$V_O = f(V_I)$。

(2) 电流传输特性：$I_O = f(I_I)$。

(3) 输入负载特性：$V_{RI} = f(R_I)$。

(4) 输出特性：$V_{OH} = f(I_{OH})$，$V_{OL} = f(I_{OL})$。

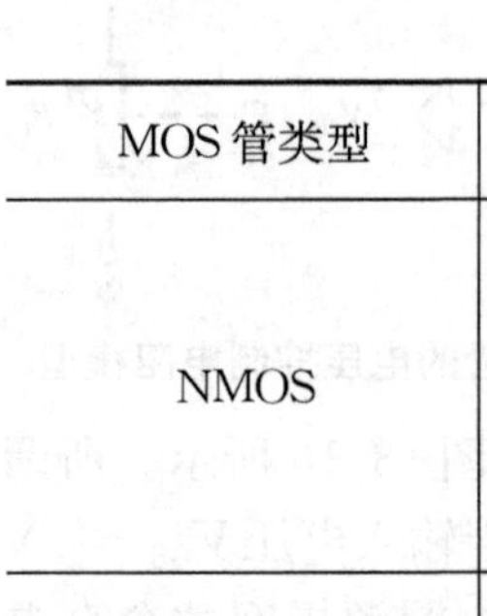

图 13.18 CMOS 反相器原理图

CMOS 反相器如图 13.18 所示，由一个 NMOS 管和一个 PMOS 管构成。N_1 为 NMOS 管，P_1 为 PMOS 管，两管的栅极相连构成门电路的输入端，两管的漏极相连构成门电路的输出端。为了使衬底和漏源极之间的 PN 结始终处于反偏，将 NMOS 管的衬底接到电路的最低电位，PMOS 管的衬底接到电路的最高电位。为了使门电路能正常工作，CMOS 反相器的电源电压 V_{DD} 必须满足 $V_{DD} > V_{TN} + V_{TP}$（V_{TN}、V_{TP} 分别为 NMOS 管和 PMOS 管的开启电压）。V_{DD} 的取值范围较大，一般在 3～18 V。

1) CMOS 反相器工作原理

(1) 当 $V_I = 0\ V$ 时,因为 N_1 管的栅源电压 $V_{GSN} = 0\ V < V_{TN}$,所以 N_1 管截止,而 P_1 管的栅源电压为 $|V_{DSP}| = V_{DD} > V_{TP}$,$P_1$ 管导通。此时,N_1 管相当于一只很大的电阻,P_1 管相当于一只很小的电阻,因此,输出电压 $V_O \approx V_{DD}$。

(2) 当 $V_I = V_{DD}$ 时,N_1 管的栅源电压 $V_{GSN} = V_{DD}$,N_1 管导通,P_1 管的栅源电压 $V_{GSP} = 0\ V$,P_1 管截止。此时,P_1 管相当于一个很大的电阻,N_1 管相当于一个很小的电阻,因此,输出电压 $V_O \approx 0\ V$。

从以上分析可知,当 CMOS 反相器输入电压为低电平时,输出电压为高电平;当输入电压为高电平时,输出电压为低电平,实现了反相的逻辑功能。

2) CMOS 反相器电压传输特性

测试电路用如图 13.19 所示。设 CMOS 反相器的电源电压 $V_{DD} = 5\ V$,N_1 管开启电压 V_{TN} 为 1.5 V,P_1 管开启电压 V_{TP} 为 −1.5 V,则可以得到如图 13.20 所示的电压传输特性曲线。

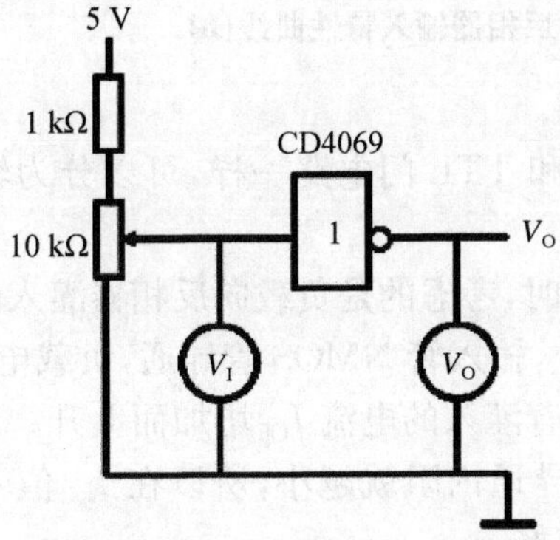

图 13.19　电压传输特性测试电路

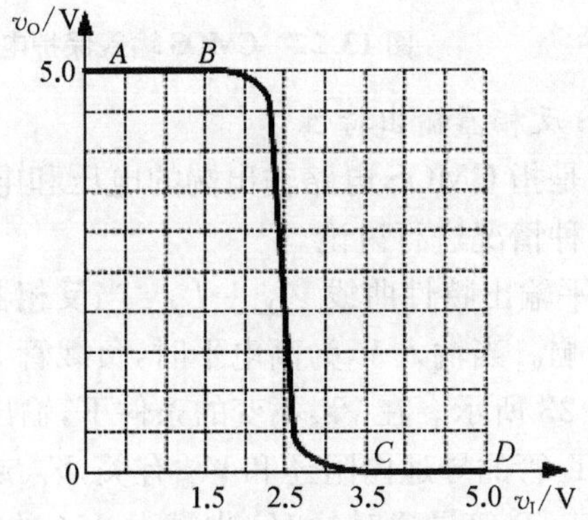

图 13.20　电压传输特性曲线

3) CMOS 反相器电流传输特性

电流传输特性是研究漏极电流 I_D 随输入电压 V_I 变化的规律。对电流传输特性的分析可知,当 CMOS 反相器的输入电压由低电平向高电平或由高电平向低电平变化时,PMOS 管和 NMOS 管会有一个处于同时导通的状态,由于导通电阻较小,在电源和地之间会产生一个较大的电流。反相器电源电流和输入电压的关系如图 13.21 所示。

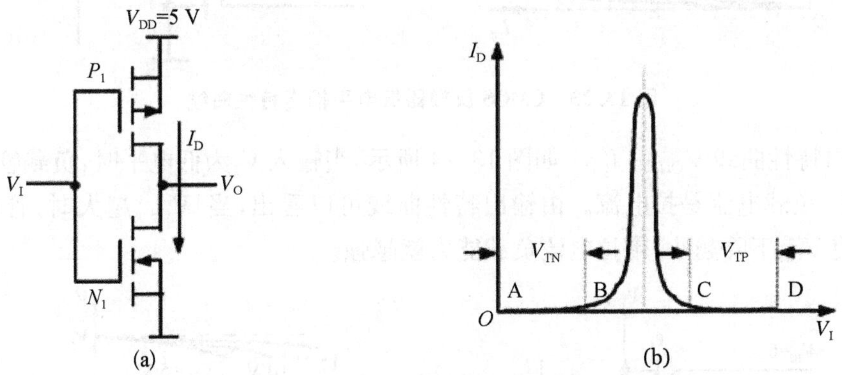

图 13.21　CMOS 反相器电流传输特性曲线

当输入电压 $V_I = V_{DD}/2$ 时,N 管和 P 管同时导通的状态,电流流经 N 管和 P 管,此时的电流 I_D 最大,该电流成为动态尖峰电流。电流传输特性曲线表明,CMOS 反相器在稳定状态下电路的功耗近似为 0,在高低电平转换的过程中,动态功耗远大于静态功耗,且随信号频率的上升而增加。

4) CMOS 反相器电流输入特性

为了保护栅极和衬底之间的栅氧化层不被击穿,CMOS 输入端都加有保护电路,如图 13.22(a)所示。

如果在输入信号上叠加了正向干扰信号其幅度为$V_I > V_{DD}+V_D$的值，保护二极管D_1和D_2就导通，使V_I被钳位在$V_{DD}+V_D$的值上；反之，负向干扰被钳位在$-V_D$上。加入了保护电路后，CMOS 反相器的输入特性如图 13.22(b) 所示。

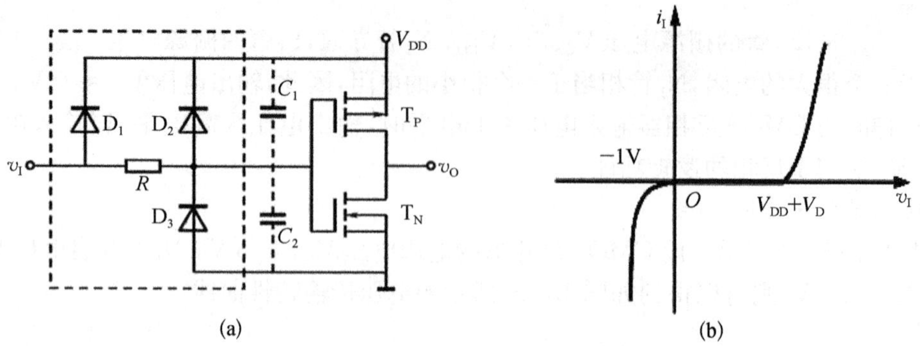

图 13.22 CMOS 输入保护电路(a)和 CMOS 反相器输入特性曲线(b)

5）CMOS 反相器输出特性

输出特性是指 CMOS 电路输出端的电压和电流的关系。和 TTL 门电路一样，可以分为输出高电平和输出低电平两种情况进行讨论。

(1) 低电平输出特性曲线$V_{OL}-I_{OL}$：当反相器输出高电平时，考虑的是负载向反相器灌入的电流对输出端低电平的影响。当输入V_I为高电平时，负载管 PMOS 管截止，输入管 NMOS 管导通，负载电流I_{OL}灌入输入管，如图 13.23 所示。在V_{GS}不变的条件下，输出端的电位随着灌入的电流I_{OL}增加而上升。从曲线上还可以看出，由于T_2管的导通内阻还和V_{GS}有关，V_{GS}越大，T_2管的导通内阻就越小，所以在I_{OL}值不变的情况下V_{DD}的取值越高，T_2管导通时的V_{GS}也越大，V_{OL}的输出特性也越好。

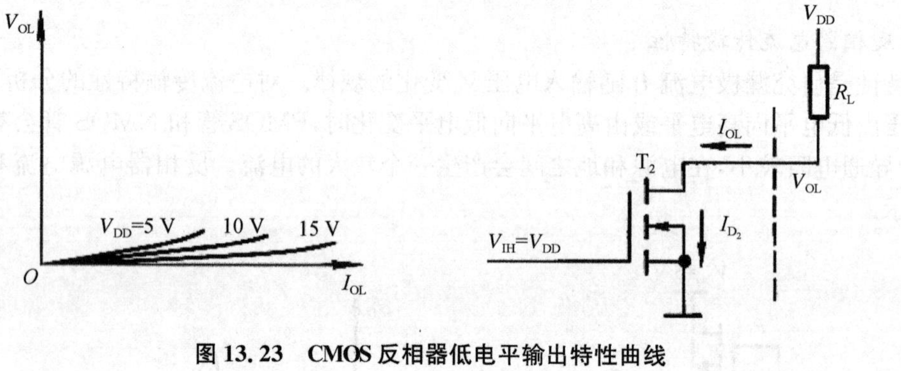

图 13.23 CMOS 反相器低电平输出特性曲线

(2) 高电平输出特性曲线$V_{OH}-I_{OH}$：如图 13.24 所示，当输入V_I为低电平时，负载管 PMOS 管导通，输入管 NMOS 管截止，负载电流是拉电流。由输出特性曲线可以看出，当$|V_{GS}|$越大时，管内电阻R_P越小，负载电流I_{OL}的增加使V_{OH}下降越小，带拉电流负载能力就越强。

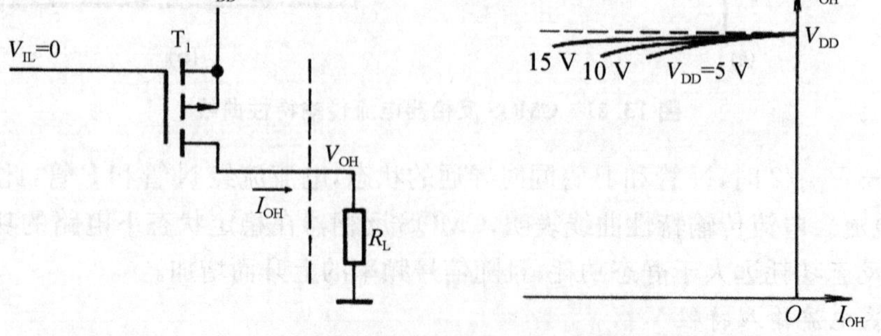

图 13.24 CMOS 反相器高电平输出特性曲线

13.3.4　实验内容和方法

1. 输出低电平时灌电流 I_{OLmax} 的测量

按图 13.25，测试 CD4069 在输出低电平时，负载电流流向 CD4069 中的 NMOS 管时的电流。调整电位器，使得输出端的电压为手册中给定的 V_{OLmax}，此时的电流即为 CD4069 所能承受的最大电流 I_{OLmax}。

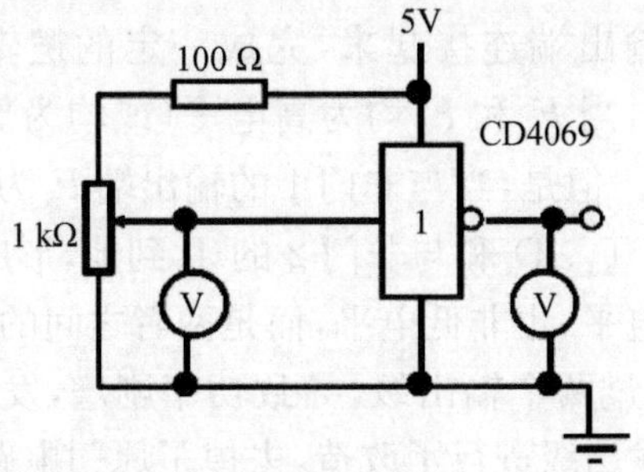

图 13.25　CMOS 反相器 I_{OLmax} 测试图

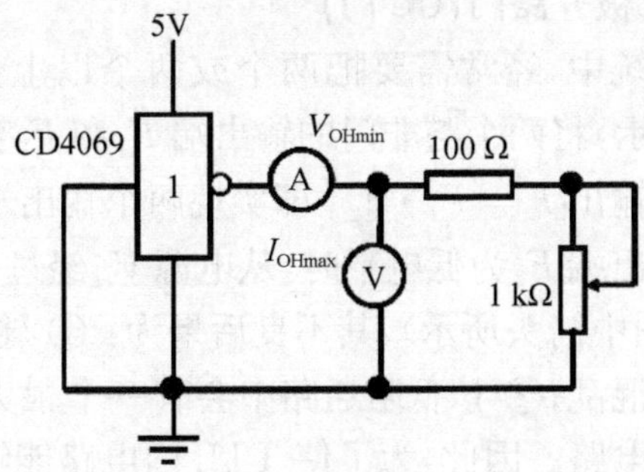

图 13.26　CMOS 反相器 I_{OHmax} 测试图

2. 输出高电时拉电流 I_{OHmax} 的测量

测试 CD4069 输出高电平时，从 CD4069 流向负载的最大电流。按图 13.26 连电路，调整电位器，使得输出端的电压为手册中给定的 V_{OLmax}，此时的电流即为 CD4069 所能输出的最大电流 I_{OHmax}。

3. 电压传输特性曲线的测量

按图 13.19 连接电路，逐点测量输入输出电压，将数据填入表 13.6，记录数据并在毫米方格纸上作图。参照 CD4069 的数据手册，比较以上测量参数和技术说明书中的参数，并计算出实际的 CD4069 的噪声容限 V_{NH} 和 V_{NL}。

表 13.6　CD4069 的电压传输特性表

13.3.5　实验器材

(1) 实验电路板。

(2) 台式万用表。

(3) 实验元器件 CD4069、电阻、电容等。

13.3.6　实验报告要求

记录实验结果，绘制实验波形，对照数据手册中的指标进行比较分析，指出不同之处。

13.3.7　思考题

分析 74LS04 和 CD4069 的传输特性曲线，根据曲线在高低电平转换的区域，分析为什么 CMOS 器件比 TTL 器件具有更高的输入噪声容限。

13.4　OC 门和 OD 门特性研究实验

OC 门(open collector)集电极开路门，OD 门(open drain)漏极开路门，在工程设计中可以用来实现电平转换、线与和功能拓展等。

13.4.1　实验目的

(1) 熟悉两种特殊的门电路：OC 门和 OD 门的逻辑功能和使用方法。

(2) 掌握集电极负载电阻 R_L 对 OC 门电路输出的影响。

13.4.2　预习要求

(1) 复习 OC 门和 OD 门的工作原理及应用。

(2) 分析OC门的上拉负载电阻的阻值范围，确定实验所选电阻值。

(3) 学习74LS01的参数手册和ULN2003手册。

(4) 查看实验电路板U_{12}、U_{27}、U_{29}有关区域，设计实验连线图。

13.4.3 实验原理

1. 集电极开路门(OC门)

数字系统中，经常需要把两个或两个以上集成逻辑门的输出端连接起来，完成一定的逻辑功能。如图13.27所示，将两个与非门的输出端F_1和F_2直接连接在一起，当F_1和F_2均为高电平(或均为低电平)时，这个电路的输出$F=F_1 \cdot F_2$，即实现两个输出端相“与”的功能。但是，当与非门1的输出端F_1为高电平，与非门2的输出端F_2为低电平时，从电源V_{cc}经过与非门1的R_3、T_3、D_4和与非门2的T_4到地，形成了一个低阻通道(如图中箭头所示)，其不良后果为：① 输出电平既非高电平，也非低电平，而是两者之间的某一值，导致逻辑功能混乱；② 该低阻通路中会有一个很大的负载电流流过两个输出级，导致功率剧增，发热增大，可能会损坏门电路。因此，为了使TTL门电路能够实现线与，对输出级进行了改造，去掉了原门电路输出级中的R_3、T_3、D_4，形成集电极开路的门电路(open collector)，简称为OC门，图13.28为OC门的电路结构图和国际逻辑符号。

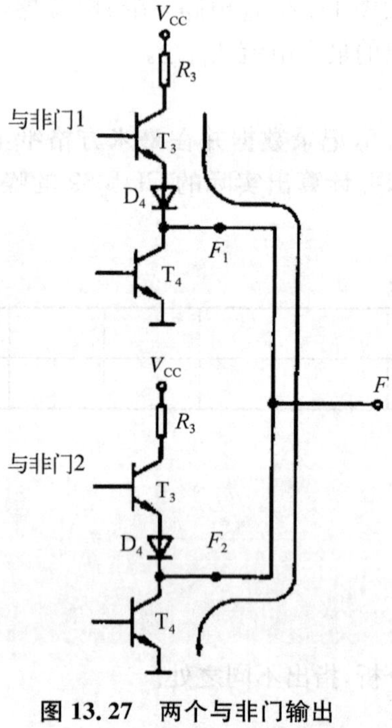

图13.27 两个与非门输出端直接连接

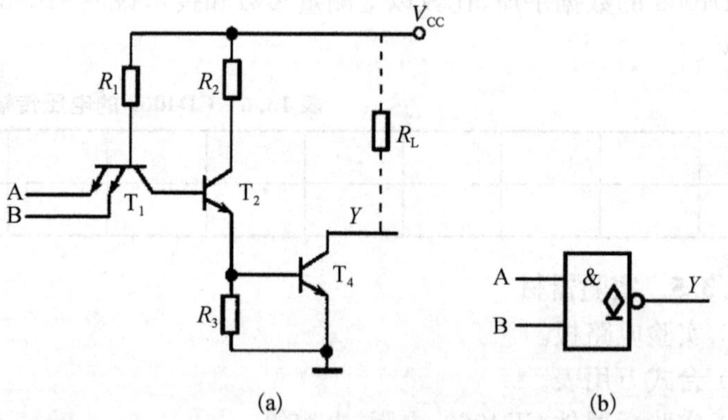

图13.28 OC门的电路结构图(a)及其逻辑符号(b)

由图13.28(a)可见，集电极开路门电路与推拉式输出结构的TTL门电路区别在于：当输出三极管T_4管截止时，OC门的输出端Y处于高阻状态，而推拉式输出结构TTL门的输出为高电平。所以，在实际应用时，为了使T_4管截止时OC门也能输出高电平，必须在输出端外接上拉电阻R_L至电源V_{cc}，如图13.28(a)虚线部分。电阻R_L和电源V_{cc}的数值选择必须保证OC门输出的高、低电平符合逻辑要求，同时T_4的灌电流负载不能过大，以免造成OC门受损。

假设将N个OC门的输出端并联，负载是M个TTL与非门的输入端，为了保证OC门的输出电平符合逻辑，OC门外接负载电阻R_L的数值应介于所规定的范围值之内。

为了保证输出高电平不低于高电平的最小值(V_{OHmin})，得

$$R_L \leqslant \frac{V_{CC}-V_{OHmin}}{NI_{OH}+MI_{IH}} \tag{13.1}$$

为了保证输出低电平不高于低电平的最大值(V_{OLmax})，得

$$R_L \geqslant \frac{V_{CC}-V_{OLmax}}{I_{OLmax}-MI_{IL}} \tag{13.2}$$

结合上述两式可得，R_L的取值范围为

$$\frac{V_{CC}-V_{OLmax}}{I_{OLmax}-MI_{IL}} \leqslant R_L \leqslant \frac{V_{CC}-V_{OHmin}}{NI_{OH}+MI_{IH}} \tag{13.3}$$

式中，I_{OH}为 OC 门输出高电平时的漏电流(约 50 μA)；I_{IH}为负载门的高电平输入电流(≤50 μA)；I_{OLmax}为 OC 门输出低电平时允许的最大负载电流(约 20 mA)；I_{IL}为负载门的低电平输入电流(≤1.6 mA)。

目前，OC 门在电路方面的运用较为广泛，例如：

(1) 利用电路的线与特性可以方便地完成某些特定的逻辑功能。

(2) 可以实现逻辑电平的转换。

(3) 可以实现多路信采集，使两路以上的信息共用一个传输通道。

(4) 也常用于驱动高电压、大电流负载等。

2. 漏极开路门(OD 门)

漏极开路门，是集电极开路 TTL 门电路的 CMOS 对应部分，是一个单一的 n 型沟道 MOSFET，如图 13.29(a) 所示。典型的用法是在漏极外部的电路添加上拉电阻 R_P到电源，如图 13.29(b)所示。所以，完整的开漏电路应由开漏器件和开漏上拉电阻组成。这里的上拉电阻 R_P的阻值决定了逻辑电平转换的上升/下降沿的速度。阻值越大，速度越低，功耗越小。因此在选择上拉电阻时要兼顾功耗和速度。

OD 门一般可用来作电平转换，也可以作为缓冲器使用，因为它具有较大的驱动能力。

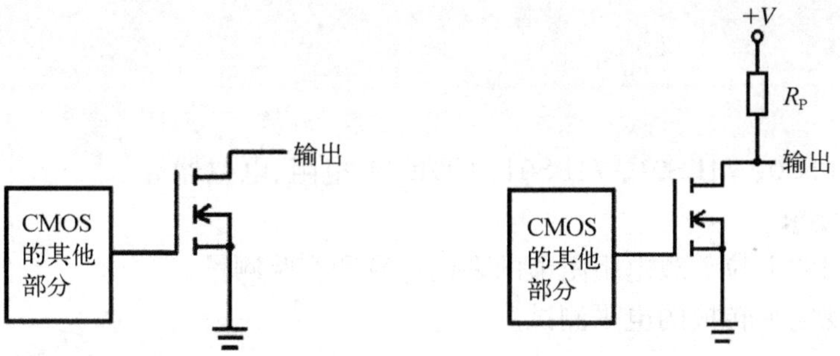

(a) 不相连的输出　　(b) 带有上拉电阻的输出

图 13.29　漏极开路 CMOS 门电路

13.4.4　实验内容与方法

1. 上拉负载电阻 R_L的测定

使用芯片 74LS01 和 74LS04，按图 13.30 连接好实验电路。用两个集电极开路与非门“线与”来驱动一个 TTL 非门，其中上拉负载电阻 R_L用一个 200 Ω 电阻和 100 kΩ 电位器串联而成，用实验方法测定 R_L的取值，并和理论计算值进行比较，填入表 13.7 中。

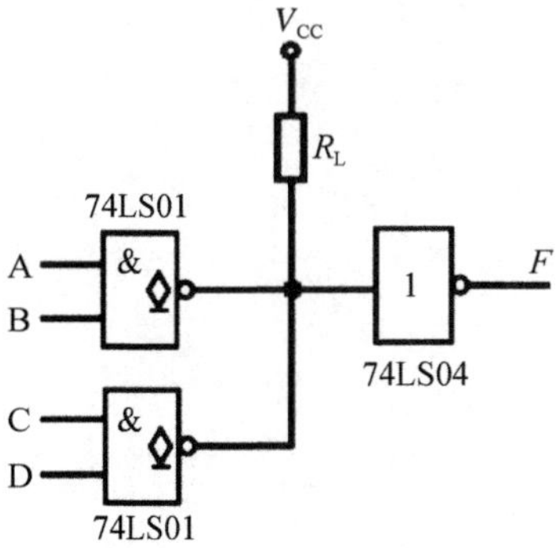

图 13.30　测定 R_L的取值

表 13.7　负载电阻 R_L的测定

		理论值	测量值
R_L	R_{Lmax}		
	R_{Lmin}		

2. OC 门实现逻辑电平转换的研究

使用芯片 74LS00、74LS01 和 CD4069，按图 13.31 连接好实验电路。在电路输入端 A、B 端加不同的逻

辑电平值，用万用表测量与非门输出端C端、OC门输出端D端以及CMOS输出端F端电压值，将测量结果填入表13.8中。

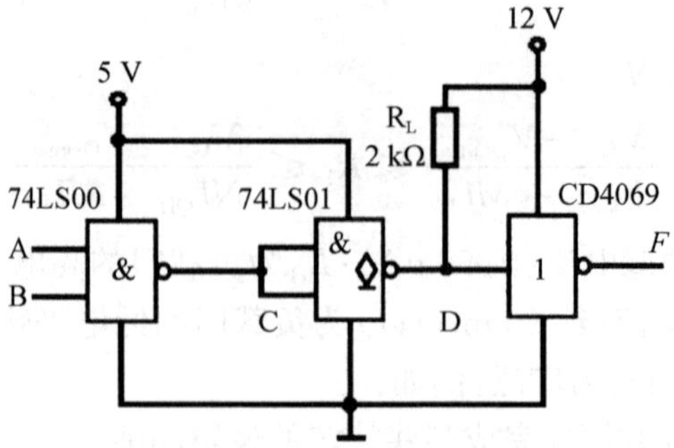

图13.31 OC门实现电平转换

表13.8 电平测试数据表

输入 A B \ 输出	C/V	D/V	F/V
0 0			
0 1			
1 0			
1 1			

13.4.5 实验器材

(1) 实验电路板。

(2) 台式万用表。

(3) 实验元器件74LS00、74LS01、74LS04、CD4069、电阻、电位器等。

13.4.6 实验报告要求

(1) 分析完成OC门的上拉负载电阻阻值的理论计算和实验测量。

(2) 完成OC门实现电平转换的电平测试。

13.4.7 思考题

(1) 分析OC门的负载电阻 R_L 的阻值如果不在 R_{Lmax} 和 R_{Lmin} 之间，将会产生什么影响？对电路有何不良后果？

(2) 比较OC门和OD门的不同应用特性。

第 14 章　组合逻辑电路的实验和研究

组合逻辑电路是数字逻辑系统设计的基础。使用组合逻辑电路可以实现各种功能函数。本章的重点是通个实验熟悉组合逻辑电路的设计方法，掌握常用的六大逻辑函数（即加法器、比较器、编码器、译码器、数据选择器和代码转换器）的设计原理及应用。逻辑抽象是组合电路应用设计的第一步。

14.1　基 础 知 识

14.1.1　组合逻辑电路的基本概念

1. 组合逻辑门电路

基本逻辑门：与、或、非。

通用逻辑门：与非、或非。

常用逻辑表达：与或逻辑、或与逻辑、异或逻辑、同或逻辑。

任何子系统可以用基本逻辑门来实现。

2. 组合逻辑功能函数

主要有六大功能函数：

(1) 算术运算函数（如加法器）。

(2) 比较函数（如比较器）。

(3) 编码函数（如编码器）。

(4) 解码函数（如译码器）。

(5) 数据选择函数（如数据选择器）。

(6) 代码转换函数（可用基本逻辑门、数据选择器或译码器实现）。

14.1.2　组合电路的设计步骤

组合逻辑电路的设计是把实际需要解决的问题，通过逻辑抽象等步骤转化成逻辑电路的形式来实现。通常设计电路的过程如图 14.1 所示。

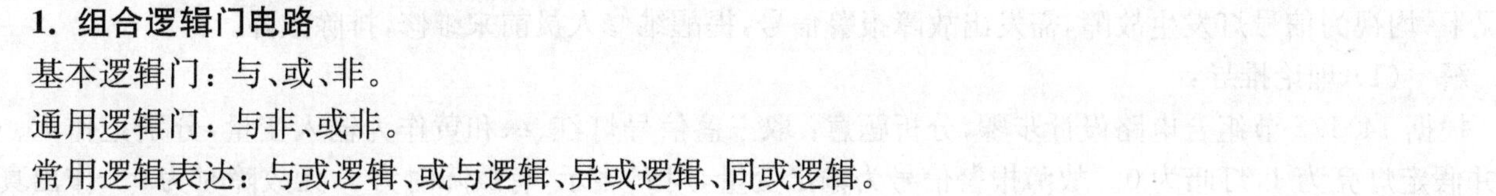

图 14.1　组合电路设计步骤

对实际问题进行逻辑抽象，描述逻辑功能是组合电路设计的基础。在设计的过程中，从逻辑功能作出真值表或者逻辑函数表达式是重要的一步。必须仔细分析实际问题的因果关系，确定输入变量和输出变量。通常把引起事件的原因作为输入变量，把事件的结果作为输出变量。然后对输入变量和输出变量赋予“1”和“0”，由此列出真值表，写出函数表达式。用数字逻辑器件来实现逻辑函数的方法很多，通常是用小规模数字集成电路 SSI、中规模数字集成电路 MSI、大规模器件 CPLD 和 FPGA 等来实现。根据实际情况选用合适的逻辑门电路，作出逻辑电路原理图。

14.2 基本门电路组合实现逻辑功能的实验

与门、或门、非门是最基本的门电路，是构成其他组合电路的基本单元。目前最常用的门电路是采用TTL、CMOS和HCMOS工艺制造的器件。

14.2.1 实验目的

(1) 熟悉与、或、非三种基本门电路的逻辑功能和使用方法。

(2) 熟悉TTL系列、CMOS系列基本门电路的封装及引脚功能。

(3) 掌握组合逻辑电路的设计、调试方法。

14.2.2 预习要求

(1) 复习基本门电路的工作原理及相应的逻辑符号和逻辑表达式。

(2) 复习TTL门电路和CMOS门电路的功能、特点。

(3) 复习组合逻辑电路的设计方法和步骤。

(4) 查看实验板电路图U_{12}、U_{27}、U_{29}及有关区域，设计实验连线图。

14.2.3 实验例题

例14.1 试用与、或、非门电路设计一个检测信号灯工作状态的逻辑电路。一组信号灯由红、绿和黄三种颜色的灯组成。在正常情况下，任何时刻只能有红灯、绿灯、黄灯加绿灯这三种情况之一允许出现。其他情况下，均视为信号灯发生故障，需发出故障报警信号，提醒维修人员前来维修，排除故障。

解 (1) 理论推导：

根据14.1.2节组合电路设计步骤，分析题意：取三盏信号灯红、绿和黄作为输入变量，分别记作R、G、Y，并假定灯亮为1，灯暗为0。故障报警信号为输出变量，用F表示，有故障时为1，无故障时为0。作出真值表如表14.1所示。

表14.1 例14.1真值表

输入			输出
R	G	Y	F
0	0	0	1
0	0	1	1
0	1	0	0
0	1	1	0
1	0	0	0
1	0	1	1
1	1	0	1
1	1	1	1

根据表14.1作出卡诺图，如图14.2所示。

R \ GY	00	01	11	10
0	1	1	0	0
1	0	1	1	1

图14.2 例14.1卡诺图

利用圈“1”法，从图 14.4 可得 F 的最简与或式

$$F=\overline{R}\,\overline{G}+RG+\overline{G}Y \tag{14.1}$$

(2) 逻辑电路图：根据最简逻辑表达式，可得逻辑电路图，如图 14.3 所示。

(3) 实验验证：在实验电路板上搭建该电路，并验证其逻辑功能是否正确。

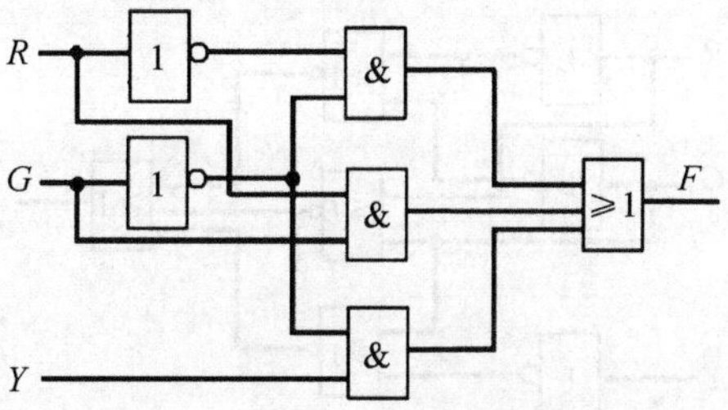

图 14.3　例 14.1 逻辑电路图

14.2.4　实验器材

(1) 实验电路板。

(2) 示波器 Agilent DSO－X 2012A。

(3) 实验元器件自选。

14.2.5　实验报告要求

(1) 根据实验要求，按实验步骤设计出逻辑电路图。

(2) 记录实验结果，验证设计的逻辑电路是否满足逻辑功能。

14.2.6　思考题

(1) 试使用与、或、非门电路设计一个表决电路，其中 A、B、C、D 四人各自投票时，其分数分别为 3 分、2 分、1 分、1 分，只有得票总分大于 4 分时，该提案通过。绿灯亮表示提案通过，红灯亮表示提案未通过。

(2) 试使用与、或、非门电路设计一个二位数的比较器，输入分别是 A_0A_1 和 B_0B_1，当 $A_0A_1>B_0B_1$ 时，输出为 01；当 $A_0A_1\leqslant B_0B_1$ 时，输出为 10。

14.3　通用逻辑门电路实现逻辑功能的实验

因为只用与非门或者或非门的组合就可以执行与、或、非运算，所以它们被称为通用逻辑门。

14.3.1　实验目的

(1) 熟悉与非门、或非门电路的使用方法。

(2) 掌握利用通用逻辑门实现组合逻辑电路的设计思想、方法及步骤。

(3) 熟悉数字电路的调试方法。

14.3.2　预习要求

(1) 掌握组合逻辑电路的设计方法和步骤。

(2) 根据实验要求设计出逻辑图，选好器材，列出清单，作出验证逻辑功能的真值表。

(3) 学会查阅芯片的参数手册。

(4) 查看实验板电路图 U_{12}、U_{27}、U_{29} 及有关区域，设计实验连线图。

14.3.3　实验例题

例 14.2　用与非门电路实现例 14.1 中的检测信号灯工作状态。

解　(1) 理论推导。采用与非门电路，由图 14.2 所示卡诺图“圈 1”可得

$$F=\overline{\overline{\overline{R}\,\overline{G}}\cdot\overline{RG}\cdot\overline{\overline{G}Y}} \tag{14.2}$$

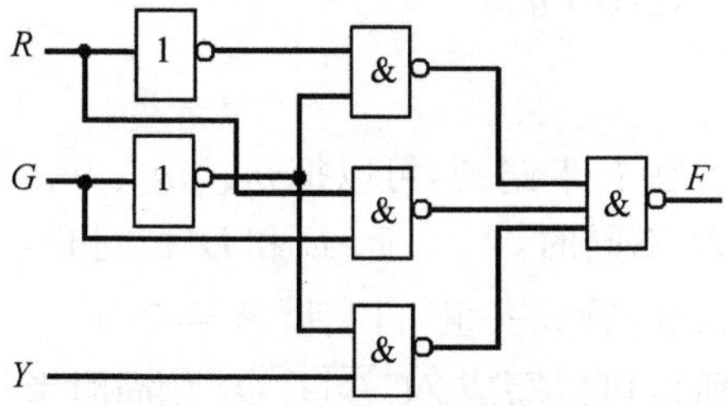

图 14.4　例 14.2 逻辑电路图

(2) 逻辑电路图。根据最简逻辑表达式，可得逻辑电路图，如图 14.4 所示。

(3) 实验验证。在实验电路板上搭建该电路，并验证其逻辑功能是否正确。

例 14.3　用或非门电路实现例 14.1 中的检测信号灯工作状态。

解　(1) 理论推导：采用或非门电路，由图 14.2 卡诺图“圈 1”可得

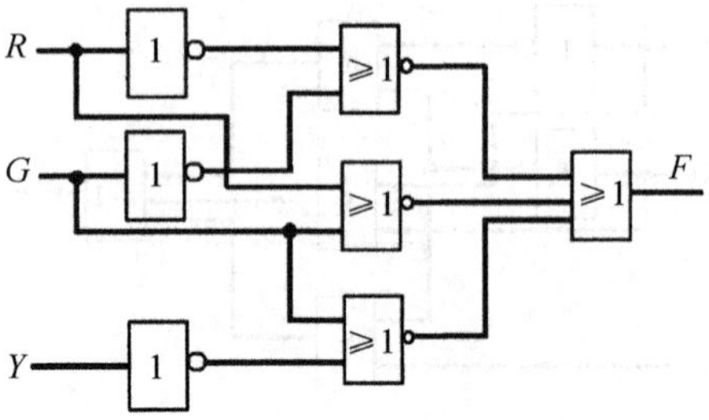

图 14.5 例 14.3 逻辑电路图

$$F=\overline{R+G}+\overline{\overline{R}+\overline{G}}+\overline{G+\overline{Y}} \tag{14.3}$$

(2) 逻辑电路图：根据最简逻辑表达式，可得逻辑电路图，如图 14.5 所示。

(3) 实验验证：在实验电路板上搭建该电路，并验证其逻辑功能是否正确。

例 14.4 用异或门进行以下电路的逻辑设计，某车间有 A、B、C、D 四台用电设备，每台设备用电均是 10 kW，由 F 和 G 两台发电机组供电，F 发电机组功率为 10 kW，G 发电机组为 20 kW。四台设备工作情况是：① 四台设备不可能同时工作，但可能是任意两台或三台同时工作。② 四台设备不可能同时停机，即至少有一台设备在工作。试设计一供电控制线路，既要保证设备的正常工作，又要节约电能。

解 (1) 理论推导：A、B、C、D 四台用电设备为事件的原因，应该作为输入变量。F 和 G 发电控制作为事件发生的结果，作输出变量。设备工作时为 1，停机时为 0；发电机发电时为 1，不发电时为 0。根据题意，四台设备不可能同时停机，也不可能同时工作，即输入变量全“0”和全“1”是不允许出现的。作出真值表，如表 14.2 所示。

表 14.2 例 14.4 真值表

输入				输出		输入				输出	
A	B	C	D	F	G	A	B	C	D	F	G
0	0	0	0	Φ	Φ	1	0	0	0	1	0
0	0	0	1	1	0	1	0	0	1	0	1
0	0	1	0	1	0	1	0	1	0	0	1
0	0	1	1	0	1	1	0	1	1	1	1
0	1	0	0	1	0	1	1	0	0	0	1
0	1	0	1	0	1	1	1	0	1	1	1
0	1	1	0	0	1	1	1	1	0	1	1
0	1	1	1	1	1	1	1	1	1	Φ	Φ

根据真值表发电机 F 和 G 的卡诺图进行化简，如图 14.6 所示。

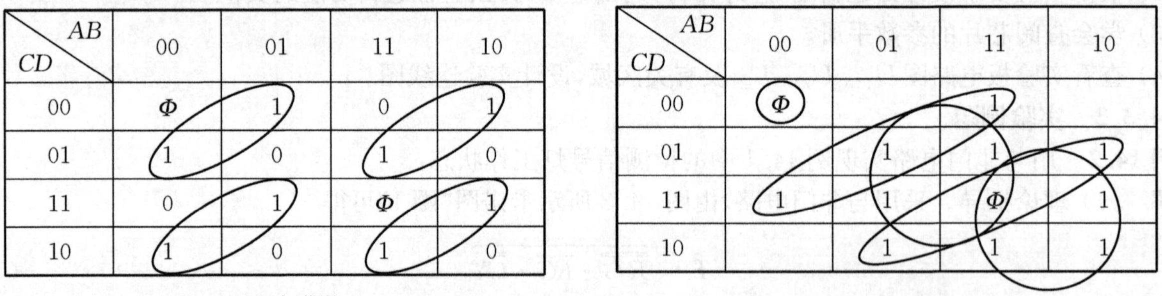

(a) F 卡诺图　　(b) G 卡诺图

图 14.6 F 和 G 的卡诺图

化简 F 和 G 的函数表达式，斜圈卡诺图的方法是卡诺图的一个技巧。在 F 卡诺图，可以把 m_0、m_1、m_4、m_5 看成一组，从卡诺图中可以看出，自变量 $A=0$，$C=0$，自变量 B 和 D 不同时，$Y=1$，B 和 D 相同时，$Y=0$，符合异或关系，所以可以写成 $\overline{A}\,\overline{C}(B\oplus D)$。同理，把 m_2、m_3、m_6、m_7 看成一组，自变量 $A=0$，$C=1$，自变量 B 和 D 相同时 $Y=1$，B 和 D 不同时，$Y=0$，符合同或关系，所以可以写成 $\overline{A}C\,\overline{B\oplus D}$。化简时考虑到 F 和 G 的函数的公共项，由此可以得到

$$F = \overline{A}\,\overline{C}(B \oplus D) + \overline{A}C\,\overline{B \oplus D} + A\overline{C}\,\overline{B \oplus D} + AC(\overline{B \oplus D})$$
$$= \overline{A \oplus C}(B \oplus D) + (A \oplus C)\,\overline{B \oplus D}$$
$$= A \oplus B \oplus C \oplus D \qquad (14.4)$$
$$G = \overline{A \oplus B \oplus C \oplus D} + AD + BC$$
$$= \overline{(A \oplus B \oplus C \oplus D) \cdot \overline{AD} \cdot \overline{BC}} \qquad (14.5)$$

(2) 逻辑电路图：根据最简逻辑表达式，可得 F 和 G 的逻辑电路图，如图 14.7 所示。

(3) 实验验证：在实验电路板上搭建该电路，并验证其逻辑功能是否正确。

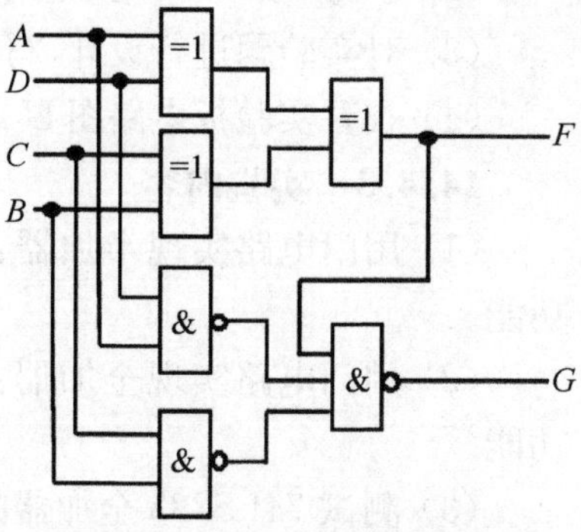

图 14.7　F 和 G 的逻辑电路图

14.3.4　实验器材

(1) 实验电路板。

(2) 示波器 Agilent DSO－X 2012A。

(3) 实验元器件自选。

14.3.5　实验报告要求

(1) 根据实验要求，按实验步骤设计出逻辑电路图。

(2) 记录实验结果，验证设计的逻辑电路是否满足逻辑功能。

14.3.6　思考题

(1) 试用门电路设计一个判奇电路，输入信号为 8421BCD 码。

(2) 试设计一个有两个输出端 Z_1Z_2 的选择电路，有五张选票，当赞成票与反对票之比是 5∶0 或 4∶1 时，输出 Z_1Z_2 为 11；当赞成票与反对票是 3∶2 或 2∶3 时，输出 Z_1Z_2 为 01；当赞成票和反对票之比是 0∶5 或 1∶4 时，输出 Z_1Z_2 为 00。

(3) 试使用最简与非门设计一个表决电路，其中 A、B、C、D 四人各自投票时，其分数分别为 3 分、2 分、1 分、1 分，只有得票总分大于 4 分时，该提案通过。绿灯亮表示提案通过，红灯亮表示提案未通过。

(4) 试使用最简与非门电路设计一个二位数的比较器，输入分别是 A_0A_1 和 B_0B_1，当 $A_0A_1 > B_0B_1$ 时，输出为 01；当 $A_0A_1 \leqslant B_0B_1$ 时，输出为 10。

小提示：

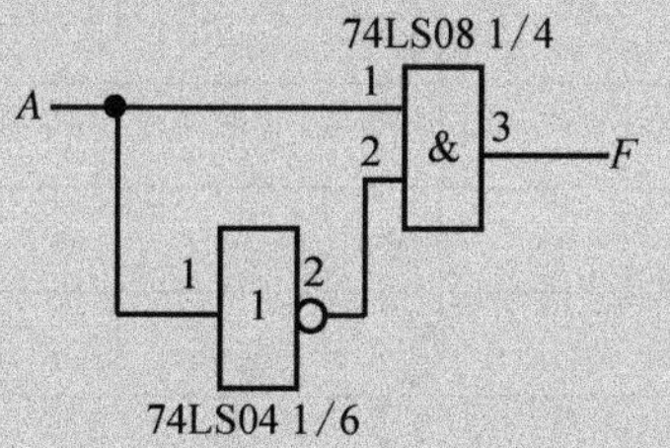

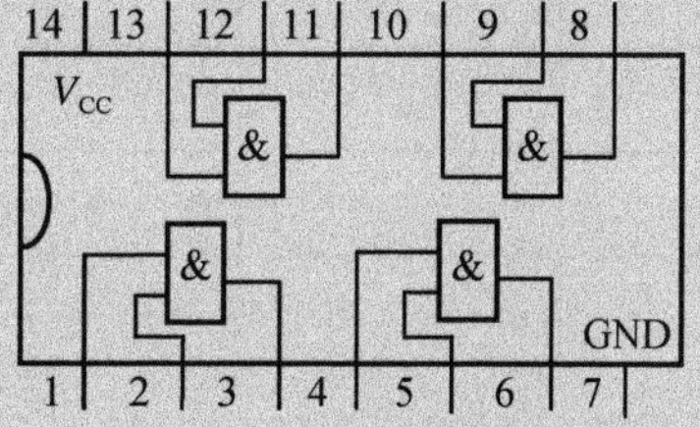

在预习报告中，所画的逻辑图应标明器件型号、输入引脚号。这可以从器件手册中查到。一般情况下，器件的接电源引脚 V_{CC} 和接地的引脚 GND 在逻辑图中是不标明的，但在实际制作中，必须按照器件手册中的说明，给每个器件的 V_{CC} 和 GND 分别接上电源和地线。

14.4　加法器的研究实验（算术运算函数）

在数字系统中，经常需要进行算术运算、逻辑操作及数字大小比较等操作，这些功能运算都可以用加法来实现。加法器是一种常用的组合逻辑电路。

14.4.1 实验目的

(1) 掌握半加器、全加器的工作原理与逻辑功能。

(2) 掌握集成加法器的应用。

14.4.2 预习要求

(1) 理解加法器的设计过程和设计方法。

(2) 学习 74LS283 参数手册,并归纳总结与实验有关的参数。

(3) 对实验题进行设计,写出设计的详细步骤,画出逻辑电路图。

(4) 查看实验板电路图 U_{26} 及有关区域,设计实验连线图。

14.4.3 实验内容

(1) 用门电路实现半加器:要求有真值表、逻辑电路图,搭建电路,用 LED 显示其输出结果,验证其功能。

(2) 用门电路实现全加器:要求有真值表、逻辑电路图,搭建电路,用 LED 显示其输出结果,验证其功能。

(3) 测试 74LS283 全加器的逻辑功能。

(4) 设计用全加器 74LS283 实现 8421 码到余三码转换的实验电路图,搭建电路,用 LED 显示其输出,并将输出结果记录在表 14.3 中。

表 14.3 74LS283 实现 8421 码到余三码转换

输入				输出			
D	C	B	A	Y_3	Y_2	Y_1	Y_0
0	0	0	0				
0	0	0	1				
0	0	1	0				
0	0	1	1				
0	1	0	0				
0	1	0	1				
0	1	1	0				
0	1	1	1				
1	0	0	0				
1	0	0	1				

14.4.4 实验器材

(1) 实验电路板。

(2) 台式万用表。

(3) 实验元器件 74LS08、74LS86、74LS32、74LS283 等,可自选。

14.4.5 实验报告要求

(1) 根据实验要求,按实验步骤设计出逻辑电路图。

(2) 记录实验结果,验证设计的逻辑电路是否满足逻辑功能。

14.4.6 思考题

(1) 试用与非门(74LS00)和数据选择器(74LS153)实现 1 位全加器。

(2) 用 4 位二进制并行加法器设计一个 4 位二进制并行加法/减法器。

14.5　比较器的研究实验(比较函数)

在逻辑运算时,往往需要对两个二进制数进行逻辑判断,区分它们的大小,这时就会用到比较器。

14.5.1　实验目的

(1) 掌握比较器的工作原理与逻辑功能。

(2) 掌握集成比较器的应用。

14.5.2　预习要求

(1) 复习和巩固比较器的工作原理,掌握用比较器设计比较电路的方法。

(2) 学习 74LS85 的参数手册,列出实验的参数。

(3) 对实验题进行设计,写出设计的详细步骤,画出逻辑电路图。

(4) 查看实验板电路图 U_{24} 及有关区域,设计实验连线图。

14.5.3　实验内容

(1) 验证 74LS85 比较器的逻辑功能。

(2) 用与非门电路设计一个量值比较器,写出表达式,画出逻辑电路图,并测试其功能。要求:有两个输入端 A、B,当 $A>B$、$A<B$ 或 $A=B$ 时,三个输出端只有一个为高电平 1,此时即为比较结果。

(3) 试用 74LS85 设计一个 8 位电子锁,写出完整的设计步骤,并测试其功能。要求:输入的密码不等时,红灯亮,相等时绿灯亮。

14.5.4　实验器材

(1) 实验电路板。

(2) 示波器 Agilent DSO－X 2012A。

(3) 实验元器件 74LS00、74LS85 等。

14.5.5　实验报告要求

(1) 根据实验要求,按实验步骤设计出逻辑电路图。

(2) 记录实验结果,验证设计的逻辑电路是否满足逻辑功能。

14.5.6　思考题

(1) 试用 74LS85 实现一个 24 位比较器。

(2) 在进行多位二进制数比较时,串联实现与并联实现的工作速度如何?

14.6　编码器的研究实验(编码函数)

编码器是把外部变量编码变成数字电路可以处理的二进制变量的功能函数。

14.6.1　实验目的

(1) 熟悉和掌握编码器的特性。

(2) 进一步熟悉组合电路的设计方法。

14.6.2　预习要求

(1) 复习组合逻辑电路的设计过程,正确理解组合电路的设计思想。

(2) 学习 74LS00 和 74LS148/74LS147 参数手册,归纳我们关心的参数。

(3) 对实验题进行设计,写出设计的详细步骤,画出逻辑电路图。

(4) 查看实验板电路图 U_{14} 及相关按键区域,设计实验连线图。

14.6.3　实验内容

(1) 验证 74LS147 优先编码器的逻辑功能。

(2) 用与非门设计一个 4 线－2 线优先编码器电路,要求有 GS, EO, EI 功能。要求有真值表,逻辑图电路图,并且实验验证其功能。

(3) 分析图 14.8 所示的逻辑电路图，指出其功能，并实验验证其功能。

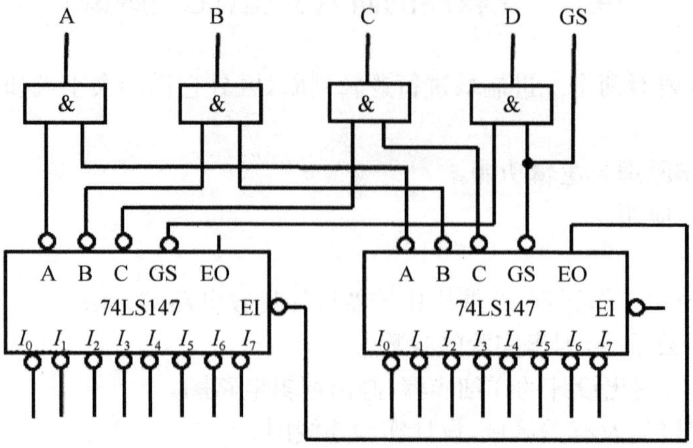

图 14.8 逻辑电路图

14.6.4 实验器材

(1) 实验电路板。

(2) 示波器 Agilent DSO－X 2012A。

(3) 实验元器件 74LS00、74LS147 等。

14.6.5 实验报告要求

(1) 根据实验要求，按实验步骤设计出逻辑电路图。

(2) 记录实验结果，验证设计的逻辑电路是否满足逻辑功能。

14.6.6 思考题

用或非门实验 4 线－2 线编码器。

14.7 译码器的研究实验(解码函数)

把二进制数字量变成为人或计算机可以理解的特定信息的功能函数，称为译码器。

14.7.1 实验目的

(1) 掌握译码器的特性。

(2) 掌握译码器的构造方法以及译码器的应用设计。

14.7.2 预习要求

(1) 理解设计原理中译码器的设计过程。

(2) 学习 74LS48、74LS138 及数码管 2ES102 参数手册，列出实验中关心的参数。

(3) 对实验题进行设计，写出设计的详细步骤，选好器材，画出逻辑电路图。

(4) 查看实验板电路图 U_4、U_7、U_{10} 及有关区域，设计实验连线图。

14.7.3 实验内容

(1) 测试 74LS138 译码器的逻辑功能。

(2) 测试 74LS48 显示译码器的逻辑功能。

(3) 按图 14.9 所示，位选开关使用手拨动开关，BCD 码的输入也使用手拨动开关，在数码管上依次显示数码 1～7。

14.7.4 实验器材

(1) 实验电路板。

(2) 示波器 Agilent DSO－X 2012A。

(3) 实验元器件 74LS48，74LS138，2ES102，电阻(300 Ω)等。

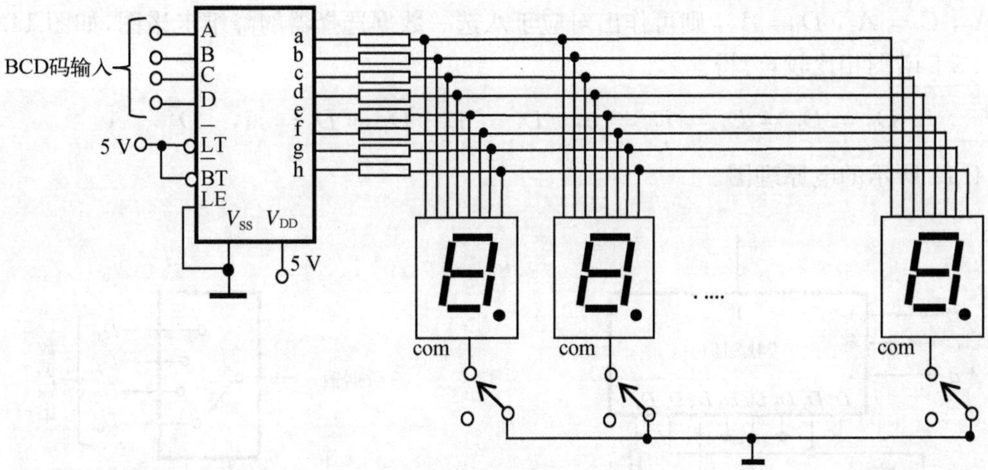

图 14.9　动态显示方式

14.7.5　实验报告要求

记录实验结果，验证设计的逻辑电路是否满足要求。

14.7.6　思考题

用 74LS138 和 74LS00 实现例 14.4 的发电机设备控制器。

14.8　数据选择器的研究实验(数据选择函数)

数据选择器(MUX)也称为多路转换器、多路开关。它在控制输入端的作用下，从多个输入的数字信号中选择某一个输入的数字信号传送到输出端。数据选择器可以作为脉冲分配器、函数发生器、多路选择器、数据调制器等使用。而数据分配器(DEMUX)实现的功能则是数据选择器的逆过程。

14.8.1　实验目的

(1) 掌握中规模数据选择器和数据分配器的逻辑功能及使用方法。

(2) 掌握用数据选择器和数据分配器构成组合逻辑应用电路的方法。

14.8.2　预习要求

(1) 理解数据选择器的设计过程和设计方法。

(2) 学习 74LS151 和 74LS138 参数手册，列出实验中的参数，并分析其对实验的影响。

(3) 对实验题进行设计，写出设计的详细步骤，画出逻辑电路图。

(4) 查看实验板电路图 U_{11} 相关区域，设计实验连线图。

14.8.3　实验例题

1. 数据选择器的应用实验

实现组合逻辑函数功能。

例 14.5　试用 74LS151 多路选择器实现 $F(A、B、C、D)=\sum m(3、7、9、14、15)$。

解　将 $F(A、B、C、D)$ 填入四变量卡诺图，如图 14.10 所示。

AB \ CD	00	01	11	10
00	0	0	1	0
01	0	0	1	0
11	0	0	1	1
10	0	1	0	0

(a) $Y=\overline{A}CD+ABC+A\overline{B}\,\overline{C}D$

B \ CD	00	01	11	10
0	0	A	$\overline{A}$	0
1	0	0	1	0

(b) 降维卡诺图

图 14.10

令 $B = A_2$，$C = A_1$，$D = A_0$，则可作出对应于八选一数据选择器的降维卡诺图，如图 14.10(b)所示。图中(a)和(b)二卡诺图相比较，可得

$$D_0 = D_2 = D_4 = D_5 = 0,\quad D_7 = 1,\quad D_1 = D_6 = A,\quad D_3 = \overline{A}$$

因此可得图 14.11 所示的电原理图。

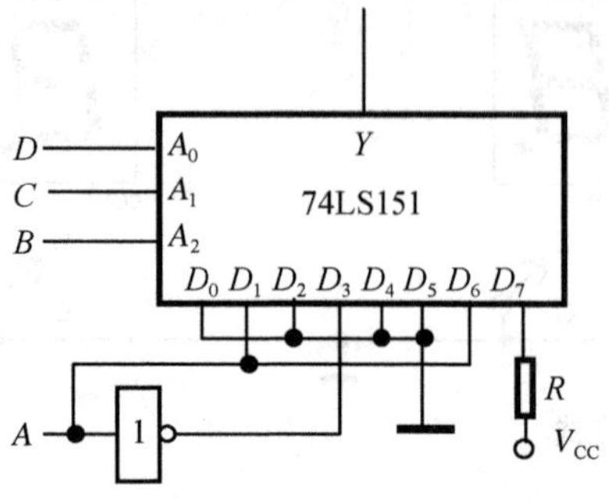

图 14.11 用 74LS151 实现函数

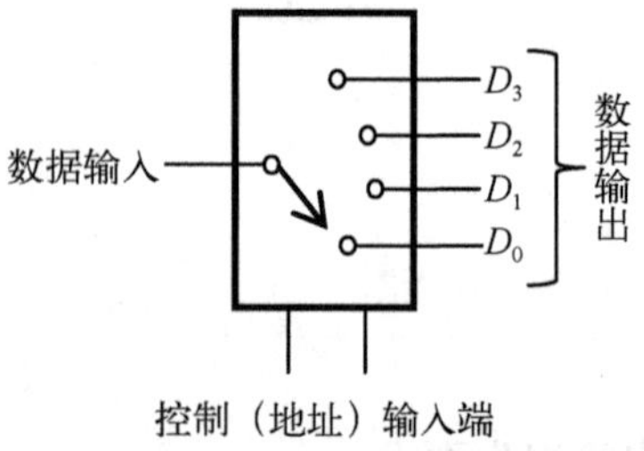

图 14.12 数据分配器

2. 数据分配器的应用实验

数据分配器又称多路分配器、多路调节器。它的工作原理与数据选择器相反。根据地址输入信号将一路输入数据分配到多个输出端。它的框图如图 14.12 所示。

用多路数据选择器和 74LS138 数据分配器组成调制解调器的电原理图如图 14.13 所示。

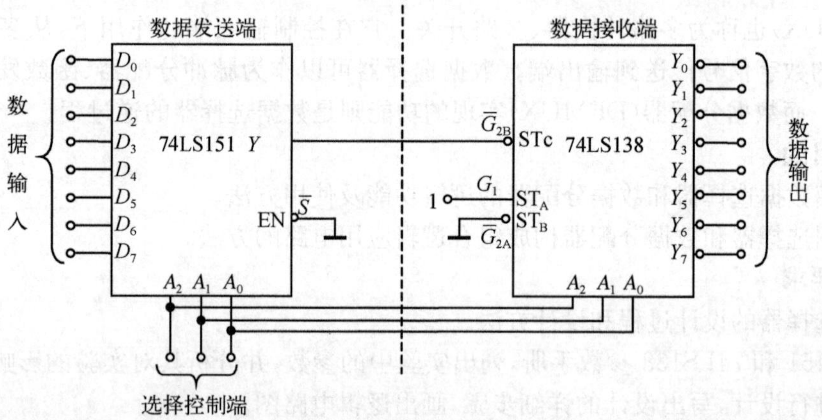

图 14.13 调制解调器原理图

14.8.4 实验内容

(1) 测试八选一数据选择器 74LS151 的逻辑功能。

(2) 用一片八选一数据选择器 74LS151 加必要的门电路实现函数

$$F = ABC + A\overline{C}DF + \overline{B}CD + BC\overline{D}F + \overline{C}\,\overline{D}\,\overline{F} + CD\overline{F}$$

并用电路实现验证。

(3) 用数据选择器和数据译码器组成的信号分配器如图 14.13 所示。当数据信号为 10010100(高位在前)时，数据开关控制地址选择信号逐次递增，记录输出信息并填入表 14.4 中。

14.8.5 实验器材

(1) 实验电路板。

(2) 示波器 Agilent DSO－X 2012A。

(3) 实验元器件 74LS151、74LS138、74LS04、74LS00 等。

14.8.6 实验报告要求

记录实验预习、实验过程、实验结果，分析实验数据等。

表 14.4

A_2	A_1	A_0	Y_7	Y_6	Y_5	Y_4	Y_3	Y_2	Y_1	Y_0

14.8.7　思考题

(1) 设计用八选一数据选择器构成三十二选一的逻辑图。

(2) 试用八选一数据选择器实现逻辑函数 $F=\sum m(0, 5, 8, 13, 17, 18, 26, 28, 30, 31)$。

14.9　代码转换函数的研究实验

数字系统中经常会出现不同编码形式的转换,实现这种功能的函数称为代码转换函数。

14.9.1　实验目的

(1) 掌握代码转换函数的功能和原理。

(2) 掌握代码转换函数的设计方法和应用。

14.9.2　预习要求

(1) 理解代码转换函数的设计过程和设计方法。

(2) 对实验题进行设计,写出设计的详细步骤,画出电路图。

(3) 查看实验板电路图U_{10}、U_{11}、U_{12}、U_{27}、U_{29}相关区域,设计实验连线图。

14.9.3　实验内容

例 14.6　实现 4 位二进制数到 8421BCD 码转换的电路设计。

方法一:用基本门电路设计实现该电路。

(1) 理论推导:根据组合电路设计步骤,分析题意:4 位二进制数(0000－1111)作为四输入变量,分别记作 A_3、A_2、A_1、A_0。8421BCD 码(0000－1001)作为输出变量,由于至少需要 5 位 8421 码才能表示全 4 位二进制数,所以 8421BCD 码有 5 个输出变量,分别记作 B_4、B_3、B_2、B_1、B_0。二进制数和 8421BCD 码之间转化的真值表如表 14.5 所示。

表 14.5　例 14.6 真值表

二进制数(输入)				8421BCD 码(输出)				
A_3	A_2	A_1	A_0	B_4	B_3	B_2	B_1	B_0
0	0	0	0	0	0	0	0	0
0	0	0	1	0	0	0	0	1
0	0	1	0	0	0	0	1	0
0	0	1	1	0	0	0	1	1
0	1	0	0	0	0	1	0	0

续 表

二进制数(输入)				8421BCD码(输出)				
A_3	A_2	A_1	A_0	B_4	B_3	B_2	B_1	B_0
0	1	0	1	0	0	1	0	1
0	1	1	0	0	0	1	1	0
0	1	1	1	0	0	1	1	1
1	0	0	0	0	1	0	0	0
1	0	0	1	0	1	0	0	1
1	0	1	0	1	0	0	0	0
1	0	1	1	1	0	0	0	1
1	1	0	0	1	0	0	1	0
1	1	0	1	1	0	0	1	1
1	1	1	0	1	0	1	0	0
1	1	1	1	1	0	1	0	1

根据真值表 14.5 可以得出 B_4、B_3、B_2、B_1、B_0的卡诺图如下。

① 图 14.14 是 B_4的卡诺图。

A_3A_2 \ A_1A_0	00	01	11	10
00	0	0	0	0
01	0	0	0	0
11	1	1	1	1
10	0	0	1	1

图 14.14　例 14.6 中 B_4卡诺图

② 图 14.15 是 B_3的卡诺图。

A_3A_2 \ A_1A_0	00	01	11	10
00	0	0	0	0
01	0	0	0	0
11	0	0	0	0
10	1	1	0	0

图 14.15　例 14.6 中 B_3卡诺图

③ 图 14.16 是 B_2的卡诺图。

A_3A_2 \ A_1A_0	00	01	11	10
00	0	0	0	0
01	1	1	1	1
11	0	0	1	1
10	0	0	0	0

图 14.16　例 14.6 中 B_2卡诺图

④ 图 14.17 是 B_1 的卡诺图。

A_3A_2 \ A_1A_0	00	01	11	10
00	0	0	1	1
01	0	0	1	1
11	1	1	0	0
10	0	0	0	0

图 14.17　例 14.6 中 B_1 卡诺图

⑤ 图 14.18 是 B_0 的卡诺图。

A_3A_2 \ A_1A_0	00	01	11	10
00	0	1	1	0
01	0	1	1	0
11	0	1	1	0
10	0	1	1	0

图 14.18　例 14.6 中 B_0 卡诺图

利用圈"1"法，从上图中可得 5 个输出变量的最简与或式

$$B_4 = A_3A_2 + A_3A_1$$

$$B_3 = A_3\,\overline{A}_2\,\overline{A}_1$$

$$B_2 = \overline{A}_3A_2 + A_2A_1$$

$$B_1 = \overline{A}_3A_1 + A_3A_2\,\overline{A}_1$$

$$B_0 = A_0$$

(2) 逻辑电路图：根据最简逻辑表达式，可得逻辑电路图，如图 14.19 所示。

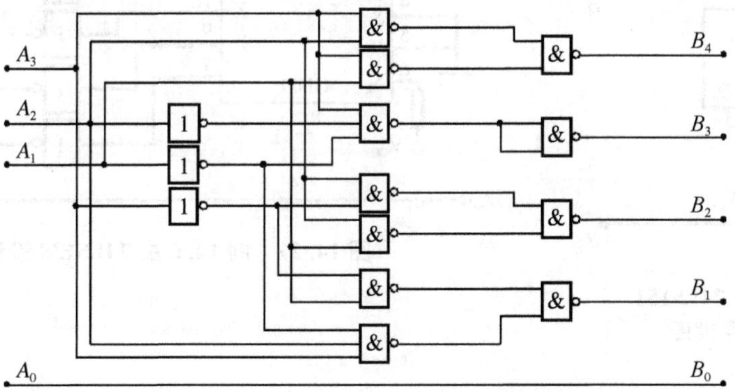

图 14.19　例 14.6 逻辑电路图

(3) 实验验证：在实验电路板上搭建该电路，并验证其逻辑功能是否正确。

方法二：用 74LS151 数据选择器设计实现该电路。

根据最简逻辑表达式，可知输出变量 $B_0 = A_0$，而 B_4、B_3、B_2、B_1 与 A_0 无关。化简真值表，可得表 14.6。

表 14.6 例 14.6 化简后的真值表

输入			输出			
A_3	A_2	A_1	B_4	B_3	B_2	B_1
0	0	0	0	0	0	0
0	0	1	0	0	0	1
0	1	0	0	0	1	0
0	1	1	0	0	1	1
1	0	0	0	1	0	0
1	0	1	1	0	0	0
1	1	0	1	0	0	1
1	1	1	1	0	1	0

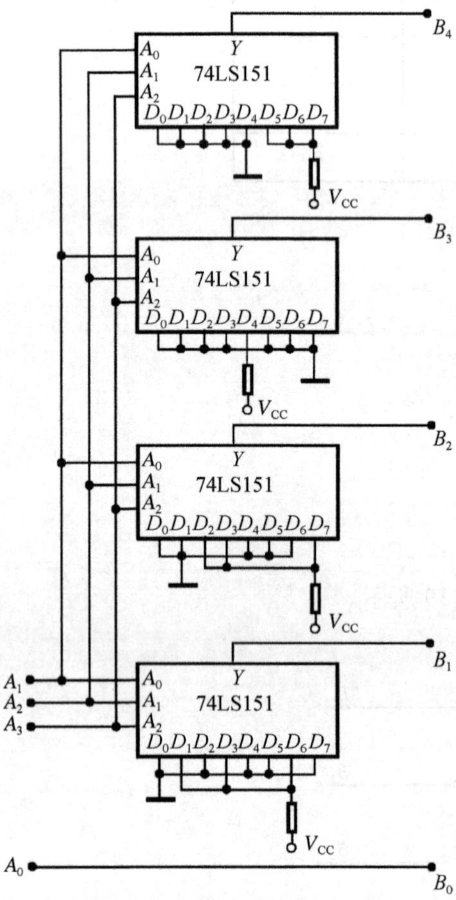

图 14.20 例 14.6 由 74LS151 设计的电原理图

选用四片八选一数据选择器 74LS151 进行设计，令输入变量 A_3、A_2、A_1分别等于 74LS151 中的选择输入信号 A_2、A_1、A_0，可得电原理图如图 14.20 所示。

在实验电路板上搭建该电路，并验证其逻辑功能是否正确。

方法三：用 74LS138 译码器设计实现该电路。

选用一片 3 线-8 线译码器 74LS138 进行设计，令输入变量 A_3、A_2、A_1分别等于 74LS138 中的译码信号输入端 C、B、A，根据最简逻辑表达式可得电原理图如图 14.21 所示。

在实验电路板上搭建该电路，并验证其逻辑功能是否正确。

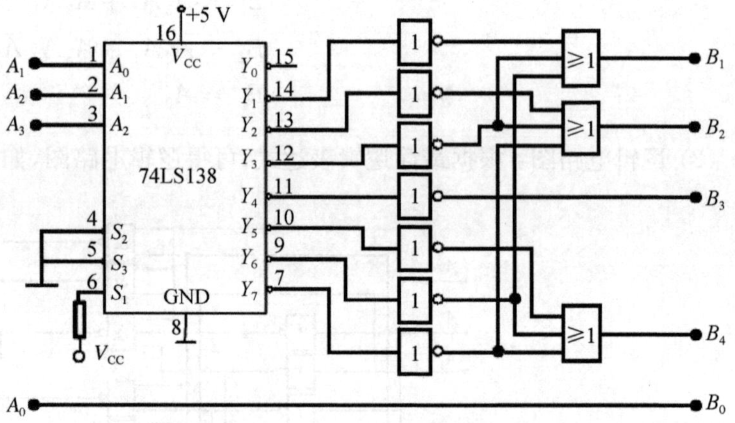

图 14.21 例 14.6 由 74LS138 设计的电原理图

14.9.4 实验器材

(1) 实验电路板。

(2) 示波器 Agilent DSO-X 2012A。

(3) 实验元器件自定。

14.9.5 实验报告要求

记录实验预习、实验过程和实验结果，验证设计的逻辑电路是否满足要求。

14.9.6 思考题

(1) 试设计四位二进制数到格雷码转换的电路。

(2) 试设计四位格雷码到二进制数转换的电路。

14.10 冒险和竞争的研究实验

组合逻辑电路中,当输入变量发生变化时,由于电路中器件的延迟时间和信号传播路径的不同,导致其后某个门电路的两个输入端发生有先有后的变化,称为竞争。竞争现象有时会产生逻辑错误,称为冒险。

14.10.1 实验目的

(1) 观察组合电路中冒险和竞争产生的原因。

(2) 掌握消除冒险和竞争方法。

14.10.2 预习要求

(1) 掌握组合电路产生冒险现象的原因、种类及消除方法。

(2) 掌握测试冒险现象的方法。

(3) 按实验要求设计出逻辑电路,并分析自己设计的逻辑电路,(不加冗余项)有几种可能产生冒险的现象,并设计出测试方法及消除冒险的方法。列出所需要门电路的清单。

(4) 3 位二进制数的输出Q_2、Q_1、Q_0,连接到 74LS138,以实验电路板上有关电路为基础,设计实验连线图。

14.10.3 实验原理

1. 竞争和冒险

1) 竞争现象

在设计组合电路时,还必须考虑到门电路的延时时间 t_{pd} 的存在,事实上,信号经过不同的路径所产生的延迟时间不相同。各路径上的延迟时间不仅与信号经过的每个逻辑门延迟时间有关,而且与信号经过逻辑门的级数和导线的长短有关。多个输入信号经过不同路径到达同一输出端的时间存在着时差,这种现象称为竞争。

如图 14.22(a)所示,函数表达式为 $F=A\overline{A}$,从波形图可以看出,由于到达与门的输入端信号 A 和信号$\overline{A}$之间有时间差,经与门相与后产生了一个不希望出现的干扰脉冲(与门消耗了 1 个 t_{pd} 的时间)。

如果输入端只是单个信号发生变化而引起的竞争,则称为逻辑竞争。如果输入端是几个互相独立的信号发生变化,且由于延迟时间的不同而产生的竞争,则称为功能竞争。

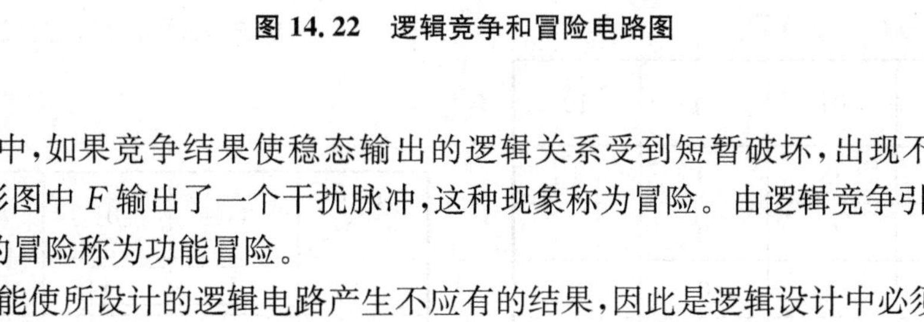

图 14.22 逻辑竞争和冒险电路图

2) 冒险现象

在组合逻辑电路中,如果竞争结果使稳态输出的逻辑关系受到短暂破坏,出现不应有的干扰脉冲,如图 14.22(b) 所示波形图中 F 输出了一个干扰脉冲,这种现象称为冒险。由逻辑竞争引起的冒险称为逻辑冒险,由功能竞争引起的冒险称为功能冒险。

竞争和冒险有可能使所设计的逻辑电路产生不应有的结果,因此是逻辑设计中必须考虑的实际问题。

2. 逻辑冒险的判别

1) 代数判别法

在只有一个输入变量改变状态的情况下,可以通过观察和简化逻辑函数来判断组合电路中是否有存在冒险的现象。

观察函数表达式，如果在表达式中既含有原变量之积或和项，又含有它的反变量之积或和项，就可以把此二项中的其余变量取值为“1”或“0”，如果所得到的结果出现 $A+\overline{A}$ 项或者出现 $A\overline{A}$ 项，电路就存在竞争冒险。

例 14.7 判别图 14.23 中是否存在竞争冒险。

解 图 14.23(a)电路的逻辑表达式为

$$F=\overline{\overline{AB}\cdot\overline{\overline{A}C}}=AB+\overline{A}C$$

当变量 B 和变量 C 不变，只有变量 A 变化，即 $B=C=1$ 时，公式可化成 $F=A+\overline{A}$，电路存在竞争冒险。

图 14.23(b)所示电路的逻辑表达式为

$$F=\overline{\overline{A+B}\cdot\overline{\overline{A}+C}}=(A+B)(\overline{A}+C)$$

当变量 B 和变量 C 不变，只有变量 A 变化，即 $B=C=0$ 时，公式可化成 $F=A\cdot\overline{A}$，电路存在竞争冒险。

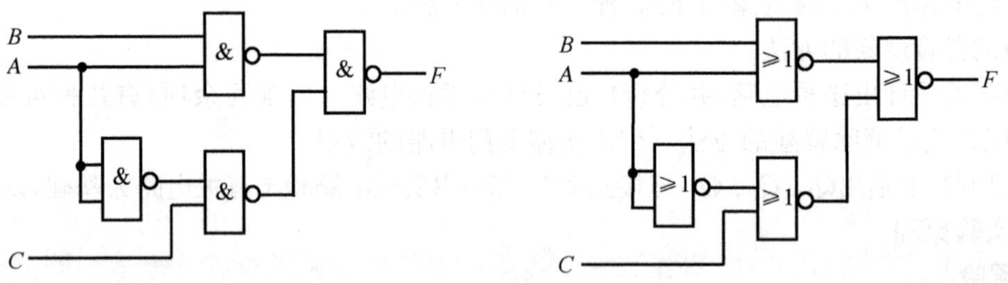

(a) (b)

图 14.23 逻辑电路

2) 卡诺图判别法

用卡诺图法来判断逻辑函数的电路是否可能产生冒险现象比代数法更加直观。按通常的卡诺图化简法把逻辑函数填入卡诺图中，并画出卡诺圈。如果两卡诺圈之间存在不被同一卡诺圈包含的相邻最小项，即两个卡诺圈存在“相切”，则该电路可能产生竞争冒险现象。

例 14.8 图 14.23 所示电路的函数为 $F=\overline{\overline{AB}\cdot\overline{\overline{A}C}}=AB+\overline{A}C$。

按正常化简方法填入卡诺图中，如图 14.24(a)所示，可以发现两个卡诺圈间有相邻最小项。当 $B=C=1$ 时，A 从“1”→“0”，相当于输入变量 A、B、C 从“111”→“011”。

从卡诺图上看，是从一个卡诺圈变化进入到另一个卡诺圈，电路发生了竞争冒险。

A \ BC	00	01	11	10
0	0	1	1	0
1	0	0	1	1

(a) $F=AB+\overline{A}C$

A \ BC	00	01	11	10
0	0	0	0	1
1	1	1	0	1

(b) $F=A\overline{B}+B\overline{C}$，存在竞争冒险

AB \ CD	00	01	11	10
00	0	0	0	1
01	0	0	0	1
11	0	0	0	0
10	1	1	1	1

(c) $F=\overline{A}C\overline{D}+A\overline{B}$，存在竞争冒险

A \ BC	00	01	11	10
0	1	1	0	0
1	1	1	1	1

(d) $F=A\overline{B}+AC$，不存在竞争冒险

图 14.24 几种常见的判别法

无论是代数法或卡诺图法，只能判断该组合电路是否可能产生竞争冒险现象，但是究竟是否会产生竞争冒险现象，或产生的竞争冒险现象对电路的功能产生何种影响，最后还是要靠对实际电路的测量加以确认。

3. 逻辑冒险的消除

1）增加冗余项

逻辑冒险可以通过重新设计电路来消除冒险，也可以通过在逻辑表达式中增加冗余项的方法来消除竞争冒险，目的是使函数不能化成 $F=A+\overline{A}$ 或者 $F=A\cdot\overline{A}$ 的形式，缺点是增加了电路结构的复杂性。

以例 14.8 卡诺图为例，图中增加了虚线所示的卡诺圈后，如图 14.25 所示，化简后的函数表达式为 $F=AB+\overline{A}C+BC$，可消除竞争冒险的现象。

A \ BC	00	01	11	10
0	0	1	1	0
1	0	0	1	1

图 14.25 增加了冗余项

2）在电路输出端加滤波电容

在组合逻辑电路中，由竞争冒险而产生的干扰脉冲一般情况下宽度很窄，所以在电路的输出端和地线之间接一个小的滤波电容消除干扰脉冲(图 14.26)。由于竞争冒险而产生的干扰脉冲的宽度与门电路的传输时间属于同一数量级，因此，在 TTL 门电路中，只要选择几百 PF 以下的电容，就可以把瞬间的干扰脉冲抑制在下一级门电路的阀值电压以下，从而消除电路中的竞争冒险现象。电容的容量要实测决定。电容过大会破坏脉冲的前沿，一般适合低速的逻辑电路中。

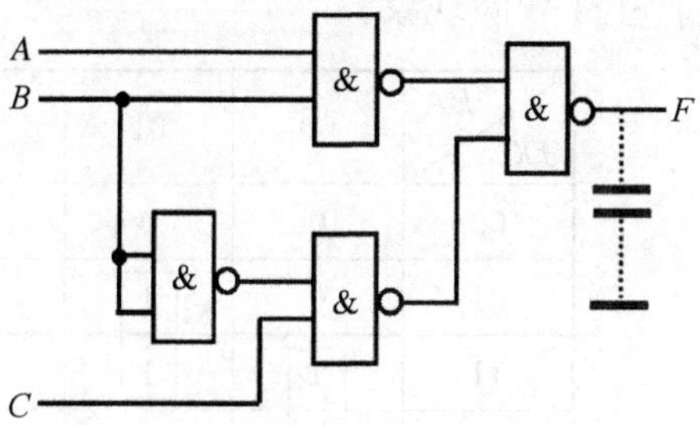

图 14.26 电路的输出端加滤波电容

3）加选通脉冲

由竞争而产生的干扰脉冲只是发生在输入信号变化的瞬间，因此在这段时间先把门封锁，在干扰脉冲这段时间过后，电路进入稳态时，再加入选通脉冲，选取输出结果。要注意的是，选通信号的作用时间要合适。如图 14.27 所示，尽管电路的输入信号发生变化时，电路会发生竞争和冒险，但是门 G 选通脉冲的低电平封锁了门 G。等到电路进入稳态时，选通信号的高电平打开了门 G，信号顺利地输出。

以上为解决竞争冒险的几种常用方法，在逻辑电路的设计中要根据实际情况加以选择。竞争冒险作为产生噪声的重要原因之一，必须认真对待，在进行组合逻辑电路设计时，除了要进行静态测试、验证其逻辑功能外，还要进行动态测试，在输入信号发生变化情况下，用示波器观察输出信号，确定是否存在冒险现象。如果产生的冒险对电路正常工作带来不良影响，则必须采取措施来消除。

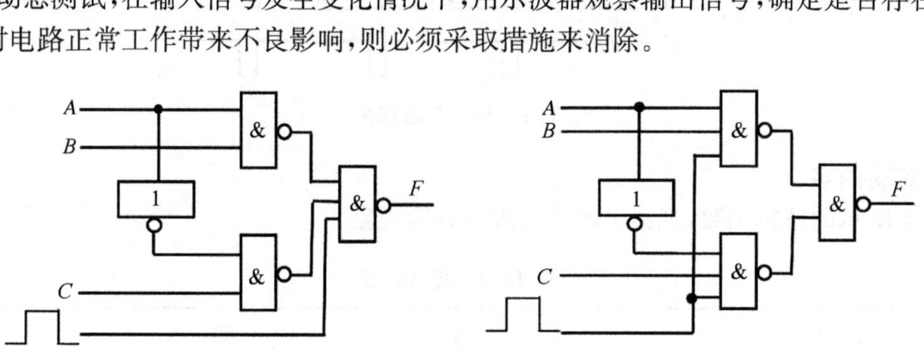

(a) (b)

图 14.27 加了选通脉冲后的电路

例 14.9 按表 14.7 所示的真值表，画出逻辑电路图，并检验是否存在冒险竞争。

表 14.7 真 值 表

输入				输出	输入				输出
A	B	C	D	F	A	B	C	D	F
0	0	0	0	0	1	0	0	0	1
0	0	0	1	0	1	0	0	1	0
0	0	1	0	1	1	0	1	0	1
0	0	1	1	1	1	0	1	1	0
0	1	0	0	0	1	1	0	0	1
0	1	0	1	1	1	1	0	1	1
0	1	1	0	1	1	1	1	0	1
0	1	1	1	1	1	1	1	1	0

按表 14.7 可作出卡诺图,如图 14.28 所示。

化简后的逻辑表达式为 $F=\bar{A}D+B\bar{D}+A\bar{B}C=\overline{\overline{\bar{A}D}\cdot\overline{B\bar{D}}\cdot\overline{A\bar{B}C}}$,电路图如图 14.29 所示。观察卡诺图,可以发现卡诺图中有相切的项。如果输入的数据从 $ABC\bar{D}\rightarrow A\bar{B}C\bar{D}$变化时,只有 B 的状态从 $1\rightarrow 0$,产生了冒险现象。

DC \ BA	00	01	11	10
00	0	0	1	1
01	0	1	1	1
11	1	1	0	1
10	1	0	0	1

图 14.28 对应表 14.7 的卡诺图

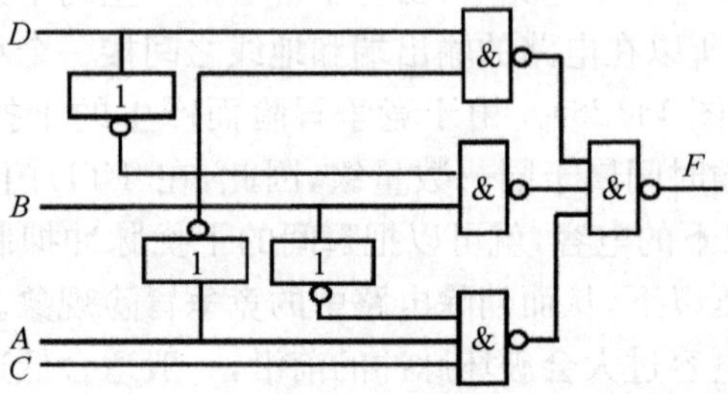

图 14.29 对应图 14.28 的逻辑电路图

观察:把电路输入端的 A、C、D 端分别接上"1,1,0",B 端接上 1 kHz 的方波信号,在输出端就能观察到如图 14.30 所示的波形,其中的尖脉冲就是波形。

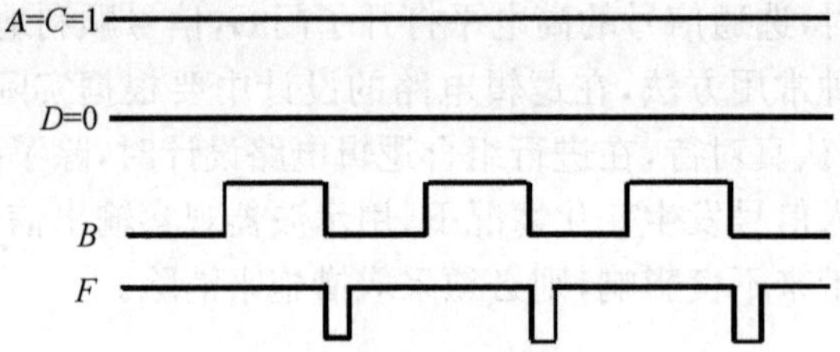

图 14.30 冒险现象

14.10.4 实验内容

实现表 14.8 所示的逻辑函数,观察可能会出现的冒险现象。

表 14.8 真 值 表

输入				输出	输入				输出
A	B	C	D	F	A	B	C	D	F
0	0	0	0	0	1	0	0	0	1
0	0	0	1	0	1	0	0	1	0

续　表

输　入				输　出	输　入				输　出
A	B	C	D	F	A	B	C	D	F
0	0	1	0	0	1	0	1	0	1
0	0	1	1	1	1	0	1	1	1
0	1	0	0	0	1	1	0	0	1
0	1	0	1	0	1	1	0	1	1
0	1	1	0	0	1	1	1	0	0
0	1	1	1	1	1	1	1	1	1

DC \ BA	00	01	11	10
00	0	0	1	0
01	0	0	1	0
11	1	1	1	0
10	1	0	1	1

图 14.31　对应表 14.8 的卡诺图

(1) 按图 14.31 所示的卡诺图设计出逻辑电路图，并验证其静态功能。

(2) 分析在什么样的码组输入时，逻辑函数会产生冒险。

(3) 对有可能产生冒险现象中的一组码制组合，其对应的一个变量，改为输入 100 kHz 脉冲信号，其余变量用 BIT 开关加相应的逻辑状态，并在 F 端观察波形，作好记录。

(4) 用并联电容来抑制冒险现象。观察对脉冲边沿的影响，用示波器作定量记录。窄脉冲的幅度小于 0.8 V 时，可以认为冒险现象已经消除。

(5) 用加冗余项来消除冒险现象，作出逻辑图，并记录波形。

14.10.5　实验器材

(1) 实验电路板。

(2) 示波器 Agilent DSO－X 2012A。

(3) 实验元器件门电路自定，电容 100 PF，300 PF，510 PF，1 000 PF。

14.10.6　实验报告要求

(1) 电路设计过程。

(2) 记录电路静态逻辑功能及测试情况。

(3) 记录冒险波形。

(4) 作出排除冒险的逻辑图。

(5) 记录用旁路电容消除冒险时对脉冲的影响有多大，并分析电容大小对消除冒险现象的作用。

14.10.7　思考题

(1) 是否在数字逻辑电路中的竞争都可能产生冒险？说明理由。

(2) 用并联电容来抑制冒险现象时，如果电容大于 0.1 μF，电路可能会出现什么不良现象？

第 15 章　脉冲电路实验

脉冲是数字电路信息表达、传送和接收、处理和存储的基本形式，正确地理解认识脉冲是数字电路的重要内容之一；表征脉冲的物理量及其测试（频率、周期、振幅、脉宽、占空比、上升沿、下将沿、过冲、欠冲、稳定度）是每一位电子硬件工程师的必修课；脉冲之间的关系（即时序图）的判读是电子工程师所具备的基本功；而多谐振荡器与时钟产生电路是每一个数字系统所必不可少的；熟悉波形调整的技巧与施密特触发器的使用，则可以提高电子工程师电子产品的设计技巧。

15.1 基础知识

15.1.1 认识理解脉冲信号

脉冲信号是指在短时间内出现的电压或电流信号。一般来讲，凡是不具有连续正弦波形状的信号，都可以称为脉冲信号。如图 15.1 所示电子电路中常出现的几种脉冲。

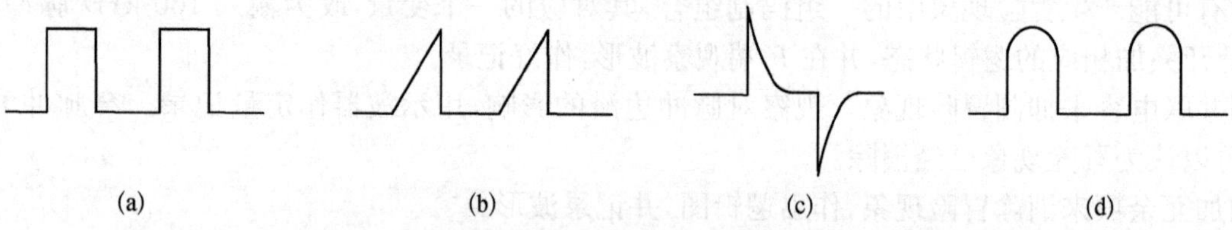

图 15.1　(a) 矩形波；(b) 锯齿波；(c) 微分波；(d) 钟形波

数字电路工作时，电路的外在特性表现为在高电压和低电压状态之间来回变化的矩形波。图 15.1(a)表示一个从正常高电压到低电压，再回到高电压所产生的反向脉冲（负脉冲）。图 15.1(b)表示一个从正常低电压开始，到高电压，再回到低电压所产生的正向脉冲（正脉冲）。这一系列的脉冲形成了数字电路的数字波形。矩形脉冲是数字电路工作的基本模式，没有脉冲就没有数字电路；数字电路中所有的信息都是以脉冲的形式接收和处理并传送到另一块电路的。因此认识脉冲是学习数字电路的主要内容。

1. 脉冲

理想的矩形脉冲如图 15.2 所示，脉冲有两条边：在 t_0 时刻出现前沿（leading edge），在 t_1 时刻出现后沿（trailing edge）。在一个正向脉冲里，前沿是上升沿（rise edge），后沿是下降沿（fall edge）。图 15.2 所示的是

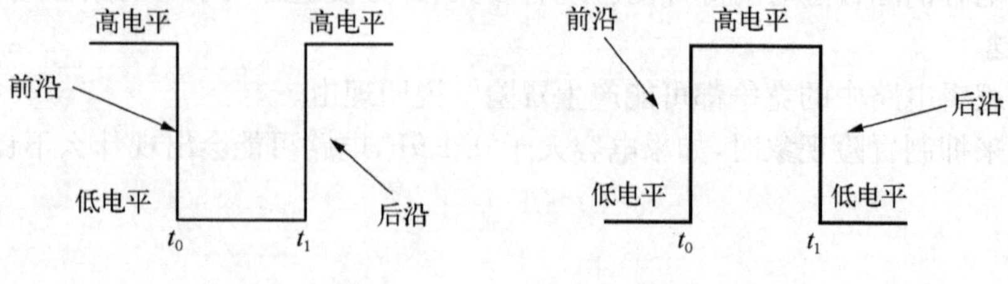

图 15.2　理想的矩形脉冲

理想状态下的脉冲,因为它假设上升沿和下降沿的变化是在 0 秒内完成的(即瞬间),在工程实践中即使是最佳的状况下,这种矩形脉冲也是不可能出现的。

图 15.3 所示的则是一个非理想状态下的脉冲。从低电平到高电平所需的时间称为上升时间(rise time,t_r),从高电平到低电平所需的时间称为下降时间(fall time,t_f)。在工程实践中,我们测量上升时间通常是从 10%脉冲幅度(相对于基线的高度)处到 90%脉冲幅度处,测量下降时间则是从 90%幅度处到 10%幅度处。上升时间和下降时间不包括脉冲顶部和底部的 10%,因为这部分是非线性的。我们一般将上升沿和下降沿之间 50%处定义为脉冲宽度(pulse width,t_w),即持续时间,如图 15.3 所示。

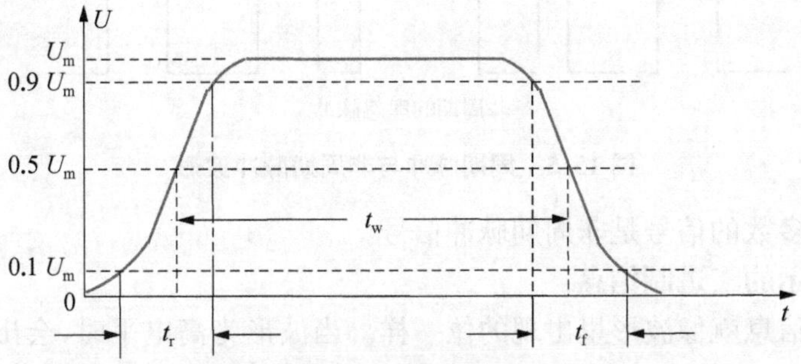

图 15.3　非理想状态下的脉冲特征

对于高速数字电路,由于传输路径阻抗不匹配引起波形的反射和叠加,在示波器上可以观测到过冲(overshoot)、欠冲(undershoot)及振铃(ringing)。如图 15.4 所示是示波器显示的一种实际数字信号波形,这三种现象是评判电路传输特性的重要指标,要把它们控制在电平容限范围之内,否则会引起逻辑错误。

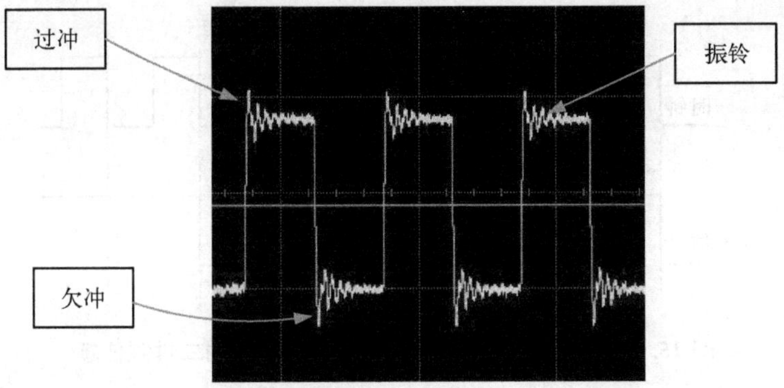

图 15.4　高速脉冲电路中的过冲、欠冲和振铃

2. 波形特征

在数字系统里,我们用示波器观测电路中的某一个测试点,会得到由一串脉冲所组成的图形,称为数字波形。这些脉冲称为脉冲序列,可分为周期性的和非周期性的。周期性波形就是在一个固定的间隔里不断重复,我们称这个间隔为周期(T)。频率(f)则是重复的速度,单位是赫兹(Hz)。而一个非周期性脉冲波形则不会在一个固定的间隔里重复,它可能由脉冲宽度不定的脉冲组成,也有可能由时间间隔不定的脉冲组成,如图 15.5 所示。

脉冲波形的频率就是其周期的倒数,它们之间的关系如下所示。

$$\text{频率}\quad f=\frac{1}{T} \tag{15.1}$$

$$\text{周期}\quad T=\frac{1}{f} \tag{15.2}$$

周期性数字波形的一个重要特征就是它的占空比,占空比是脉冲宽度(t_w)占周期(T)的百分比。

$$\text{占空比}=\frac{t_w}{T}\times 100\% \tag{15.3}$$

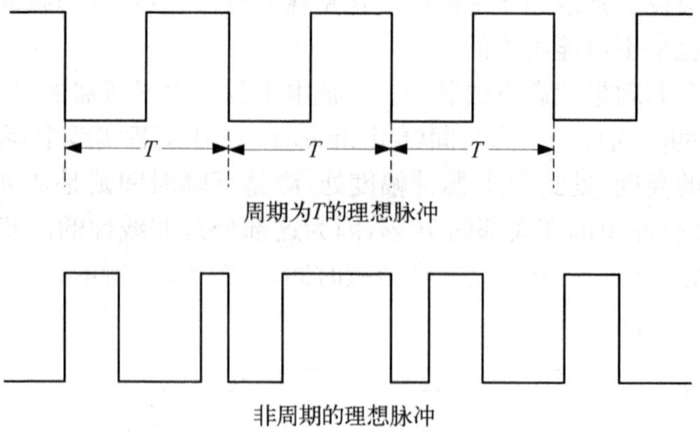

图 15.5 周期脉冲与非周期脉冲波形

数字电路系统中绝大多数的信号是非周期脉冲信号。

15.1.2 数字波形表示的二进制信息

数字系统处理二进制信息就像波形里出现的位一样。当波形为高电平时，会出现二进制 1；当波形为低电平时，会出现二进制 0。每个位在一个序列里所占的固定时间间隔称为位时间(bit time)。

时钟 在数字系统中，所有的波形都与一个基本时序波形同步，我们称之为时钟。它是周期性波形，脉冲(周期)之间的间隔等于一个位的时间。时钟是数字电路的心脏和时间尺度，没有时钟就没有数字电路，时钟不准确会导致数字电路工作混乱。一般数字电路时钟的稳定度都要求在皮秒(Ps)级。

图 15.6 所示为一个时钟波形。注意，在这种情况下，脉冲波形的变化都是发生在时钟波形的前沿。

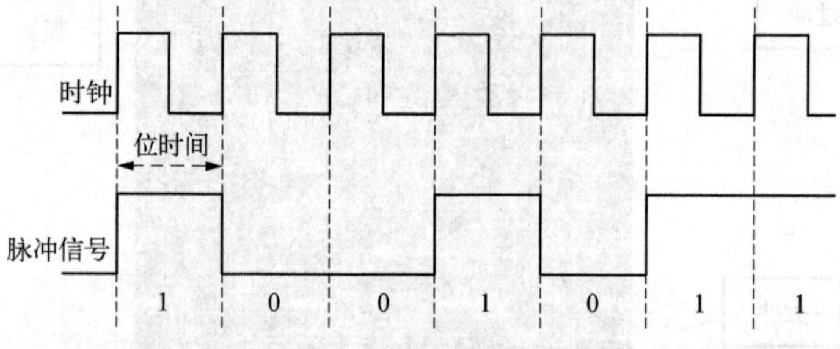

图 15.6 一个示例：时钟波形与用波形表示的二进制信息

在其他情况下，电平的变化发生在时钟的后沿。在每个位时间之内，波形可为高电平也可为低电平。这些高电平和低电平形成了图 15.6 所示的位的序列。一组位就可作为二进制信息来使用，如数字或字母。而时钟波形本身不传输任何信息。本例中时钟是周期性的，在数字系统中，时钟的周期性不是必需的。总体而言，时钟的上升沿和下降沿与脉冲信号之间的相对关系更重要，这种相对关系称为时序图。

15.1.3 时序图判读

时序图就是数字波形的曲线图，它表示两个或两个以上电路观测点上由示波器在一段时间内记录的各自的脉冲波形(或者期望的理想波形)，同时还表示了每个波形与其他波形相关联而发生变化的互动关系。图 15.6 表示了时钟波形和一个波形脉冲在时间上的关系。

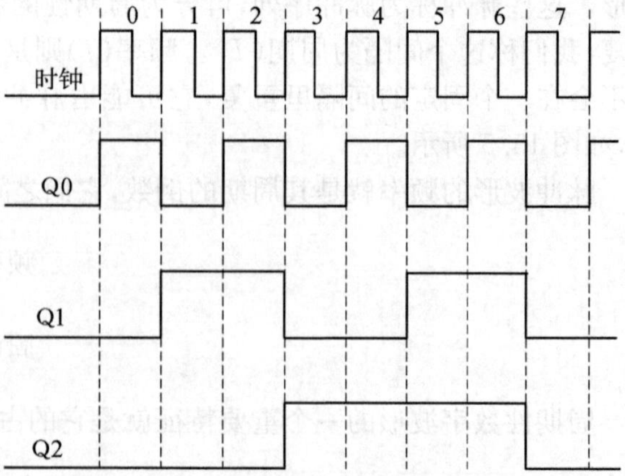

图 15.7 包含 4 个信号的时序图示例

通过观察时序图，可以及时确定在特定点上所有波形的状态(高或低)以及一个波形相对于其他波形改变状态的确切时间。图 15.7 是由 4 个波形组成的时序图示例。比如，从这个时序图中可以看出，开始时，有 3 个波形 Q0、

Q1 和 Q2 都为低电平状态，只有在位时间 6 期间是同时处于高电平状态，在位时间 6 的末端，这几个波形全部变回为低电平状态，而且所有的改变都发生在时钟信号的上升沿。

时序图形象地表达了一组数字信号相互之间的逻辑关系，是我们判断电路是否正常工作的一个依据，因此正确判读时序图是每一个电子工程师必须掌握的技能。

15.2　多谐振荡器与脉冲产生电路的实验研究

多谐振荡器是数字电路时钟的发生器，是数字电路的心脏。从“0”和“1”上理解多谐振荡器是真正掌握其本质。

15.2.1　实验目的

(1) 初步掌握多谐振荡器的工作原理。
(2) 学习几种数字电路构成的多谐振荡器。
(3) 掌握数字脉冲波形的调整方法。

15.2.2　预习要求

(1) 理解 555 工作原理并画出工作过程图。
(2) 阅读 555 参数手册，列出关键参数表。
(3) 计算产生 1 kHz 方波合适的电子元件参数。
(4) 熟悉实验原理图和电路板实物图 U_{16} 及相关区域，并建立起联系。
(5) 编写自己的实验操作步骤。
(6) 设计实验数据记录表。

15.2.3　振荡的原理

我们知道，数字电路的工作总是处于两个简单的状态，即“0”状态和“1”状态。如果让电路周而复始地自动在“0”和“1”这两个状态之间来回变化，就产生了脉冲了吗？如何利用数字电路已经学过的知识来实现这种自动的变换？我们已经学习过“V_{IL}”和“V_{IH}”的概念，如果我们能让某个电压不停地在“V_{IL}”和“V_{IH}”之间变化就可以了吗？而电容的充电和放电过程，就正好满足这种需求吗？这就是多谐振荡器核心思想。

多谐振荡器是一种能产生矩形波的自激振荡器，也称矩形波发生器。“多谐”指矩形波中除了基波成分外，还含有丰富的高次谐波成分。多谐振荡器没有稳态，只有两个暂稳态。工作时，电路的状态在这两个暂稳态之间自动地交替变换，由此产生矩形波脉冲信号，常用作脉冲信号源及时序电路中的时钟信号发生器。因为没有稳定的工作状态，多谐振荡器也称为无稳态电路。具体地说，如果一开始多谐振荡器处于 0 状态，那么它在 0 状态停留一段时间后将自动转入 1 状态，在 1 状态停留一段时间后又将自动转入 0 状态，如此周而复始地输出矩形波。

如图 15.8 所示的电路是最简单的多谐振荡器。电路中利用深度正反馈，通过阻容耦合使两个晶体三极管器件交替导通和截止，从而自激产生方波输出的振荡器。图中 Q_1 可以选用 3CK3，Q_2 可以选用 3DK7，$R_1=R_5=4.7\ \mathrm{M\Omega}$，$R_2=R_4=3.9\ \mathrm{k\Omega}$，$R_3=R_6=12\ \mathrm{k\Omega}$，$C_1=C_2=0.1\ \mu\mathrm{F}$。

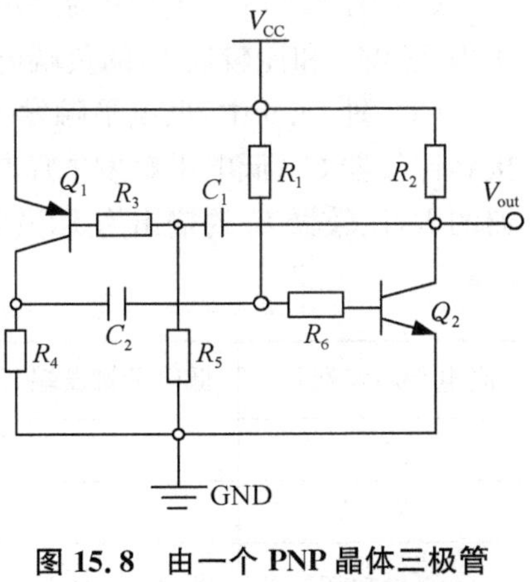

图 15.8　由一个 PNP 晶体三极管和一个 NPN 晶体三极管构成的自激振荡电路

15.2.4　LM555 定时器和基于 LM555 的多谐振荡器工作原理

LM555 定时器的电路结构，如图 15.9 所示，由以下几部分组成：

(1) 三个 5 kΩ 电阻组成的分压器。
(2) 两个电压比较器 C1 和 C2，特性如图 15.10 所示。
(3) 一个基本 RS 锁存器，特性如图 15.11 所示。
(4) 一个放电三极管 T 及反向器 G 用作输出缓冲器。

电压比较器 C_1 和 C_2 特性：若 $U_+>U_-$，则 U_o 为高电平；若 $U_+<U_-$，则 U_o 为低电平。

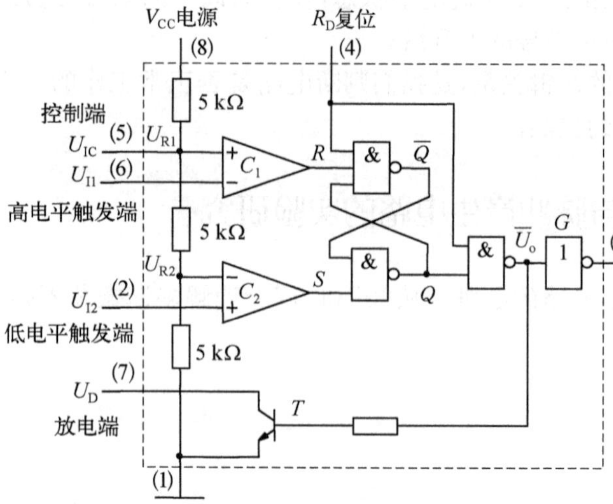

图 15.9 定时器 555 内部结构图

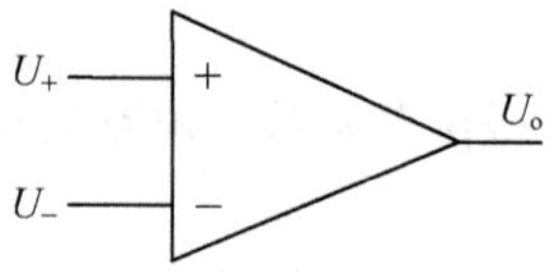

图 15.10 电压比较器

基本 RS 锁存器特性如图 15.11 所示。其特征方程为

$$Q^{n+1}=\overline{S\overline{Q}}=\overline{S\overline{RQ}}=\overline{S}+RQ^n$$

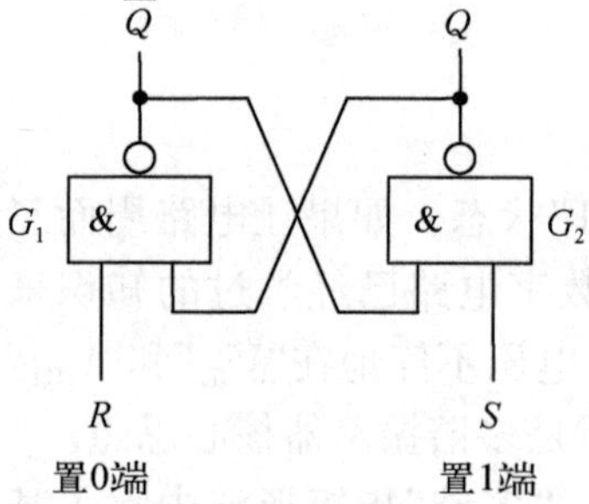

锁存器

R	S	Q^n	Q^{n+1}	功 能
0	0	0 1	× ×	不定
0	1	0 1	0 0	置 0
1	0	0 1	1 1	置 1
1	1	0 1	0 1	$Q^{n+1}=Q^n$ 保持

功能表

图 15.11 基本 RS 锁存器及其功能表

LM555 定时器的工作原理：

(1) 图 15.9 中，复位输入端标号为 LM555 的 4 脚(R_D)，当 R_D 为低电平时，不管其他输入端的状态如何，输出 U_o 为低电平。因为 R_D 为 RS 锁存器直接置零端，所以 R_D 必须为高电平，LM555 才能工作。

(2) 图 15.9 中，电压控制端标号为 LM555 的 5 脚，当其悬空时，由于电阻的分压作用，比较器 C_1 正端电压为 $2/3V_{CC}$ 和比较器 C_2 的负端电压为 $1/3V_{CC}$。

(3) 图 15.9 中，低电平触发端为 LM555 的 2 脚，连接到比较器 C_2，高电平触发端为 LM555 的 6 脚，连接到比较器 C_1；低电平触发电压与 $1/3V_{CC}$ 比较，高电平触发电压与 $2/3V_{CC}$ 比较；比较器 C_1 的输出为 RS 锁存器的 R，比较器 C_2 的输出为 RS 锁存器的 S，从而控制 RS 触发器，决定输出状态。功能如表 15.1 所示。

表 15.1 LM555 定时器功能表(U_{IC}端开路时)

高电平触发端 U_{I1}	低电平触发端 U_{I2}	R 端	S 端	复位端 R_D	输出端 U_O	放电管 T	功 能
×	×	×	×	0	0	导通	复位
$<2/3V_{CC}$	$<1/3V_{CC}$	1	0	1	1	截止	置 1
$>2/3V_{CC}$	$>1/3V_{CC}$	0	1	1	0	导通	置 0
$<2/3V_{CC}$	$>1/3V_{CC}$	1	1	1	不变	不变	保持

基于 LM555 的多谐振荡器工作原理：

用 LM555 设计多谐振荡器电路比较简单，如图 15.12 所示，由两个电阻和两个电容组成；低电平触发端 2 脚和高电平触发端 6 脚一起连接到电容器 C，充电回路由 R_1、R_2 和电容器 C 构成，放电回路则由 R_2 和电容器 C 构成。

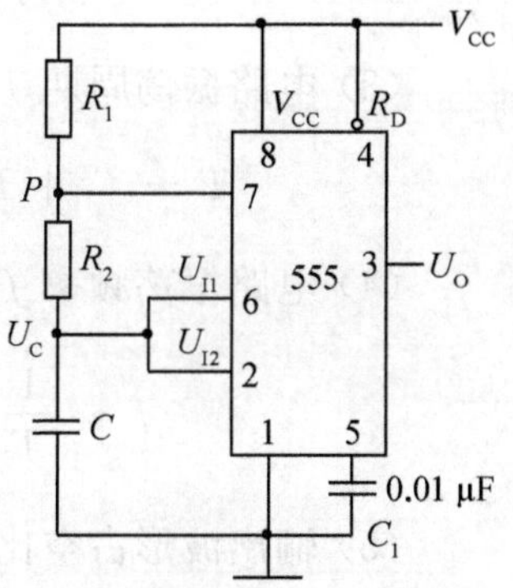

图 15.12
LM555 多谐振荡器电路图

工作过程如图 15.13 所示，上电时由于 LM555 置 0 端第 3 脚接在电源上，芯片处于工作状态，此时电容 C 上的电压 U_C 为 0，比较器 C_1 的输出 $R=1$，比较器 C_2 的输出 $S=0$，则晶体三极管 T 的基极为低电平 0，T 截止，电源通过电阻 R_1 和 R_2 对电容 C 充电，并且当 U_C 小于 $1/3V_{CC}$ 时，电路的各部分没有任何变化，电容 C 继续充电。

(1) 当 U_C 充电到大于 $1/3V_{CC}$ 而小于 $2/3V_{CC}$ 时，比较器 C_2 输出 $S=1$，比较器 C_1 输出 $R=1$，锁存器状态不变，晶体三极管 T 的基极维持为低电平 0，T 截止，电容 C 继续充电。

(2) 当 U_C 大于 $2/3V_{CC}$ 时，比较器 C_2 输出 $S=1$，比较器 C_1 输出 $R=0$，锁存器状态翻转，晶体三极管 T 的基极变为高电平 1，T 导通，电容 C 通过 R_2 和 T 回路放电。

(3) 当 U_C 放电到小于 $2/3V_{CC}$ 而大于 $1/3V_{CC}$ 时，比较器 C_2 输出 $S=1$，比较器 C_1 输出 $R=1$，锁存器状态不变，晶体三极管 T 的基极维持为高电平 1，T 导通，电容 C 继续通过 R_2 和 T 回路放电。

(4) 当 U_C 放电到小于 $1/3V_{CC}$ 时，比较器 C_2 输出 $S=0$，比较器 C_1 输出 $R=1$，锁存器状态翻转，晶体三极管 T 的基极变为低电平 0，T 截止，电容 C 又回复到充电状态。

(5) 电路进入 (1) → (2) → (3) → (4) → (1) 的循环，直到断电，电路输出矩形波，此时对应于电容器 C 上的电压波形图如图 15.14 所示。

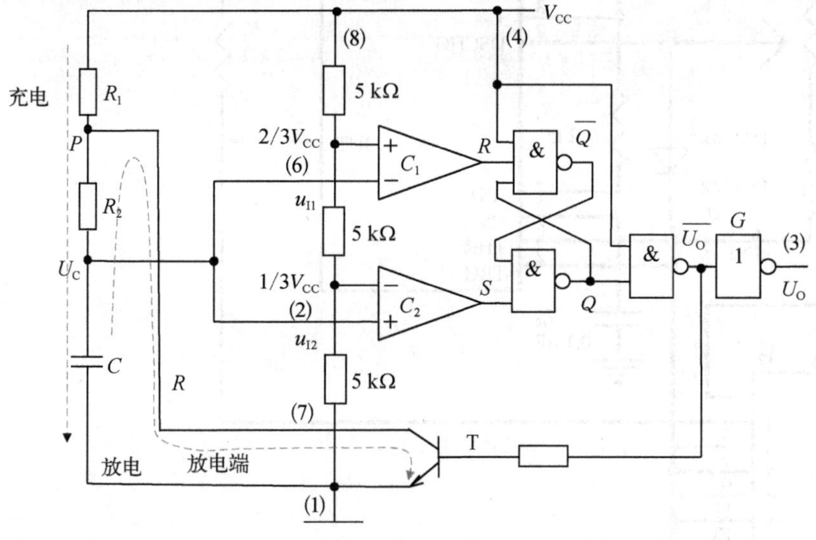

图 15.13　为图 15.12 所示 LM555 多谐振荡器电路工作过程图

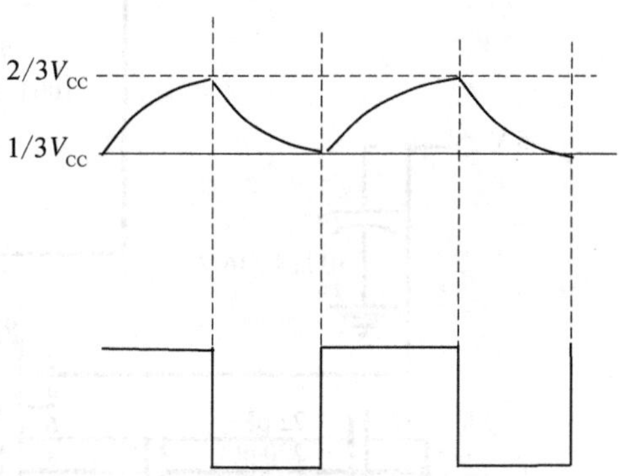

图 15.14　LM555 多谐振荡器电路中电容上的电压波形

工作频率的计算(图 15.15)：

(1) 电容充电时间 T_1 为

$$T_1=\tau_1\ln\frac{U_C(\infty)-U_C(0^+)}{U_C(\infty)-U_C(T_1)}=\tau_1\ln\frac{V_{CC}-\dfrac{1}{3}V_{CC}}{V_{CC}-\dfrac{2}{3}V_{CC}}=0.7(R_1+R_2)C$$

(2) 电容放电时间 T_2 为

$$T_2 = 0.7R_2C$$

(3) 电路振荡周期 T 为

$$T = T_1 + T_2 = 0.7(R_1 + 2R_2)C$$

(4) 电路振荡频率 f 为

$$f = \frac{1}{T} \approx \frac{1.43}{(R_1 + 2R_2)C}$$

(5) 输出波形占空比 q 为

$$q = \frac{T_1}{T} = \frac{R_1 + R_2}{R_1 + 2R_2}$$

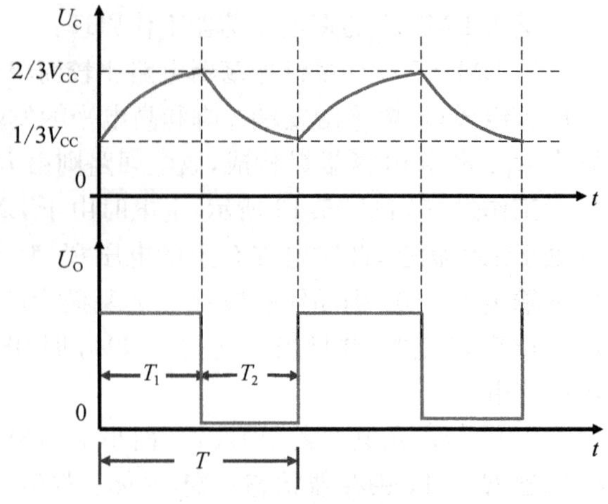

图 15.15 工作频率示意图

15.2.5 实验内容

用 LM555 产生 1 kHz 方波。

15.2.6 实验原理图

实验原理图如图 15.16 所示。

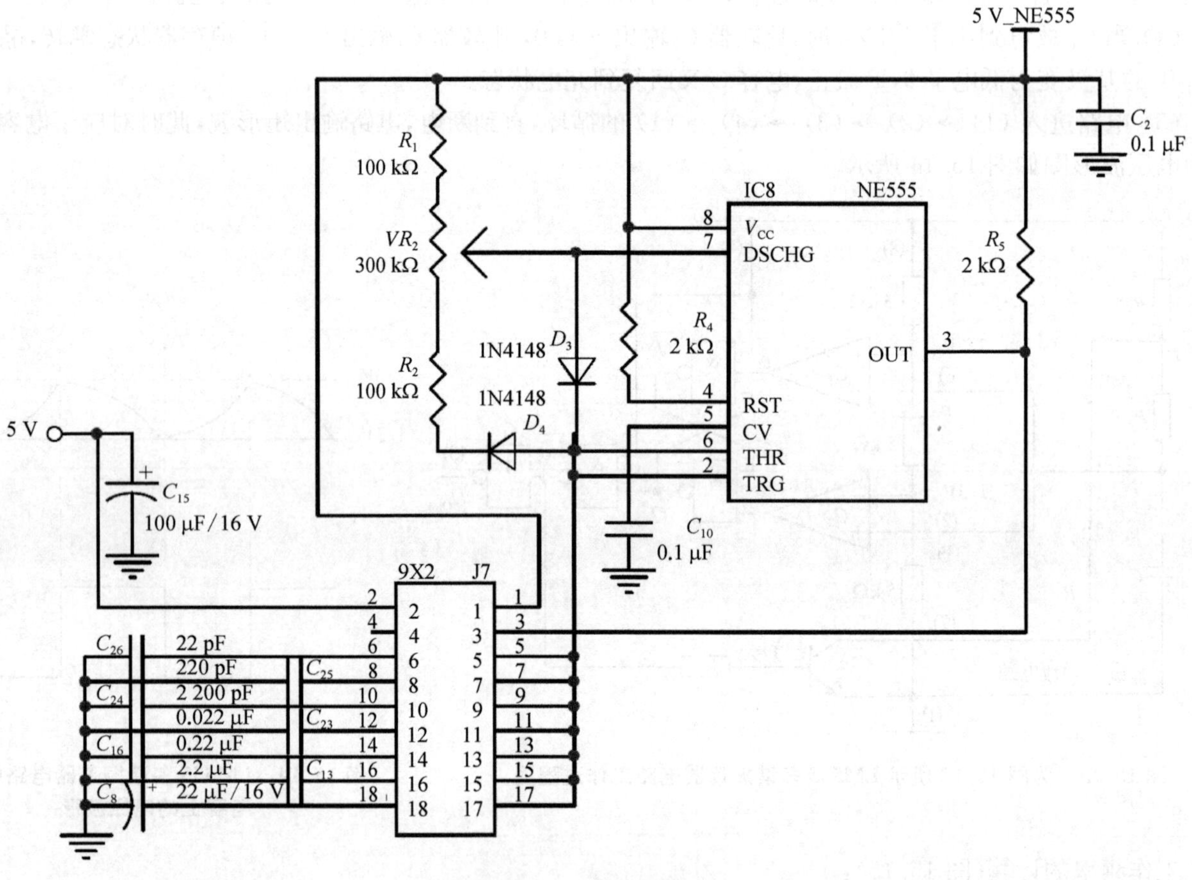

图 15.16 实验电路图

15.2.7 实验操作内容

(1) 连接实验电路板和电源。

(2) 按预定的实验操作步骤操作。

(3) 解决实验过程中的异常情况。

(4) 记录实验结果。

(5) 实验数据处理与分析。

15.2.8　实验器材

(1) 实验电路板。

(2) 示波器 Agilent DSO - X 2012A。

(3) 实验元器件 LM555 等。

15.2.9　实验报告

把实验过程完整地记录下来就是实验报告(预习—实验室操作—实验数据处理和分析—实验总结)。

15.2.10　思考题

(1) 比较 LM555 构成的多谐振荡器与由两个三极管构成的多谐振荡器的异同。

(2) 比较 LM555 构成的多谐振荡器和由运算放大器构成的振荡器特点。

15.3　利用逻辑门构成多谐振荡器的实验研究

利用逻辑门和电阻电容构成多谐振荡器是最方便、经济适用的。在精度要求不高的场合得到了广泛的使用。

15.3.1　实验目的

(1) 学习用简单的 CMOS 非门电路产生脉冲波形。

(2) 掌握 CMOS 非门脉冲发生电路的应用方法。

15.3.2　预习内容

(1) 复习多谐振荡器的基本原理。

(2) 学习 15.3.3 节掌握实验原理。

(3) 设计实验原理图。

(4) 画出实物连线图。

(5) 建立起实验原理图和电路板实物图U_{12}、U_{27}、U_{29}及相关区域之间的联系。

(6) 编写自己的实验操作步骤。

(7) 设计实验数据记录表。

15.3.3　实验原理(图 15.17)

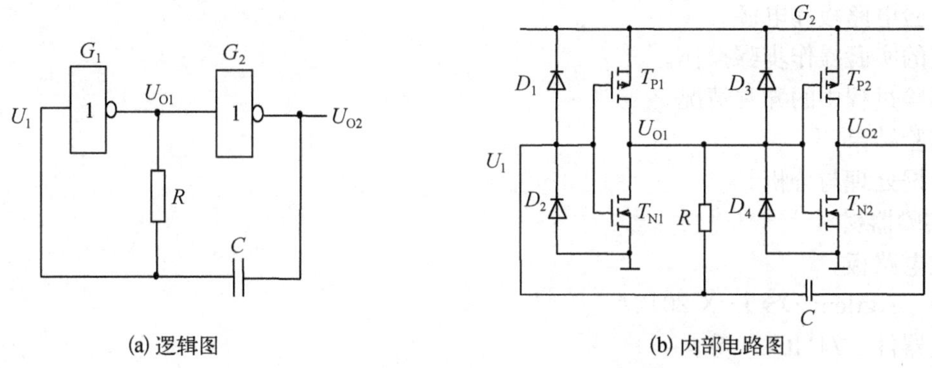

图 15.17　利用非门构成多谐振荡器原理图

(1) 设接通电源时，$U_C = 0$，G_1截止，$U_{O1} = 1$，G_2导通，$U_{O2} = 0$，$U_I = 0$。电路处于第一暂稳态。

(2) 电容 C 充电，充电时间常数为 RC，U_I按指数规律增加。当U_I增大至U_{th}时，电路发生正反馈过程，使得G_1迅速导通，G_2迅速截止，$U_{O1} = 0$，$U_{O2} = 1$。电路进入第二暂稳态。如图 15.18 所示。

(3) 由于电容两端的电压不能突变，U_I也上跳至 $V_{DD} + U_D$。

(4) 此后，电容 C 开始放电，放电时间常数为 RC，U_I按指数规律下降。当U_I下降至U_{th}时，电路又发生正反馈，使得G_1迅速截止，G_2迅速导通，$U_{O1} = 1$，$U_{O2} = 0$。电路又回到第一暂稳态。

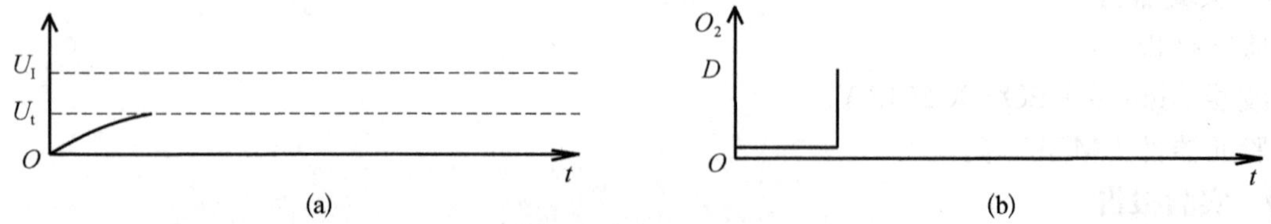

图 15.18　电容充电与输出波形图

(5) 同样，由于电容两端的电压不能突变，U_1应下跳至$U_{th}-V_{DD}$，但由于保护二极管的嵌位作用，仅下跳至$-U_D$。振荡工作过程如图 15.19。

$$T_1=\tau\ln\frac{U_C(\infty)-U_C(0^+)}{U_C(\infty)-U_C(T_1)}=\tau\ln\frac{V_{DD}}{V_{DD}-U_{th}}=\tau_1\ln 2=0.7RC$$

$$T_2=0.7RC$$

$$T=T_1+T_2=1.4RC$$

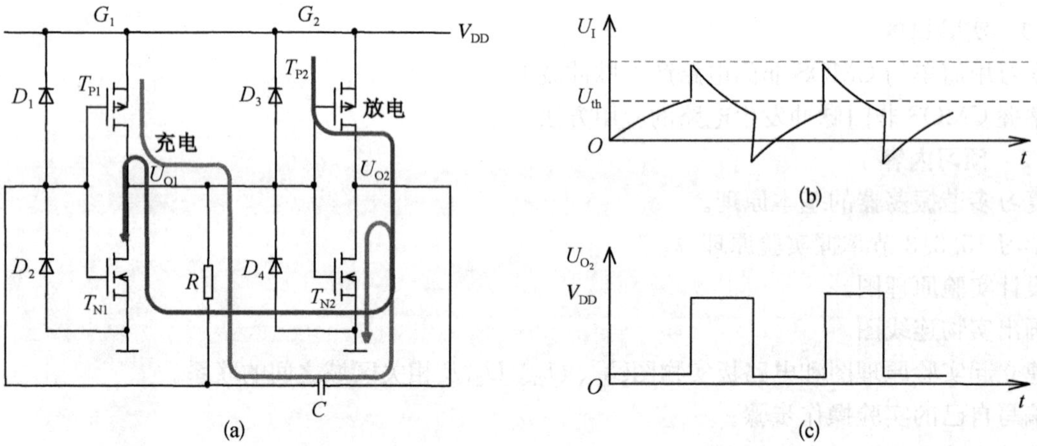

图 15.19　振荡工作过程图

15.3.4　实验室操作内容

(1) 连接实验电路板和电源。
(2) 按预定的实验操作步骤操作。
(3) 解决实验过程中的异常情况。
(4) 记录实验结果。
(5) 实验数据处理与分析。

15.3.5　实验器材

(1) 实验或电路板。
(2) 示波器　Agilent DSO-X 2012A
(3) 实验元器件　74HCO4 等。

15.3.6　实验报告

把实验过程完整地记录下来就是实验报告(预习—实验操作—实验数据处理和分析—实验总结)。

15.3.7　思考题

比较 LM555 构成的多谐振荡器和由非门构成的多谐振荡器的异同。

15.4　高精确秒脉冲发生器的实验研究

高精度数字脉冲的产生在很多场合下都会用到，本实验提供了一个最简单的高精度脉冲的产生方法。

15.4.1　实验目的

(1) 理解非门的和石英晶体的电器特性。

(2) 学习用 CMOS 非门与石英晶体构成多谐振荡器。

(3) 设计一个精度为纳秒级的秒脉冲振荡器。

15.4.2　预习内容

(1) 理解非门的和石英晶体的电器特性。

(2) 阅读石英晶体参数手册，列出关键参数表。

(3) 设计一个精度为纳秒级的秒脉冲方波。

(4) 设计实验原理图。

(5) 画出实物连线图。

(6) 建立实验原理图和电路板实物图U_{12}、U_{27}、U_{29}及相关区域，设计实验连线图。

(7) 编写自己的试验操作步骤。

(8) 设计试验数据记录表。

15.4.3　石英晶体多谐振荡器特性

石英晶体具有优越的选频性能，有两个谐振频率，如图 15.20 所示。当 $f = f_s$ 时，为串联谐振，石英晶体的电抗 $X = 0$；当 $f = f_p$ 时，为并联谐振，石英晶体的电抗无穷大。由晶体本身的特性决定：$f_s \approx f_p \approx f_0$（晶体的标称频率）石英晶体的选频特性极好，$f_0$十分稳定，其稳定度可达 $1 \times 10^{-10} \sim 10^{-11}$ 数量级（通常用 ppm 表示）。

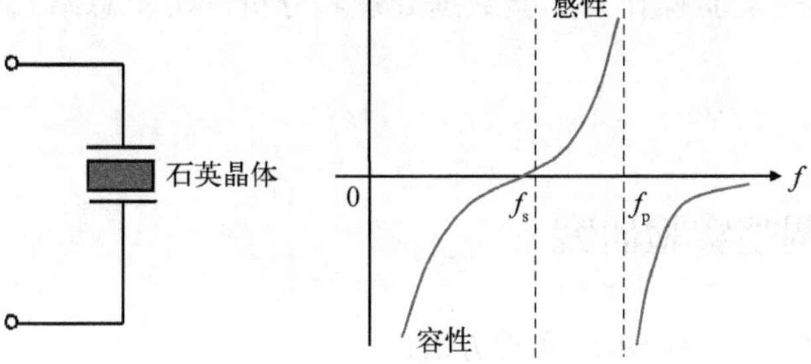

图 15.20　石英晶体符号及石英晶体的谐振特性

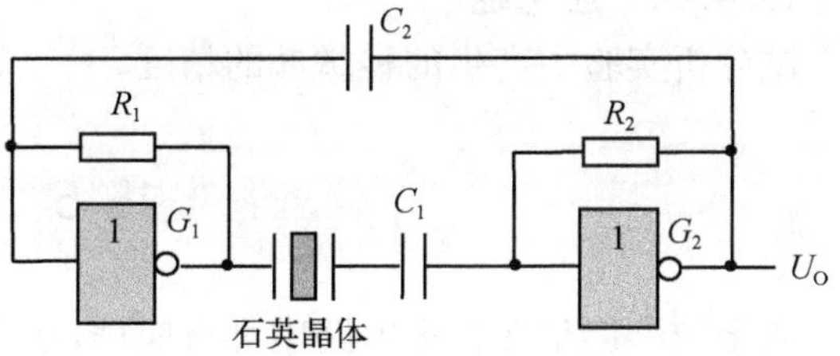

图 15.21　使用石英晶体的串联式振荡器

15.4.4　使用石英晶体的串联式振荡器

如图 15.21 所示，G_1和G_2是两个反向器，石英晶体工作在串联谐振频率 f_0下，只有频率为 f_0的信号才能通过，满足振荡条件。因此，电路的振荡频率为 f_0，与外接元件 R、C 无关，所以这种电路振荡频率的稳定度很高。

注：普通多谐振荡器是一种矩形波发生器，上电后输出频率为 f 的矩形波。根据傅里叶分析理论，频率为 f 的矩形波可以分解成无穷多个正弦波分量，正弦波分量的频率为 nf（$n = 1, 2, 3, \cdots$），如果石英晶体的串联谐振频率为 f_0，那么只有频率为 f_0的正弦波分量可以通过石英晶体（第 i 个正弦波分量，$i = f_0/f$），形成正反馈，而其他正弦波分量无法通过石英晶体。频率为 f_0的正弦波分量被反相器转换成频率为 f_0矩形波。因为石英晶体多谐振荡器的振荡频率仅取决于石英晶体本身的参数，所以对石英晶体以外的电路元件要求不高。

15.4.5　使用石英晶体的并联式振荡器

如图 15.22 所示，R 与 G_1构成一个反相放大器。石英晶体工作在 f_s与 f_p之间，等效于一电感，与 C_1、C_2共同构成电容三点式振荡电路。电路的振荡频率为 f_0。反相器 G_2起整形缓冲作用，同时 G_2还可以隔离负载对振荡电路工作的影响，同时调整 C_1的值，也能在一定的范围内调整振荡频率。

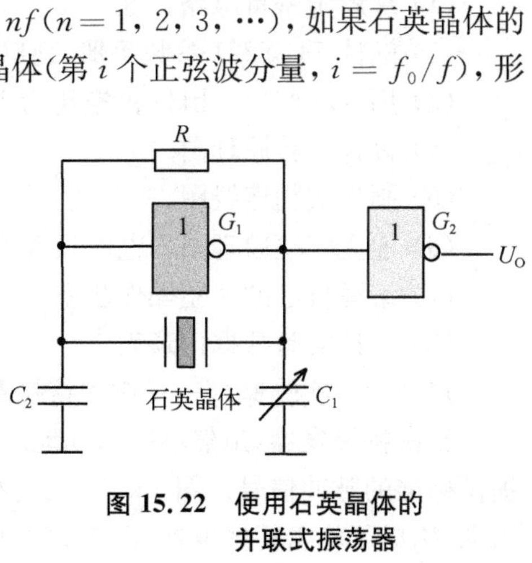

图 15.22　使用石英晶体的并联式振荡器

15.4.6 实验原理框图(图 15.23)

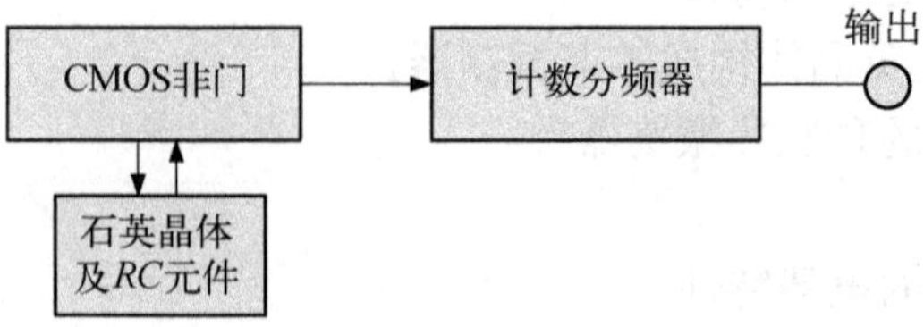

图 15.23 实验原理框图

15.4.7 实验操作内容

(1) 连接实验电路板和电源。

(2) 按预定的实验操作步骤操作。

(3) 解决实验过程中的异常情况。

(4) 记录实验结果。

15.4.8 实验器材

(1) 实验电路板。

(2) 示波器 Agilent DSO-X 2012A

(3) 实验元器件 74HCO4、32.768 kHz 石英晶体振荡器等。

15.4.9 实验报告

把实验过程完整地记录下来就是实验报告(预习—实验操作—实验数据处理和分析—实验总结)。

15.4.10 思考题

试分析实验中产生的秒脉冲的精度。

15.5 波形调整实验研究

数字波型调整在很多电路中都有应用,本实验提供了一个简单的实现方法。

15.5.1 实验目的

(1) 理解施密特电路特性。

(2) 学习用 LM555 集成时基电路构成施密特电路。

(3) 掌握集成施密特电路 74LS221 的结构。

(4) 用集成施密特电路 74LS221 实施脉冲波形调整。

15.5.2 预习内容

(1) 理解施密特电路特性。

(2) 阅读 74LS221 参数手册,列出关键参数表。

(3) 用 555 产生 1 kHz 占空比为 1/4 的方波。

(4) 设计实验原理图。

(5) 画出实物连线图。

(6) 建立实验原理图和电路板实物图 U_{12}、U_{16}、U_{27}、U_{29} 及相关区域之间的联系。

(7) 编写自已的实验操作步骤。

(8) 设计实验数据记录表。

15.5.3 实验原理——施密特触发器

施密特触发器,虽然不能自动地产生方波信号,但却可以把其他形状的信号变换成为方波,为数字系统提供标准的脉冲信号。图 15.24(a)为把 LM555 的低电平触发端 2 脚和高电平触发端 6 脚一起作为信号输入端,构成了施密特触发器;图 15.24(b)为此施密特触发器输入和输出的特性曲线。

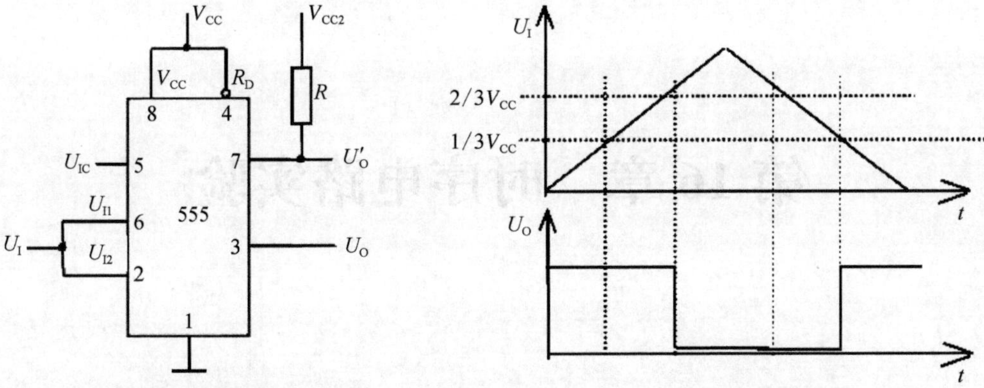

(a) LM555构成了施密特触发器电路　　(b) 输入和输出的特性曲线

图 15.24　施密特触发器电路及输入和输出特性曲线

15.5.4　实验原理框图(图 15.25)

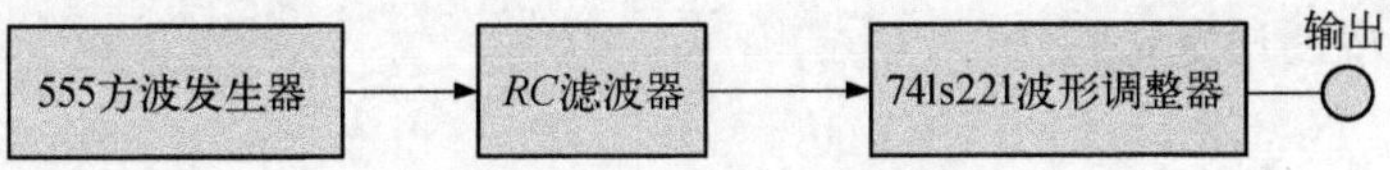

图 15.25　实验原理框图

15.5.5　实验操作内容

(1) 连接实验电路板和电源。
(2) 按预定的实验操作步骤操作。
(3) 解决实验过程中的异常情况。
(4) 记录实验结果。
(5) 实验数据处理与分析。

15.5.6　实验器材

(1) 实验电路板。
(2) 示波器　Agilent DSO－X 2012A。
(3) 实验元器件　LM555、74LS221。

15.5.7　实验报告

把实验过程完整地记录下来就是实验报告(预习—实验操作—实验数据处理和分析—实验总结)。

15.5.8　思考题

分析 LM555 构成的施密特电路和 74LS221 的差异。

第16章　时序电路实验

时序逻辑电路是数字逻辑系统中的重要组成部分，其核心是计数函数和存储函数。时序逻辑电路在任意时刻的输出不仅取决于当前时刻的输入，还取决于电路之前的输入或当前状态。本章的重点是通过实验掌握触发器的特性，并由触发器构造计数器和寄存器，基于触发器的同步时序逻辑电路的分析和设计方法，以及集成计数器的应用设计方法。在此基础上引导学生理解“状态机”(finile state machine，FSM)，为程序设计奠定基础。

16.1　基础知识

(1) 存储函数的实现：锁存器和触发器。存储函数是一种具有数据存储和数据移动两种基本功能的数字电路，其物理实现就是锁存器和触发器。

锁存器是一种对脉冲电平敏感的存储单元电路，可以在特定输入脉冲电平作用下改变状态。触发器是一种对脉冲边沿敏感的存储单元电路，其状态只在时钟脉冲的上升沿或下降沿的瞬间改变。锁存器和触发器可由基本门电路(与门、或门和非门)引入反馈电路构造而成。

触发器是构成计数器、寄存器和其他时序逻辑控制电路的基本逻辑单元，并可用于构造某些特殊类型的存储器。

(2) 计数函数：计数器。计数函数是数字系统8大函数的核心，它把其他7种函数有机联系起来了，并赋予数字系统“时间”的概念。计数函数函数的物理实现就是计数器——一种执行计数运算功能的数字电路，还用于分频、定时、产生节拍脉冲和脉冲序列以及进行数字运算等。

(3) 状态机：计数函数的另一种数学表达。状态机指代呈现由内部逻辑和外部输入定义的状态序列的逻辑系统，在数字电路中指代呈现某个特定状态序列的时序逻辑电路。状态是划分逻辑事件的不同状况或时序过程的不同阶段，各状态应满足某些条件和执行某些操作。

(4) 数字电路的状态：触发、复位、置位、翻转、保持。触发是指触发器的状态在时钟脉冲的上升沿或下降沿的瞬间发生改变。触发器或者锁存器输出为低电平的状态称为复位，输出为高电平的状态称为置位。触发器在每个时钟脉冲上改变状态时的触发器动作称为翻转，状态不改变时的触发器动作称为保持。

(5) 同步时序电路和异步时序电路：时序逻辑电路区别于组合逻辑电路，输出不仅取决于当时的输入值，而且与电路过去的状态有关，根据触发器动作方式可将其分为同步时序电路与异步时序电路两类。同步时序电路意味着时序电路中的所有触发器同时由一个共同的时钟脉冲触发。异步时序电路意味着时序电路中的所有触发器不是由一个共同的时钟脉冲触发。

(6) 时序电路工作在三种状态：时序电路的三种状态是指双稳态、单稳态和谐振态(无稳态)。

16.2　锁存器构成和触发器特性研究实验

引导初学者从组合逻辑电路过渡到时序逻辑电路，理解锁存器的构造和工作原理，认识锁存器与触发器的差异。

16.2.1　实验目的

(1) 掌握锁存器的电路组成形式及功能，理解从组合电路到时序电路的过渡。

(2) 掌握锁存器和触发器的异同，理解空翻现象的产生原理和消除办法。

16.2.2　预习要求

(1) 复习双稳态电路的基本原理。

(2) 阅读实验所用的 74LS74、74LS75、74LS76、74LS279、74LS373 芯片的参数手册，归纳实验中重要参数。

(3) 学习实验电路图U_{12}、U_{25}、U_{27}、U_{29}及相关区域，画出实验连线图。

16.2.3　实验原理

1. 双稳态器件

双稳态器件有复位 ($Q=0$)、置位($Q=1$) 两种状态，在不受到外加信号作用时可以一直保持在原状态，但在一定的外加信号作用下可以从一种状态转变成另一种稳定状态，因此可以作为数字电路存储单元的结构基元。

2. 锁存器

受到电平控制的双稳态器件，称为锁存器。基本 RS 锁存器是最简单的双稳态器件，也是构成其他双稳态器件的结构基础。它有置位、复位、保持和禁态四种状态，其中禁态时输出 Q^{n+1} 与$\overline{Q}^{n+1}$ 的状态不确定，在使用中应尽量避免。基本 RS 锁存器有与非门结构和或非门结构两种，其中与非门结构基本 RS 锁存器逻辑电路如图 16.1 所示。

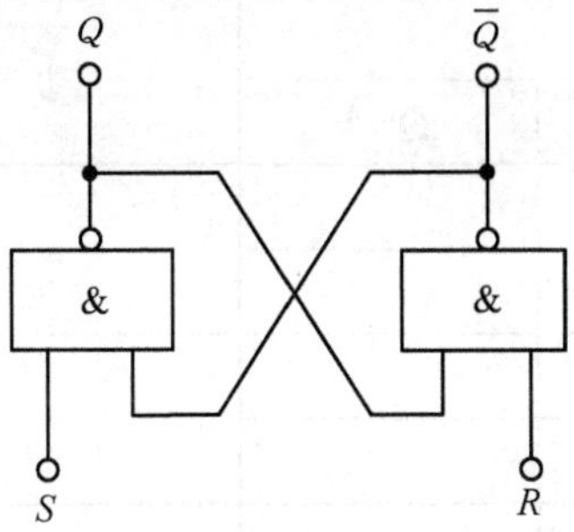

图 16.1　与非门组成锁存器的逻辑图

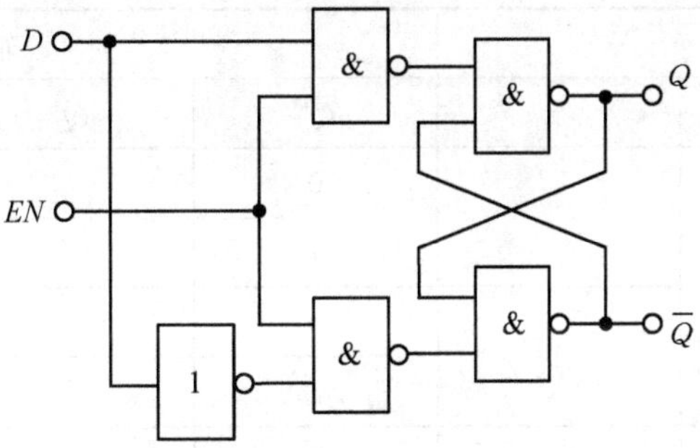

图 16.2　门控 D 锁存器逻辑电路

在 RS 锁存器的电路基础上增加控制信号 EN 可构成门控 RS 锁存器，门控 RS 锁存器可进一步构成门控 D 锁存器，其内部逻辑电路如图 16.2 所示。74LS75 是一款较为常用的集成门控 D 锁存器芯片，该集成电路芯片包含了 4 个门控 D 锁存器，其逻辑功能参见表 16.1。

表 16.1　D 锁存器的功能表

D	EN	Q^{n+1}	$\overline{Q}^{n+1}$	功　能
0	1	0	1	置 0
1	1	1	0	置 1
×	0	Q^n	$\overline{Q}^n$	保持

需要注意的是，锁存器在控制信号为有效电平时处于“透明状态”，输出会因输入信号的变化而产生翻转，即所谓的“空翻”现象，该现象制约了锁存器的应用场合。

3. 触发器

受到脉冲边沿控制的双稳态器件，称为触发器。

触发器和锁存器虽然都是双稳态器件，并且都能用作数字电路的存储单元，但两者也存在区别，即改变状态的方法不同——锁存器受电平控制，仅当控制信号为有效电平(高电平或低电平)时输出随输入改变，否则输出保持不变；触发器受脉冲边沿控制，仅当控制信号处在有效沿(上升沿或下降沿)时输出才随输入改变，其余时刻输出均保持不变。

触发器的输出信号仅在控制信号(时钟 CLK)的某一特定时间点才能被输入改变，即输出的改变与时钟同步，不存在“空翻”现象，因此触发器不仅可作为存储器件，还可用于构造各种时序逻辑控制电路。

16.2.4 实验内容及方法

1. RS 锁存器

(1) 按照图 16.3 所示实验电路搭建与非门结构基本 RS 锁存器，测量输入组合分别为 ① $\{R=0, S=1\}$ 和 ② $\{R=1, S=0\}$ 时输出 Q 的逻辑电平，试根据实验结果说明该 RS 锁存器的输入有效逻辑电平为高电平还是低电平。

(2) RS 锁存器的输出不仅与输入有关，还与锁存器前一个状态的输出有关，试在实验(1)的基础上测试该 RS 锁存器的逻辑功能，测试结果和功能分析填写在表 16.2 内。

(3) 试根据表 16.2 确定该 RS 锁存器的约束条件。

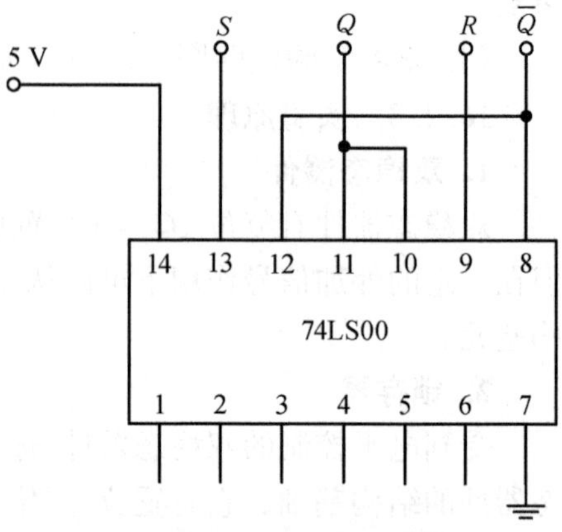

图 16.3 实验电路图

表 16.2 与非门组成 RS 锁存器的实验结果

输入		输出				功能
R	S	Q^n	$\overline{Q}^n$	Q^{n+1}	$\overline{Q}^{n+1}$	
0	0	0				
		1				
0	1	0				
		1				
1	0	0				
		1				
1	1	0				
		1				

2. 门控锁存器

(1) 以 74LS75 门控 D 锁存器芯片为实验对象，验证锁存器的空翻现象。如无 74LS75 可采用与非门搭建所需的门控 D 锁存器，逻辑电路图可参考图 16.2。实验步骤如下：连接电路，锁存器输入端 D 连接 10 Hz 的方波信号，设置控制端 C 为高电平，用示波器观测 D、C 和 Q 的波形，说明锁存器的空翻现象。

(2) 保持 D 端输入，分别在 D 处于低电平和高电平时将控制端 C 切换为低电平，用示波器观测 D、C 和 Q 的波形，思考锁存器存储信号由什么因素决定。

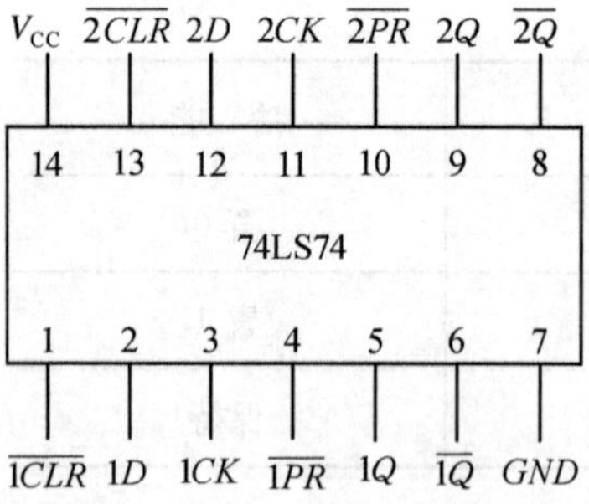

图 16.4 74LS74 双正边沿 D 触发器芯片引脚图

3. D 触发器

(1) 参照图 16.4 所示的 74LS74 芯片引脚图，正确连接 V_{CC}(14 引脚)和

GND(7 引脚)，时钟输入端 1*CK*(3 引脚)接 10 kHz 方波，通过改变清零端$\overline{1CLR}$(1 引脚)、置位端$\overline{1PR}$(4 引脚)的逻辑电平，以及调节数据输入端 1*D*(2 引脚)的输入波形，用示波器观察数据输出端 1*Q*(5 引脚)的输出波形，分析和验证 D 触发器的逻辑功能。具体实验现象整理如表 16.3 所示。

表 16.3　D 触发器的实验结果

输　入				输　出		功　能
$\overline{PR}$	$\overline{CLR}$	*CK*	*D*	*Q*	$\overline{Q}$	
0	1	×	×			
1	0	×	×			
0	0	×	×			
1	1	↑	1			
1	1	↑	0			
1	1	0	×			

注：其中×表示任意值，↑表示脉冲上升沿，*Q* 表示触发器前一个状态的输出。

(2) 用 74LS74 的 D 触发器重复实验 2 的步骤，验证 D 触发器不存在空翻现象，并思考输出 *Q* 所存储信号由什么因素决定。

4. JK 触发器

参照图 16.5 所示的 74LS76 芯片引脚图，正确连接 V_{CC}(5 引脚)和 *GND*(13 引脚)，时钟输入端 1*CK*(1 引脚)接 10 kHz 方波，通过改变清零端$\overline{1CLR}$(3 引脚)、置位端$\overline{1PR}$(2 引脚)的逻辑电平，以及调节数据输入端 1*K*(16 引脚)和 1*J*(4 引脚)的输入波形，用示波器观察数据输出端 1*Q*(15 引脚)的输出波形，分析和验证 JK 触发器的逻辑功能。具体实验现象整理如表 16.4 所示。

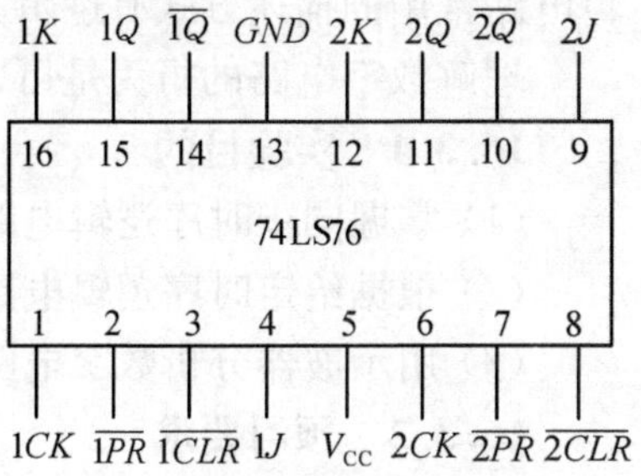

图 16.5　74LS76 双负边沿 JK 触发器芯片引脚图

表 16.4　JK 触发器的实验结果

输　入					输　出		功　能
$\overline{PR}$	$\overline{CLR}$	*CK*	*J*	*K*	*Q*	$\overline{Q}$	
0	1	×	×	×			
1	0	×	×	×			
0	0	×	×	×			
1	1	↓	1	0			
1	1	↓	0	1			
1	1	↓	1	1			
1	1	↓	0	0			
1	1	0	×	×			

注：其中×表示任意值，↓表示脉冲下降沿，*Q* 表示触发器前一个状态的输出。

16.2.5　实验操作内容

(1) 连接实验电路板和电源。

(2) 按预定的实验操作步骤操作。

(3) 解决实验过程中的异常情况。

(4) 记录实验结果。

(5) 实验数据处理与分析。

16.2.6 实验器材

(1) 实验电路板。

(2) 示波器 Agilent DSO-X 2012A。

(3) 实验元器件 74LS00、74LS74、74LS75、75LS76。

16.2.7 实验报告要求

整理实验结果,并进行分析和总结。

16.2.8 思考题

(1) 试分析图 16.6 所示的由 RS 锁存器构成的消抖电路的工作原理。

(2) 思考不同触发器之间的转换方法。例如,用 JK 触发器实现一个 D 触发器,或者用 D 触发器实现一个 JK 触发器,给出对应的逻辑电路图。

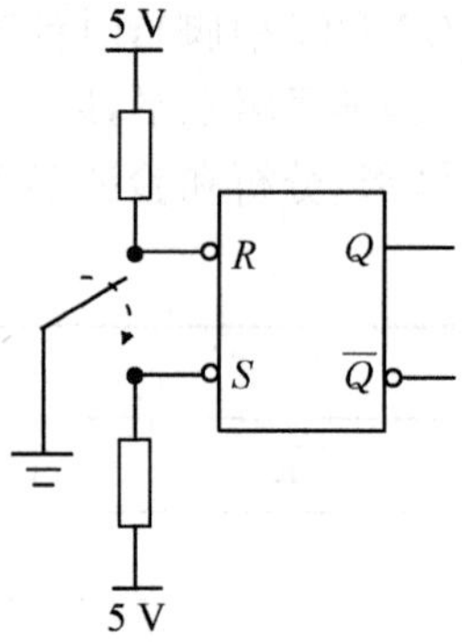

图 16.6 RS 锁存器构成消抖电路的实验原理图

16.3 同步时序电路分析验证实验

分析时序逻辑电路,就是要根据电路的逻辑图,总结出其逻辑功能,并用一定的方式描述出来。时序逻辑电路常用的描述方式有逻辑方程、状态转换表、状态转换图、时序图等。

理解数字电路的行为是可以用数学方法来推导的,数字电路是可以计算的。

16.3.1 实验目的

(1) 掌握同步时序逻辑电路的分析方法。

(2) 根据给定时序逻辑电路结构,正确分析出该电路的逻辑功能。

(3) 用示波器分析数字电路。

16.3.2 预习要求

(1) 熟悉触发器的工作原理及逻辑功能。

(2) 掌握按照实验电路写出输出函数、激励函数和次态方程,以及状态表和状态图的分析方法。

(3) 掌握示波器数字通道的用法。

(4) 查阅资料了解逻辑分析仪。

(5) 查看实验板电路图U_{16}、U_{21}、U_{22}、U_{23}及相关区域,设计实验连线图。

16.3.3 分析方法

分析时序逻辑电路的一般步骤如下:

(1) 根据逻辑图写方程,包括时钟方程、输出方程、各个触发器的驱动方程。

(2) 将驱动方程代入触发器的特性方程,得到各个触发器的状态方程。

(3) 求出各种不同输入和现态情况下电路的次态和输出,并根据计算结果列状态表。

(4) 画状态图、时序图。

(5) 根据状态图(或状态表、工作波形)确定电路的逻辑功能。

对于同步时序逻辑电路而言,由于时钟都是统一的,时钟方程可以省略不写。分析流程框图如图 16.7 所示。

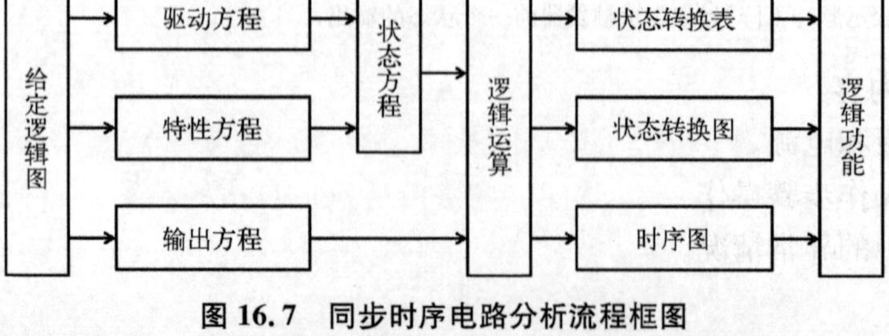

图 16.7 同步时序电路分析流程框图

16.3.4　实验内容及方法

1. 同步时序电路分析验证实验一

(1) 根据下列分析过程，确定图 16.8 所示逻辑电路的逻辑功能。分析过程如下：

电路输出函数为

$$Z^n = Q_3^n Q_2^n Q_1^n Q_0^n$$

激励函数为

$$\begin{cases} J_0^n = 1 \\ K_0^n = 1 \end{cases},\quad \begin{cases} J_1^n = Q_0^n \\ K_1^n = Q_0^n \end{cases},\quad \begin{cases} J_2^n = Q_1^n Q_0^n \\ K_2^n = Q_1^n Q_0^n \end{cases},\quad \begin{cases} J_3^n = Q_2^n Q_1^n Q_0^n \\ K_3^n = Q_2^n Q_1^n Q_0^n \end{cases}$$

将激励函数代入 JK 触发器的次态函数

$$Q^{n+1} = J\,\overline{Q}^n + \overline{K}Q^n$$

得出次态函数

$$\begin{cases} Q_3^{n+1} = Q_3^n \oplus Q_2^n Q_1^n Q_0^n \\ Q_2^{n+1} = Q_2^n \oplus Q_1^n Q_0^n \\ Q_1^{n+1} = Q_1^n \oplus Q_0^n \\ Q_0^{n+1} = \overline{Q}_0^n \end{cases}$$

根据上述输出函数、激励函数和次态函数，列出电路的状态表，如表 16.5 所示。

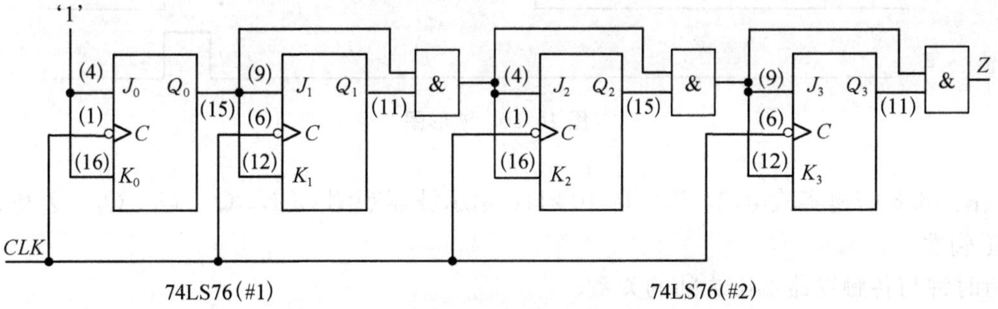

图 16.8　电路图

表 16.5　状 态 表

$Q_3^n Q_2^n Q_1^n Q_0^n$	$Q_3^{n+1} Q_2^{n+1} Q_1^{n+1} Q_0^{n+1}$	Z^n	$Q_3^n Q_2^n Q_1^n Q_0^n$	$Q_3^{n+1} Q_2^{n+1} Q_1^{n+1} Q_0^{n+1}$	Z^n
0000	0001	0	1000	1001	0
0001	0010	0	1001	1010	0
0010	0011	0	1010	1011	0
0011	0100	0	1011	1100	0
0100	0101	0	1100	1101	0
0101	0110	0	1101	1110	0
0110	0111	0	1110	1111	0
0111	1000	0	1111	0000	1

根据状态表列出状态转换图，如图 16.9 所示。

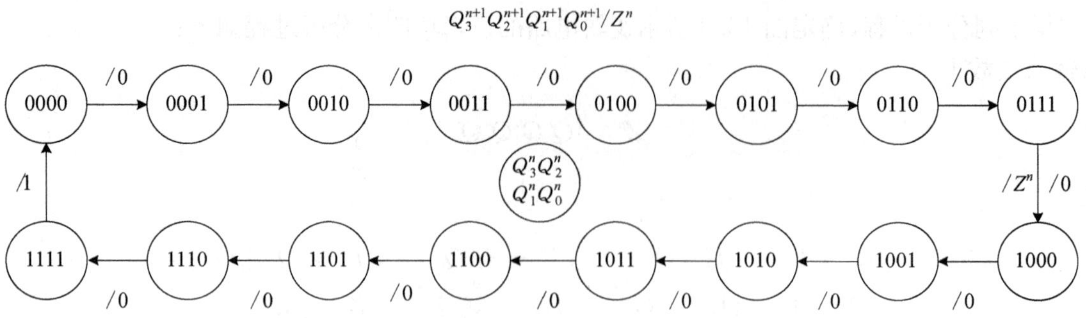

图 16.9 状态转换图

写出电路的工作波形，如图 16.10 所示。

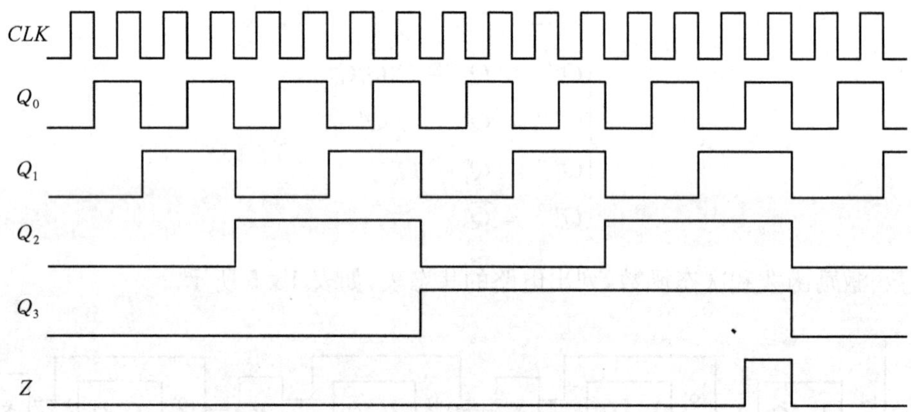

图 16.10 波形图

(2) 根据图 16.8 搭建实验电路，CLK 取 10 kHz，用示波器观测 CLK、Q_0、Q_1、Q_2、Q_3和 Z 各点波形，验证分析的正确性。

(3) 分析时钟与各触发器输出之间的关系。

2. 同步时序电路分析验证实验二

(1) 自行分析并确定图 16.11 所示逻辑电路的逻辑功能。

(2) 根据图 16.11 搭建实验电路，CLK 取 10 kHz，用示波器观测 CLK、Q_0、Q_1、Q_2和 Z 各点波形，验证分析的正确性。

(3) 对比图 16.8 和图 16.11，说明两逻辑电路功能的主要异同。

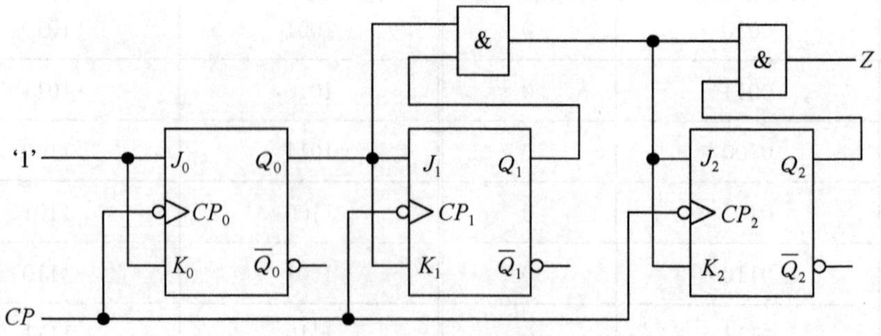

图 16.11 电路图

16.3.5　实验报告要求

按照实验电路写出输出函数、激励函数和次态方程，以及状态表和状态图，并画出电路的工作波形，最后确定电路的逻辑功能。

16.3.6　思考题

请参考同步时序电路的分析方法，并结合同步时序电路与异步时序电路的异同，尝试思考对于异步时序电路的分析方法。

16.4　时序电路设计验证实验

以 JK 触发器为基础单元，学习同步时序电路的设计方法，验证其有效性。

16.4.1　实验目的

(1) 掌握用触发器设计同步时序电路(Moore 型/Mealy 型)的流程及方法。

(2) 根据电路图连接好实物图，并实现其功能。

(3) 学会在设计时序电路的过程中进行检验与完善。

16.4.2　预习要求

(1) 掌握设计同步时序电路的基本流程和方法。

(2) 掌握非自启动电路中打破无效循环的方法。

(3) 按照实验要求设计逻辑电路，记录设计过程，画出电路图。

(4) 查看实验原理图U_{12}、U_{22}、U_{29}及其相关区域，设计实验连线图。

16.4.3　设计方法

应采用最简单的电路满足设计要求，一般要求所使用的触发器、门电路等元器件种类的数量尽可能少，连线尽可能短。设计步骤如下：

(1) 分析逻辑功能要求，导出状态转换图及状态表。

(2) 进行状态化简，确定状态数 N。

(3) 确定触发器的数目 $Y(Y = \log_2 N)$，进行状态分配。

(4) 选定触发器的类型，根据状态转换表列出激励表。

(5) 用卡诺图求解各触发器的激励函数和电路的输出函数。

(6) 检查电路能否自启动，如不能自启动，则进行修改。

(7) 画逻辑图并实现电路。

设计流程框图如图 16.12 所示。

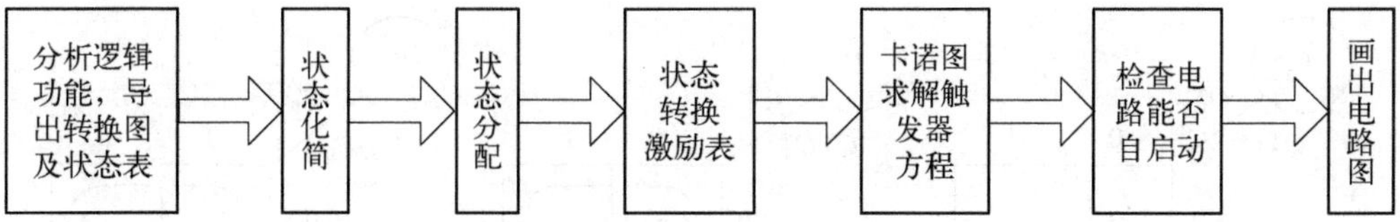

图 16.12　同步时序电路设计流程框图

16.4.4　实验内容及方法

1. Moore 型电路设计验证实验——触发器构成计数器

(1) 用 JK 触发器设计一个非规律计数序列的二进制计数器，计数序列如图 16.13 所示。要求读懂设计过程并解答附带问题。

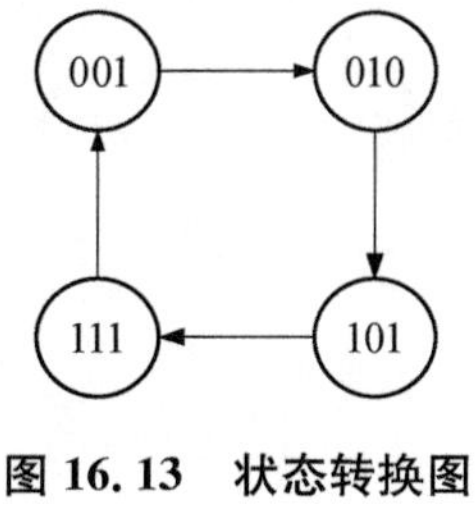

图 16.13　状态转换图

具体设计过程如下：

已知计数器的状态码由 3 位二进制数表示，因此要由 3 个 JK 触发器构建电路。状态转换图 16.13 对应的编码状态表为表 16.6。

表 16.6 编码状态表

现态			次态		
Q_2^n	Q_1^n	Q_0^n	Q_2^{n+1}	Q_1^{n+1}	Q_0^{n+1}
0	0	1	0	1	0
0	1	0	1	0	1
1	0	1	1	1	1
1	1	1	0	0	1

根据 JK 触发器的驱动表 16.7 可确定各 JK 触发器的驱动条件，并通过次态卡诺图 16.14 化简得到各个 JK 触发器的激励函数。

表 16.7 JK 触发器驱动表

Q^n	→	Q^{n+1}	J	K
0	→	0	0	X
0	→	1	1	X
1	→	0	X	1
1	→	1	X	0

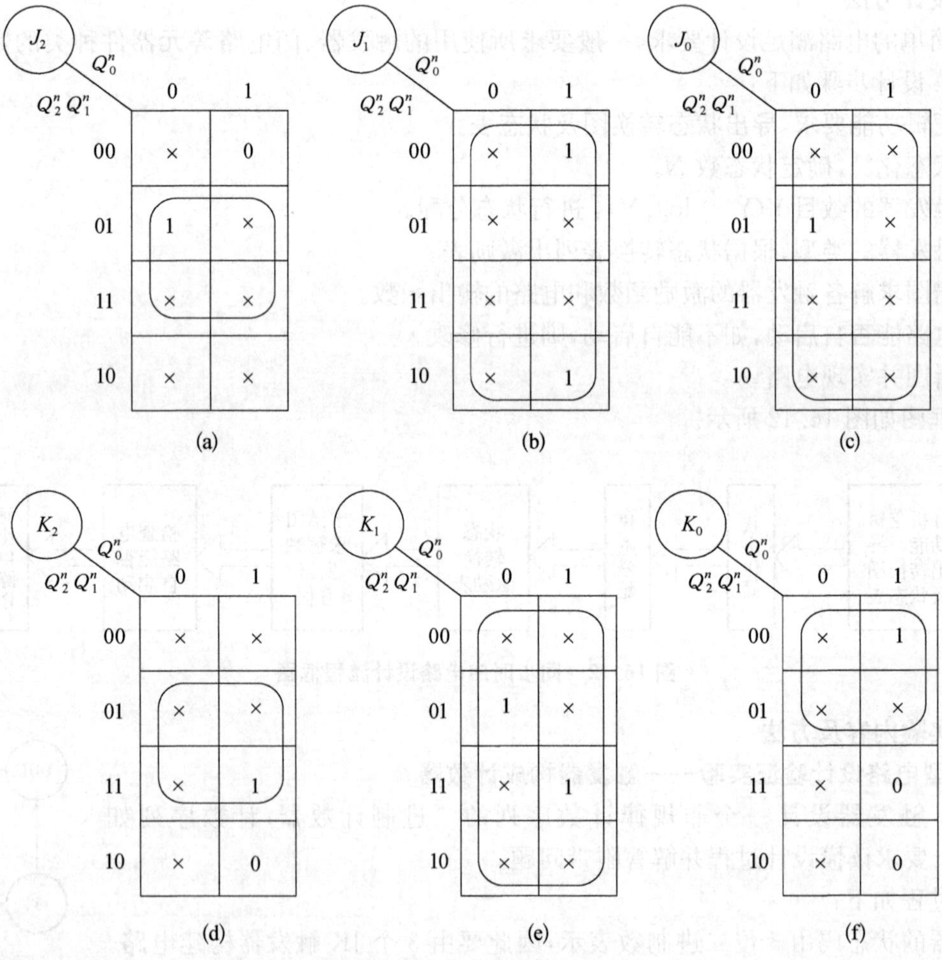

图 16.14 卡诺图

化简得到的各个 JK 触发器的激励函数如下

$$\begin{cases}J_2=Q_1^n\\K_2=Q_1^n\end{cases},\quad\begin{cases}J_1=1\\K_1=1\end{cases},\quad\begin{cases}J_0=1\\K_0=\overline{Q}_2^n\end{cases}$$

则所需设计的计数器逻辑电路图如图 16.15 所示。

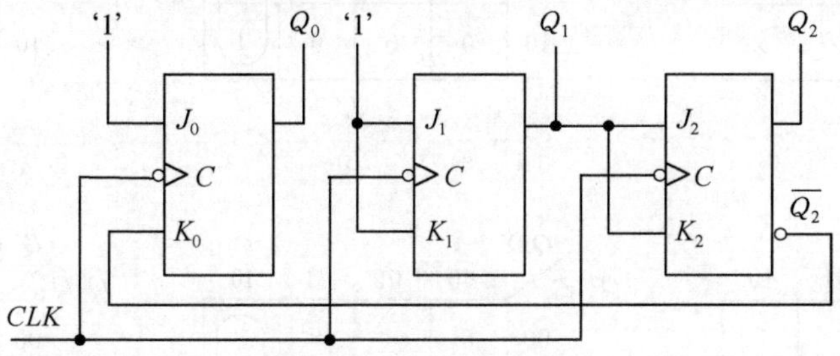

图 16.15　逻辑电路图

请确定此电路有哪几个多余状态，并分析电路能否自启动。

(2) 根据图 16.15 搭建逻辑电路，CLK 取 10 kHz，用示波器观测 CLK、Q_0、Q_1、Q_2 各点波形，验证设计的正确性。

(3) 用 D 触发器自行设计一个同步 7 进制计数器，用示波器观测所需的实验波形，验证设计的正确性。

2. Mealy 型电路设计验证实验——触发器构成序列检测器

(1) 设计一个采用格雷码计数的同步 3 位加/减可逆计数器，当控制信号 $UP/\overline{DOWN}$ 为 1 时进行加计数，当 $UP/\overline{DOWN}$ 为 0 时进行减计数。要求读懂设计过程并解答问题。

具体设计过程如下：

根据题设，计数器状态转移图应如图 16.16 所示，图中 $UP/\overline{DOWN}$ 用输入 Y 表示。

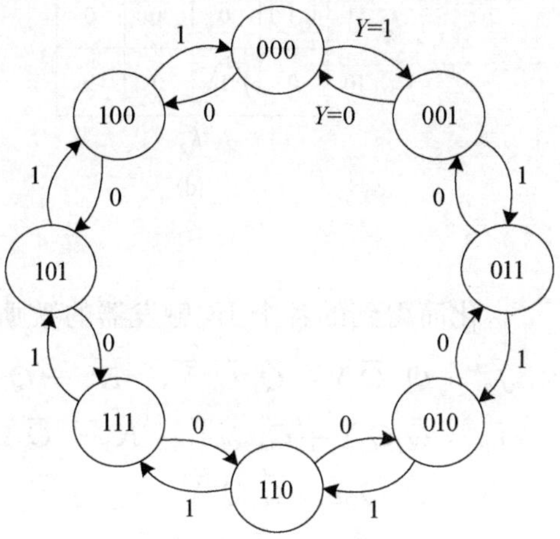

图 16.16　状态转换图

状态转换图 16.16 对应的编码状态表为表 16.8。

表 16.8　编码状态表

现态			次态					
			$Y=0$(Down)			$Y=1$(Up)		
Q_2^n	Q_1^n	Q_0^n	Q_2^{n+1}	Q_1^{n+1}	Q_0^{n+1}	Q_2^{n+1}	Q_1^{n+1}	Q_0^{n+1}
0	0	0	1	0	0	0	0	1
0	0	1	0	0	0	0	1	1
0	1	1	0	0	1	0	1	0
0	1	0	0	1	1	1	1	0
1	1	0	0	1	0	1	1	1
1	1	1	1	1	0	1	0	1
1	0	1	1	1	1	1	0	0
1	0	0	1	0	1	0	0	0

根据 JK 触发器的驱动表 16.8 可确定各 JK 触发器的驱动条件，并通过次态卡诺图 16.7 化简得到各个 JK 触发器的激励函数。

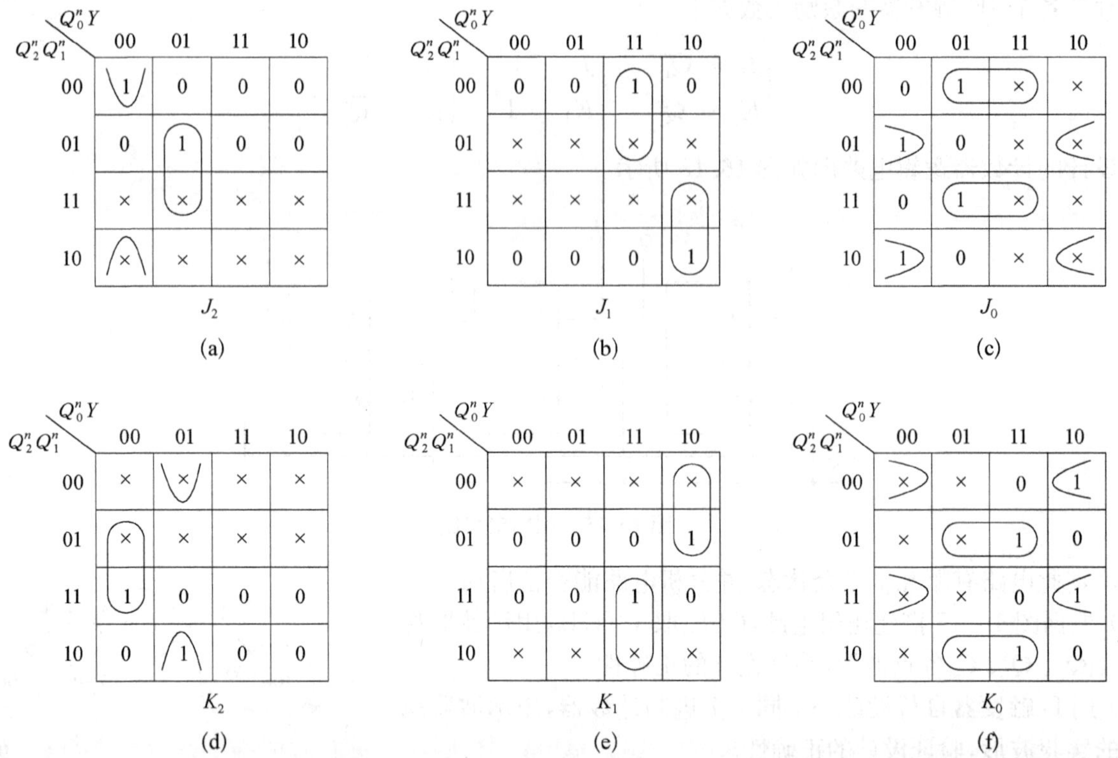

图 16.17 卡诺图

化简得到的各个 JK 触发器的激励函数如下

$$J_2 = Q_1\overline{Q}_0 Y + \overline{Q}_1\overline{Q}_0\overline{Y}, \quad K_2 = Q_1\overline{Q}_0\overline{Y} + \overline{Q}_1\overline{Q}_0 Y$$

$$J_1 = \overline{Q}_2 Q_0 Y + Q_2 Q_0\overline{Y}, \quad K_1 = \overline{Q}_2 Q_0\overline{Y} + Q_2 Q_0 Y$$

$$J_0 = \overline{Q}_2\overline{Q}_1 Y + \overline{Q}_2 Q_1\overline{Y} + Q_2\overline{Q}_1\overline{Y} + Q_2 Q_1 Y,$$

$$K_0 = \overline{Q}_2\overline{Q}_1\overline{Y} + \overline{Q}_2 Q_1 Y + Q_2\overline{Q}_1 Y + Q_2 Q_1\overline{Y}$$

则所需设计的计数器逻辑电路图如图 16.18 所示。

试比较 Mealy 型电路和 Moore 型电路设计过程的异同，简述两者的主要差异。

(2) 根据图 16.18 搭建逻辑电路，CLK 取 10 kHz，用示波器观测 CLK、Q_0、Q_1、Q_2 各点波形，验证设计的正确性。

(3) 用 JK 触发器设计一个同步序列检测器，当输入序列为 1001 时，输出一个“1”，即：

输入序列 X 为 0100110011

输出序列 Y 为 0000100010

要求搭建实验电路，用示波器观测所需实验波形，验证设计的正确性。

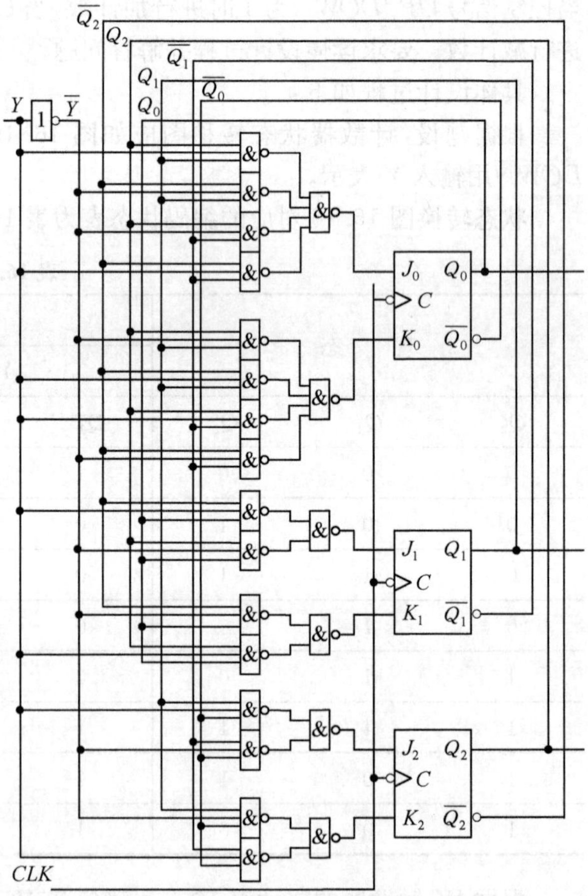

图 16.18 逻辑电路图

16.4.5 实验操作内容

(1) 根据题目要求设计电路和确定实验步骤。

(2) 连接实验电路板和电源。

(3) 按设计的实验操作步骤操作。

(4) 解决实验过程中的异常情况。

(5) 验证实验结果。

16.4.6　实验器材

(1) 实验电路板。

(2) 示波器　Agilent DSO - X 2012A。

(3) 实验元器件　74LS74、74LS76 等。

16.4.7　实验报告要求

(1) 列出完整的设计思路和关键电路图。

(2) 记录观察到的波形，验证实验结果。

16.4.8　思考题

(1) 试用 D 触发器设计一个 8421 码的十进制加法计数器。

(2) 试用 D 触发器设计本节的序列检测实验。

16.5　集成计数器应用研究实验

以中规模集成计数器为基础，设计模为非 2^n 的计数器，包括截尾计数器和级联计数器。

16.5.1　实验目的

(1) 掌握中规模集成电路计数器的功能及使用。

(2) 运用集成计数器构成任意进制计数器。

16.5.2　预习要求

(1) 复习集成计数器的电路结构和工作原理。

(2) 复习集成计数器的截尾和级联操作的原理和方法。

(3) 阅读 74LS160 参数手册。

(4) 画出实验电路图 U_{17} 及其有关区域和设计连线图，设置实验波形测试点。

(5) 预先计算各测试点波形图。

16.5.3　设计原理

74LS160 是中规模集成 8421BCD 码同步十进制加法计数器，计数范围是 0～9。它具有同步置数、异步清零、保持和十进制加法计数等逻辑功能。74LS160 的模块符号如图 16.19 所示。

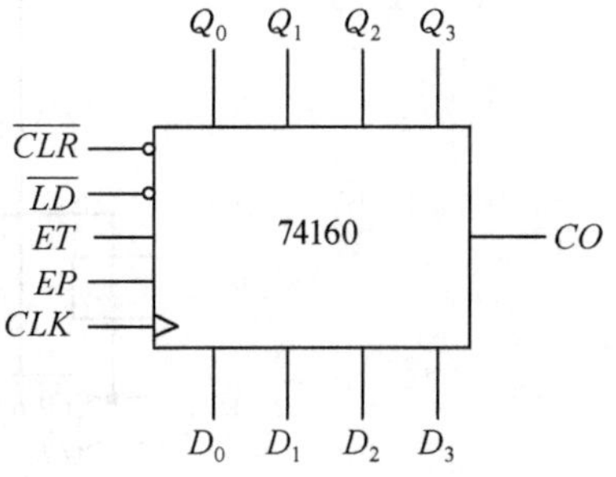

图 16.19　74LS160 四位同步十进制加法计数器模块符号

$\overline{CLR}$是低电平有效的异步清零输入端，它通过各个触发器的异步复位端将计数器清零，不受时钟信号 CLK 的控制。当低电平应用于$\overline{LD}$输入端时，该计数器的输出端 Q_0～Q_3 会取得下一个时钟脉冲上数据输入端 D_0～D_3的状态。因此，该计数器可以被同步预置到 0～9 的任意二进制数。两个启动输入端 EP 和 ET 必须均为高电压时，计数器才能顺序计数，否则计数功能失效。当计数到 9 时，进位输出信号 CO 输出一个正脉冲。表 16.9 是 74LS160 的功能表，74LS160 的时序图如图 16.20 所示。

表 16.9　74LS160 四位同步十进制加法计数器功能表

输入									输出				工作模式
$\overline{CLR}$	$\overline{LD}$	EP	ET	CLK	D_0	D_1	D_2	D_3	Q_0^{n+1}	Q_1^{n+1}	Q_2^{n+1}	Q_3^{n+1}	
0	×	×	×	×	×	×	×	×	0	0	0	0	异步清零
1	0	×	×	↑	d_0	d_1	d_2	d_3	d_0	d_1	d_2	d_3	同步置数
1	1	0	1	×	×	×	×	×	Q_0^n	Q_1^n	Q_2^n	Q_3^n	保　持
1	1	×	0	×	×	×	×	×	Q_0^n	Q_1^n	Q_2^n	Q_3^n	保持 ($CO=0$)
1	1	1	1	↑	×	×	×	×	十进制加法计数				计　数

采用集成计数器构成任意进制计数器通常有两种方法，即截尾方法和级联方法。

通过截尾序列方法改变集成计数器的计数周期适用于“$N>M$”模式，此时计数器的模 N 大于要构造计数器的模 M。主要有两种方式：一是通过清零端的反馈归零法；二是通过预置端的置数法。

通过计数器级联方法改变集成计数器的计数周期适用于“$N<M$”模式，此时计数器的模 N 小于要构造计数器的模 M。如果 M 可以表示为已有计数器的模的乘积，则只需将计数器串接起来即可，无需利用计数器的清零端和置数端；如果 M 不能表示为已有计数器的模的乘积，则不仅要将计数器串接起来，还要利用计数器的清零端和置数端，使计数器绕过多余的状态。计数器之间的级联方法又可分为串行进位连接和并行进位连接两种。

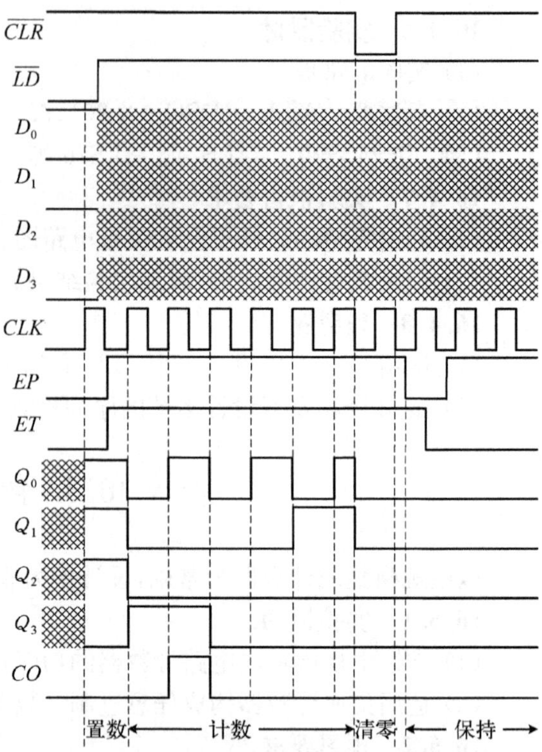

图 16.20 74LS160 四位同步十进制加法计数器的时序图

16.5.4 实验内容及方法

1. 截尾计数器实验——采用清零法

(1) 按图 16.21(a)搭建电路，计数时钟 CLK 取 10 kHz，用示波器观测 CLK、Q_0、Q_1、Q_2、Q_3、CO、$\overline{CLR}$各点波形。

(2) 根据实验波形说明计数器功能，并解释其实现原理，请着重说明$\overline{CLR}$的波形特征及其成因。

(3) 用 74LS160 以清零法实现一个 11 进制计数器。计数时钟 CLK 取 10 kHz，用示波器观测 CLK、Q_0、Q_1、Q_2、Q_3、CO、$\overline{CLR}$各点波形验证计数器功能。

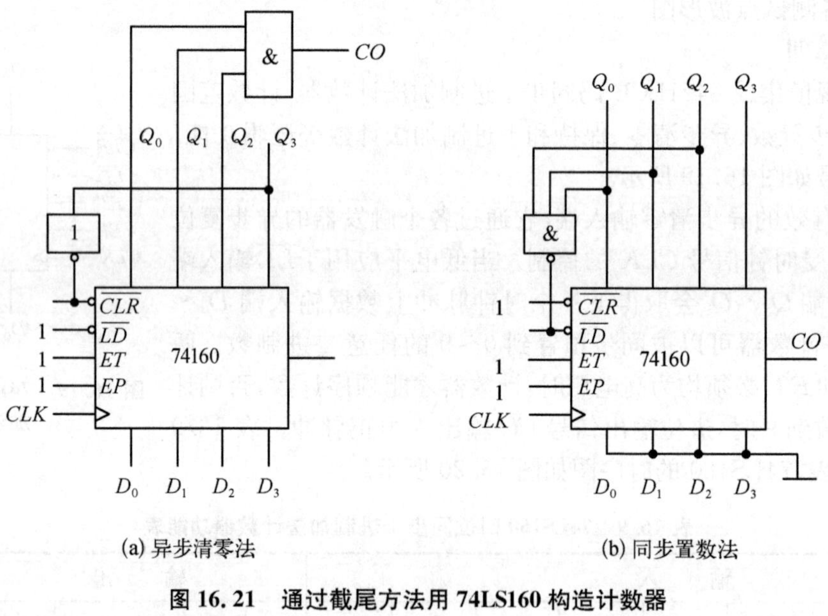

图 16.21 通过截尾方法用 74LS160 构造计数器

2. 截尾计数器实验——采用置数法

(1) 按图 16.21(b)搭建电路，计数时钟 CLK 取 10 kHz，用示波器观测 CLK、Q_0、Q_1、Q_2、Q_3、CO、$\overline{LD}$各点波形。

(2) 根据实验波形说明计数器功能，并解释其实现原理，请着重说明$\overline{LD}$的波形特征及其翻转的时间节点。

(3) 用 74LS160 以置数法实现一个 11 进制计数器。计数时钟 CLK 取 10 kHz，用示波器观测 CLK、

Q_0、Q_1、Q_2、Q_3、CO、$\overline{LD}$各点波形验证计数器功能。

3. 级联计数器实验——采用串行进位法

(1) 按图 16.22(a)搭建电路，计数时钟 CLK 取 10 kHz，用示波器测量 CO_1、CO_2 各点频率，说明 CLK、CO_1、CO_2之间的频率关系。

(2) 确定该电路的功能，并解释其实现原理。

(3) 用 74LS160 以串行进位法实现一个 60 进制分频器。计数时钟 CLK 取 10 kHz，用示波器测量 CO_1、CO_2各点频率，验证分频器功能。

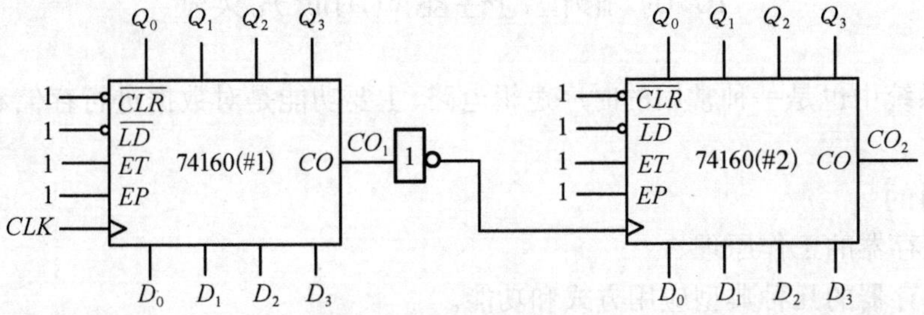

(a) 串行进位法

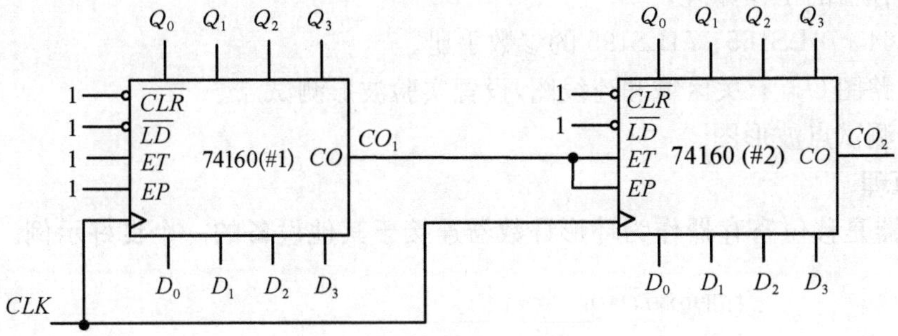

(b) 并行进位法

图 16.22　通过级联方法用 74LS160 构造计数器

4. 级联计数器实验——采用并行进位法

(1) 按图 16.22(b)搭建电路，计数时钟 CLK 取 10 kHz，用示波器测量 CO_1、CO_2各点频率，说明 CLK、CO_1、CO_2之间的频率关系。

(2) 确定该电路的功能，并解释其实现原理。

(3) 用 74LS160 以并行进位法实现一个 60 进制分频器。计数时钟 CLK 取 10 kHz，用示波器测量 CO_1、CO_2各点频率，验证分频器功能。

16.5.5　实验操作内容

(1) 连接实验电路板和电源。

(2) 按预定的实验操作步骤操作。

(3) 解决实验过程中的异常情况。

(4) 记录实验结果。

(5) 实验数据处理与分析。

16.5.6　实验器材

(1) 实验电路板。

(2) 示波器　Agilent DSO－X 2012A。

(3) 实验元器件　74LS160 等。

16.5.7　实验报告要求

(1) 总结 74LS160 计数器的功能和特点。

(2) 整理实验电路，画出必要的时序波形图。

16.5.8 思考题

(1) 用 74LS160 如何完成任意计数的实验。

(2) 如果要构造的任意进制计数器同时必须又是一个 BCD 计数器，那么在设计思路和实验步骤中要做哪些调整或者限制。

(3) 试比较计数器和分频器的异同。

16.6 移位寄存器应用研究实验

寄存器在数字系统中也是一种常用的时序逻辑电路，主要功能是对数据进行存储和移位，多用于控制系统的通信媒介。

16.6.1 实验目的

(1) 掌握移位寄存器的工作原理。

(2) 熟悉移位寄存器的几种典型应用方式和功能。

16.6.2 预习要求

(1) 复习移位寄存器的工作原理。

(2) 阅读 74LS164、74LS165、74LS195 的参数手册。

(3) 画出实验电路图 U_{20} 有关区域和连线图，设置实验波形测试点。

(4) 预先计算各测试点波形图。

16.6.3 设计原理

例如，键盘译码器是移位寄存器作为环形计数器连接于其他设备的一个良好示例。图 16.23 展示了一

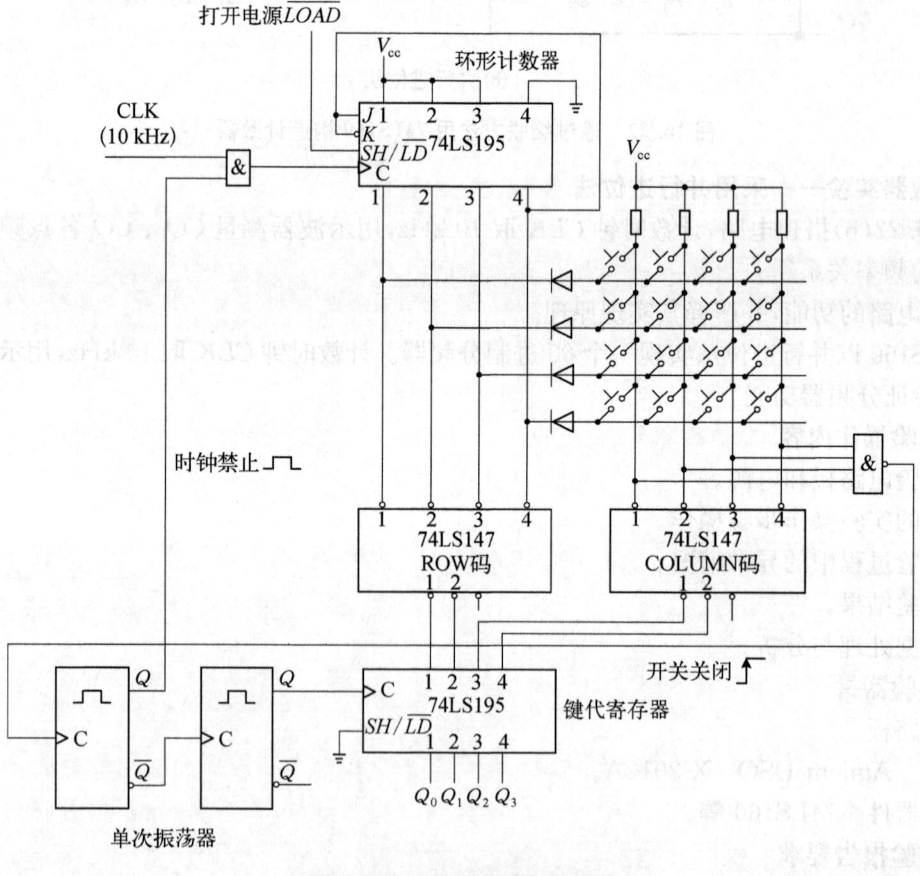

图 16.23 键盘译码器原理图

个简化键盘译码器，用以译码一个 4×4 的键合矩阵。一个 4 位移位寄存器 74LS195 被连接为 4 位环形计数器，当电源打开时一个 0 会预置到计数器中，其余位置 1。两个 74LS147 优先译码器被用作 4 线-2 线的译码器（只用低 4 位），以译码键盘矩阵中的 ROW 和 COLUMN。一个 74LS195 用作并入并行输出寄存器，用于存储来自优先译码器的 ROW/COLUMN 代码。

图中键盘译码器的基本运算如下所示：环形计数器，当时钟信号以 10 kHz 的速度移位 0 时，“扫描”行中的键合。0（低电压）顺序应用于每个 ROW 线上，同时所有其他的 ROW 线都是高电压。所有的 ROW 线都连接到 ROW 译码器输入上，所以 ROW 译码器的 2 位输出任何时候都是低电压状态 ROW 线的二进制表达式。当按键被键合时，一条 COLUMN 线就连接于一条 ROW 线。当 ROW 线被环形计数器设定为低电压时，那条特殊的 COLUMN 线也同样被设定为低电压。COLUMN 译码器产生一个相关于存在键关闭 COLUMN 的二进制输出。2 位 ROW 代码加上 2 位 COLUMN 代码就唯一地识别了被按下的键。该 4 位代码被应用于键代码寄存器的输入上。当某个按键被键合时，两个单次振荡器就会产生一个延迟的时钟脉冲，将该 4 位代码并行载入键代码寄存器中。这个延迟允许按键触点有短时间内的颤动。同样，第一个单次振荡器输出禁止环形计数器，使得数据载入时不进行扫描。

键代码寄存器中的 4 位代码可用发光二极管指示，在实际应用中可应用于 ROM（只读存储器），以变换为识别键盘字符的相应的字母数字代码。

16.6.4　实验内容及方法

(1) 参照图 16.23 搭建电路，用发光二极管作为 $Q_3Q_2Q_1Q_0$ 的输出指示，观测并记录该键盘译码器的译码结果。

(2) 用 74LS164 实现一个 8 位约翰逊计数器，记录观察到的时钟信号 CLK 和各输出端的波形。

(3) 用 74LS165 实现一个序列发生器，要求产生的序列为 11010100（从左到右输出），用示波器观察时钟信号 CLK 和输出端 Q_7 的波形。

16.6.5　实验操作内容

(1) 连接实验电路板和电源。

(2) 按预定的实验操作步骤操作。

(3) 解决实验过程中的异常情况。

(4) 记录实验结果。

(5) 实验数据处理与分析。

16.6.6　实验器材

(1) 实验电路板。

(2) 示波器　Agilent DSO-X 2012A。

(3) 实验元器件　74LS161、74LS164、74LS165 等。

16.6.7　实验报告要求

(1) 总结 74LS164、74LS165 移位寄存器的功能和特点。

(2) 整理实验电路，画出必要的时序波形图。

16.6.8　思考题

(1) 74LS164 和 74LS595 都具有 8 位数据的串行移位和并行输出功能，在实际使用中二者能否完全替代。

(2) 如要求对一个 8×8 键合矩阵的设计一个简易键盘译码器，图 16.23 应做哪些修改？

16.7　有限状态机方法与编程实现

有限状态机（finite state machine，FSM）是对时序控制电路的一种非常有用的抽象，它把复杂的控制逻辑分解成有限个稳定状态，在每个状态上判断事件，变连续处理为离散数字处理，符合数字电路的工作特点。同时，只有有限个状态便于其在实际工程上的实现。有限状态机不仅只是一种时序电路设计工具，更是一种重要的设计思想和软件编程的基础。

16.7.1 实验目的

（1）了解有限状态机的基本概念。

（2）掌握时序电路的有限状态机设计方法。

16.7.2 预习要求

（1）自学有限状态机的基本概念。

（2）自学时序电路的有限状态机设计方法。

16.7.3 设计原理

有限状态机源自人们将一个复杂的问题分割成多个简单的部分来处理的思想。状态机通过时钟驱动下的有限个状态以及状态之间的跳转规则来实现复杂的逻辑，一旦当前的状态确定，就明确了相关的输入输出。

状态机的特点非常适用于描述具有逻辑顺序和时序规律事件。图 16.24 给出了状态机的基本原理图。由图可知，要分析或者设计一个状态机，前提是必须正确理解状态（分现态和次态）、输入、输出等基本要素。

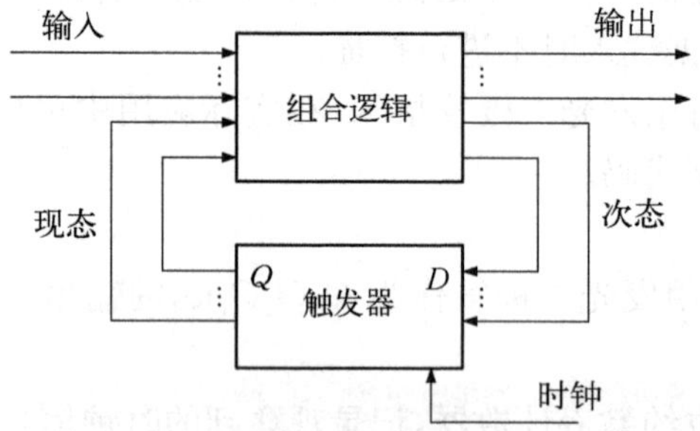

图 16.24 状态机原理图

在实际的应用中，根据有限状态机是否使用输入信号，可分为 Moore 型有限状态机和 Mealy 型有限状态机两种类型。

例如，利用有限状态机设计一个简单的流水灯系统。该系统由 1×8 的发光二极管阵列组成，能根据按键输入“*CX*”的逻辑电平切换显示方式：当 *CX* 为高电平时，系统可循环显示内收→外展→右开帘→右关帘→左开帘→左关帘→左移→右移→……花型；当 *CX* 为低电平时，系统可循环显示内收→右移→左移→左关帘→左关帘→左开帘→右关帘→右开帘→外展→……花型。显示花型的对应说明如表 16.10 所示。

表 16.10 四种显示花型的对应说明

左开帘									右开帘								
CP1	●	●	●	●	●	●	●	○	CP1	○	●	●	●	●	●	●	●
CP2	●	●	●	●	●	●	○	○	CP2	○	○	●	●	●	●	●	●
CP3	●	●	●	●	●	○	○	○	CP3	○	○	○	●	●	●	●	●
CP4	●	●	●	●	○	○	○	○	CP4	○	○	○	○	●	●	●	●
CP5	●	●	●	○	○	○	○	○	CP5	○	○	○	○	○	●	●	●
CP6	●	●	○	○	○	○	○	○	CP6	○	○	○	○	○	○	●	●
CP7	●	○	○	○	○	○	○	○	CP7	○	○	○	○	○	○	○	●
CP8	○	○	○	○	○	○	○	○	CP8	○	○	○	○	○	○	○	○
左关帘									右关帘								
CP1	○	○	○	○	○	○	○	●	CP1	●	○	○	○	○	○	○	○
CP2	○	○	○	○	○	○	●	●	CP2	●	●	○	○	○	○	○	○
CP3	○	○	○	○	○	●	●	●	CP3	●	●	●	○	○	○	○	○
CP4	○	○	○	○	●	●	●	●	CP4	●	●	●	●	○	○	○	○
CP5	○	○	○	●	●	●	●	●	CP5	●	●	●	●	●	○	○	○
CP6	○	○	●	●	●	●	●	●	CP6	●	●	●	●	●	●	○	○
CP7	○	●	●	●	●	●	●	●	CP7	●	●	●	●	●	●	●	○
CP8	●	●	●	●	●	●	●	●	CP8	●	●	●	●	●	●	●	●

续 表

	左移								右移							
CP1	●	●	●	●	●	●	●	○	CP1	○	●	●	●	●	●	●	●
CP2	●	●	●	●	●	●	○	●	CP2	●	○	●	●	●	●	●	●
CP3	●	●	●	●	●	○	●	●	CP3	●	●	○	●	●	●	●	●
CP4	●	●	●	●	○	●	●	●	CP4	●	●	●	○	●	●	●	●
CP5	●	●	●	○	●	●	●	●	CP5	●	●	●	●	○	●	●	●
CP6	●	●	○	●	●	●	●	●	CP6	●	●	●	●	●	○	●	●
CP7	●	○	●	●	●	●	●	●	CP7	●	●	●	●	●	●	○	●
CP8	○	●	●	●	●	●	●	●	CP8	●	●	●	●	●	●	●	○
	内收								外展								
CP1	○	●	●	●	●	●	●	○	CP1	●	●	●	○	○	●	●	●
CP2	○	○	●	●	●	●	○	○	CP2	●	●	○	○	○	○	●	●
CP3	○	○	○	●	●	○	○	○	CP3	●	○	○	○	○	○	○	●
CP4	○	○	○	○	○	○	○	○	CP4	○	○	○	○	○	○	○	○
CP5	●	○	○	○	○	○	○	●	CP5	○	○	○	●	●	○	○	○
CP6	●	●	○	○	○	○	●	●	CP6	○	○	●	●	●	●	○	○
CP7	●	●	●	○	○	●	●	●	CP7	○	●	●	●	●	●	●	○
CP8	●	●	●	●	●	●	●	●	CP8	●	●	●	●	●	●	●	●

注：● 表示灭灯，○ 表示亮灯。

采用有限状态机方法理解和设计该流水灯系统更为直观和简洁。根据题意可设该系统有八个工作状态 ST0～ST7，花型显示可理解为状态所执行动作，即有：

(a) ST0 执行“内收”显示动作。

(b) ST1 执行“外展”显示动作。

(c) ST2 执行“右开帘”显示动作。

(d) ST3 执行“右关帘”显示动作。

(e) ST4 执行“左开帘”显示动作。

(f) ST5 执行“左关帘”显示动作。

(g) ST6 执行“左移”显示动作。

(h) ST7 执行“右移”显示动作。

由上可知，本系统可用一个 Mealy 型有限状态机表示，其状态转移图如图 16.25 所示。

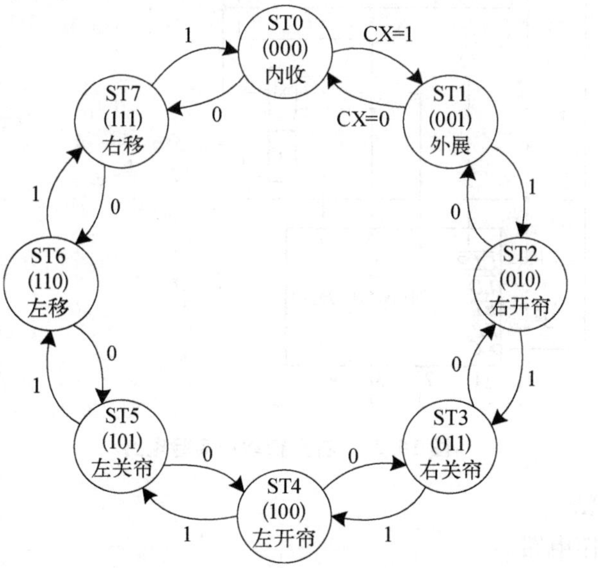

图 16.25　简易流水灯系统状态图

据此可知，电路系统可以拆分为三部分，即状态机电路、译码电路和动作电路。状态机电路用于实现该系统的序列逻辑，译码电路用于把状态码翻译成选择和控制动作电路的信号，动作电路用于实现该系统的输出显示。

按图 16.25 所示二进制编码方式设定状态码，则状态机电路部分的电路可借助一个 8 位可逆二进制计数器实现，此处选择 74LS191 为例给出参考实验电路，如图 16.26 所示。

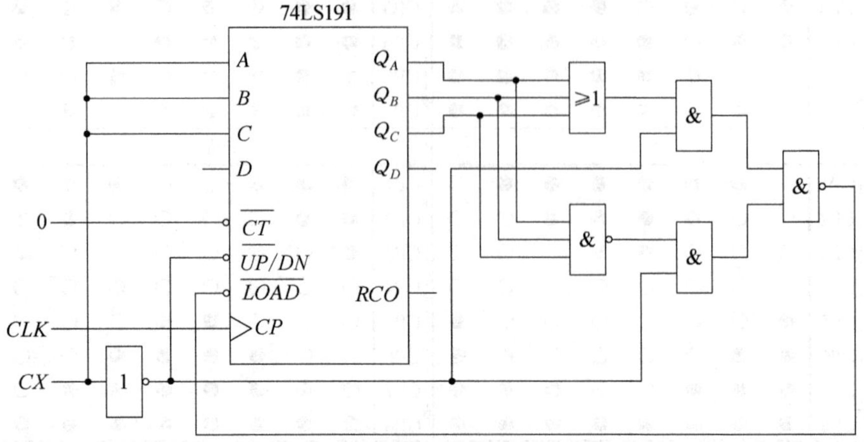

图 16.26 状态机电路部分实验电路

由于动作电路部分可以单独封装，因此便于修改或者扩展。图 16.27 给出了右开帘的动作电路，其余动作电路均可参考图 16.27 修改获得。

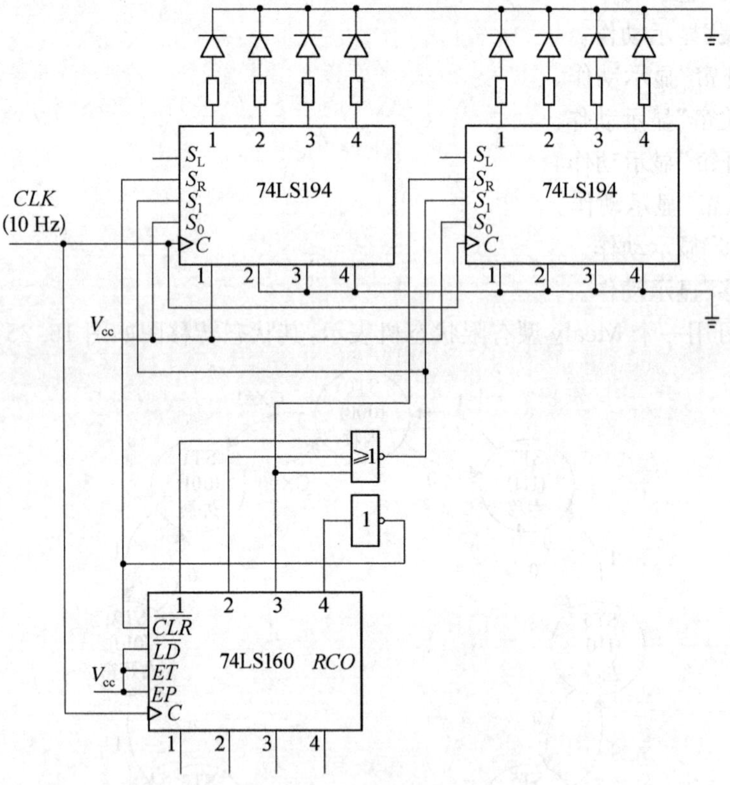

图 16.27 右开帘动作实验电路

16.7.4 实验内容及方法

(1) 试设计其余七个动作电路。

(2) 试设计译码电路以实现状态机电路与动作电路之间的接口电路。

（3）试完成整个简易流水灯系统，通过仿真或者搭建实验电路验证。

16.7.5　实验报告要求

（1）设计相关实验电路图。

（2）记录仿真实验波形图或真实实验波形图，说明电路逻辑序列和逻辑功能。

16.7.6　思考题

试将本例所设计的简易流水灯系统的八个动作电路整合为一个可选择的动作电路。

第 17 章　数字电路综合设计

数字电路综合设计的宗旨是提高学生在电路方面的综合设计能力和创新意识。从前几章以局部电路为主的验证性实验和局部设计性实验过渡到多模块、综合性的系统实验。把门电路、脉冲产生电路、时序电路与实际工程问题联系起来，用数字电路的理论和方法解决工程问题是工程设计的启蒙。

17.1　数字电路设计步骤

17.1.1　总体方案设计

在设计总体方案时，首要的是对给定的课题进行分析，明确该课题要实现的功能、性能指标、使用场合等，然后才能做总体设计方案。在设计方案的过程中，需要查阅相关的资料，查阅具有先进性、稳定性、易设置易操作、价格低的集成电路芯片和电路结构，将多个方案进行分析和比较，还要考虑制作的难易程度，从而设计出最佳的总体方案。这就是方案的论证过程。

一般总体设计方案用框图和注释表示，例如图 17.1。每个框图表示一个功能单元，用表示信号流向的箭头把各个框图连接起来。对于方案中主体部分或者关键部分，描述要详细和准确。对于次要的部分，可以简单一点。

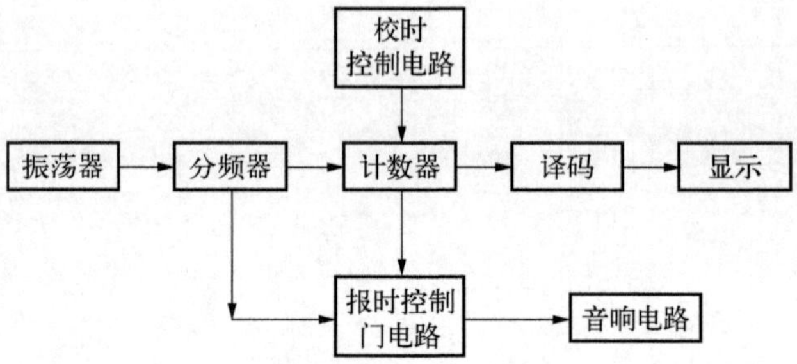

图 17.1　设计框图

17.1.2　单元电路设计

(1) 明确各单元电路的各项性能指标。事实上，单元电路的各项性能应该在设计总体方案时已确定，在此应该是更明确和更具体化。在设计各单元电路时，还应注意各单元电路间的逻辑电平匹配、负载匹配等问题，同时各单元电路要尽可能地选择同一系列的集成电路。

(2) 单元电路结构的选择，同样应该反复地比较和论证。要多查阅资料和生产厂商的技术说明，从中选择性能优越、各项参数符合本课题要求、价格低的集成电路。

(3) 各单元电路参数的计算要准确，各波形间的配合在时间上要留有一定的余量，避免因温度等其他的原因使得波形间产生毛刺，从而使得电路产生不稳定的因素。

(4) 画出单元电路的电路图，写出单元电路的技术说明，包括参数的计算和各点的波形。

(5) 对单元电路进行实验，测试各点的波形和参数，看是否符合设计要求，同时可对不合理的地方进行再一次的修改。

17.1.3　画出总体电路图

各单元电路设计完成后，画出总体电路图。在画总体电路图时，要注意各单元电路的摆放位置，原则上是从待处理的信号开始依次画出，要特别注意的是各单元电路间的关系要清晰明了及美观。

17.1.4　总体电路安装及调试

按照要求，画出 PCB 图，或者在面包板上搭出整体电路进行调试。调试时要注意首先是测试各单元电路的波形或者参数是否和原设计相符合，从而可以快速地找出是哪个单元电路出现了故障。

17.2　自动售货机的设计

设计任务

设计一个自动售火柴机的逻辑电路。它的投币口每次只能投入一枚(1 分或 2 分)硬币。在投入 3 分硬币后，数码管显示 3，并且机器给出一盒火柴。如果投入 4 分硬币后，数码管显示 4，机器给出一盒火柴，同时找回一枚 1 分硬币。

17.2.1　实验目的

运用所学的数字电路基本理论知识，学习课题设计的完整过程。理论联系实际，锻炼实践操作，培养理论知识的实践应用能力。

17.2.2　预习要求

(1) 认真观察自动售货机的售货过程，记录售货机售货时的每一步骤，考虑售货机在售货过程的每一步骤中可能发生的各种情况。

(2) 对课题进行设计，写出设计的详细步骤，画出逻辑电路图。

17.2.3　设计原理

1. 设计分析

售货机在售货的每一过程均可看成一个状态，并且下一状态的进程取决于上一状态的进程，每一个状态必须具有记忆功能。因此，主体电路可采用时序电路设计方法。

1) 总体设计

在本课题的设计中，忽略一些机械的或传感器信号的设计。对于投币等传感信号，均采用按钮或拨动开关取代。

自动售货机操作说明：

(1) 两个投币口，分别能投入 1 分、2 分的硬币。

(2) 一个八段数码管，显示投入硬币的数量。

(3) 一个"输出"按钮，在投入硬币后，按下按钮，售货机即可输出"火柴"。

(4) 两个指示灯，分别显示"输出"火柴和"找零"两个状态。

具体操作见实验任务。根据以上分析，画出电路框图如 17.2 所示。

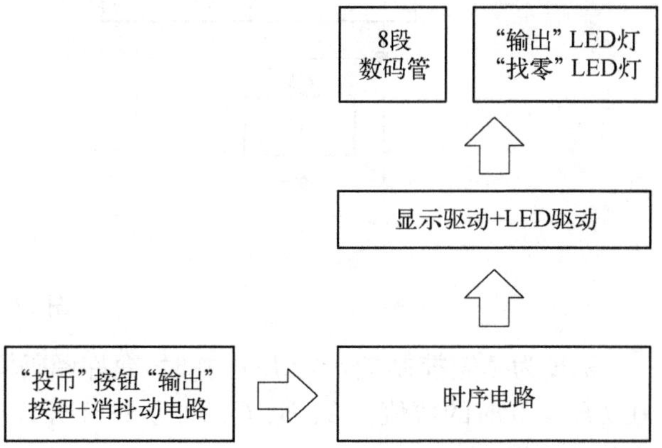

图 17.2　售货机总框图

2) 各辅助单元电路原理

(1) 各个开关或者按钮的消抖动电路。

(2) 显示投币数量的 8 段数码管和驱动电路。

(3) 出货、投币状态 LED 指示灯和驱动电路。

a. "输出"按键

"输出"按键的功能是产生一个单脉冲，把投币口的开关信号打入触发器。时序电路中采用的是下降沿触发的 JK 触发器 74LS76，所以按键的功能是产生一个负跳变的单脉冲。输出按键电路如图 17.3(a)所示，由RS触发器构成。常态时，开关接在上端，$\overline{P}$为1；当按钮按下，开关接到下端，$\overline{P}$变为0，产生一个负脉冲，作为JK触发器的打入脉冲。

b. 清零电路

每次操作完成后，对于具有记忆功能的电路要清零，为第二次的操作做好准备。清零电路采用了555电路组成的可触发单稳态，如图17.3(b)所示。"输出"信号作为触发单稳态脉冲。

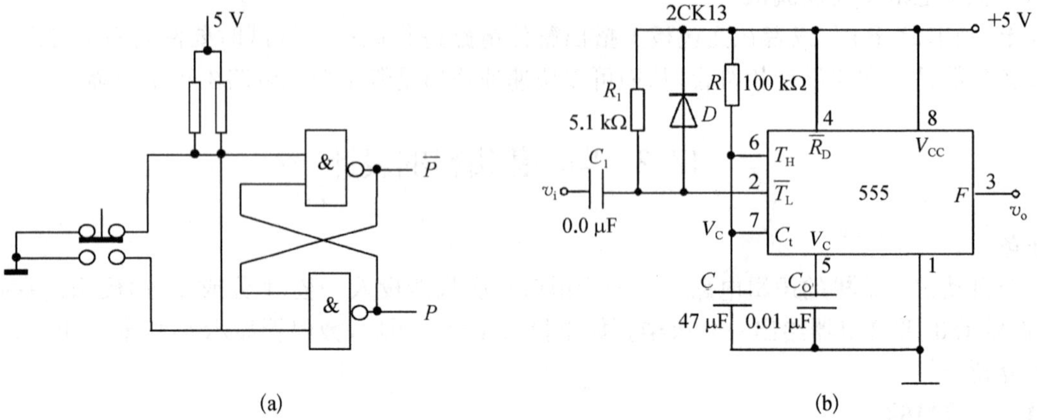

图 17.3 负跳变单脉冲发生器(a)和555单稳态电路(b)

c. 显示电路

采用八段数码显示管，CD4511为译码驱动器，如图17.4所示。

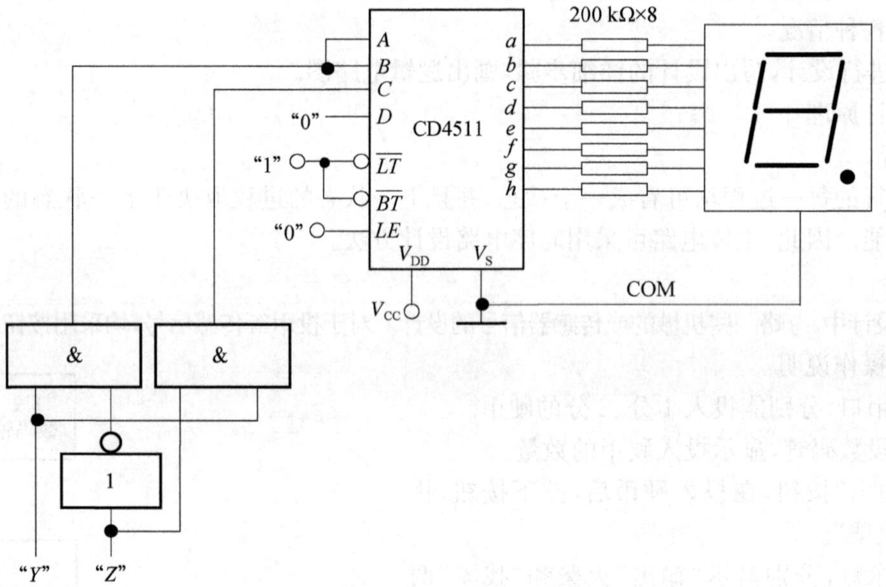

图 17.4 译码显示电路

*LE*为锁定控制端，当*LE*＝0时，允许译码输出。*LE*＝1时译码器是锁定保持状态，译码器输出被保持在*LE*＝0时的数值。*A*、*B*、*C*、*D*为8421BCD码输入端。*a*、*b*、*c*、*d*、*e*、*f*、*g*、*h*为译码输出端，输出为高电平1有效。

2. 主体电路设计

主体设计采用74LS76触发器组成时序电路，用以实现售货机的各个状态。设计时序电路必须确定电路的外部输入和输出，以及确定电路可能存在的各种状态。

1）状态定义

$Q_1Q_0=00$ 表示状态 S_0，表示初始状态以及火柴售出的状态。

$Q_1Q_0 = 01$ 表示状态 S_1，表示售货机中有 1 分钱硬币的状态。

$Q_1Q_0 = 10$ 表示状态 S_2，表示售货机中有 2 分钱硬币的状态。

2) 变量定义

设输入变量 A，B 分别表示投入 1 分和 2 分硬币，即：

$A = 1$ 表示投入 1 枚 1 分硬币，$A = 0$ 表示没有投入 1 分硬币；

$B = 1$ 表示投入 1 枚 2 分硬币，$B = 0$ 表示没有投入 2 分硬币。

设输出变量 Y，Z 分别表示是否给出一盒火柴及同时找回一枚 1 分硬币，即：

$Y = 1$ 表示给出一盒火柴，$Y = 0$ 表示没有给出一盒火柴。

$Z = 1$ 表示找回一枚 1 分硬币，$Z = 0$ 表示没有找回一枚 1 分硬币。

3) 建立状态图

根据实验要求画出自动售货机状图(如图 17.5)。

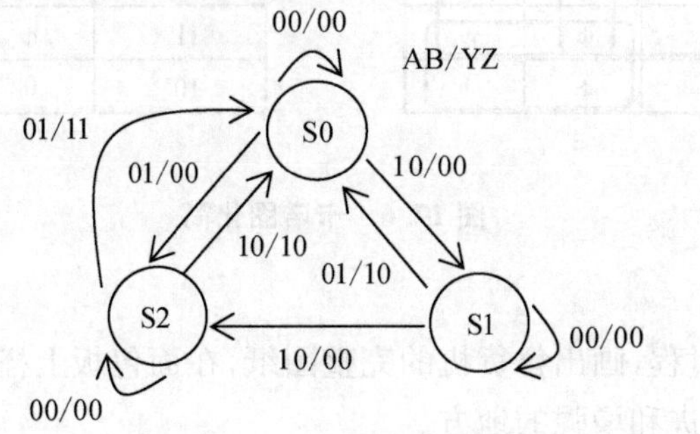

图 17.5　自动售货机状态图

4) 建立状态真值表

根据实验要求列出状态真值表，如表 17.1 所示。

表 17.1　真 值 表

A	B	Q_1^n	Q_0^n	Q_1^{n+1}	Q_0^{n+1}	Y	Z	J_1	K_1	J_0	K_0
0	0	0	0	0	0	0	0	0	ϕ	0	ϕ
0	0	0	1	0	1	0	0	0	ϕ	ϕ	0
0	0	1	0	1	0	0	0	ϕ	0	0	ϕ
0	1	0	0	1	0	0	0	1	ϕ	0	ϕ
0	1	0	1	0	0	1	0	0	ϕ	ϕ	1
0	1	1	0	0	0	1	1	ϕ	1	0	ϕ
1	0	0	0	0	1	0	0	0	ϕ	1	ϕ
1	0	0	1	1	0	0	0	1	ϕ	ϕ	1
1	0	1	0	0	0	1	0	ϕ	1	0	ϕ

5) 卡诺图化简

根据状态真值表画出卡诺图，如图 17.6 所示。

AB \ $Q_1^n Q_0^n$	00	01	11	10
00	0	0	ϕ	ϕ
01	1	0	ϕ	ϕ
11	ϕ	ϕ	ϕ	ϕ
10	0	1	ϕ	ϕ

(a)

AB \ $Q_1^n Q_0^n$	00	01	11	10
00	ϕ	ϕ	ϕ	0
01	ϕ	ϕ	ϕ	1
11	ϕ	ϕ	ϕ	ϕ
10	ϕ	ϕ	ϕ	1

(b)

AB \ $Q_1^n Q_0^n$	00	01	11	10
00	0	φ	φ	0
01	0	φ	φ	0
11	φ	φ	φ	φ
10	1	φ	φ	0

(c)

AB \ $Q_1^n Q_0^n$	00	01	11	10
00	φ	0	φ	φ
01	φ	1	φ	φ
11	φ	φ	φ	φ
10	φ	1	φ	φ

(d)

AB \ $Q_1^n Q_0^n$	00	01	11	10
00	0	0	φ	0
01	0	1	1	1
11	φ	φ	φ	φ
10	0	0	φ	1

(e)

AB \ $Q_1^n Q_0^n$	00	01	11	10
00	0	0	φ	0
01	0	0	φ	1
11	φ	φ	φ	φ
10	0	0	φ	0

(f)

图 17.6 卡诺图化简

17.2.4 实验内容及方法

写出自动售货机设计的全过程，画出售货机的完整图纸，在面包板上搭出售货机的完整电路，调试电路，验证是否实现功能，指出可以改进和增强的地方。

17.2.5 实验器材

(1) 示波器 Agilent DSO－X 2012A 1台。

(2) 数字万用表 1台。

(3) 直流稳压电源 1台。

(4) 主要元器件(供参考)：

① 74LS76 芯片 1片； ② CD4511 芯片 1片；

③ NE555 芯片 1片； ④ 七段数码管 1个；

⑤ LED 4个； ⑥ 电容 0.01 μF 3个；

⑦ 二极管 1个； ⑧ 电阻 10 kΩ×1，22 kΩ×1，5 kΩ×2；

⑨ 按钮 2个。

17.3 数字锯齿波波形发生器的设计

设计任务

晶体管特性图示仪是电子测量常用仪器之一，通常扫描信号和阶梯信号由 50 Hz 工频市电变换而来，其稳定性差，X 轴扫描为正弦脉冲，线性度差。本实验旨在用数字电路中的 555 定时器作为晶体管特性图示仪中的扫描信号发生器，通过 555 定时器产生同步的 X 轴扫描锯齿波和 Y 轴扫描阶梯波，其扫描频率不受工频市电限制，扫描信号同步性能好。

17.3.1 实验目的

(1) 熟悉数字电路的应用。

(2) 熟悉数字电路和模拟电路相结合的设计方法。

17.3.2 预习要求

(1) 复习 555、74LS161、运算放大器 741 等器件的工作原理。

(2) 对课题进行设计，写出设计和理论计算的详细步骤，画出电路图。

17.3.3　设计原理

1. 设计分析

晶体管的输出特性是指集电极电流 I_c 在一系列一定的基极电流 I_b 下，随集电极-发射极电压 V_{ce} 变化的一簇曲线束，如图 17.7 所示。

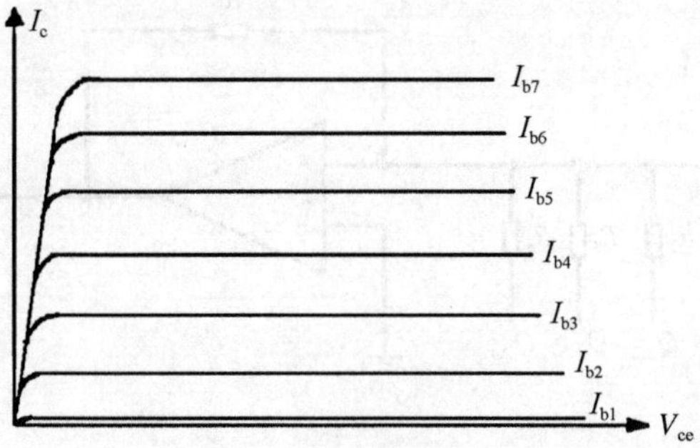

图 17.7　晶体管输出特性曲线

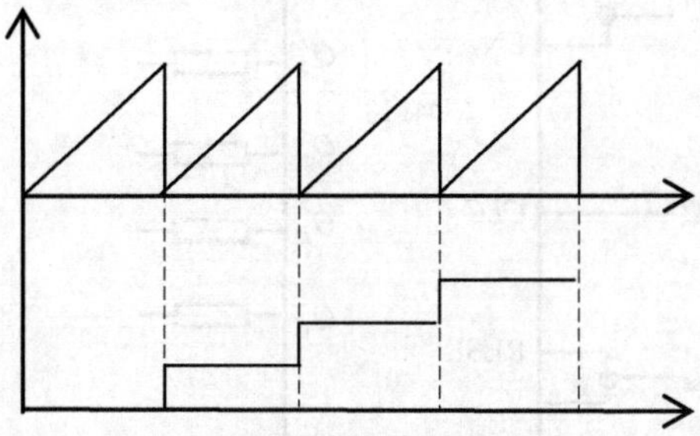

图 17.8　集电极扫描电压与基极阶梯电压（阶梯电流）间的关系

对于给定的 I_b，只能表现出其中一条曲线。为了显示出整个曲线簇，只要使得 I_b，即 V_b 是阶梯波变化，而 V_c 是锯齿波变化，锯齿波的周期等于每一阶梯的维持时间，如图 17.8 所示。

2. 总体设计

阶梯波产生电路由多谐振荡器（555 定时器构成）、四位二进制加法器（CD4518）、数模转换电路和反相比例运算器组成。测试原理图如 17.9 所示。

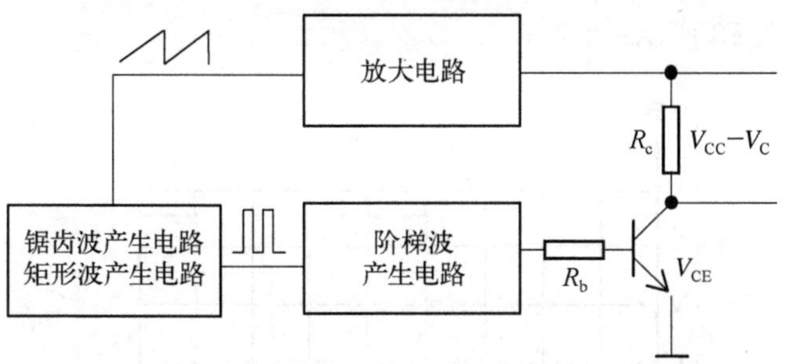

图 17.9　测试原理框图

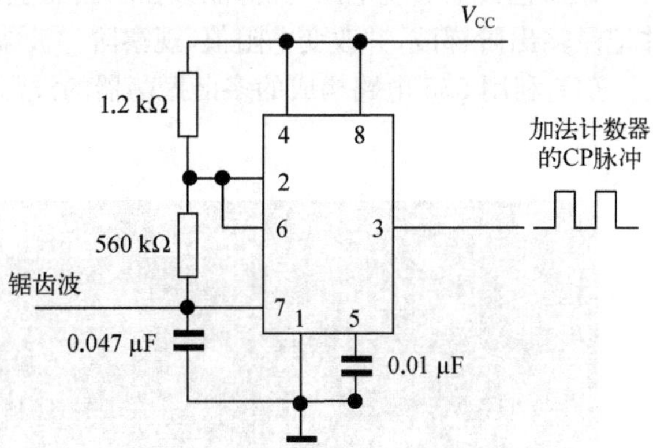

图 17.10　555 构成振荡器

3. 各辅助单元电路原理

1）多谐振荡器部分

由 555 定时器构成的多谐振荡器如图 17.10 所示。

555 定时器组成的多谐振荡器同时产生锯齿波和阶梯波的触发脉冲，以保证锯齿波和阶梯波的同步。555 定时器 7 脚输出电压幅值为 $1/2V_{CC}$ 的锯齿波，3 脚输出占空比接近 1 的同步方波。锯齿波的幅值由下式可得

$$V_{CC}=\frac{2}{3}V_{CC}-\frac{1}{3}V_{CC}\approx\frac{1}{2}V_{CC}$$

该锯齿波通过电压跟随器和同相比例运算放大器进行电压放大，调节电阻可以改变锯齿波幅度，在测量晶体管特性曲线时，需经放大后再输入到待测晶体管集电极，同时作为 X 轴扫描信号输入到示波管的 X 轴偏转系统。

2）同步十进制加法计数器

计数器采用 CD4518 芯片。CD4518 芯片是一个双 BCD 同步加计数器，由两个相同的同步 4 级计数器组成（图 17.11）。电路中将 555 振荡器输出的脉冲作为 CD4518 的时钟计数脉冲，在计数到 1001 时输出归零。

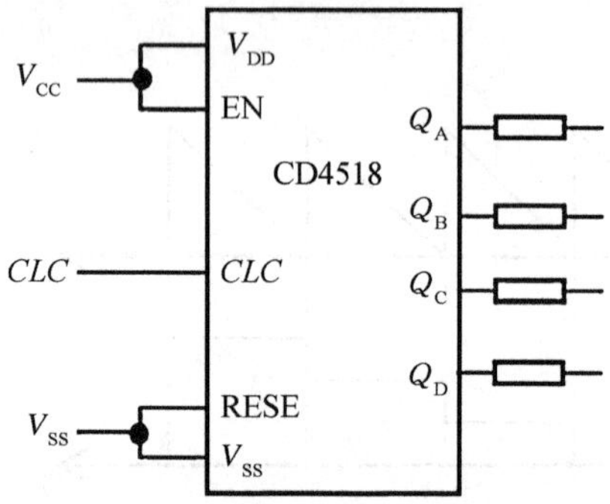

图 17.11 CD4518 构成 BCD 加法计数器

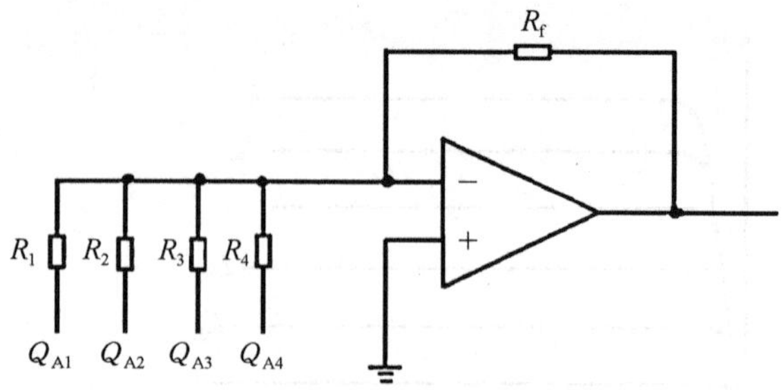

图 17.12 数模转换网络

3）数模转换部分

把 CD4518BCD 加法计数器和 uA741 构成了权电阻网络数模转换电路（图 17.12）。电阻取值应该满足 $8R_4 = 4R_3 = 2R_2 = R_1$，R_f是 10 kΩ 的电位器。

$$I_f = V_1/R_1 + V_2/R_2 + V_3/R_3 + V_4/R_4$$

$$V_O = - I_f R_f$$

4. 设计任务和要求

在面包板上实现电路功能，能够在示波器上稳定的显示出阶梯波，且阶梯波的幅度可调。用示波器观察并记录输出阶梯波，并改变电阻值，观察阶梯波幅度的变化，将实验结果和理论值作比较。

（1）利用 555 电路构成的多谐振荡器的波形如图 17.13 所示。

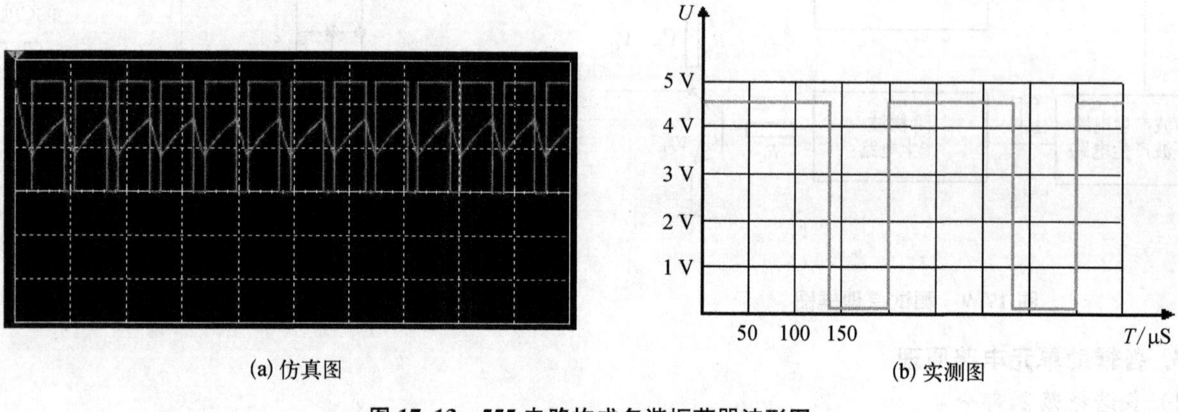

图 17.13 555 电路构成多谐振荡器波形图

（2）CD4518 连接成加法计数器，对输出的脉冲波计数。

（3）权电阻网络组成的数模转换电路，产生反相阶梯波形，如图 17.14 所示。

（4）用反相比例运算电路调整输出波形的幅度，将前级的阶梯波形翻转，输出正相阶梯波（图 17.15）。

17.3.4 实验内容及方法

写出锯齿波发生器设计和计算的全过程，画出锯齿波发生器的完整图纸，在面包板上搭出锯齿波发生器的完整电路。调试电路，验证是否实现功能，指出可以改进和增强的地方。

17.3.5 实验器材

（1）示波器 Agilent DSO－X 2012A 1 台。

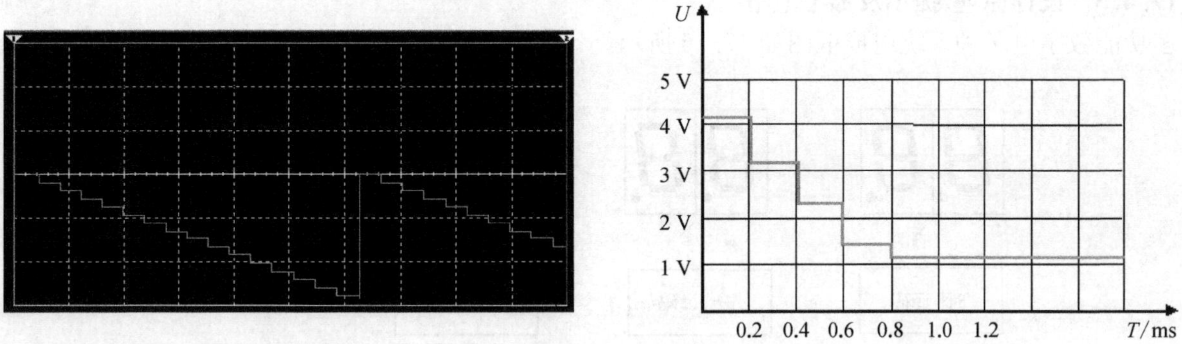

(a) 仿真图　　(b) 实测图

图 17.14　反相阶梯波输出

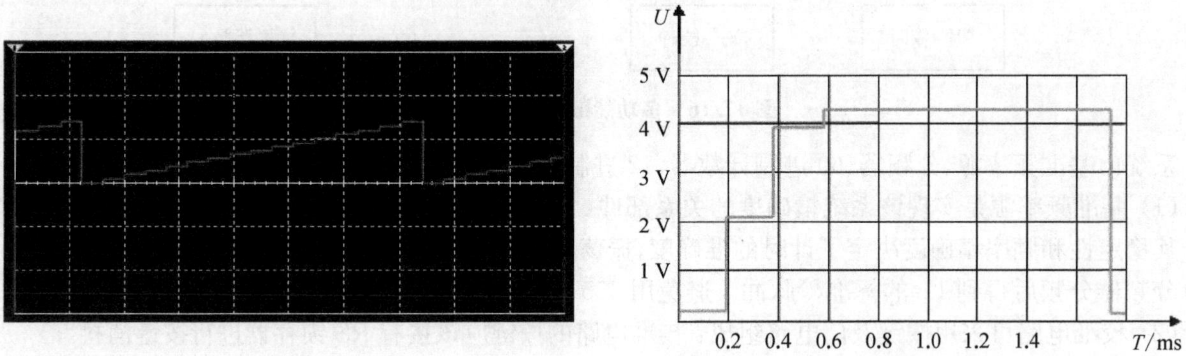

(a) 仿真图　　(b) 实测图

图 17.15　正相阶梯波输出

(2) 数字万用表　1 台。

(3) 直流稳压电源　1 台。

(4) 主要元器件(供参考)：

① NE555 芯片　1 片；　　② CD4518 芯片　1 片；

③ uA741 芯片　4 片；　　④ 电位器、电阻、电容、导线　若干。

17.4　多功能数字电子钟的设计

设计任务

设计一多功能数字电子钟，其功能和要求：

(1) 以数字形式显示时、分、秒。

(2) 小时计时采用 12 进制的计时方式，分、秒采用 60 进制的计时方式。

(3) 具有对“时、分”的校准功能。

(4) 定时控制报时。

17.4.1　实验目的

(1) 熟悉中规模计数器电路的设计和应用。

(2) 学会不同的振荡器电路在不同要求的系统中的应用。

17.4.2　预习要求

(1) 查阅不同的中规模计数器使用说明，并加以分析和比较。

(2) 根据分析和提示，设计出符合要求的电路图纸，并对各部分电路的设计加以说明。

17.4.3 设计原理、提示及参考电路

多功能数字电子钟系统组成框图如17.16所示。

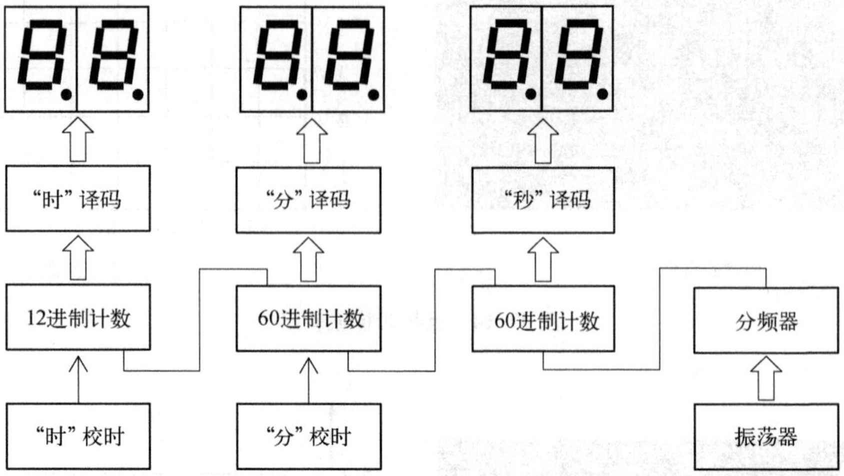

图 17.16 多功能数字钟系统原理图

系统由基准频率源、分频器、60进制计数器、12进制计数器、译码显示、校准电路组成。其中:

(1) 基准频率源是实现该系统精确度的关系部件:设计中应以晶体振荡器组成振荡电路,产生时间基准源。其稳定性和频率精确度决定了计时的准确度,振荡频率愈高,计时精度也就愈高。振荡器产生的基准源再由分频器分频后得到1 s的标准秒脉冲。避免用555电路等直接产生1 s的秒脉冲。

(2) 校准电路可采用按键及门电路组成:校准电路的按键应该接有RS锁存器进行按键消抖。

17.4.4 校正"时""分"电路的设计

当数字钟接通电源或者计时出现误差时需要校正时间(校时)。为使电路简单,我们只进行"分"和"小时"的校时。对校时电路的要求是:

(1) 在"时"校正时不影响分和秒的正常计数;在"分"校正时不影响小时和秒的正常计数。

(2) 校正脉冲可以用555电路产生1 Hz的校时脉冲,也可以用手动产生单脉冲作校时脉冲。

(3) 图17.17所示为"校时"和"校分"的电路。其中 S_1 为校分用的控制开关,S_2 为校时用的控制开关,它们的控制功能如表17.2所示。

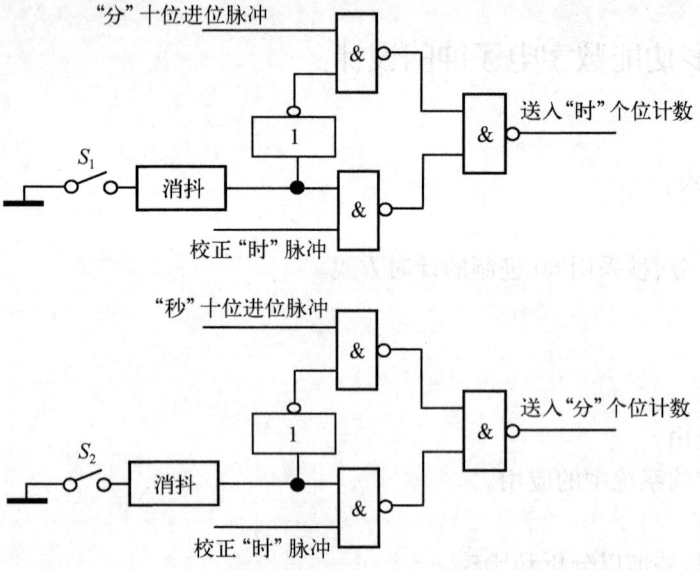

图 17.17 校正电路

表 17.2 控制功能表

S_1	S_2	功 能
1	1	正常计数
1	0	"分"校正
0	1	"时"校正

要注意的是，校时电路是由与非门构成的组合逻辑电路，开关 S_1 或 S_2 为“0”或“1”时，可能会产生抖动，需要加上基本 RS 触发器以便消除抖动。

17.4.5 设计任务和要求

(1) 按照设计任务要求写出详细的设计报告，主要包括：题目，设计任务及要求，画出详细框图、整机逻辑电路、详细的总体电路图，列出元器件清单。

(2) 单元电路调试和整机调试后，进行故障分析、精度分析以及功能评价。

(3) 在面包板上调试出数字电子钟，各部分功能要能准确实现。

17.4.6 实验器材

(1) 七段显示器(共阴极) 6 片；

(2) 74LS48 6 片；

(3) 74LS90 10 片；

(4) 4 MHz 石英晶体 1 片；

(5) 74LS04 1 片；

(6) 74LS74 1 片；

(7) 74LS10、74LS00 10 片；

(8) 电阻、电容、导线、开关等。

17.5 汽车尾灯控制器的设计

设计任务

设计一汽车尾灯控制电路，当汽车左转弯时，左边的 3 个 LED 灯向左依次点亮；当汽车右转弯时，右边的 3 个 LED 灯向右依次点亮；当汽车刹车时，左右共 6 个 LED 灯同时点亮。若在转弯情况下制动，则一侧 3 个尾灯周期性的亮灭，另一侧三个尾灯则均亮。

17.5.1 实验目的

学习分析时序电路和组合电路的整体设计，灵活运用中规模集成电路，培养分析实际问题的能力。

17.5.2 预习要求

(1) 复习 74LS194、NE555 等相关芯片的用法、功能、内部结构，重点写出课题中移位寄存器的真值表。

(2) 根据设计原理，设计出符合要求的电路图，并写出详细步骤。

17.5.3 设计原理及电路分析

1. 设计分析

要实现汽车尾灯左转或右转的 3 个 LED 灯循环点亮，需要有时序电路产生状态转换，这一部分电路可由 JK 触发器来实现。但这部分电路并不需要记忆状态，对于左边或右边的转向灯来说，只要实现 000→100→010→001→000 之间的循环即可，故主体电路可以考虑用移位寄存器来实现。

2. 总体设计

设计中主体电路采用移位寄存器芯片 74LS194。组合控制电路根据左转、右转、刹车三路信号的状态，对移位寄存器进行左移、右移、送数三个工作状态的设置。并把移位寄存器的输出信号送入左转弯 LED 驱动电路或者右转弯 LED 驱动电路。总体设计原理框图如图 17.18 所示。

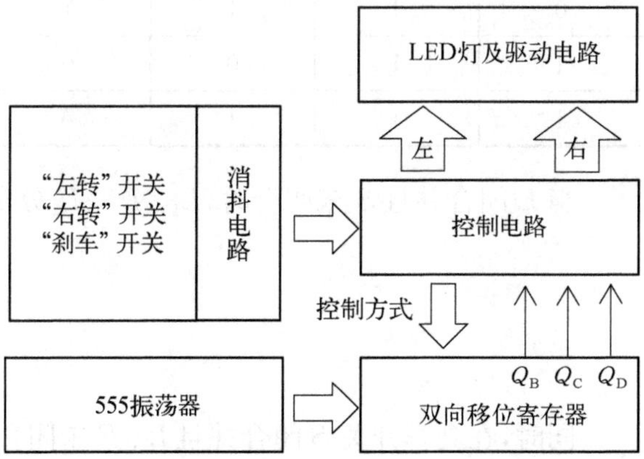

图 17.18 汽车尾灯控制总框图

3. 单元电路设计

1) CP 脉冲的产生

555 芯片构成成振荡器的形式(图 17.19)，在 $R_1 = R_2$ 及二极管的作用下，产生占空比为 50% 的方波脉冲作为移位寄存器的打入脉冲。充放电回路的电阻为 10 kΩ，电容为 47 μF，得出时钟周期应为 $T = 0.7 \times 10^4\ \Omega \times 47\ \mu F \times 2 = 0.66$ s，$T_H = 0.33$ s，$T_L = 0.33$ s。

时钟周期为 0.33 s 的闪烁频率，使得人眼的视觉能够清晰地分辨出 LED 灯的闪烁方向。

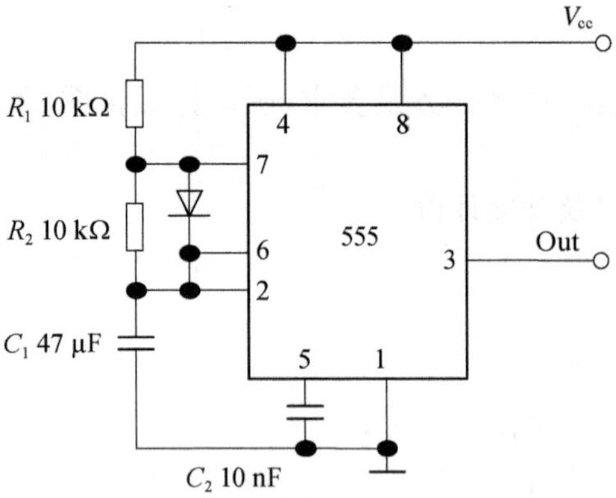

图 17.19 555 电路产生 CLK 方波信号

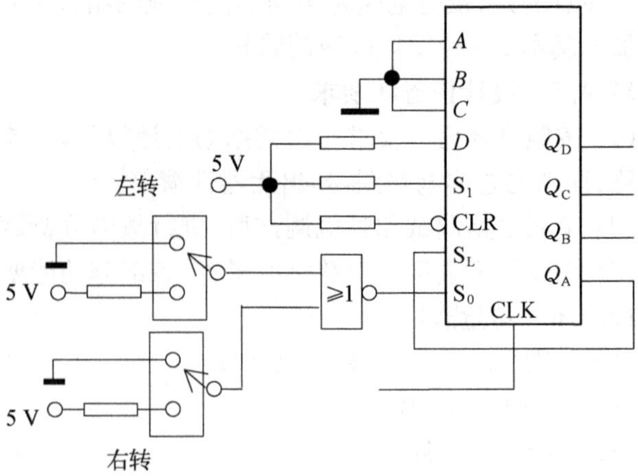

图 17.20 控制开关和移位寄存器

2）移位寄存器电路

如图 17.20 所示，或非门用于检测左右转弯开关，当左右转弯开关均置于接地端时，移位寄存器 S_0、S_1 为 1、1，此时移位寄存器工作在置数状态下，从 A、B、C、D 将 0001 置于移位寄存器当中，当左右转弯开关有一个置于高电平一端时，移位寄存器 S_0、S_1 为 0、1 置于左移状态，将 Q_A 与 S_L 连接起来，就能实现循环移位的功能。

3）与非门控制电路

由于左右两路的转向灯功能相同，因此只要设计其中一路转向灯的控制电路即可。刹车开关的控制逻辑与左转弯方向灯和右转弯方向灯的控制逻辑组合在一起进行设计。移位寄存器的 Q_A、Q_B 和 Q_C 通过驱动电路接到 LED 灯，因为 Q_A、Q_B 和 Q_C 的输出是在变化的，故定义移位寄存器的输出变量为 A、B、C，分别控制三盏灯的亮暗。用 L 表示左转弯控制开关，R 表示右转弯控制开关，S 表示制动开关。L_1 表示左边第一盏灯，L_2 表示左边第二盏灯，L_3 表示左边第三盏灯，如真值表（表 17.3）所示。

表 17.3 真 值 表

L	S	R	L_1	L_2	L_3	R_1	R_2	R_3
1	0	0	A	B	C	0	0	0
1	0	1	A	B	C	A	B	C
0	0	1	0	0	0	A	B	C
0	0	0	0	0	0	0	0	0
0	1	0	1	1	1	1	1	1
0	1	1	1	1	1	0	0	0
1	1	0	0	0	0	1	1	1
1	1	1	A	B	C	A	B	C

当 L 闭合并且 S 未闭合时，L_1、L_2、L_3 分别亮暗，每盏灯的亮暗由 A、B、C 控制，由此可以得出

$$L_1 = LA\overline{S}$$

$$L_2 = LB\overline{S}$$

$$L_3 = LC\overline{S}$$

同时，在刹车开关 S 闭合并且 L、R 未闭合时，六盏灯全亮，并且不受 A、B、C 的控制。

$$L_1 = LA\overline{S} + \overline{L}S$$

$$L_2 = LB\,\overline{S} + \overline{L}S$$
$$L_3 = LC\,\overline{S} + \overline{L}S$$

将上式作变换可以得出

$$L_1 = LA\,\overline{S} + \overline{L}S = \overline{\overline{LA\,\overline{S}}\,\overline{\overline{L}S}}$$
$$L_2 = LB\,\overline{S} + \overline{L}S = \overline{\overline{LB\,\overline{S}}\,\overline{\overline{L}S}}$$
$$L_3 = LC\,\overline{S} + \overline{L}S = \overline{\overline{LC\,\overline{S}}\,\overline{\overline{L}S}}$$

同理,我们可以得出右边三盏灯的逻辑表达式。左右两边转弯灯控制逻辑如图 17.21 所示。

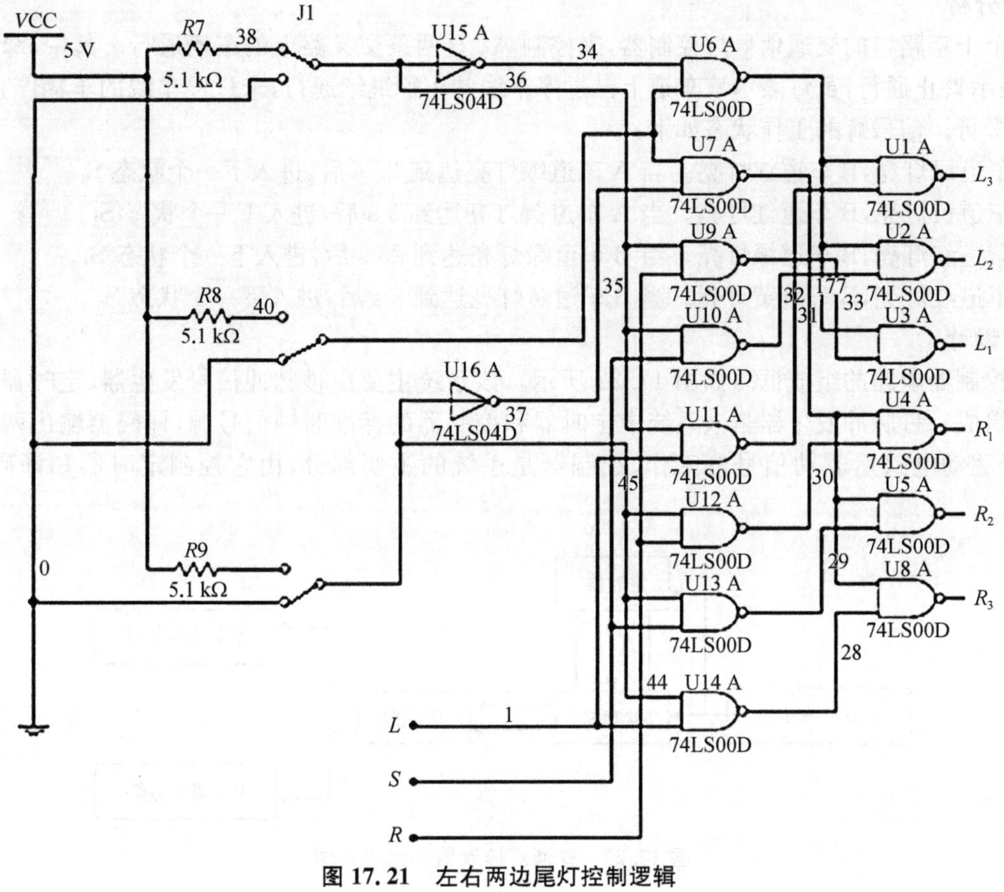

图 17.21　左右两边尾灯控制逻辑

17.5.4　实验内容及方法

(1) 根据设计要求,设计各个模块的电路,画出原理图。

(2) 调试电路,验证其是否符合设计任务中所要求的,并指出哪些方面可以增强和改进。

17.5.5　实验器材

(1) NE555 芯片　1 片;	(2) LED 灯　6 个;
(3) 74LS00 芯片　2 片;	(4) 二极管 IN4001　1 片;
(5) 74LS04 芯片　1 片;	(6) 74LS194 芯片　1 片;
(7) 74LS10 芯片　2 片;	(8) 电阻、电容、导线、开关等。

17.6　十字路口交通灯控制器的设计

设计任务

设计一十字路口交通灯控制器,要求满足以下条件:亮灯顺序为 A 车道是绿(亮灯 25 s)、黄(亮灯 5 s)、红(亮灯 30 s),对应的 B 车道是红(亮灯 30 s)、绿(亮灯 25 s)、黄(亮灯 5 s)。

17.6.1 实验目的

(1) 掌握十字路口交通灯控制器的构成、原理与设计方法。

(2) 学习和巩固逻辑电路的整体设计和单元模块设计,灵活运用所学的集成电路芯片,培养分析实际问题的能力。

17.6.2 预习要求

(1) 复习 74LS163、74LS153、74LS74、NE555 等相关芯片的用法、功能、内部结构。

(2) 根据设计框图和设计原理,设计出符合要求的电路图,并写出详细步骤。

17.6.3 设计原理及电路分析

1. 设计分析

设计一个十字路口的交通信号灯控制器,来控制 A、B 两条交叉路上的车辆通行。其中,绿灯表示允许通行,红灯表示禁止通行,黄灯表示该车道上已过停车线的车辆继续通行,未过停车线的车辆停止通行,也可理解为车辆缓行。信号灯的工作状态如下:

S_0:A 车道绿灯亮,B 车道红灯亮。当 A 车道绿灯亮达到 25 s 后,进入下一个状态 S_1。

S_1:A 车道黄灯亮,B 车道红灯亮。当 A 车道黄灯亮达到 5 s 后,进入下一个状态 S_2。

S_2:A 车道红灯亮,B 车道绿灯亮。当 B 车道绿灯亮达到 25 s 后,进入下一个状态 S_3。

S_3:A 车道红灯亮,B 车道黄灯亮。当 B 车道黄灯亮达到 5 s 后,进入下一个状态 S_0。

2. 总体设计

交通灯控制器电路的组成框图如图 17.22 所示。该系统主要由秒脉冲信号发生器、定时器、控制器、译码器等部分组成。秒脉冲发生器是该系统中定时器和控制器的标准时钟信号源,译码器输出两组信号灯的控制信号,经驱动电路后驱动信号灯工作,控制器是系统的主要部分,由它控制定时器和译码器的工作。图 17.22 中,

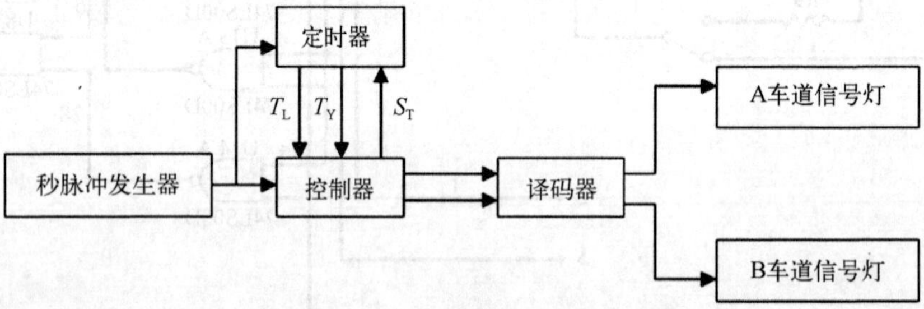

图 17.22 交通灯控制器的组成框图

T_L:表示绿灯亮的时间间隔为 25 s。定时时间到,$T_L = 1$,否则 $T_L = 0$。

T_Y:表示绿灯亮的时间间隔为 5 s。定时时间到,$T_L = 1$,否则 $T_L = 0$。

S_T:表示定时器到了规定的时间后,由控制器发出状态转换信号。由它控制定时器开始下一个工作状态的定时。

3. 单元电路设计

1) 秒脉冲发生器

脉冲信号发生器可由 555 定时器构成多谐振荡器而得,振荡频率为:$f = 1.43/(R_1 + 2R_2)C$。通过选择合适的电阻和电容值,可得振荡频率为 1 Hz 即周期为 1 s 的脉冲信号。

也可采用石英晶体振荡器输出脉冲,经过整形、分频而获得 1 Hz 的秒脉冲。例如,用晶体振荡器 32 768 Hz经 14 分频器分频为 2 Hz,再经一次分频,即可得到 1 Hz 的标准秒脉冲信号,供计数器使用。

2) 定时器

定时器是与秒脉冲信号发生器同步的计数器构成,要求计数器在 S_T 信号作用下,首先清零,然后在时钟脉冲上升沿作用下,计数器从零开始进行增 1 计数,向控制器提供模 25 的定时信号 T_L 和模 5 的定时信号 T_Y。

计数器选用集成电路 74LS163 进行设计。74LS163 是 4 位二进制同步计数器，具有同步清零、同步置数的功能。模 25 的定时信号，可由两片 74LS163 级联而得。定时器电路图如图 17.23 所示。

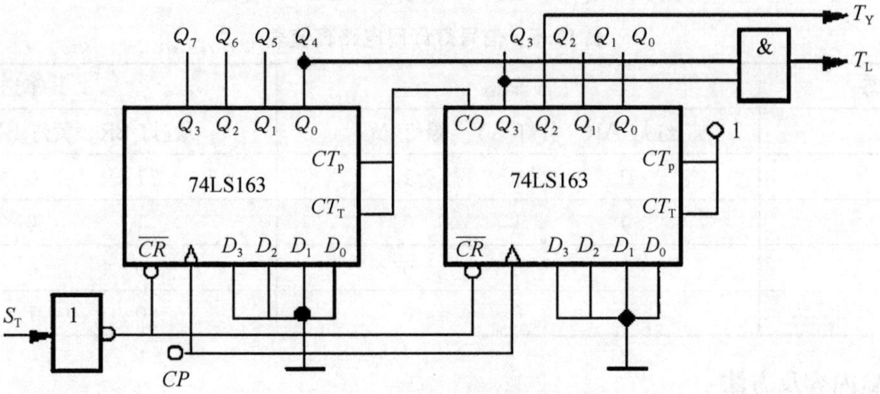

图 17.23　定时器电路图

3) 控制器

控制器是整个交通灯控制系统的核心部件，主要作用是按照交通管理规则控制信号灯工作状态的转换。根据上述对整个系统的设计分析，可归纳得控制器的工作状态及功能，如表 17.4 所示。

表 17.4　控制器的工作状态表

控制器状态	信号灯状态	车道运行状态
S_0(00)	A 绿，B 红	A 车道通行，B 车道禁止通行
S_1(01)	A 黄，B 红	A 车道缓行，B 车道禁止通行
S_2(11)	A 红，B 绿	A 车道禁止通行，B 车道通行
S_3(10)	A 红，B 黄	A 车道禁止通行，B 车道缓行

可得控制器的状态转换表，如表 17.5 所示，其中“x”表示无关项。根据表 17.5，可得状态方程和状态转换信号方程，再用四选一数据选择器 74LS153 和双 D 触发器 74LS74 来实现即可。

表 17.5　控制器的状态转换表

输　入		输　出	
现　态	状态转换条件	次　态	状态转换信号
Q_1^n　Q_0^n	T_L　T_Y	Q_1^{n+1}　Q_0^{n+1}	S_T
0　0	0　x	0　0	0
0　0	1　x	0　1	1
0　1	x　0	0　1	0
0　1	x　1	1　1	1
1　1	0　x	1　1	0
1　1	1　x	1　0	1
1　0	x　0	1　0	0
1　0	x　1	0　0	1

4) 译码器

译码器的主要任务是将控制器的输出信号 Q_1Q_0 的 4 种工作状态翻译成 A、B 车道上 6 个信号灯的工作状态。控制器的状态编码与信号灯控制信号之间的关系如表 17.6 所示。

根据表格可得 AR、AY、AG、BR、BY、BG 与 Q_1、Q_0 之间的逻辑关系：

$$AR = Q_1,\quad AY = Q_1'Q_0,\quad AG = Q_1'Q_0'$$
$$BR = Q_1',\quad BY = Q_1Q_0',\quad BG = Q_1Q_0$$

表 17.6 信号灯译码电路真值表

控制器状态	A 车道			B 车道		
$S(Q_1Q_0)$	红灯 AR	黄灯 AY	绿灯 AG	红灯 BR	黄灯 BY	绿灯 BG
$S_0(00)$	0	0	1	1	0	0
$S_1(01)$	0	1	0	1	0	0
$S_2(11)$	1	0	0	0	0	1
$S_3(10)$	1	0	0	0	1	0

17.6.4 实验内容及方法

(1) 根据设计要求，设计各个模块的电路，画出原理图。

(2) 调试整个电路，验证其是否符合设计任务中所要求的，并指出哪些方面可以增强和改进。

17.6.5 实验器材

(1) NE555 芯片　1 片；

(2) LED 灯(红、黄、绿)各　2 个；

(3) 74LS08 芯片　1 片；

(4) 74LS153 芯片　2 片；

(5) 74LS04 芯片　1 片；

(6) 74LS163 芯片　2 片；

(7) 74LS74 芯片　1 片；

(8) 电阻、电容、导线、开关等。

17.7 药片计数和装瓶系统的设计实验

设计任务

本实验是设计一个药片计数和装瓶的系统。当键盘输入每瓶药的预置数(最多两位数)时，实时显示出该预置数，并控制下方电路每瓶药瓶装药品的数量。系统开始运行时，实时显示本次生产药总瓶数。

17.7.1 实验目的

(1) 灵活运用所学的数字电路基本理论知识进行课题设计。

(2) 锻炼实践操作，培养理论知识的实践应用能力。

17.7.2 实验原理

把键盘输入的数字转换成 BCD 码，二进制数输出(编码器)，使用 BCD 码来进行药品预置数的数码显示，并通过二进制数来与下一级电路药品规定数量装载的实时计数进行比较以控制每瓶药片的数量。药片装瓶过程实时计数并显示总瓶数。

1. 总体设计

实验总体电路框图如图 17.24 所示。

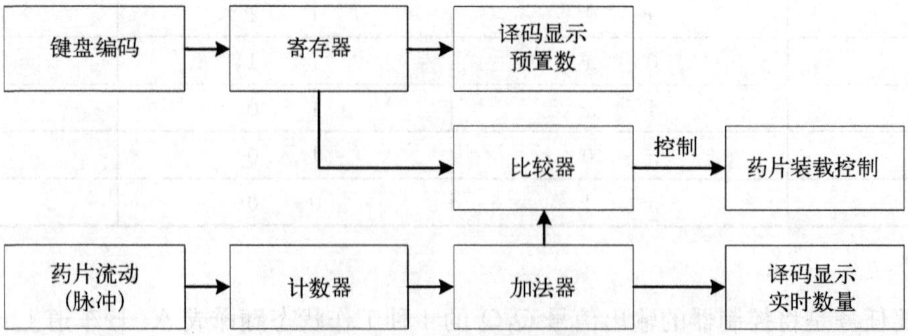

图 17.24 总体电路框图

2. 各部分单元电路设计思路

1) 数字输入与存储

这部分电路完成 3 个功能，一是键盘预置数(编码器)；二是编码暂存(寄存器)，是将得到的两位 *BCD* 码保存以供显示电路和比较器使用；三是数字分离。为了实现预置数的显示，必须实现十位数字和个位数字的分离，从而可以进行独立的保存和显示。当有按键操作时一个低电平输入信号送到编码器，其产生数字键对应的 *BCD* 码输出。同时，该低电平与初始值为零的 JK 触发器相连，将触发器的输出两两异或，得到一个输出 Q_1，该输出即可指示预置数的位数。当第一个数按下时，其相连触发器的值反转，Q_1 输出表现为一个低电平到高电平的跳变，形成一个上升沿；第二个数按下时，其相连的触发器的值也反转，Q_1 输出再次返回低电平，形成一个下降沿。通过 Q_1 的上升沿来触发保存第一个输入的数字得到的 *BCD* 输出 $B_3B_2B_1B_0$，下降沿来触发保存第二个输入的数字得到的 BCD 输出 $A_3A_2A_1A_0$。将 Q_1 反相后通过一个 *D* 触发器之后得到的输出 Q_2 来记录输入的状态。故只按了一位数字的时候，$Q_2=0$，按了两个数字的时候 $Q_2=1$。由此可得如表 17.7 所示的真值表。

表 17.7　真 值 表

输　入			输　出	
Q_2	A_n	B_n	十位数 D_n	个位数 C_n
0	0	B_n	0	B_n
1	A_n	B_n	A_n	B_n

容易得到

$$D_n = Q_2 * B_n + Q_2' * A_n$$
$$C_n = Q_2 * A_n + Q_2' * B_n$$

(其中 A_n 表示 $A_3A_2A_1A_0$ 的 *BCD* 形式，以此类推)

按照上述表达式即可设计出对应的组合逻辑电路图，从而实现十位数和个位数的分开保存。最后只需将得到的十位数和个位数 *BCD* 通过一个 8 位的寄存器保存即可。寄存器的触发时钟为输入完成后的按键"确认"产生的脉冲触发沿。

2) 处理电路

本部分电路完成以下功能，一是实现 BCD 码到二进制码的转换，方便后续操作；二是对每瓶的药片进行计数；三是对生产的药物瓶数进行计数；四是将得到的二进制瓶数转化成 BCD 方便后续进行显示。

换瓶控制电路键盘输入的预置数转换成二进制码后，与正在装载的药片数进行比较，当两者相等时，输出一个脉冲关闭药片流出开关，并控制瓶子的传送带移动一单位，并将装药开关打开进行下一瓶的装填。

计算电路：所装药品的总数有两部分构成，一部分是已经装满的药品瓶数，另一部分是正在装瓶的药片数(计数器)。已装满瓶的药品总数由两个八位加法器和若干个 D 触发器组成。加法器的一端预置数为零，而另一端的预置数为键盘输入数字的二进制码。传送带每移动一次，D 触发器就触发一次，而加法器就加一次，取上一次所加的结果为求和结果，如此循环累加得到的结果即为装填完毕整瓶的数量总和。而正在装的药品数由八位计数器进行计数及时计数，而传送带每移动一次，就将计数器清零一次。最后药片总数就为已装满瓶的药品总数和正在装的药片数之和(加法器)。

3) 二进制到 BCD 的转化

设计思路与 BCD 到二进制的转化相反，设计一个 BCD 的递加计数器，用二进制递减计数器来控制递加的次数，即使得二进制递减计数器的输入为要转化的二进制数，当递减到结果为 0 的时候控制 BCD 递加计数器的计数，此时 BCD 计数器的输出结果就是该二进制对应的 BCD 输出。

4) 显示电路

使用数据选择器将键盘输入预置数或是实际药品总数 BCD 码到 7 段数据显示的译码器中，数码显示管显示数据。

数据选择器默认输出为输入的预置数，即每瓶药品的数量，当通过键盘确认键产生低脉冲后，控制一个D触发器产生一个高电平再来控制数据选择药品总数输出。如此可实现先显示键盘预置数，再实时显示实际药品总数。

17.7.3 实验内容和方法

(1) 根据功能要求设计出电路图，确定相关元件参数，并对电路进行仿真验证。

(2) 仿真验证无误后使用 Altium Designer 软件将原理图画出来，并制作相应 PCB 电路板。

(3) 焊接电路、调试和测试电路。

(4) 指出可以改进和增强的地方。

17.7.4 实验器材

(1) 示波器 Agilent DSO-X 2012A 1台。

(2) 数字万用表 1台。

(3) 直流稳压电源 1台。

(4) 主要元器件(供参考)：

① 门电路：与或门，异或门，与非门，反相器；

② 触发器：D触发器，JK触发器；

③ 同步计数器，优先编码器，数据选择器，数值比较器，比较器、加法器，555定时器；

④ LED数码管，精密运放，继电器，电容等。

第四篇

数模综合运用实验

在理解了基本概念、掌握了基本方法、培养了基本技能后，通过本篇数模综合实验训练，让学生在实践过程中认真思考，使专业技能得到提高，综合技能得到进一步发展，专业思维能力得到提炼。

第 18 章　万用红外遥控器的设计实验

在日常生活中有着各种各样的遥控器，学习数字电路后，我们希望学生自己设计一款能够实现通用的红外遥控器。本实验包含了时钟发生器、键盘矩阵扫描、行列编码、代码转换、寻址输出(ROM)、并行到串行转换、红外调制与发射以及各种控制信号的产生，通过本实验综合锻炼学生的电子电路的综合设计能力，掌握电子电路的设计方法。

18.1 实验目的

(1) 熟练运用数字电路 8 大基本函数。

(2) 理论联系实际，能将所学理论灵活运用。

(3) 初步理解调制的概念和红外调制的方法。

18.2 实验预习

(1) 了解红外遥控器的编码方式，并对本次实验的 RC5 协议做深入的了解。

(2) 对只读存储器(ROM)进行一定的了解。

(3) 了解和掌握遥控器的工作原理，对本课题进行设计，写出设计的详细步骤，画出逻辑电路图。

18.3 实验原理

可以将整个电路分为三个部分：行列扫描电路、存储器寻址输出、红外发射。

1. 总体设计

在本课题中，为方便对数字电路逻辑认识和体会，在电路搭建过程中可忽略遥控器大小、成本及实用性等问题，利用数字电路基础知识搭建稳定的万能红外遥控器的电路。

万能红外遥控器操作说明：

(1) 电路共有十六个轻触开关，作为遥控器按键，分别为 0～9 十个数字键，上下左右四个方向键，以及模式键和输入键。

(2) 使用 EEPROM 存储器，存储预先测得的家用遥控器编码。

(3) 通过红外发光二极管，发射红外信号。

根据以上分析画出框图如图 18.1 所示。

图 18.1　红外遥控整体原理框图

2. 各辅助单元电路原理

(1) 信号检测电路：信号检测电路利用 HS0038 红外接收模块，将输出端连接示波器，检测采样测出已知家用遥控器按键发出的特征编码。

(2) 万用遥控器编码电路：采用矩阵编码扫描电路对遥控器按键进行编码。

(3) 遥控码读入处理模块：遥控码作为信号在存储器中的地址，输出存储器中存储的二进制编码，并进行并/串转换。

(4) 发射电路：用 38 kHz 载波对遥控编码脉冲信号调制，经三极管后驱动红外发光二极管，发射红外射频信号。

1) 红外遥控信号编码协议

目前常用的红外遥控信号协议有 NEC 和 Philips RC－5 两种，在此我们使用 Philips RC－5 协议。Philips RC－5 协议在 VCD、DVD、电视机、组合音响、电视机机顶盒、以及投影机等产品中的应用十分普遍，且价格便宜。

Philips RC－5 的主要特性：5 位地址、6 位命令，采用 PPM 脉冲位置编码方式，其载波频率 36 kHz，每一位用时 1.8 ms。地址码前有 2 位起始码，一位翻转码。这样一个信号由 14 位组成。

Philips RC－5 协议：RC－5 协议采用 PPM 脉冲位置编码方式，脉冲宽度为 0.9 ms，脉冲周期为 1.8 ms，逻辑“0”的传号在前，空号在后，逻辑“1”的空号在前，传号在后，载波频率 36 kHz(这里我们实际采用 38 kHz 载波)，推荐的占空比为 1∶3 或 1∶4。

由于“0”“1”脉冲位置不同，脉冲宽度和周期相同，为了方便存储，采用 Manchester code(IEEE 802.3)，其中，先高电平“1”，后低电平“0”表示红外信号中的“0”；先低电平“0”，后高电平“1”表示红外信号中的“1”。这样，一个 14 位的红外信号。为方便发送传输，我们视其为 28 位数据。

2) 信号检测电路及其存储

采用 HS0038 红外接收模块，将输出端连接至示波器，通过示波器检测红外信号的波形，根据高、低电平将波形进行二进制编码。以此，分别对家用遥控器的各个按键进行接收和编码，并写入 EEPROM 存储器。在接收头的电源和地端接上滤波电容可以进一步降低误码率。

3) 时钟脉冲产生电路

时钟脉冲产生电路选用 NE555 定时器构成的多谐振荡器。NE555 定时器是一种将模拟放大功能和数字逻辑功能巧妙地集成在一片硅片的中规模集成电路，具有结构简单、功能齐全、操作灵活、使用方便等优点。只需少量的外接元件就可构成多种模拟和数字电路，在定时方面的应用极为广泛。

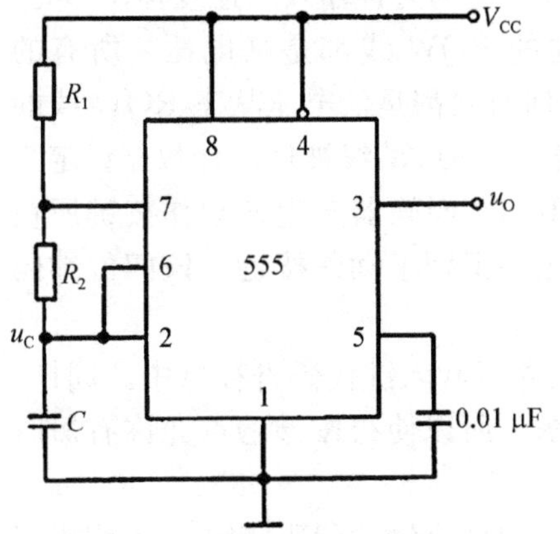

图 18.2 NE555 时钟脉冲发生电路

由 555 构成的多谐振荡器电路如图 18.2 所示，它无需外加触发脉冲，而是利用外接的两个电阻及一个电容便构成无稳态多谐振荡器，在输出端得到一系列的矩形波。复位端 4 脚直接连接至电源，以确保 555 内部的 PNP 三极管处于截止状态，5 脚接上一个 0.01 μF 的电容接地，防止比较器的反相输入端出现不需要的干扰信号，而且在外触发频率很高时，这个电容还可以作为维持组件内部电阻上的直流电压恒定的旁路电容。

4) 键盘编码及读取电路

遥控器共 16 个按键，我们采用 4×4 的矩阵键盘编码电路。通过矩阵键盘扫描，获取动作按键所在的行列值，并将其锁存在 74LS174 上。

原理图如图 18.3 所示。

该电路通过一个 4 位移位寄存器 74HC195 来进行行扫描：通过将其连接为 4 位环形移位器，并在上电时对其赋有“1110”的初值(即 3 位为高电平，其中一位为低电平)。两个 74HC147 优先译码器作为 4－2 译码器(输入高四位接地，4 行 4 列分别都接在输入的低四位上，输出接低两位，最高位接地)，以译码键盘矩阵中的 ROW 和 COLUMN。74HC174A 用作存储来自优先译码器的 ROW/COLUMN 代码。所以当 4 行 4 列的 16 键矩阵中有按键触发时候，便会通过 One-Shots 电路控制将行列值所存下。

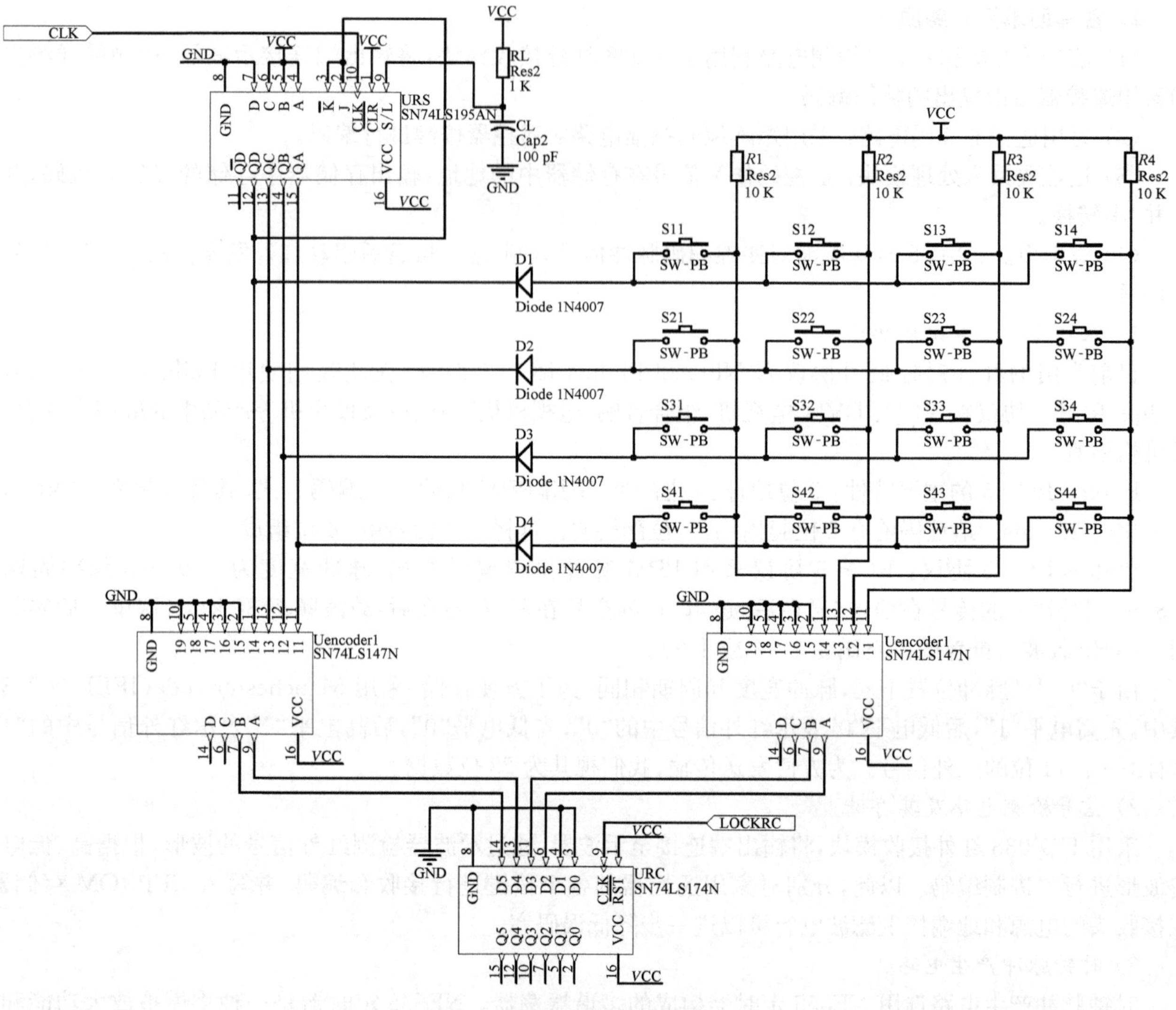

图 18.3 行列扫描及锁存电路

图中键盘译码器的基本运算如下所示：环形计数器当时钟信号以 555 产生的时钟输入的速度移位 0 时，“扫描”行中的键关闭。“0”顺序应用于每个 ROW 线上，同时所有其他的 ROW 线都是高电压。所有的 ROW 线都连接到 ROW 译码器输入上，所以 ROW 译码器的 2 位输出任何时候都是低电压状态 ROW 线的二进制表达式。当键被按下时，一条 COLUMN 线就连接于一条 ROW 线。当 ROW 线被环形计数器设定为低电压时，动作按键所在的 COLUMN 线也同样被设定为低电压。COLUMN 译码器产生该动作按键所在 COLUMN 的二进制输出。2 位 ROW 代码加上 2 位 COLUMN 代码便唯一识别了动作按键。该四位编码将作为后续电路的输入信号。

当某个按键被按下时，单次振荡器就会产生一个脉冲，将该 4 位代码并行载入键代码寄存器中。同样，第一个单次振荡器输出禁止环形计数器，使得数据载入的时候不进行扫描。所以使得按键触点允许有短时间内的颤动。

将 4 位代码作为 174 的高四位输入，对原来的代码移了两位，这保证了每两个键的代码相隔 4(因为内存是 8 位的，需要 4 个内存单元才能保证输出完整的编码信号)。

将移位后的代码输入计数器的低六位，输出接在存储器的地址输入线上，存储器读取地址输入线所指向的地址单元的已存信息，输出存储信息；计数器加一，地址加一，存储器读取下一个存储单元的已存信息，再输出存储信息。

将存储器输出的 8 位信号锁存，通过并串转换器 74LS198 将数据转换为串行数据，3 位数据选择接一个 74LS163 的计数器，将 74LS163 设计成 8 位计数器，分别输出 8 位并行输出信号。接下来地址计数器加一，存储器访问下一个存储单元，输出 8 位内存信号，重复上面的操作。存储器寻址输出部分结构图如图 18.4 所示。

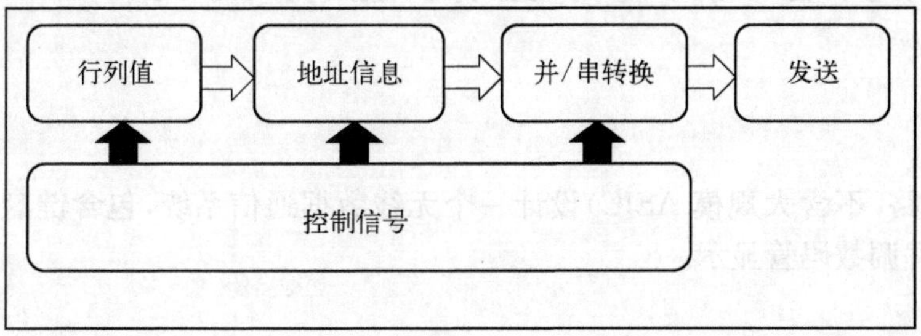

图 18.4　存储器寻址输出部分结构图

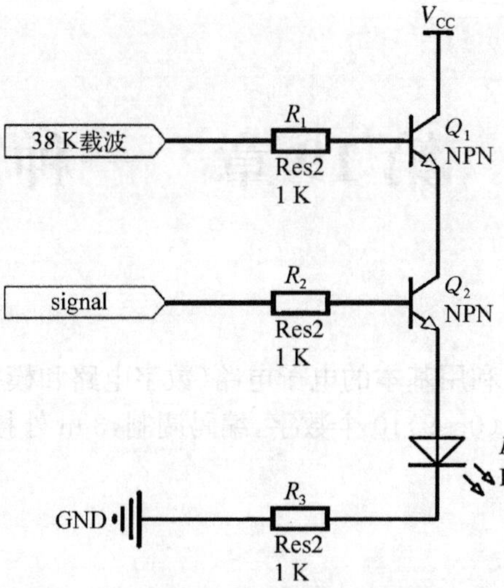

图 18.5　红外发送电路

5）信号发射电路

信号发射电路如图 18.5 所示，上一部分讲到的多路复用的输出作为信号发射的信号输入，我们实际要用到的是 38 K 载波。38 K 载波通过一个 NE555 产生，如图 18.5 所示。由公式：$T=0.7(R_1+2R_2)\times C_1$，确定 R_1 和 R_2（C_1 定位 0.01 μ），将占空比定位 1/3，又有 $T_H=0.7(R_1+R_2)\times C_1$，确定 R_1 和 R_2 的值。将38 K 载波和输出信号分别输入电路，红外二极管 D_0 发出的信号就是调制后的信号。

18.4　实验内容和要求

设计一个万用红外遥控器的逻辑电路：由 0～9 十个数字键、一个模式键、一个输入键、上下左右四个键组成。与实际遥控器相比，按下相同键产生信号一致。

写出万能红外遥控器设计的全过程，画出该设计方案中遥控器的完整图纸，在面包板搭出遥控器的完整电路，调试电路，验证是否能实现功能，并指出可以改进的地方。

最后根据设计绘制原理图和 PCB 版图，制作出电路板后，再次对电路调试。

18.5　实 验 器 材

（1）直流电源；
（2）数字电压表；
（3）数字示波器；
（4）主要元器件：

① HS0038B　1 片；
② 74LS147　2 片；
③ 1N4148　4 个；
④ NE555　2 个；
⑤ 54ALS869　2 个；
⑥ 74LS00　若干；
⑦ 74LS10　若干；
⑧ 74121　3 个；
⑨ 74LS198　1 个；
⑩ 74LS163　2 个；
⑪ 74LS174　1 个；
⑫ 74LS195　1 个；
⑬ 74LS393　1 个；
⑭ 74199　2 个；
⑮ TMS29F256　1 个；
⑯ 导线若干。

第 19 章　一种简易无线数据通信电路设计

利用基本的电子电路(数字电路和模拟电路,不含大规模 ASIC)设计一个无线数据通信系统,包含键盘输入(0～9)10 个数字,编码调制,3 m 外接收解调数码管显示。

19.1 实验目的

(1) 理解电子电路和通信电路之间的关系。

(2) 掌握一种调制解调器设计思想。

(3) 理论联系实际,并能够根据设计要求自行查阅相关资料。

(4) 熟悉数字电路、模拟电路的协同应用,并能够运用所学电子电路基本理论设计功能电路。

19.2 实验预习

(1) 复习《数字电路》8 大基本函数的知识。

(2) 分析电路要实现的功能,思考电路的总体设计。

(3) 掌握编码器、译码器的工作原理。

(4) 查阅有关串行、并行数据之间的互相转换资料。

(5) 掌握 NE555 电路原理及参数设定。

(6) 掌握有关红外发射电路和接收电路的知识。

(7) 掌握各种数字信号调制原理,并根据实际情况选择恰当的调制方法。

(8) 掌握 BCD 的编码及显示方法及相关芯片的使用。

(9) 学习使用 Altium Designer 软件进行 PCB 设计。

19.3 实验原理

1. 电路

可以将整个电路分成两个部分,编码与调制发射部分、接收与解调显示部分(图 19.1)。

1) 编码调制发射部分

此部分具体由键盘扫描编码电路、时钟电路、并行串行转换电路、调制电路、载波产生电路和发射电路几个部分组成。

键盘编码电路的功能是将从键盘输入的信号经过编码器编码输出四位的 BCD 码。

并行串行转换电路将编码电路所得并行数据转成串行数据,调制电路通过载波将串行数据调制成可供发射电路发射的有效信号。

时钟电路主要服务于调制电路,控制串行数据每一位的长度。

载波产生电路服务于调制电路,其产生一个 38 kHz 的方波,与信号调制后可供发射端发射。发射电路将调制后的信号通过红外发光管发射。

2）接收解调显示部分

由红外接收电路、串行并行转换电路、时钟电路、控制电路和锁存显示电路组成。

红外接收电路将接收到的串行数据解调传送给串/并转换电路，控制电路接收到串行数据中的起始同步位后产生控制信号，并控制串/并转换电路的工作。时钟必须保持与调制发射电路频率一样，以保证接收到的数据正确，译码电路将 BCD 编码显示在 7 段数码显示管上。

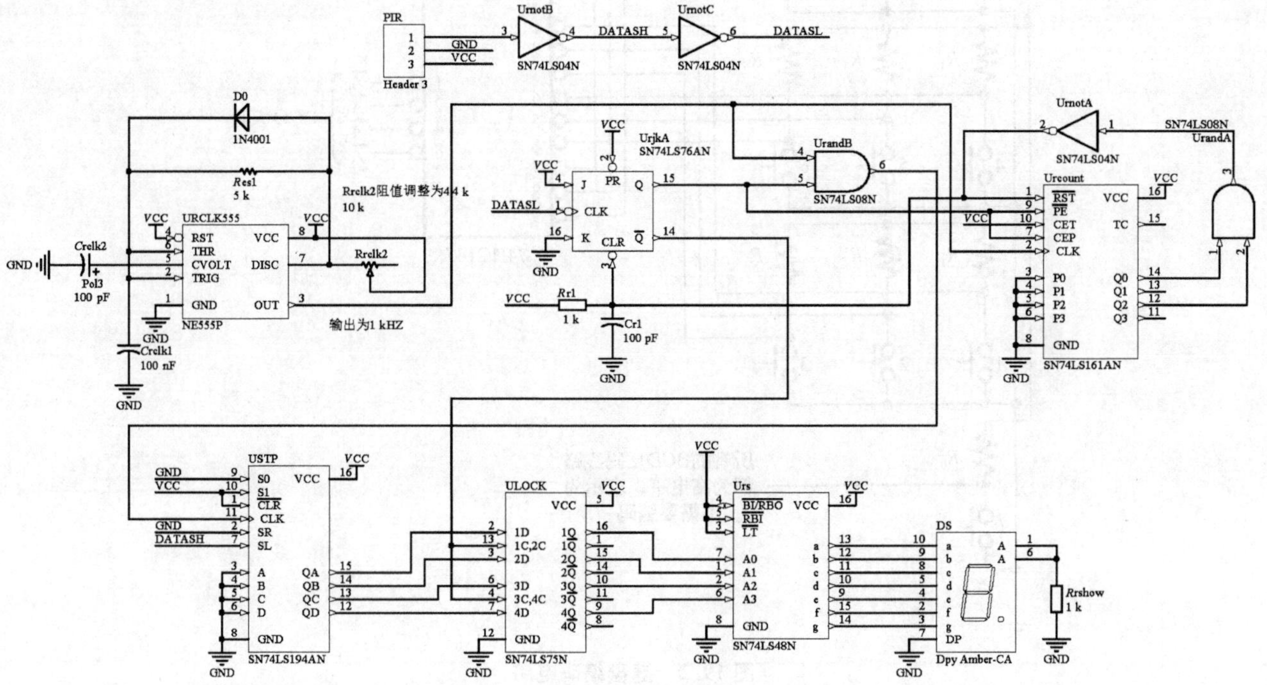

图 19.1　接收端原理图

2. 各部分电路原理分析

1）编码调制发射部分

（1）键盘编码电路：键盘编码电路的功能是将 10 位按键编码为四位 BCD 码（图 19.2 为键盘编码电路的原理图）。如图所示，当按下一个按键后，便会在 74LS147 的输入端产生一个低电位，在输出端产生相应 BCD 反码。可通过 74LS04 将编码转化为 BCD 编码。

同时由按键端通过与门（74LS08）和非门（74LS04）产生控制信号 Control 和取反的控制信号 FControl。只要按键端出现低电平，控制信号 Control 就会跳变为高电平，否则，为低电平。控制信号作为识别是否有输入（按键）的标志，置于最低位与 BCD 码一同被传送至下一级。

对于 Control 信号，必须考虑到按键抖动，所以需要采用 JK 触发器来搭建消抖电路，可为后续电路提供稳定的控制信号。

（2）并串转换与调制电路：并串转换电路的功能是将前一部分得到的并行数据转成串行数据，调制电路通过载波调制成可供发射的有效信号（图 19.3 为调制电路的原理图）。通过 74LS166 移位寄存器将数据转化成为串行数据，其中数据的首位为 1，可作为同步位。此过程要严格控制数据脉宽，保证每一位数据宽度为一个时钟周期。

将转化后的数据与 38 kHz 的载波信号通过 74LS08 与门调制。可将信号转化为：当信号为“0”时为低电平，信号为“1”时为一串 38 kHz 方波。

（3）时钟电路：时钟电路的功能是产生一个频率为 1 kHz 的时钟信号（图 19.4 为时钟电路原理图）。该时钟信号用来控制每位数据宽度，将并行数据转成 1 kbit/s 的串行数据。

该部分可通过 NE555 双稳态电路产生，并可通过调节电阻 R 的值对时钟的频率进行调节。为了提高时钟频率精度，应采用精密电容和精密电阻。

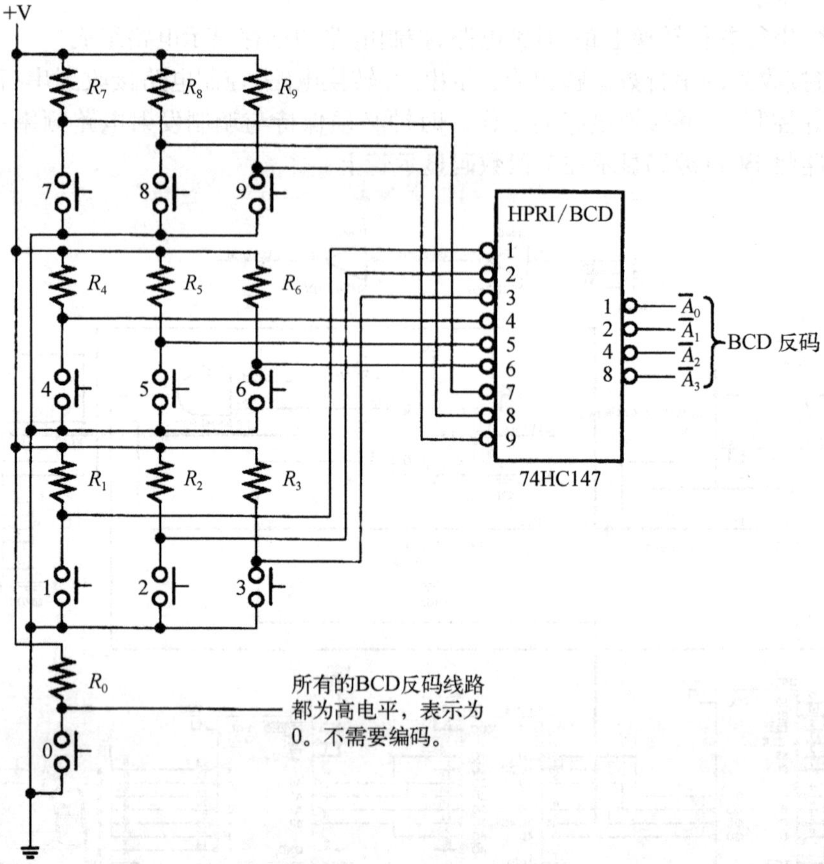

图 19.2 键盘编码电路

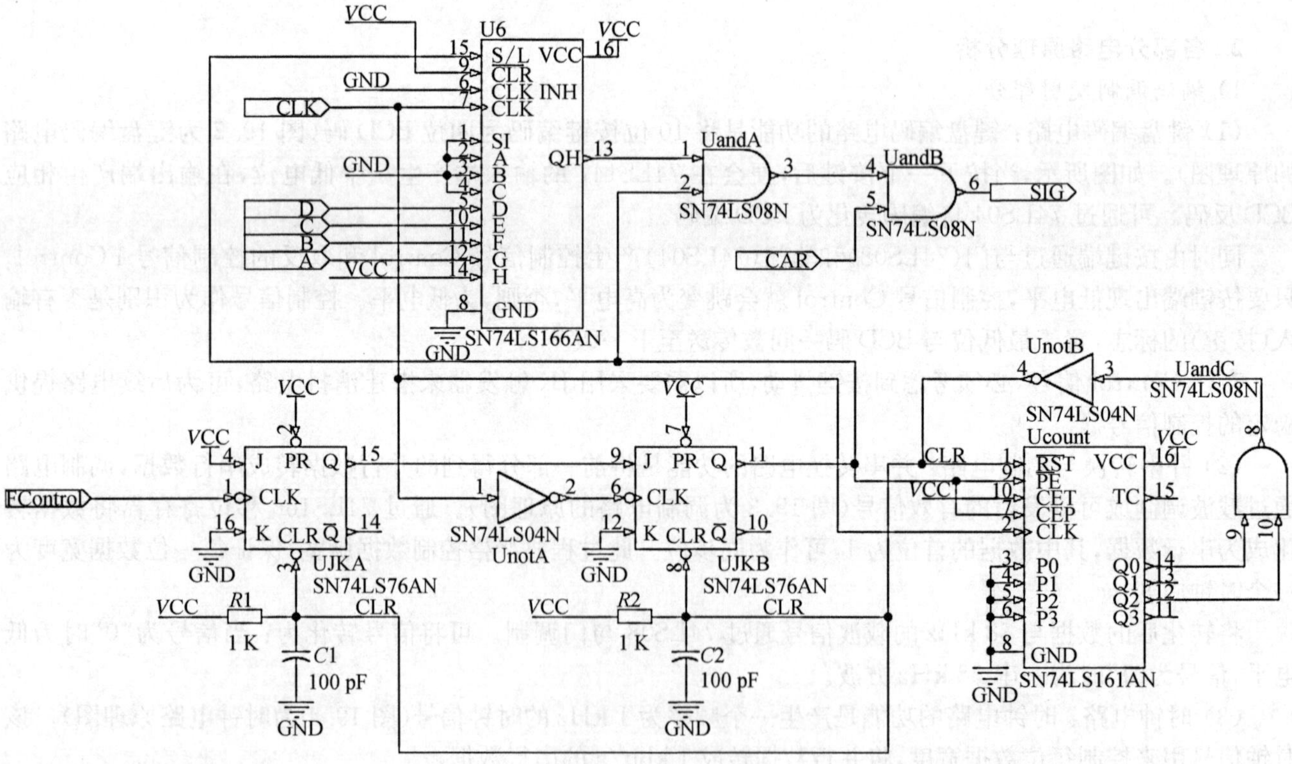

图 19.3 调制电路

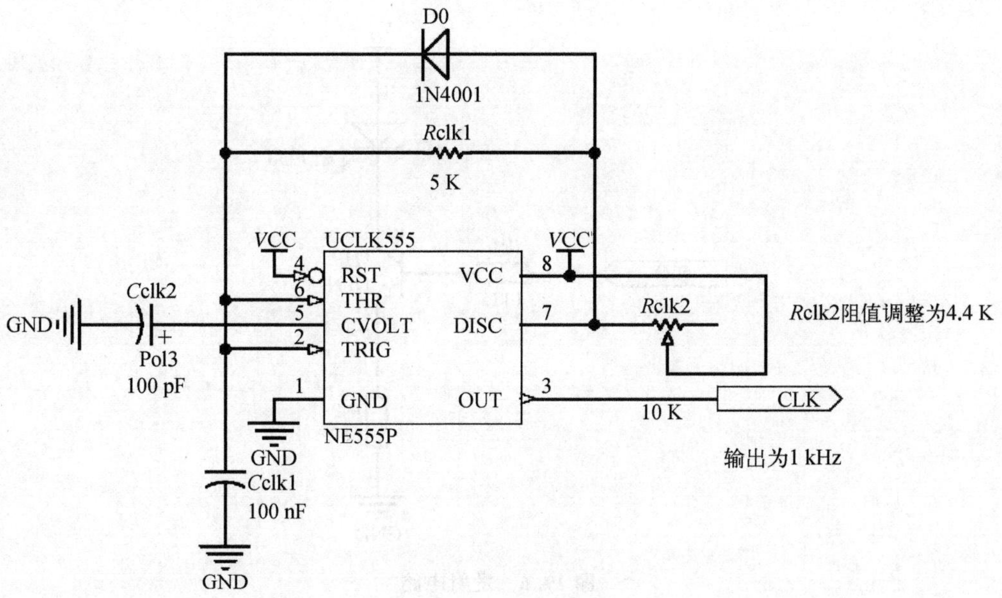

图 19.4　时钟电路

(4) 载波产生电路：载波产生电路服务于调制电路，功能是产生一个 38 kHz 的方波，在与信号调制后可直接供发射端发射(图 19.5 为载波产生电路的原理图)。

载波产生电路同样采用 NE555 双稳态电路，但产生的频率约为 38 kHz，远大于时钟电路产生的时钟频率。这就使得当串行数据与载波信号调制时产生两个不同频率分别表示“0”与“1”的结果，便于接收端接收和识别。

为了使得接收部分能够稳定接收，则产生频率需要稳定在 38 kHz，所以在搭建电路时候要采用精密电容和精密电阻。为了能够尽可能使得产生信号稳定，则将选择较小的 C_{car1} 容值，从而使得电阻阻值较大，增加输出频率的稳定性。

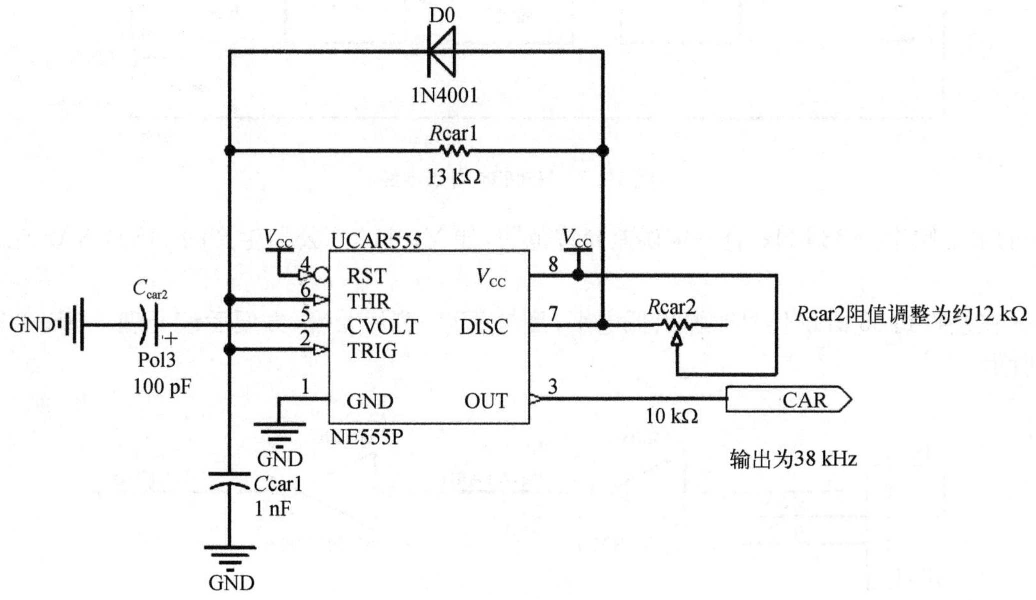

图 19.5　载波产生电路

(5) 发射电路：发射电路的功能是将调制后的信号通过红外 LED 变成红外光发射(图 19.6 为发射电路原理图)。

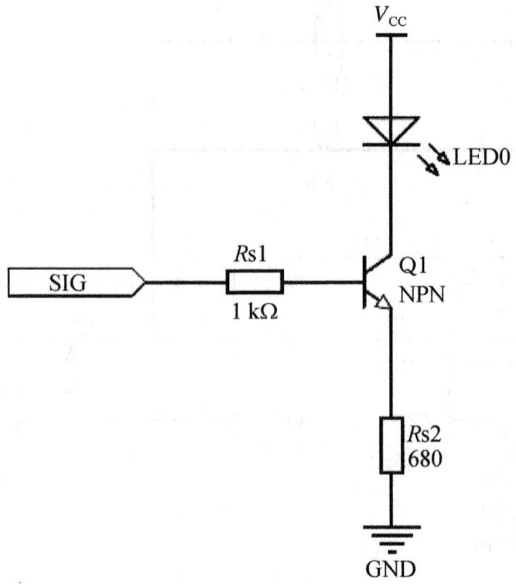

图 19.6 发射电路

2) 接收解调显示电路

(1) 红外信号接收电路：采用 38 kHz 的红外接收头 HS0038 接收解调红外光信号。HS0038 是一个集成接收头，内部电路如图 19.7 所示

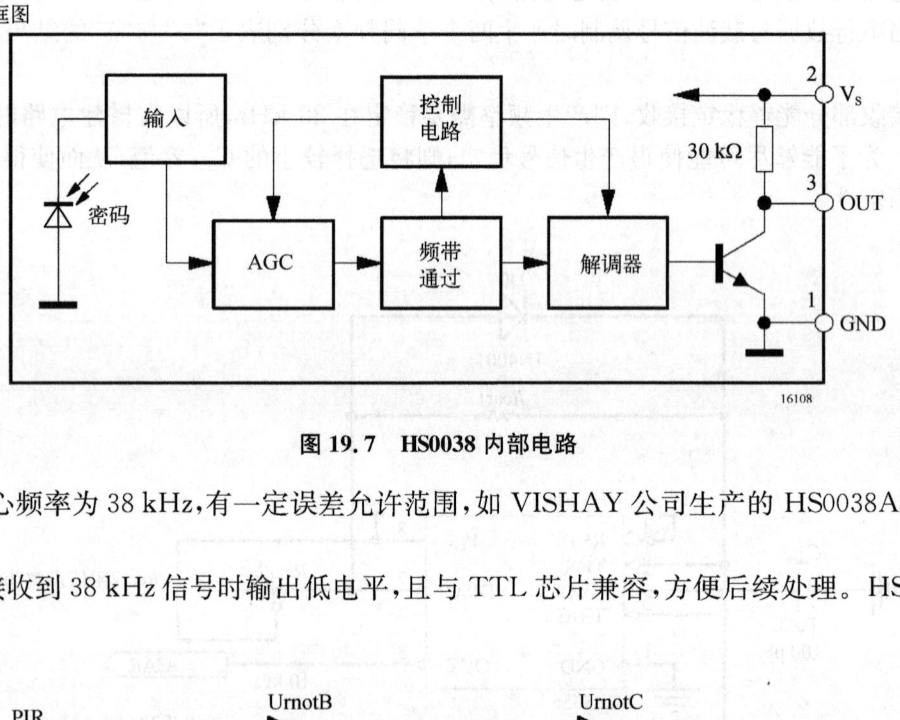

图 19.7 HS0038 内部电路

接收头的中心频率为 38 kHz，有一定误差允许范围，如 VISHAY 公司生产的 HS0038A2 允许正负 5% 的误差。

HS0038 在接收到 38 kHz 信号时输出低电平，且与 TTL 芯片兼容，方便后续处理。HS0038 接收电路如图 19.8 所示

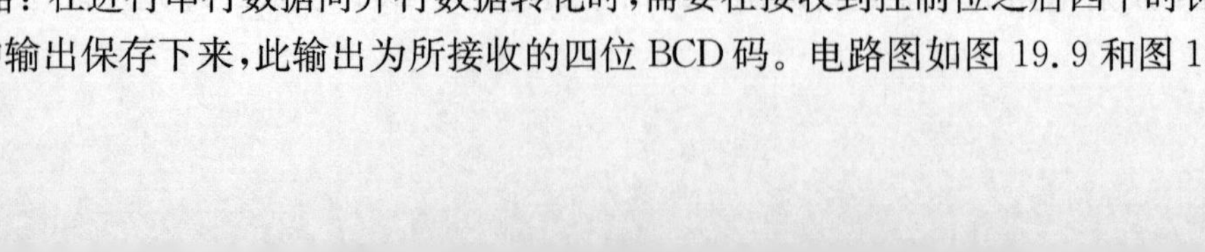

图 19.8 HS0038 接收电路

(2) 控制电路：在进行串行数据向并行数据转化时，需要在接收到控制位之后四个时钟后通过锁存器将串/并转换电路的输出保存下来，此输出为所接收的四位 BCD 码。电路图如图 19.9 和图 19.10 所示。

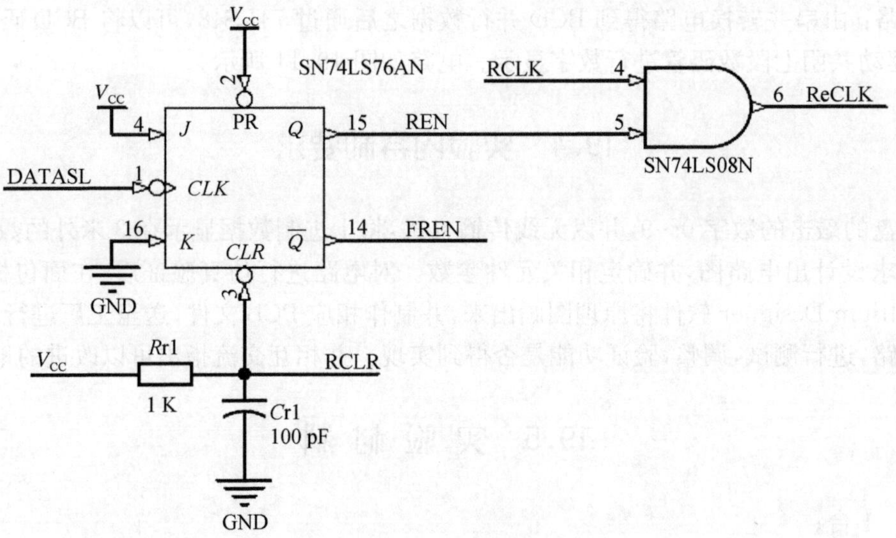

图 19.9　控制电路

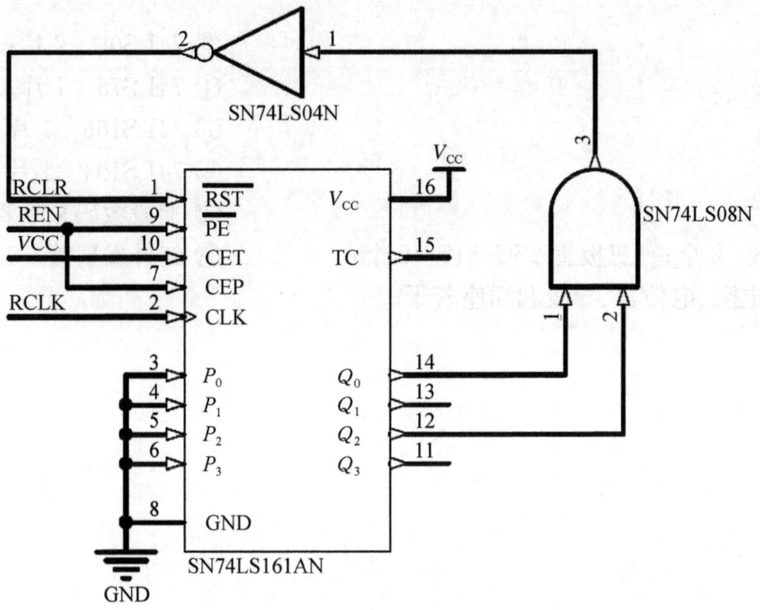

图 19.10　计数复位电路

(3) 串/并转换电路：串/并转换电路使用四位串转并芯片 74LS194，其后通过锁存器 74LS75 将数据锁存下来，便于在数码管上持续显示。串/并转换及显示电路如图 19.11 所示。

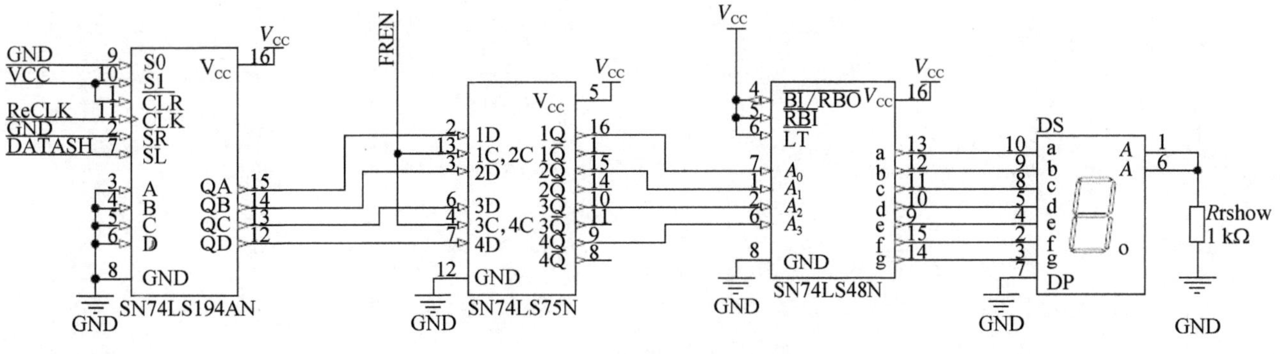

图 19.11　串并转换及显示电路

(4) 显示电路：由串并转换电路得到BCD并行数据之后通过74LS48,可以将BCD码转化成七段数码管的控制信号,驱动共阴七段数码管进行数字显示。电路如图19.11所示。

19.4 实验内容和要求

通过数字键盘的敲击的数字0～9,并以无线传输方式,将十进制数据显示在3米外的数码管上。

根据功能要求设计出电路图,并确定相关元件参数。对电路进行仿真验证后,在面包板上进行验证,确认无误后使用Altium Designer软件将原理图画出来,并制作相应PCB文件,送至工厂进行制版。

后期焊接电路,进行测试,调整,验证功能是否得到实现。并相互交流指出可以改进的地方。

19.5 实验材料

(1) 示波器 1台；

(2) 数字万用表 1台；

(3) 直流电源 1台；

(4) 主要元器件：

① 74LS04 4片；

② 74LS08 2片；

③ 74LS48 1片；

④ 74LS75 1片；

⑤ 74LS48 1片；

⑥ 74LS166 1片；

⑦ 74LS175 1片；

⑧ 74LS194 1片；

⑨ 74LS161 2片；

⑩ 七段数码显示管sm120391k 1个；

⑪ 二极管1N4148 2个； 三极管2SC1815 2个；

⑫ 红外发射管 1个； NE555 3片；

⑬ 面包板、电容、电阻、电位器、导线和插座若干。

第 20 章　数控小功率音频功率放大器设计实验

设计一个音频功率放大器，在 8 Ω 负载下最大输出功率 10 W，具备数字音量控制功能，用数码管显示音量放大等级(1－32)。

20.1　实 验 目 的

(1) 学会熟练运用数字电路知识进行自主的电路设计。

(2) 学会使用放大电路对音频信号进行处理。

(3) 学会设计制作音频功率放大器。

(4) 探讨数字信号对模拟信号的干扰。

20.2　实 验 原 理

电路框图如图 20.1 所示。

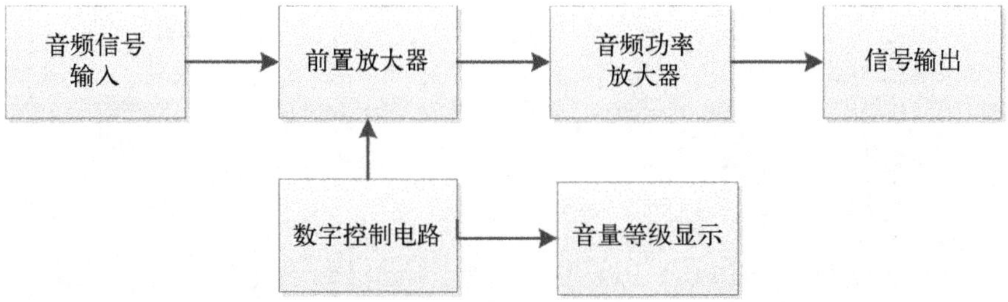

图 20.1　整体电路设计

(1) 音频信号输入电路：音频信号输入电路可以考虑一个具限幅功能的带通滤波器，信号输入幅度不能太大，太大引起后级输出的失真，通频带可以考虑 3 dB 带宽 20～20 kHz。

(2) 前置放大器电路：前置放大器可以考虑使用一个同相运算放大器或者反相运算放大器，运算放大器的放大倍数$=R_f/R_{in}$，固定 R_f，控制 R_{in}的变化，就可以实现放大倍数的调整。而这种 R_{in} 的变化，可以选用程控放大器、数字电位器，也可以选用模拟开关等。

(3) 数字控制电路：数字控制电路可以选用触发器(JK 或者 D)、或者中规模的计数器(74ls161/163/190)构成循环控制器，计数器的输出经解码器解码后，用作前置放大器的控制信号，计数器的输出经显示译码电路后可以驱动数码管显示放大倍数。

(4) 音频功率放大器：可以选用晶体管设计 OCL 放大器、BTL 放大器、D 类放大器等，也可以选用一颗集成功率放大芯片。

20.3 实验内容和要求

(1) 查阅有关运放及计数译码有关的资料，了解相关器件的参数。
(2) 根据电路工作原理设计选择各元器件参数，并利用 Multisim 对设计的电路进行仿真验证。
(3) 制作电路 PCB，安装焊接元器件。
(4) 对电路进行调试和实测。

20.4 实验材料

(1) 模拟开关、程控放大器、数控电位器、集成运算放大器、功率放大器。
(2) 计数器与译码器。
(3) LED 数码管、电阻、电容等。
(4) 音频信号发生器、示波器、失真度仪。

第 21 章　三相六拍电机控制器实验设计方案

在工业生产中经常会需要用到电机，而对于直流电机而言，无法实现对转速的精确控制，此时就需要步进电机。本实验是要用电子电路的原理和方法来控制和显示步进电机的转速。本实验包含了脉冲发生电路、频率计电路、显示电路、编码状态转换电路和电机时序控制电路等。

21.1 实验目的

(1) 掌握步进电机的工作原理。

(2) 能够根据设计要求，查阅步进电机相关资料，选择合适的步进电机。

(3) 能够运用模拟和数字电路基本理论知识设计电路。

(4) 电路系统调试和技术学习。

(5) 初步体验电路原理和实际工作电路系统之间的距离。

21.2 预习要求

(1) 查阅关于步进电机资料，学习步进电机工作原理。

(2) 把步进电机工作控制过程“翻译”为电学参数。

(3) 根据电学参数要求，利用数字电路和模拟电路的基本原理和方法形成设计方案，并绘制成电路图。

21.3 实验原理

1. 步进电机原理

3 相 6 拍步进电机由 3 个绕组构成，内部电流方向如图 21.1 所示(不同的步进电机可能具有不同构造，在设计时序电路之前，需要查阅相关资料)，电机工作过程如图 21.1 所示：AB→AC→BC→BA→CA→CB→AB 循环往复。

A B C 分别为步进电机三相绕组接入端，箭头表示电流方向，其中图(a)AB 电流从 A 端流向 B 端电机转动第一步，C 端悬空；图(b)AC 电流从 A 端流向 C 端电机转动第二步，B 端悬空；图(c)BC 电流从 B 端流向 C 端电机转动第三步，A 端悬空；图(d)BA 电流从 B 端流向 A 端电机转动第四步，C 端悬空；图(e)CA 电流从 C 端流向 A 端电机转动第五步，B 端悬空；图(f)CB 电流从 C 端流向 B 端电机转动第六步，A 端悬空；下一步重复 AB，进入下一个循环。

我们把步进电机的这个导通要求翻译为控制器控制时序要求；

AB：A 端加电源，B 端接地，C 端悬空；

AC：A 端加电源，C 端接地，B 端悬空；

BC：B 端加电源，C 端接地，A 端悬空；

BA：B 端加电源，A 端接地，C 端悬空；

CA：C 端加电源，A 端接地，B 端悬空；

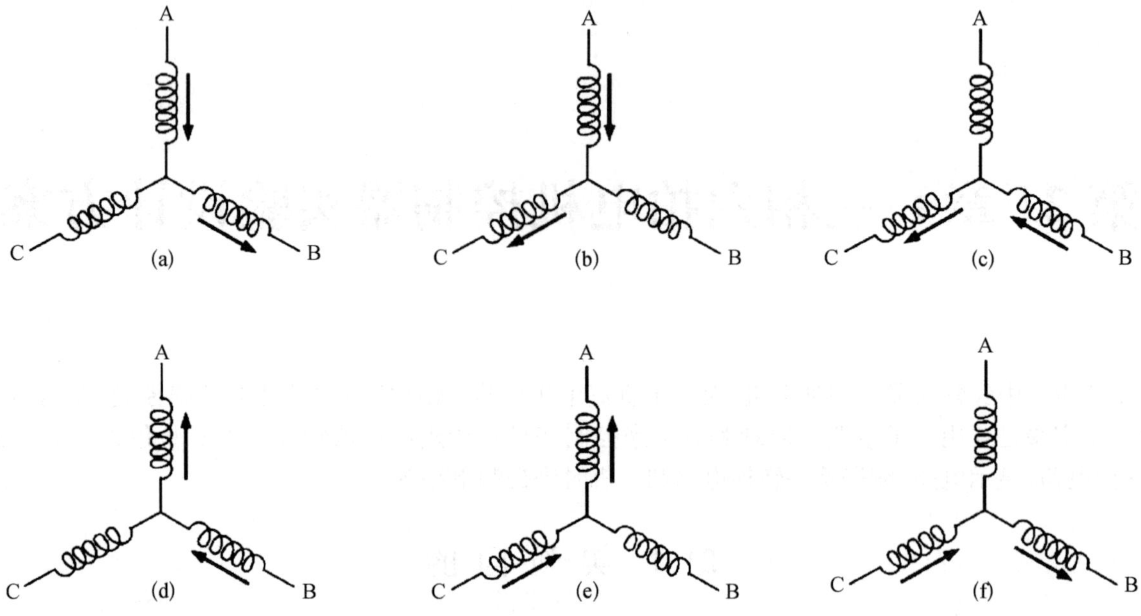

图 21.1　电机工作示意图

CB：C 端加电源，B 端接地，A 端悬空。

2. 设计分析

电路主要由脉冲产生部分、电机时序产生部分、功率驱动部分以及频率计和显示部分构成，各部分之间关系如图 21.2 所示。

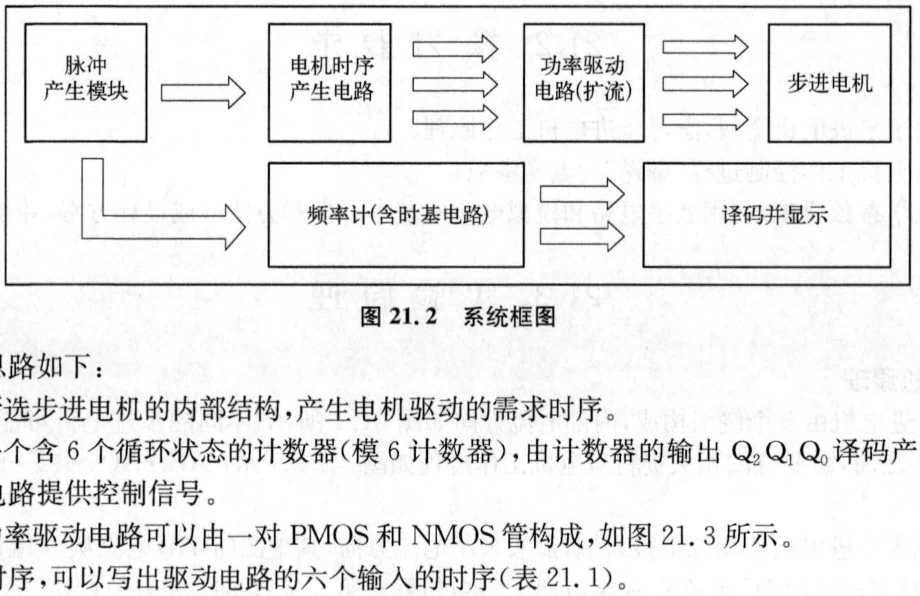

图 21.2　系统框图

整体设计思路如下：

(1) 根据所选步进电机的内部结构，产生电机驱动的需求时序。

(2) 设计一个含 6 个循环状态的计数器(模 6 计数器)，由计数器的输出 $Q_2Q_1Q_0$ 译码产生控制时序，给电机功率驱动电路提供控制信号。

(3) 电机功率驱动电路可以由一对 PMOS 和 NMOS 管构成，如图 21.3 所示。

对应于此时序，可以写出驱动电路的六个输入的时序(表 21.1)。

表 21.1　驱动电路的六个输入时序

$Q_3Q_2Q_1$	000	001	010	011	100	101
High-A	1	1	0	0	0	0
Low-A	0	0	0	1	1	0
High-B	0	0	1	1	0	0
Low-B	1	0	0	0	0	1
High-C	0	0	0	0	1	1
Low-C	0	1	1	0	0	0

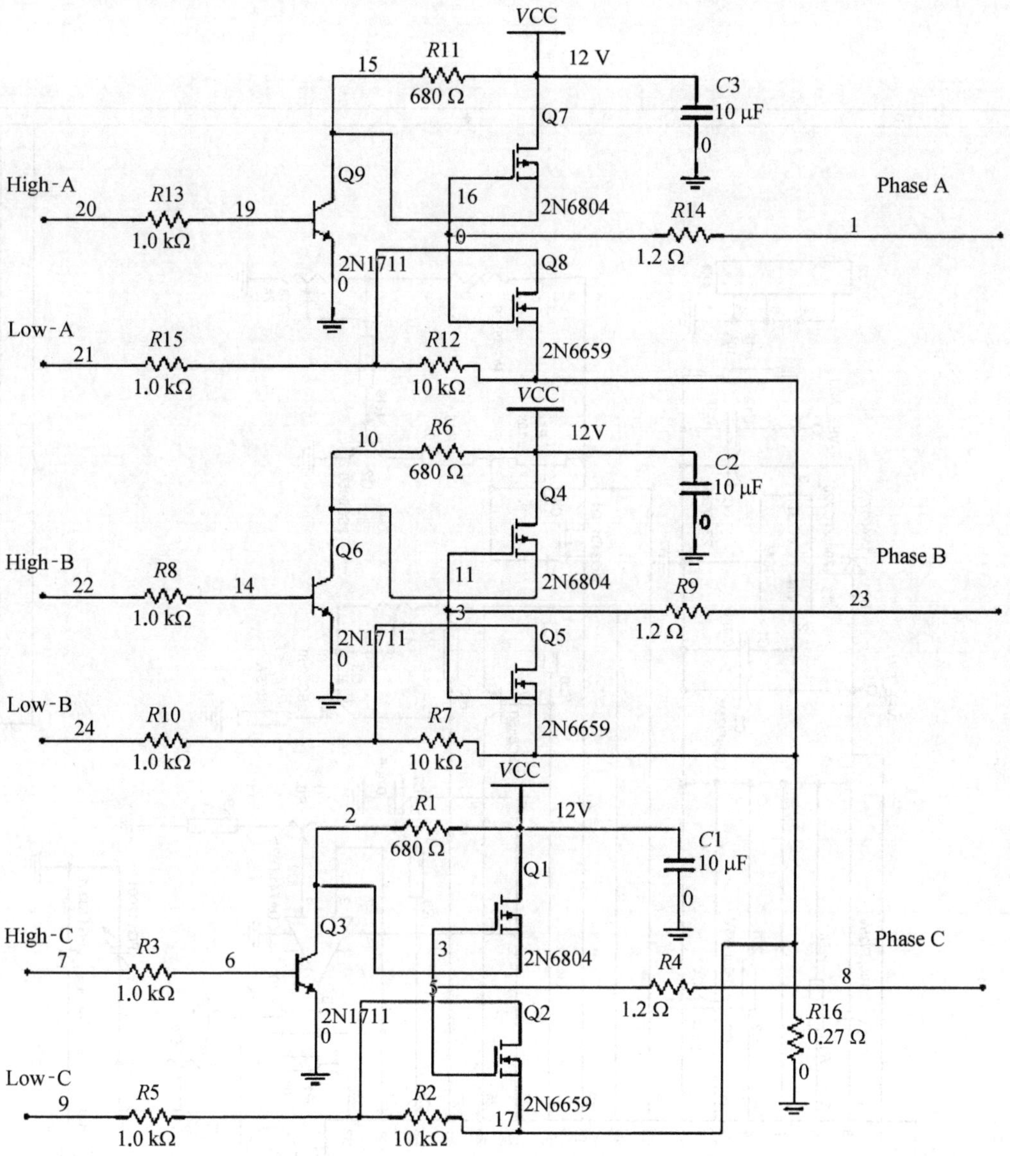

图 21.3　电机功率驱动电路图

(4) 利用文史桥电路或者 NE555 产生可调脉冲电路,并通过电位器调节脉冲频率,从而实现对步进电机速度的调节。若知道电机的步距角,则可以计算出电机的转速。

利用计数器和 555 可以设计电机转速测试和显示。

21.4　实验内容和要求

根据电机内部构造,参照其参数手册,设计出特定的时序,并设计电机电路:能够实现对其转速调节,并能够通过数码管显示出当前转速。

记录下设计全过程,并绘制出完整的电路图,在面包板上搭建电路、调试电路。对设计方案进行验证,并指出其中可以改进的部分。

21.5　实 验 器 材

步进电机、NE555、SN74123、74LS08、74LS273、74LS48、74LS160、74LS138、74LS00、数码管、电阻、电容、三极管若干。

附录一 模拟电子电路实验板原理图

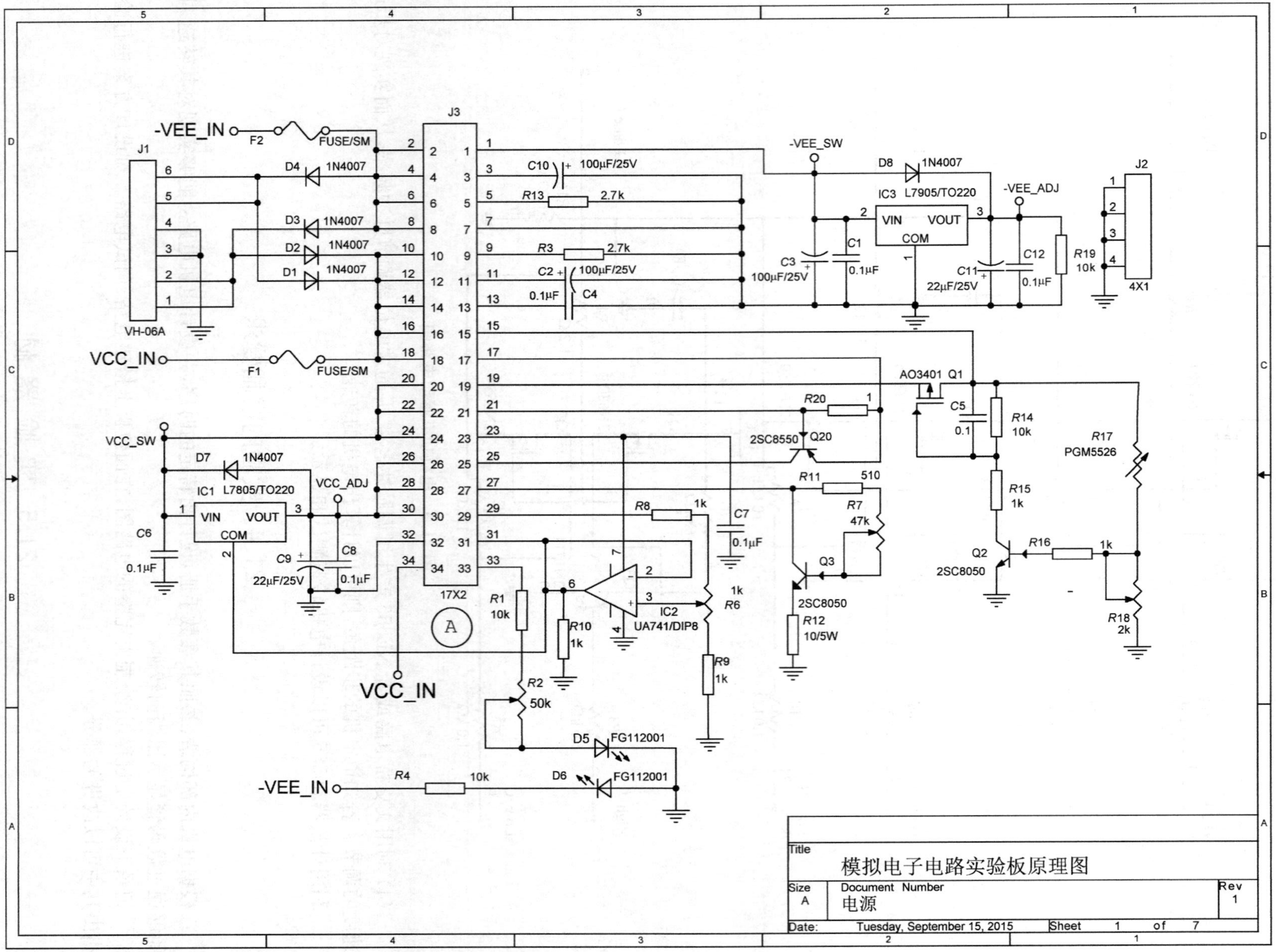

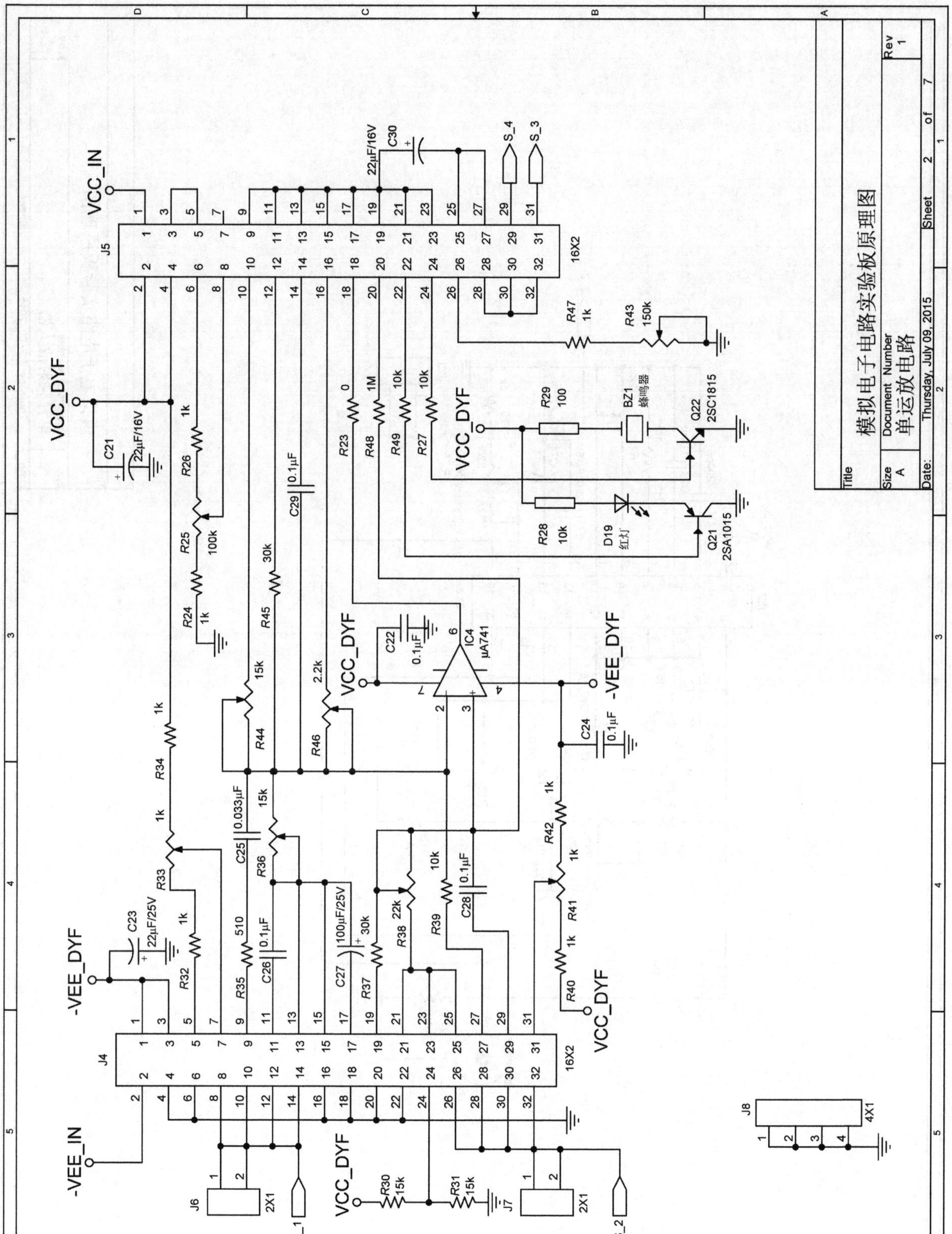
Title
模拟电子电路实验板原理图
Size
A
Document Number
单运放电路
Rev
1
Date: Thursday, July 09, 2015
Sheet 2 of 7
VCC_IN
VCC_DYF
-VEE_DYF
-VEE_IN
J4
J5
J6
J7
J8
IC4
μA741
S_1
S_2
S_3
S_4

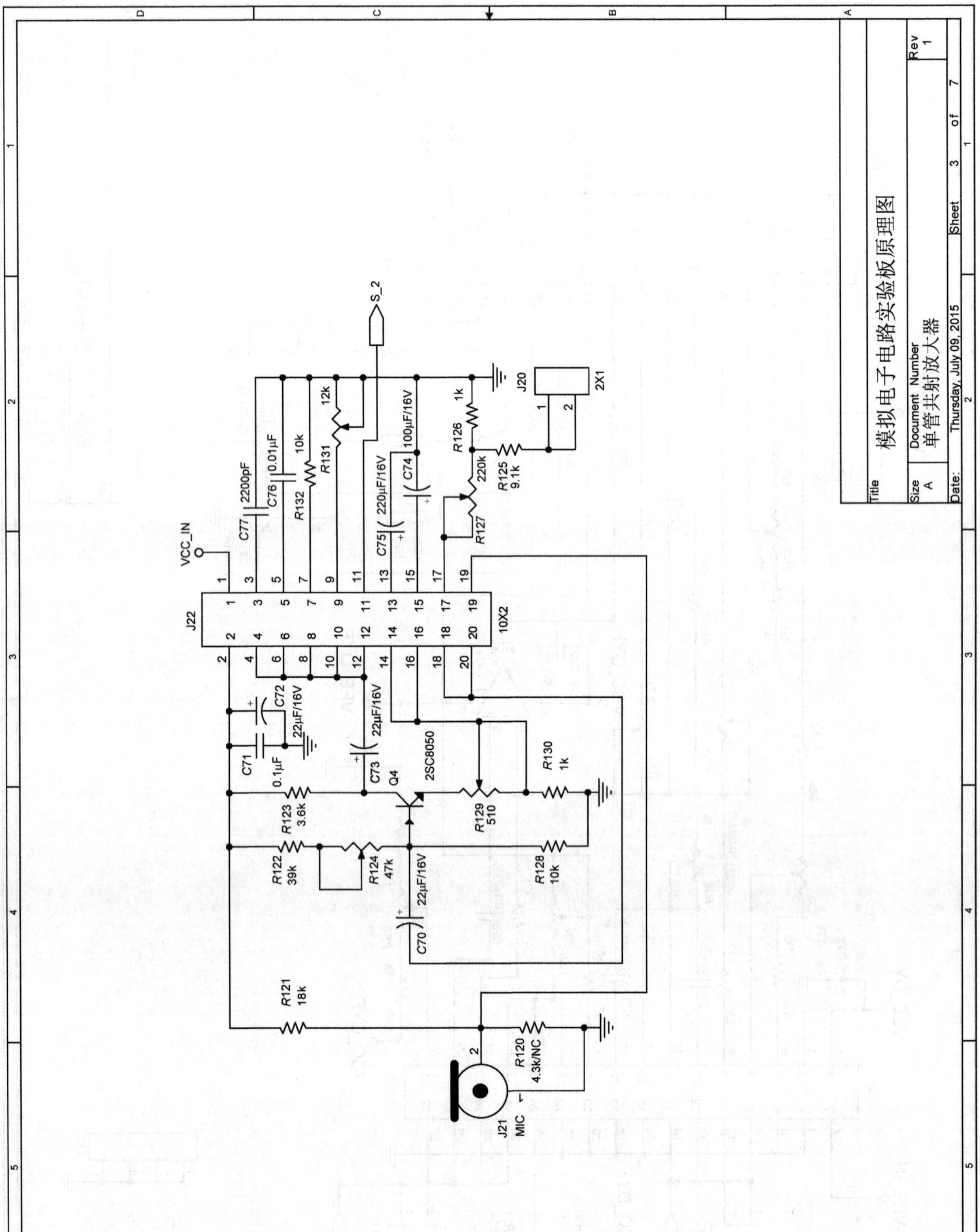

Title
模拟电子电路实验板原理图
Size A
Document Number
单管共射放大器
Rev 1
Date: Thursday, July 09, 2015
Sheet 3 of 7
VCC_IN
S_2
J22
10X2
J20
2X1
J21
MIC
Q4
2SC8050
R120 4.3k/NC
R121 18k
R122 39k
R123 3.6k
R124 47k
R125 9.1k
R126 1k
R127 220k
R128 10k
R129 510
R130 1k
R131 12k
R132 10k
C70 22μF/16V
C71 0.1μF
C72 22μF/16V
C73 22μF/16V
C74 100μF/16V
C75 220μF/16V
C76 0.01μF
C77 2200pF

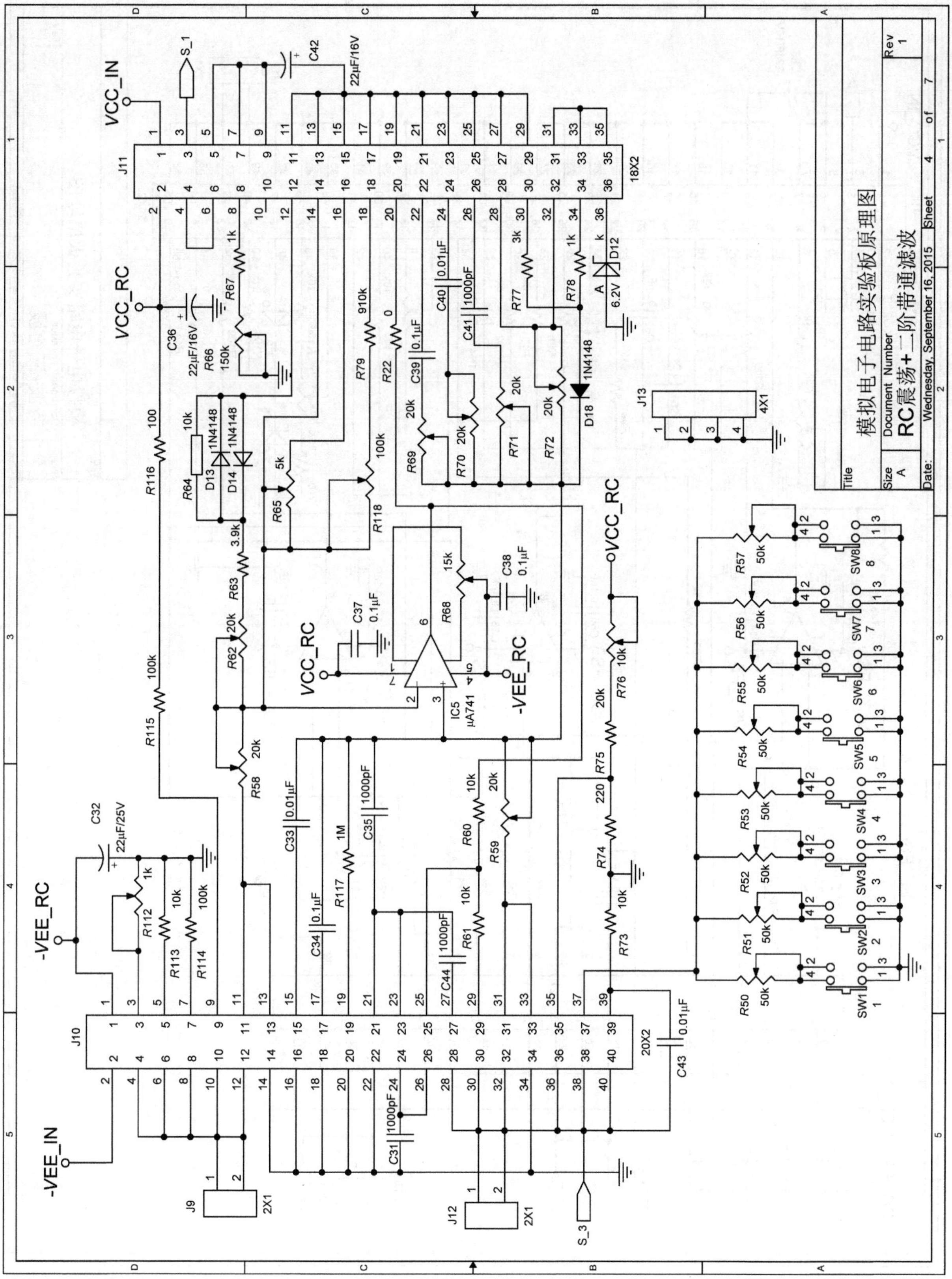
模拟电子电路实验板原理图
RC震荡+二阶带通滤波
Wednesday, September 16, 2015
Sheet 4 of 7
Rev 1
VCC_IN
-VEE_IN
VCC_RC
-VEE_RC
IC5 μA741
J10 20X2
J11 18X2

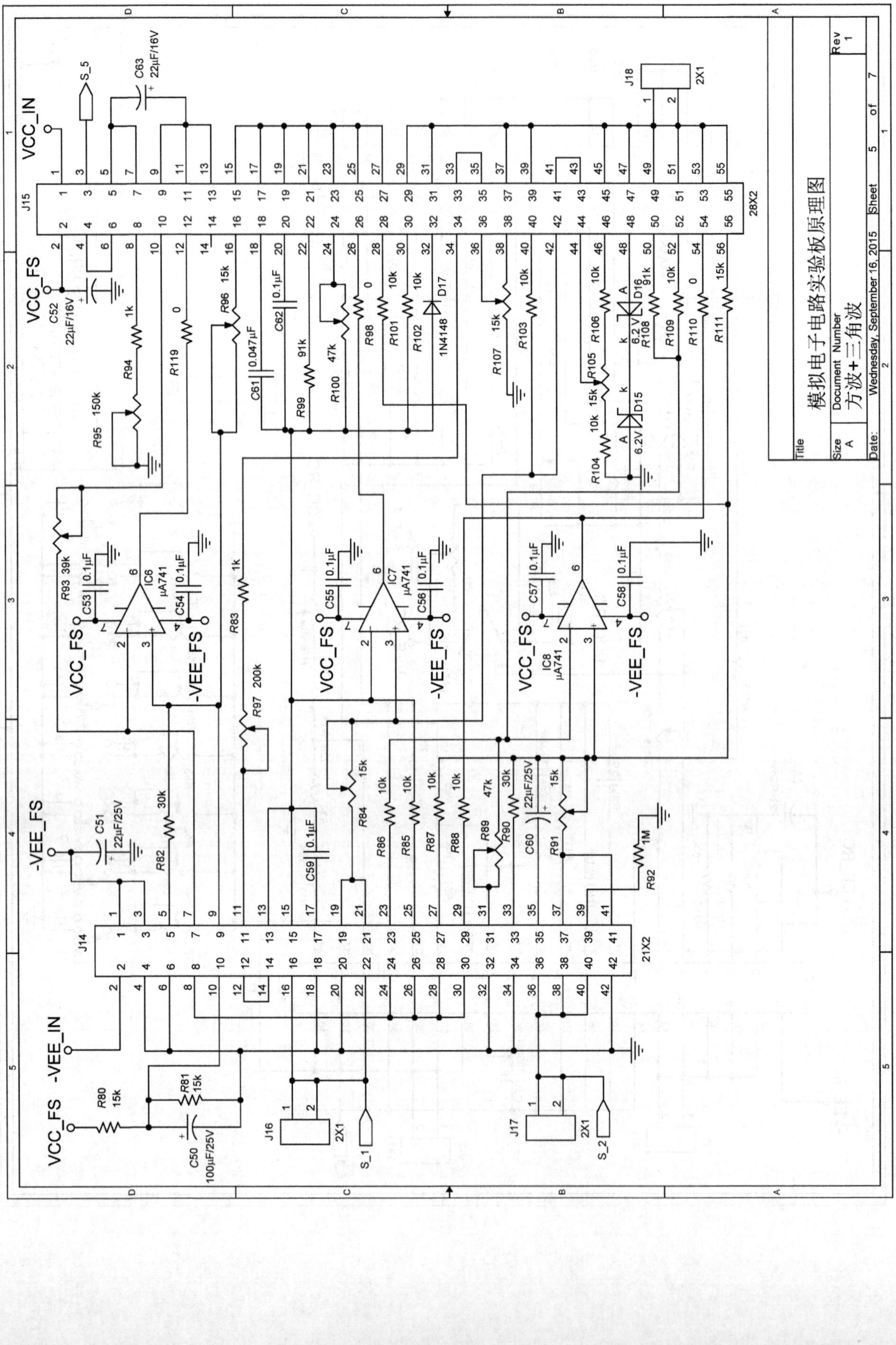
模拟电子电路实验板原理图
方波+三角波
Size A
Rev 1
Date: Wednesday, September 16, 2015
Sheet 5 of 7

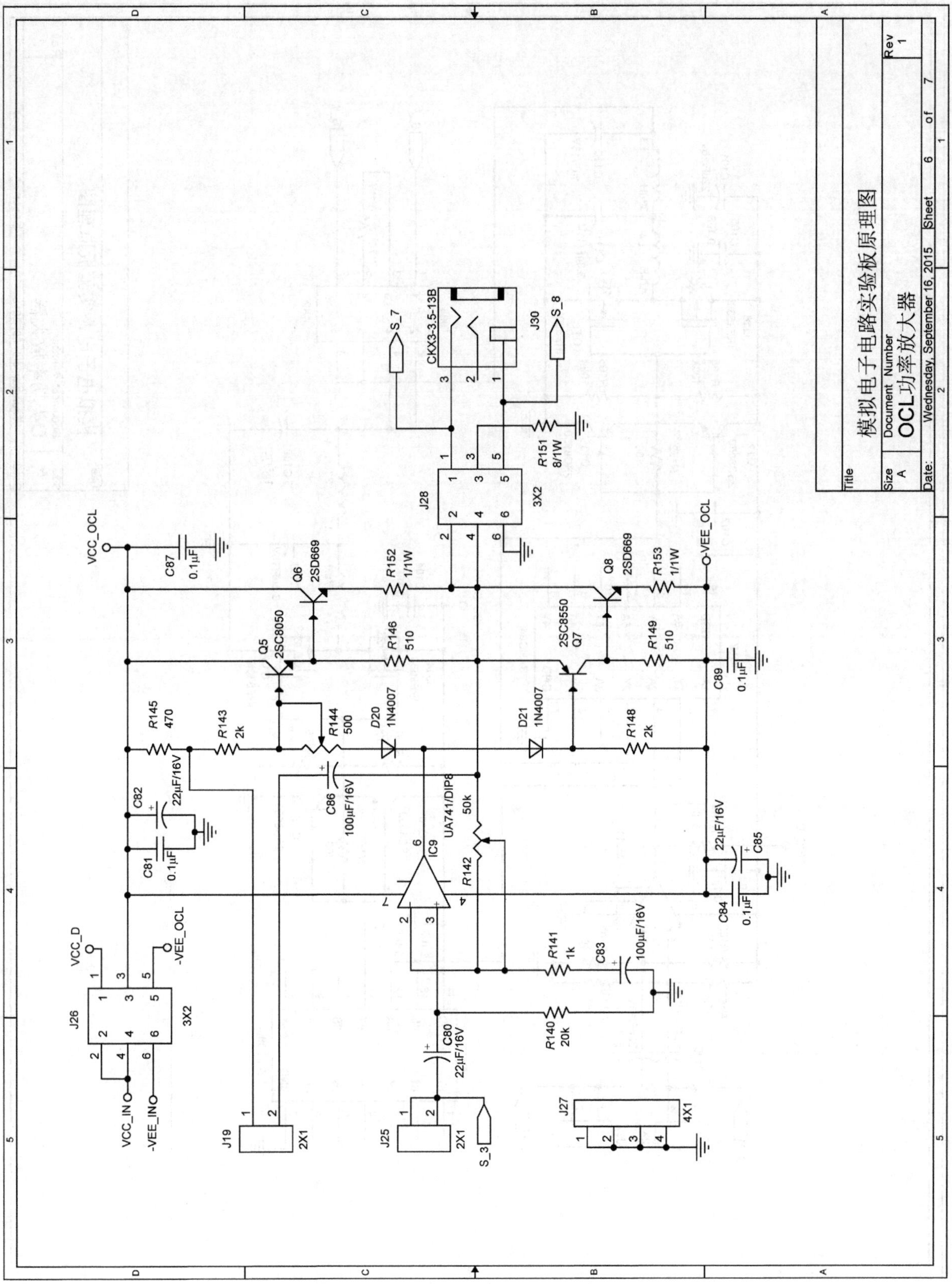

Title
模拟电子电路实验板原理图
Size
A
Document Number
OCL功率放大器
Rev
1
Date: Wednesday, September 16, 2015
Sheet 6 of 7
VCC_OCL
C87 0.1μF
Q6 2SD669
R152 1/1W
J28 3X2
J30 CKX3-3.5-13B
S_7
S_8
R151 8/1W
Q8 2SD669
R153 1/1W
-VEE_OCL
Q5 2SC8050
R146 510
2SC8550 Q7
R149 510
C89 0.1μF
R145 470
R143 2k
R144 500
D20 1N4007
D21 1N4007
R148 2k
C82 22μF/16V
C81 0.1μF
C86 100μF/16V
UA741/DIP8
IC9
R142 50k
22μF/16V C85
C84 0.1μF
VCC_D
-VEE_OCL
J26 3X2
VCC_IN
-VEE_IN
R141 1k
C83 100μF/16V
R140 20k
C80 22μF/16V
J19 2X1
J25 2X1
S_3
J27 4X1

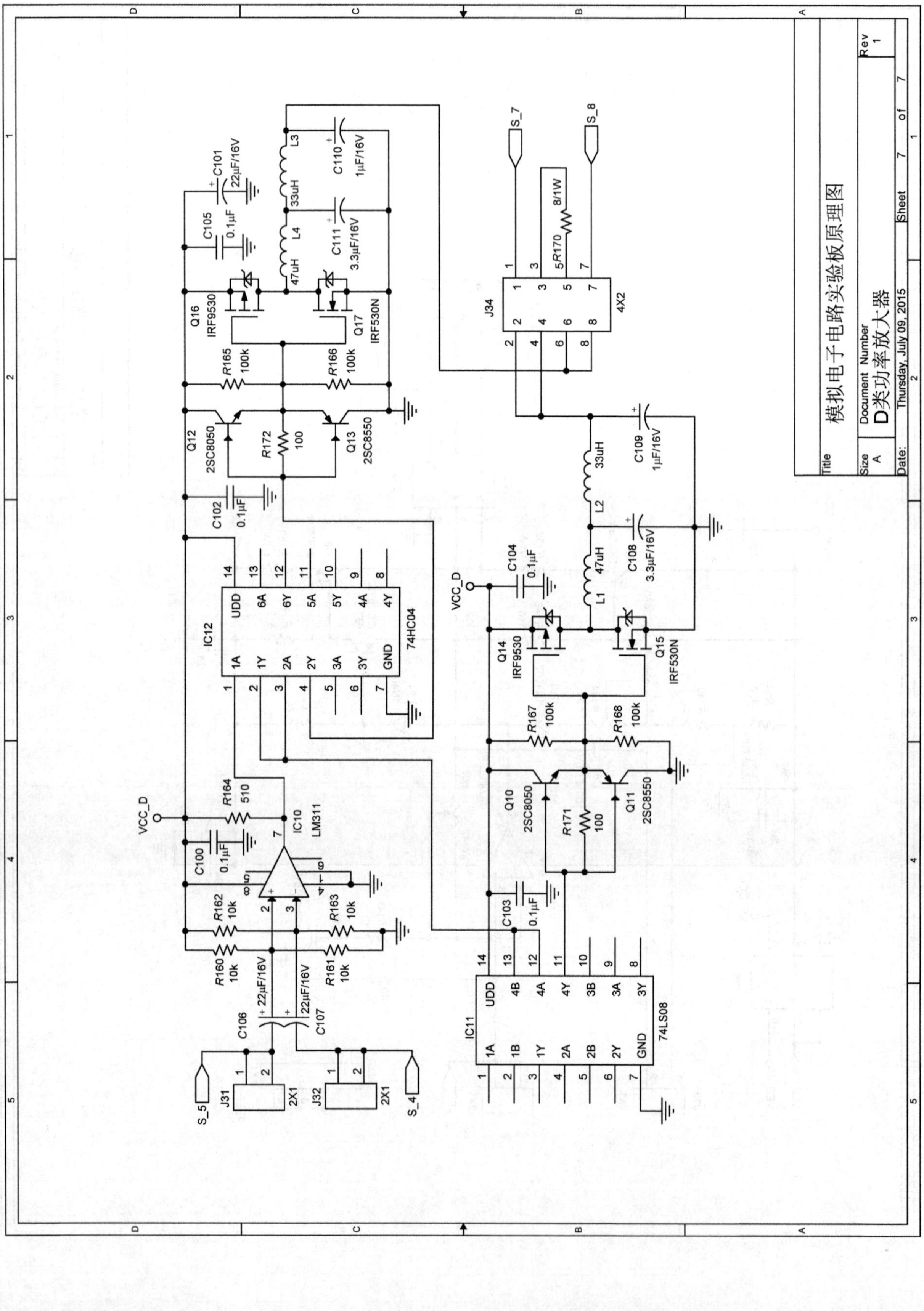
Title
模拟电子电路实验板原理图
Size
A
Document Number
D类功率放大器
Rev
1
Date: Thursday, July 09, 2015
Sheet 7 of 7

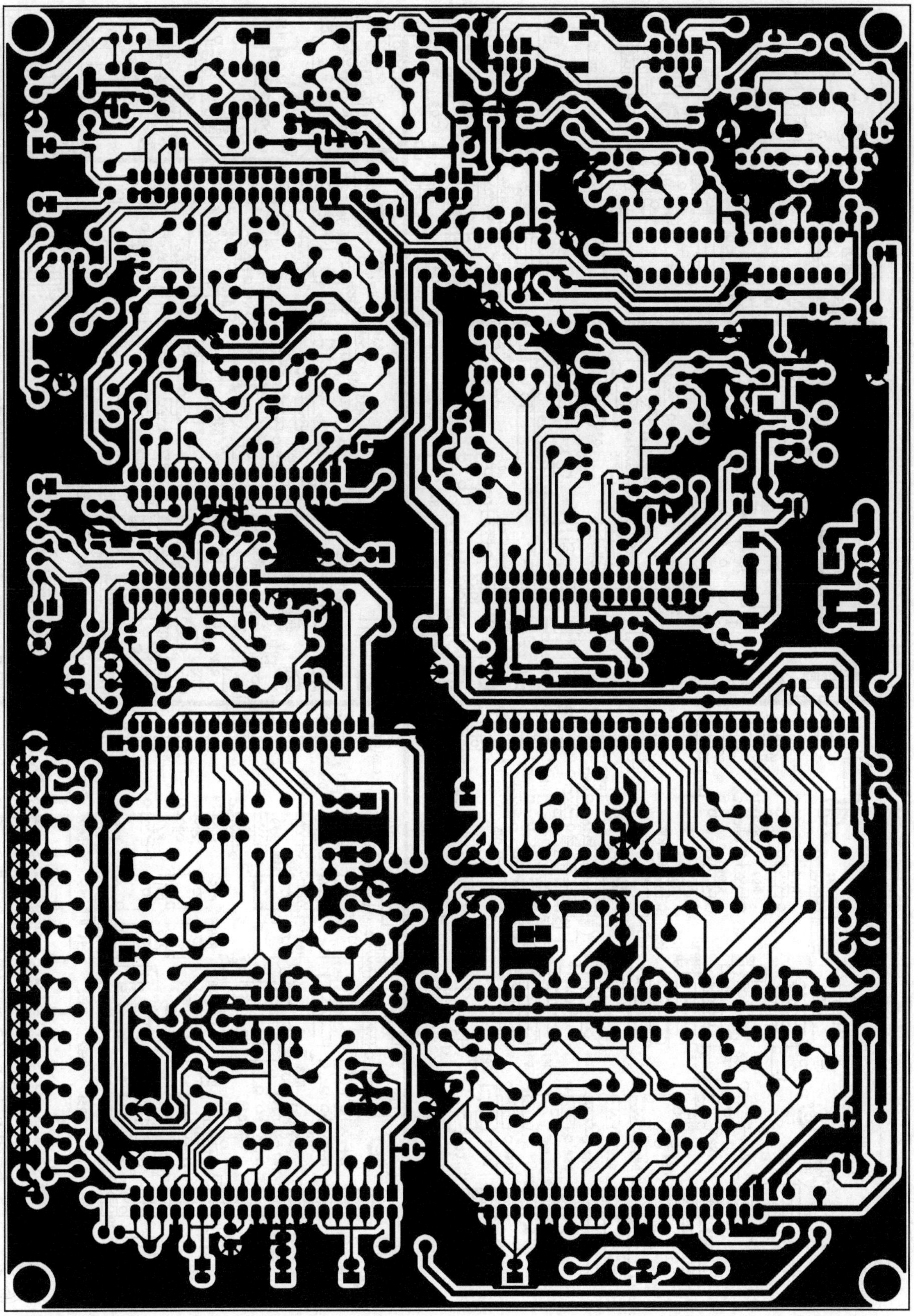

附录三 模拟电子电路实验板装配图

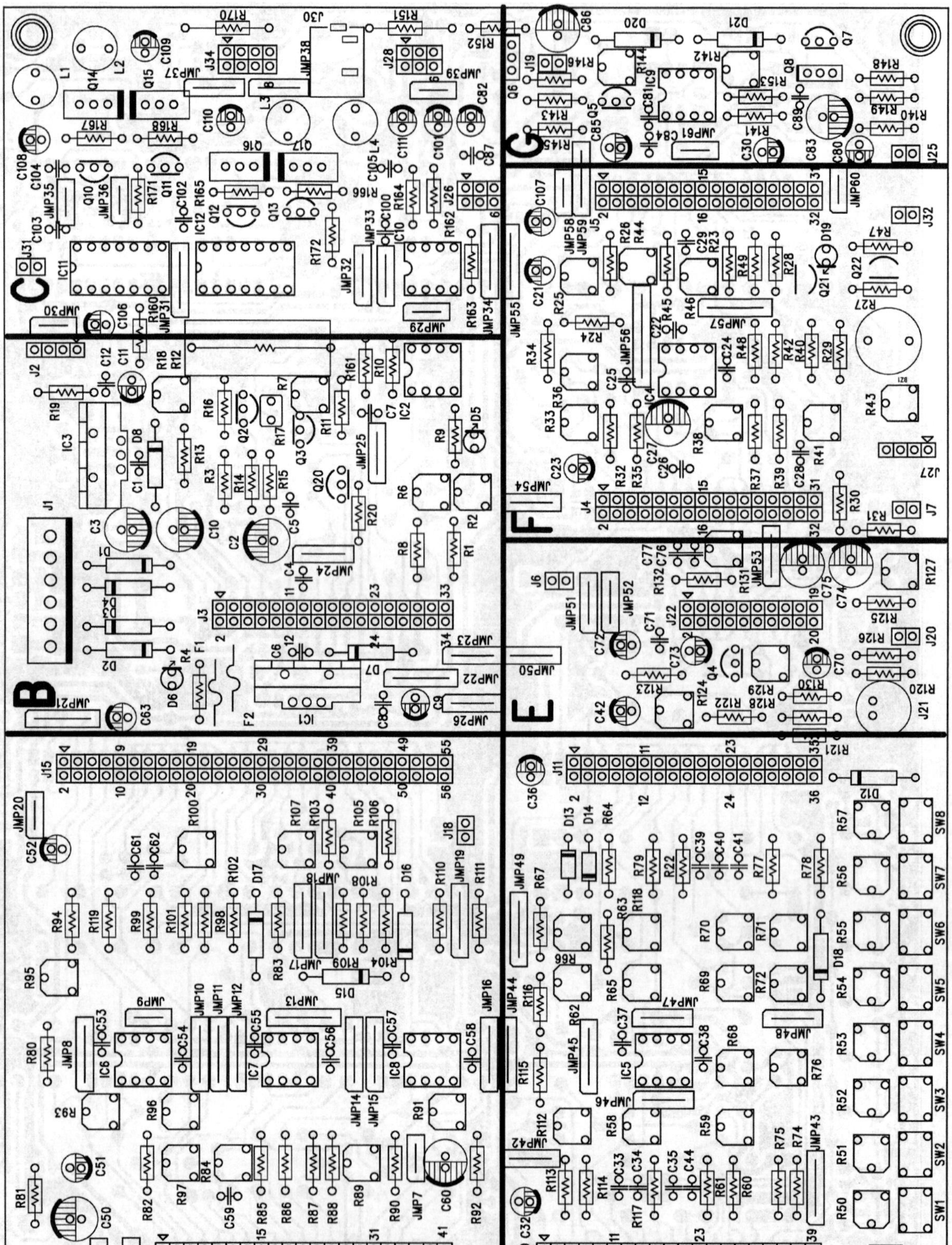

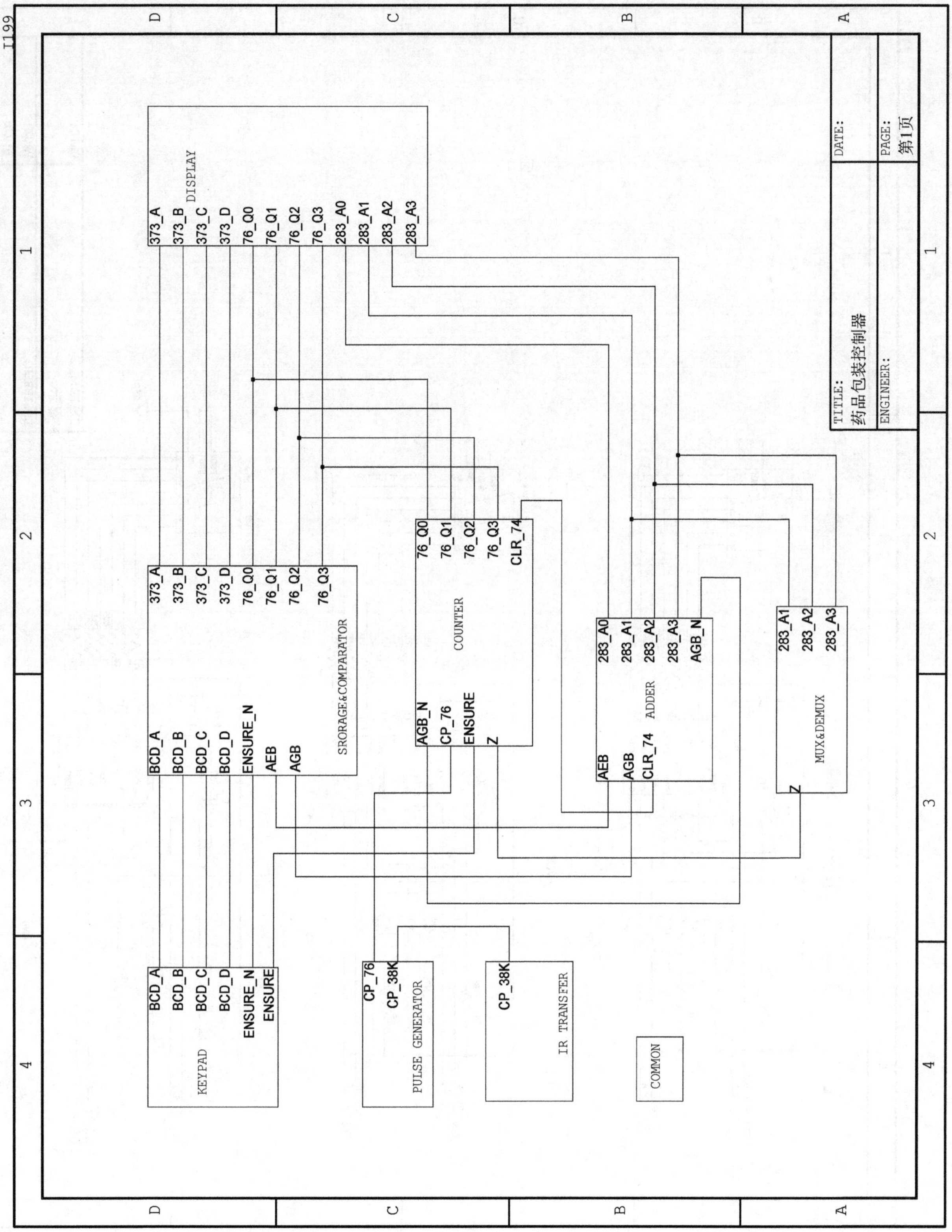
I199
DISPLAY
SRORAGE&COMPARATOR
COUNTER
ADDER
MUX&DEMUX
KEYPAD
PULSE GENERATOR
IR TRANSFER
COMMON
TITLE:
药品包装控制器
DATE:
ENGINEER:
PAGE:
第1页

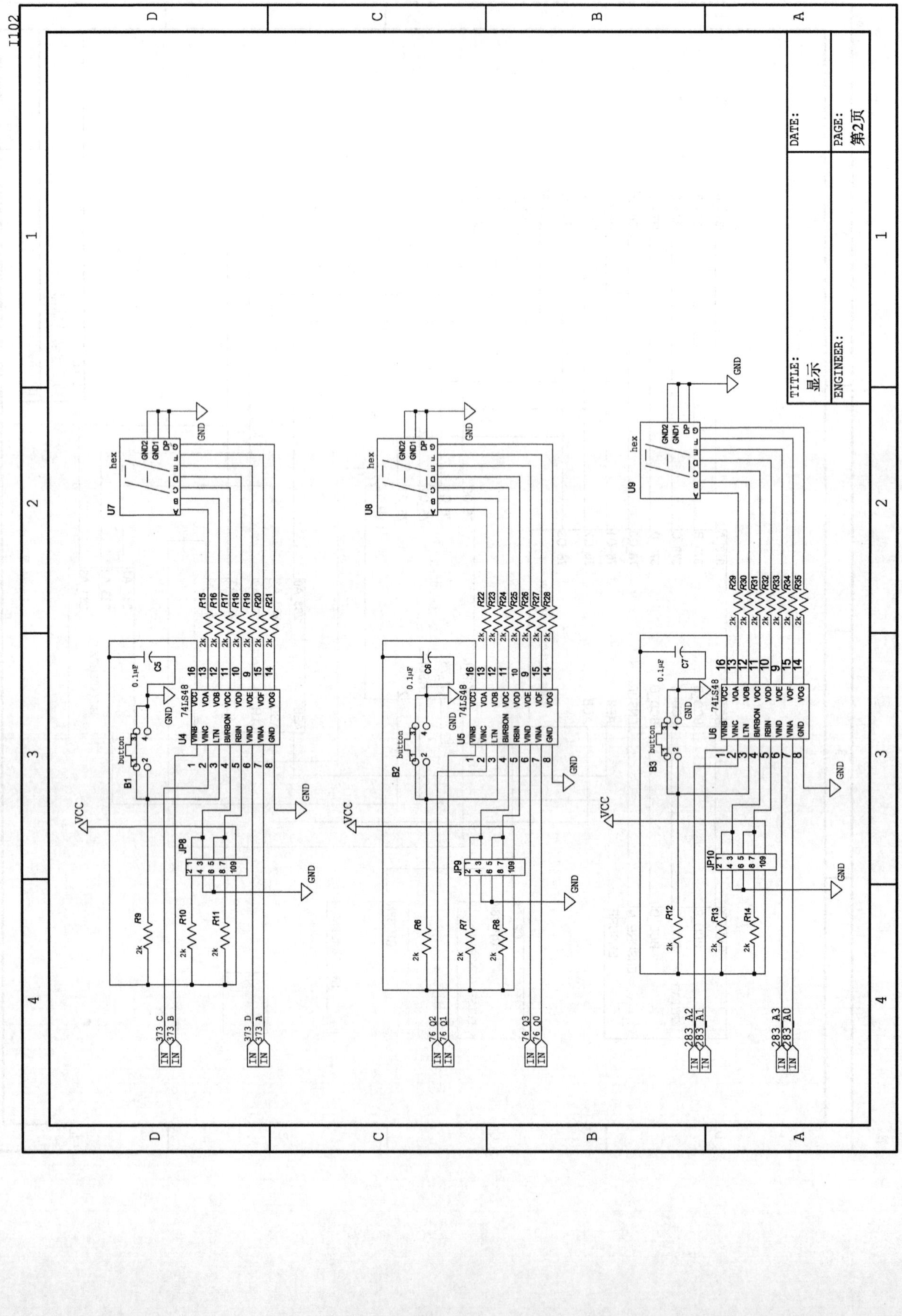

I102
TITLE:
显示
DATE:
ENGINEER:
PAGE:
第2页
74LS48
U4
U5
U6
U7
U8
U9
hex
B1
B2
B3
button
JP8
JP9
JP10
VCC
GND
0.1μF
373 C
373 B
373 D
373 A
76 Q2
76 Q1
76 Q3
76 Q0
283 A2
283 A1
283 A3
283 A0

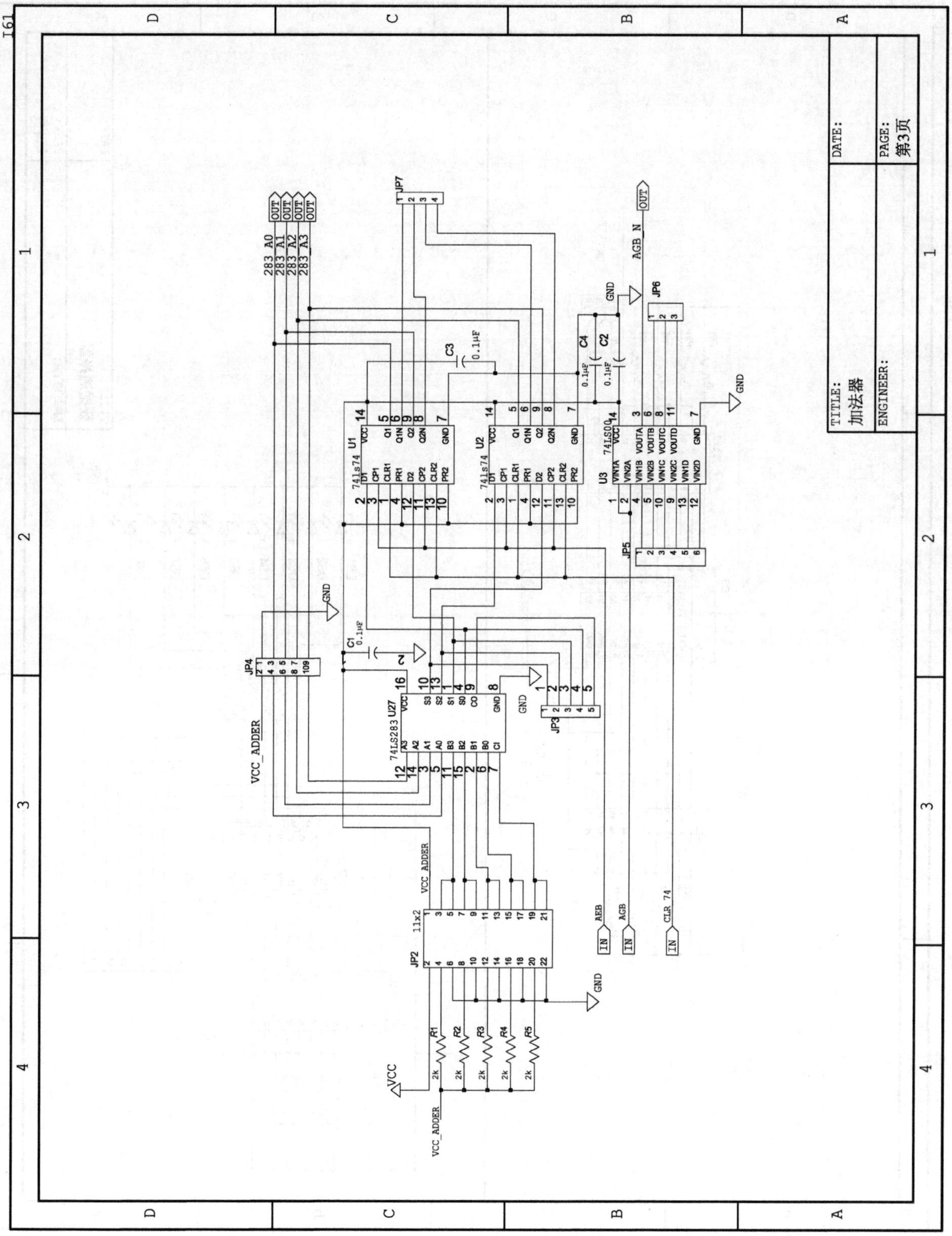
TITLE:
加法器
ENGINEER:
DATE:
PAGE:
第3页
74LS283
U27
74ls74
U1
U2
74LS00
U3
JP2
11x2
JP3
JP4
JP5
JP6
JP7
C1
C2
C3
C4
0.1μF
R1
R2
R3
R4
R5
2k
VCC
VCC_ADDER
GND
283_A0
283_A1
283_A2
283_A3
OUT
AGB_N
AEB
AGB
CLR_74
IN

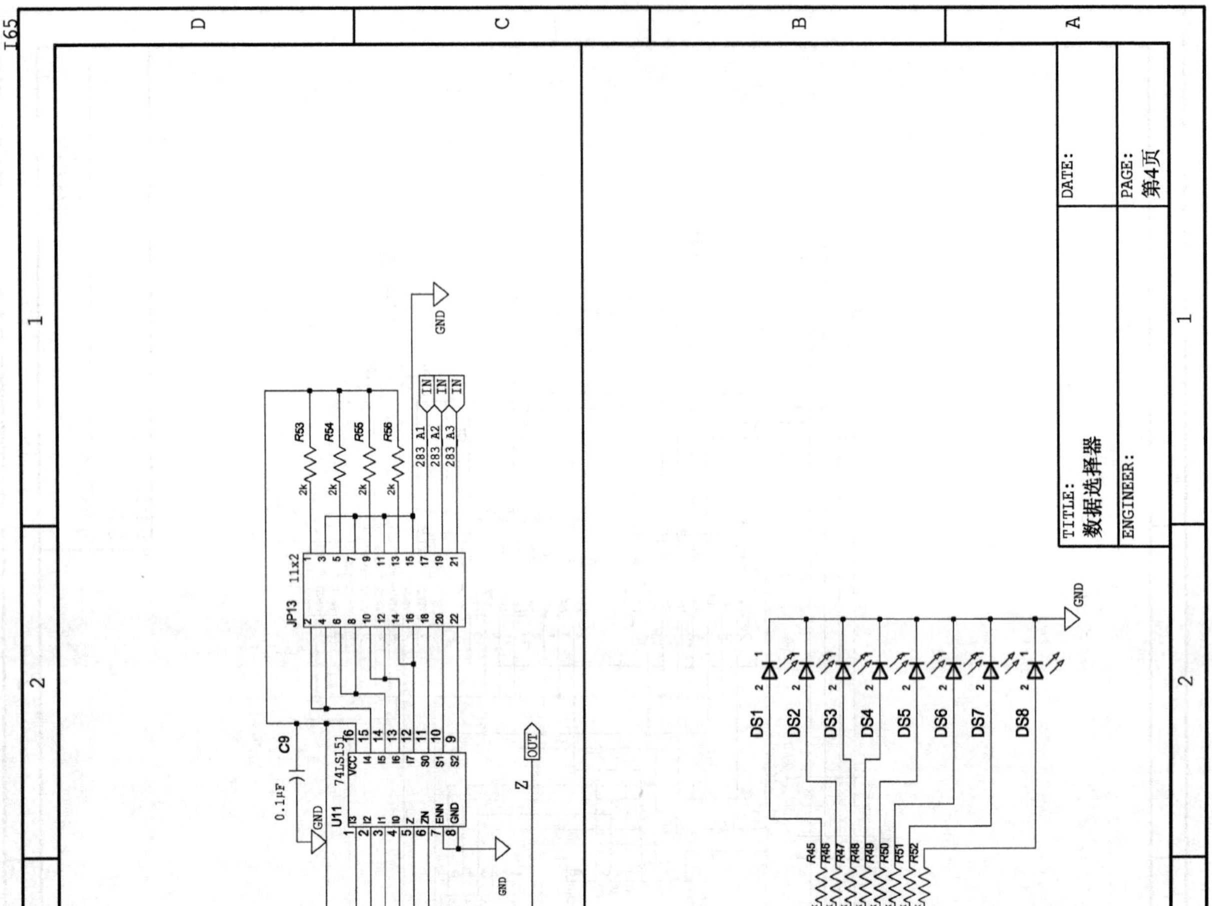
TITLE:
数据选择器
DATE:
ENGINEER:
PAGE:
第4页
74LS151
U11
74ls138
U10
JP1
JP11
JP12
JP13
VCC
GND
OUT
Z
IN
DS1
DS2
DS3
DS4
DS5
DS6
DS7
DS8
C8
C9
C52
0.1μF

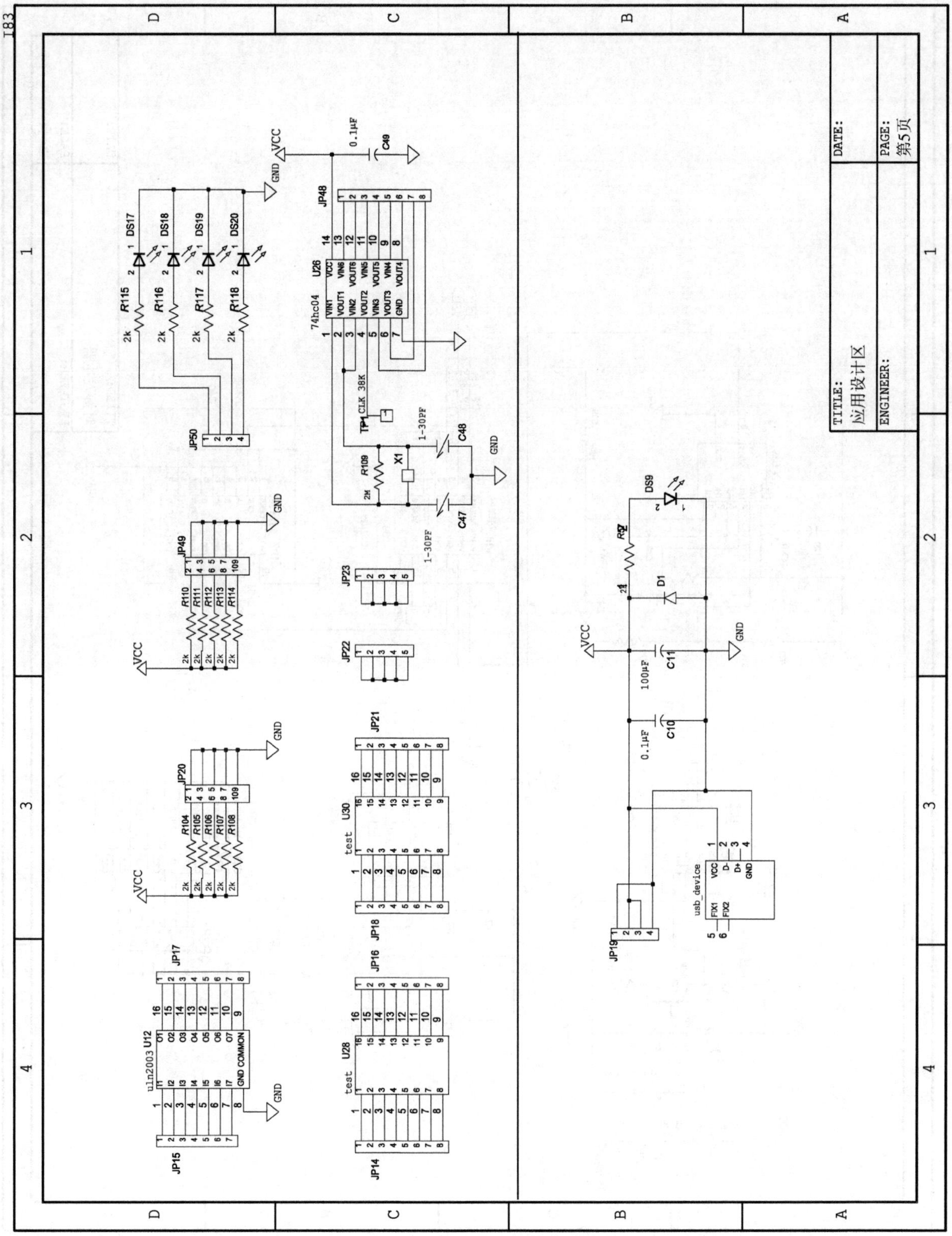
TITLE:
应用设计区
ENGINEER:
DATE:
PAGE:
第5页

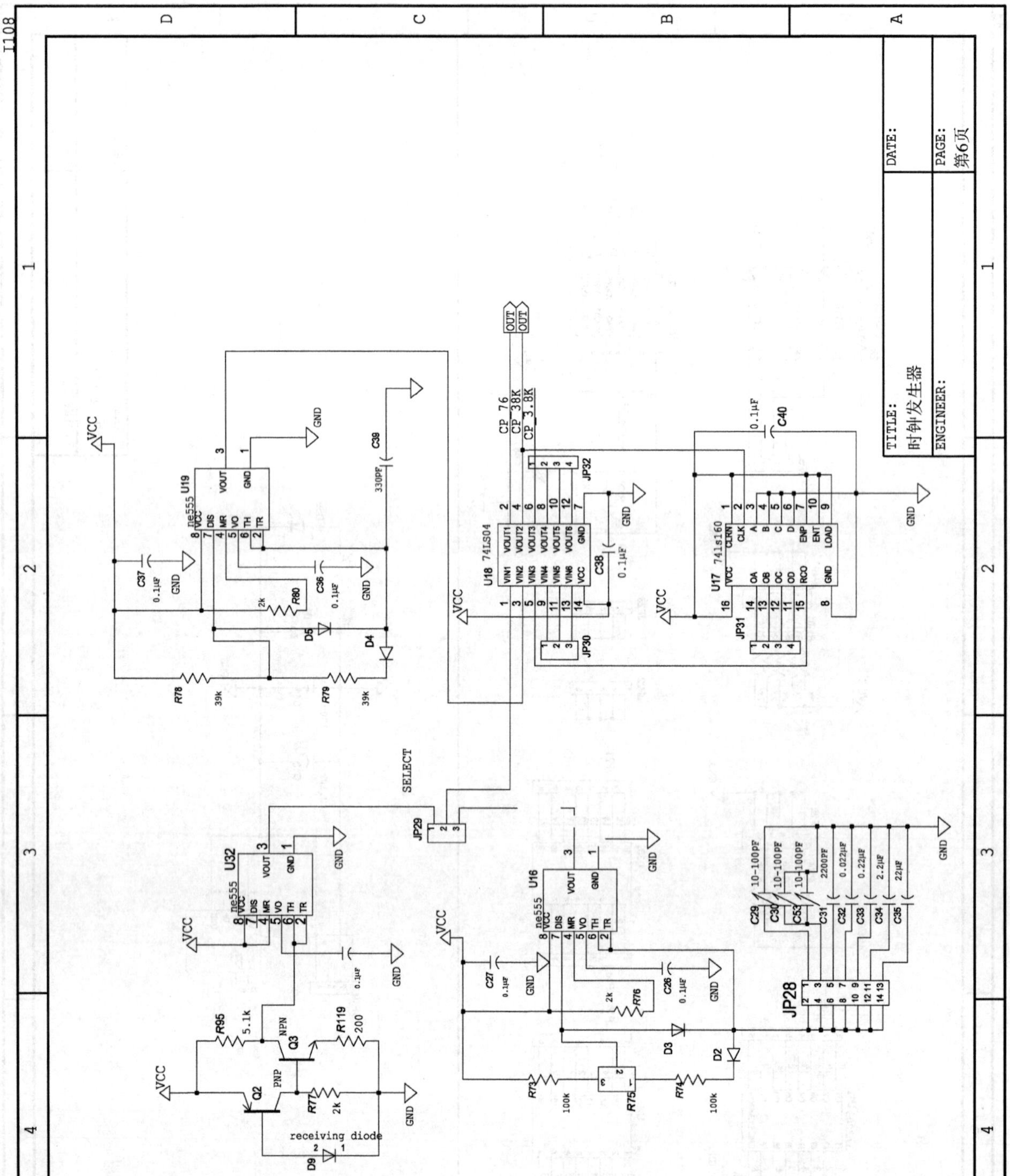
TITLE:
时钟发生器
DATE:
ENGINEER:
PAGE:
第6页
U19 ne555
U32 ne555
U16 ne555
U18 74LS04
U17 74ls160
SELECT
transmit diode
receiving diode
CP_76
CP_38K
CP_3.8K
OUT
VCC
GND

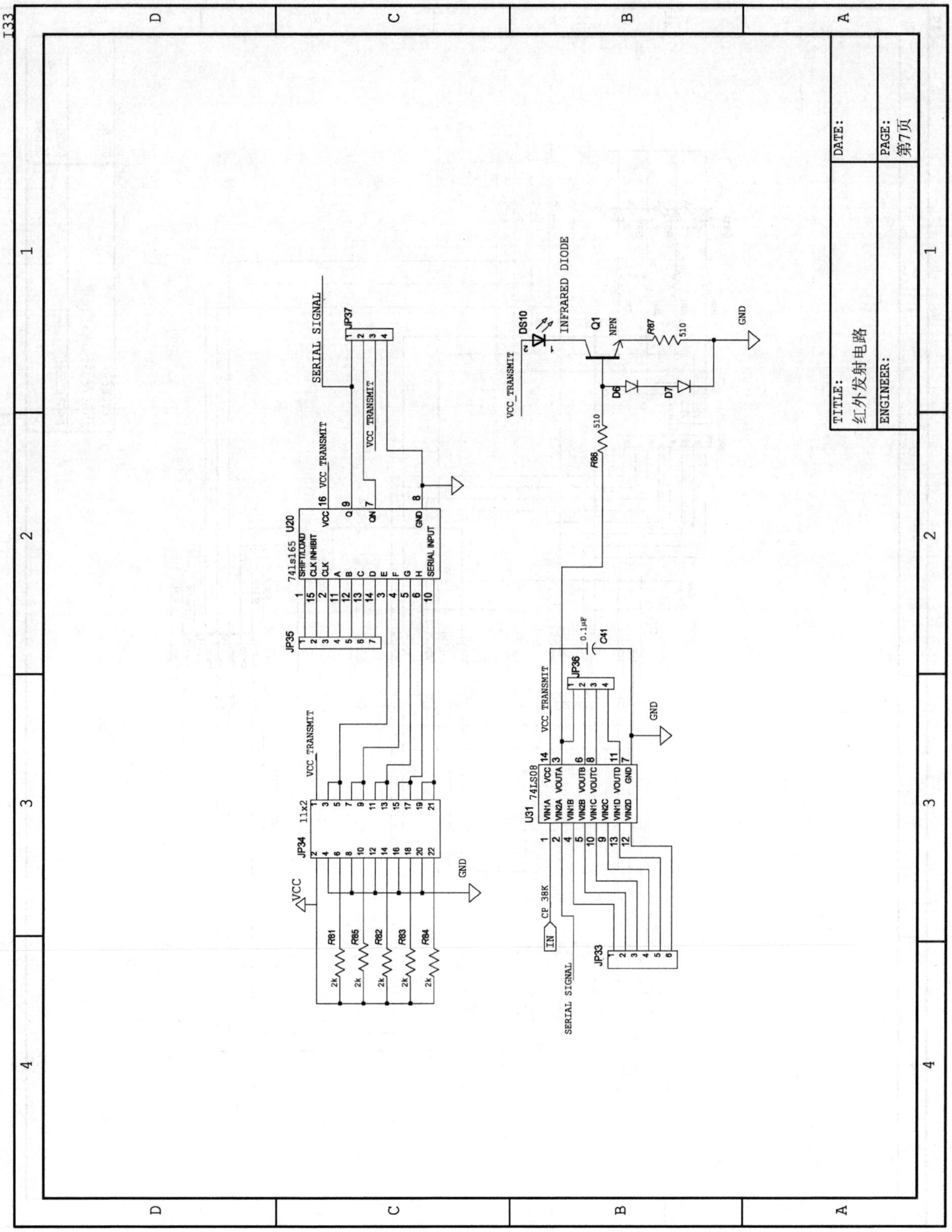
I33
TITLE:
红外发射电路
ENGINEER:
DATE:
PAGE:
第7页
INFRARED DIODE
DS10
Q1
NPN
R87
510
R86
510
D6
D7
GND
VCC_TRANSMIT
SERIAL SIGNAL
JP37
U20
74ls165
SHIFT/LOAD
CLK INHIBIT
CLK
SERIAL INPUT
JP35
JP34
11x2
VCC
R81
R85
R82
R83
R84
2k
C41
0.1μF
JP36
U31
74LS08
JP33
IN
CP 38K

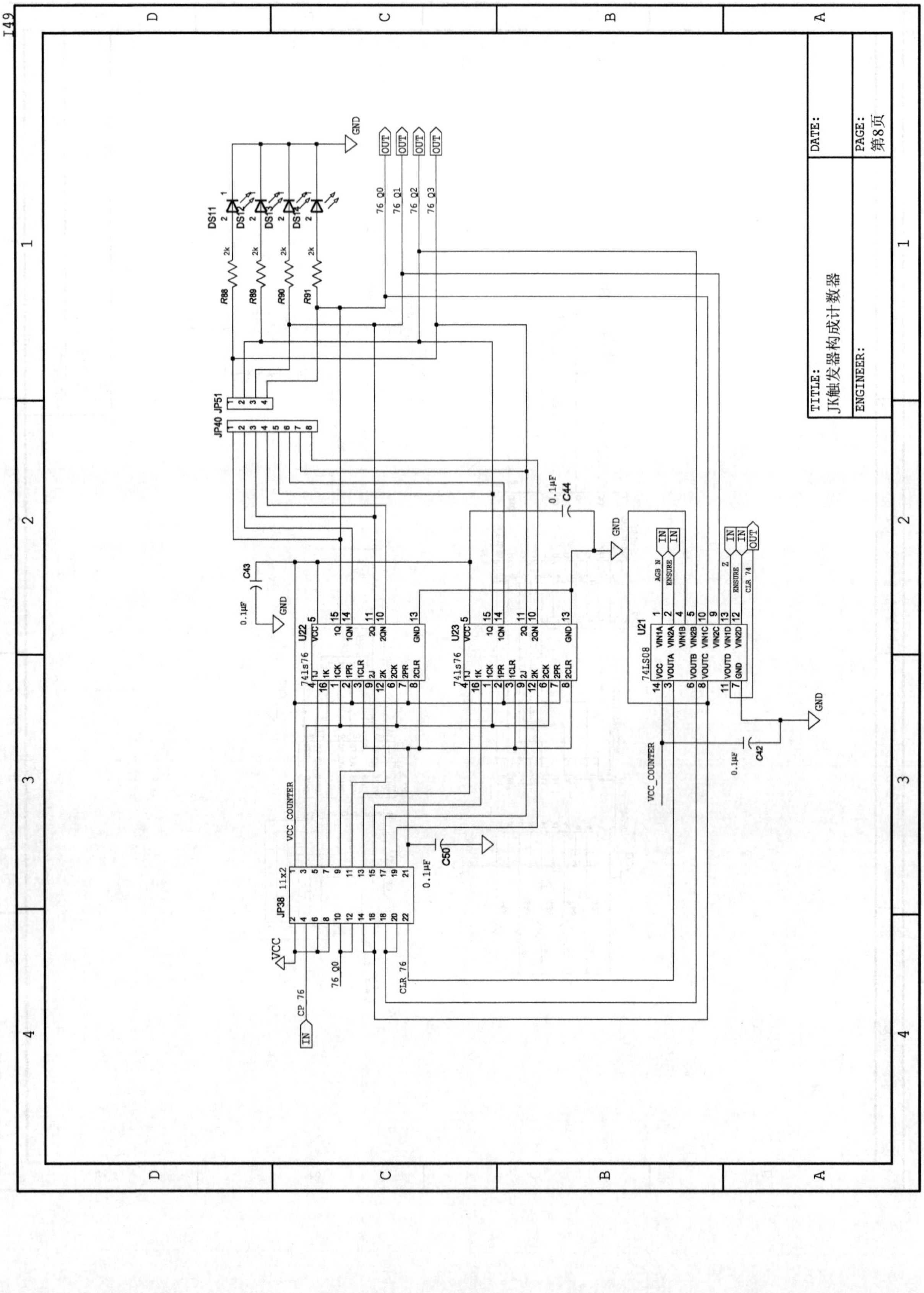
TITLE:
JK触发器构成计数器
DATE:
ENGINEER:
PAGE:
第8页
U22
U23
74ls76
U21
74LS08
JP38 11x2
JP40
JP51
VCC_COUNTER
GND
OUT
IN
CP 76
CLR 76
76 Q0
76 Q1
76 Q2
76 Q3
C43
C44
C42
C50
0.1μF
R88
R89
R90
R91
2k
DS11

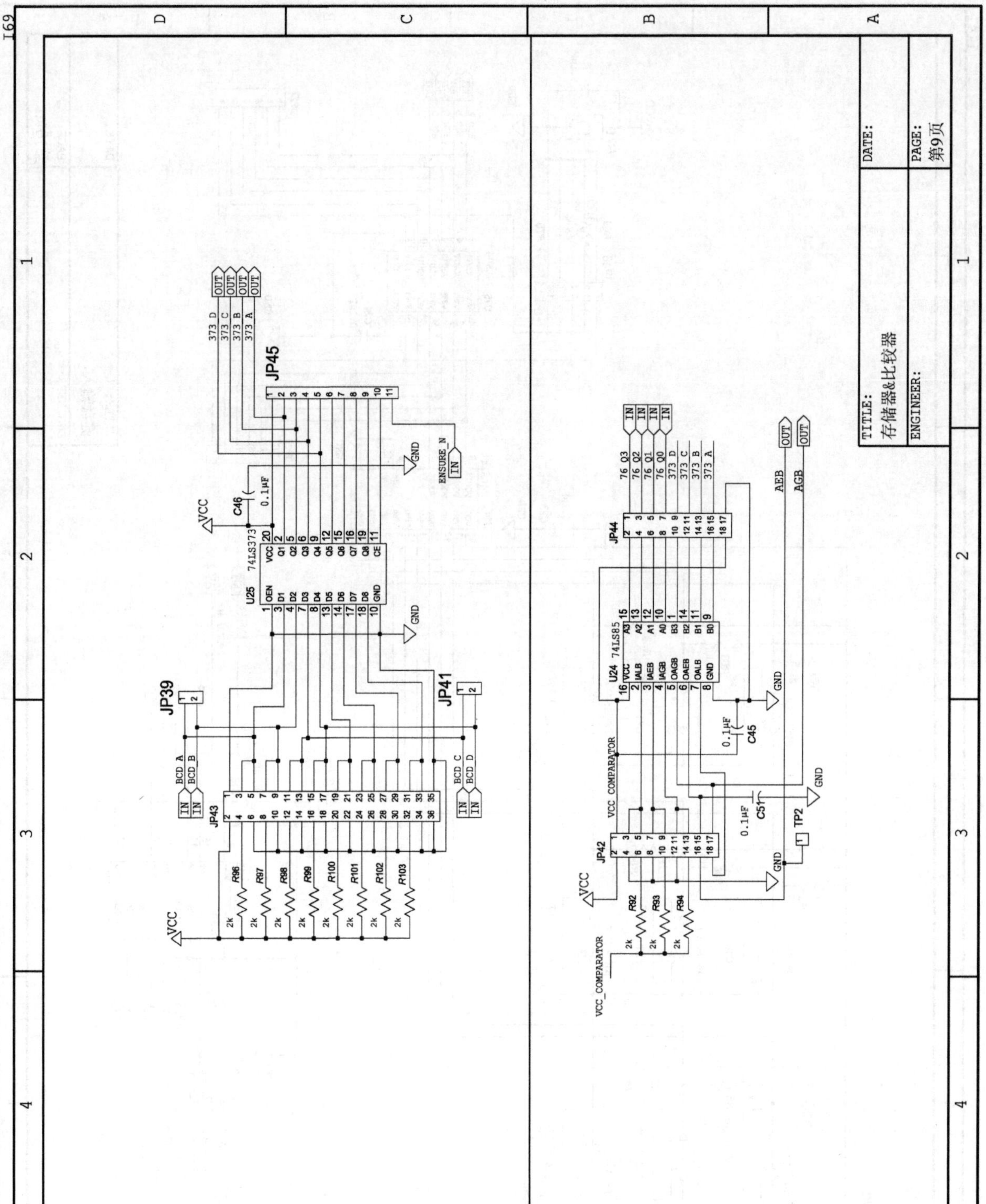
TITLE:
存储器&比较器
ENGINEER:
DATE:
PAGE:
第9页
U25
74LS373
U24
74LS85
JP39
JP41
JP42
JP43
JP44
JP45
C45
C46
C51
TP2
VCC
GND
VCC_COMPARATOR
ENSURE_N
BCD_A
BCD_B
BCD_C
BCD_D
AEB
AGB
373_A
373_B
373_C
373_D
76_Q0
76_Q1
76_Q2
76_Q3
0.1μF
2k

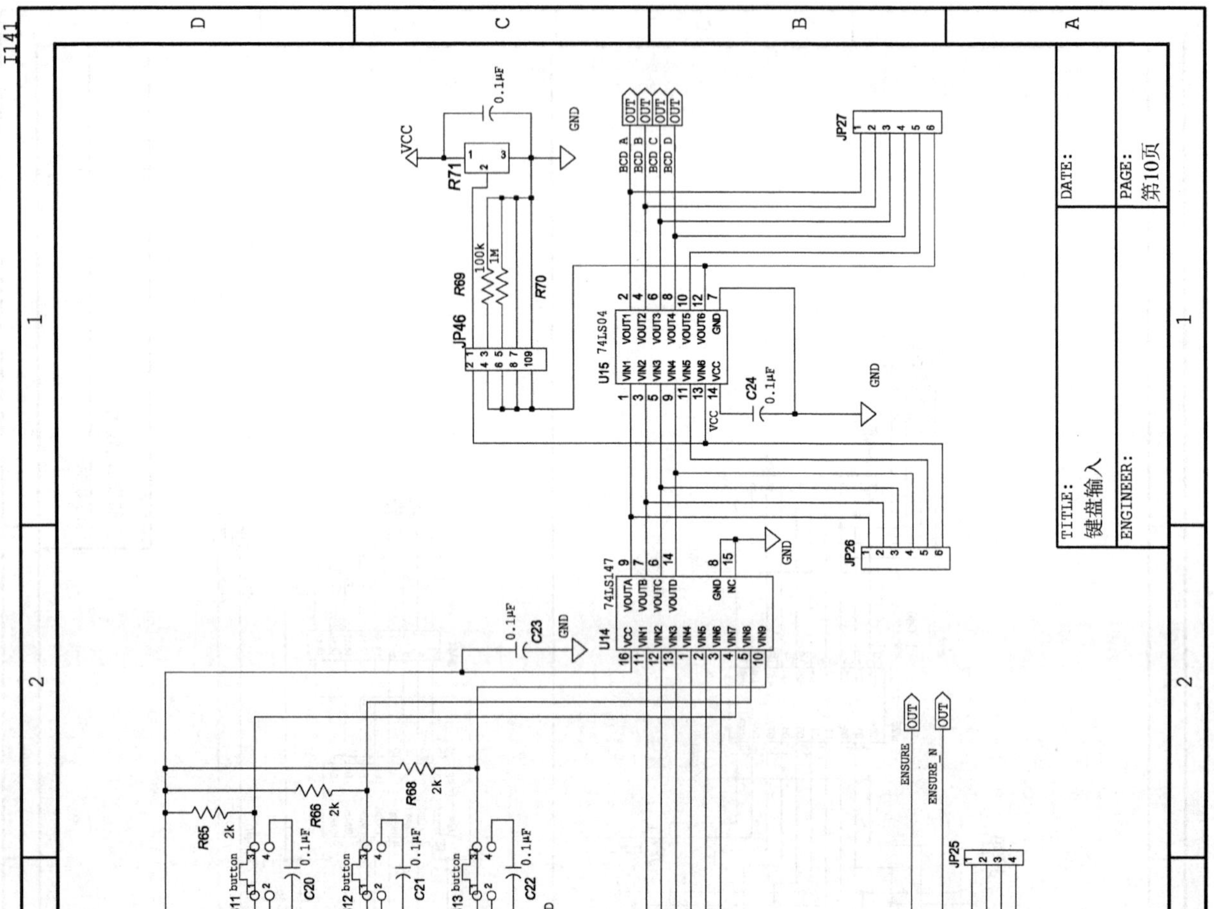
I141
TITLE:
键盘输入
DATE:
ENGINEER:
PAGE:
第10页
U14 74LS147
U15 74LS04
U13 741s76
JP24
JP25
JP26
JP27
JP46
R71
R69 100k
R70 1M
VCC
GND
BCD A
BCD B
BCD C
BCD D
OUT
ENSURE
ENSURE_N
B4 button
B5 button
B6 button
B7 button
B8 button
B9 button
B10 button
B11 button
B12 button
B13 button
C12 0.1μF
C13 0.1μF
C14 0.1μF
C15 0.1μF
C16 0.1μF
C17 0.1μF
C18 0.1μF
C19 0.1μF
C20 0.1μF
C21 0.1μF
C22 0.1μF
C23 0.1μF
C24 0.1μF
R58 2k
R59 2k
R60 2k
R61 2k
R62 2k
R63 2k
R64 2k
R65 2k
R66 2k
R68 2k

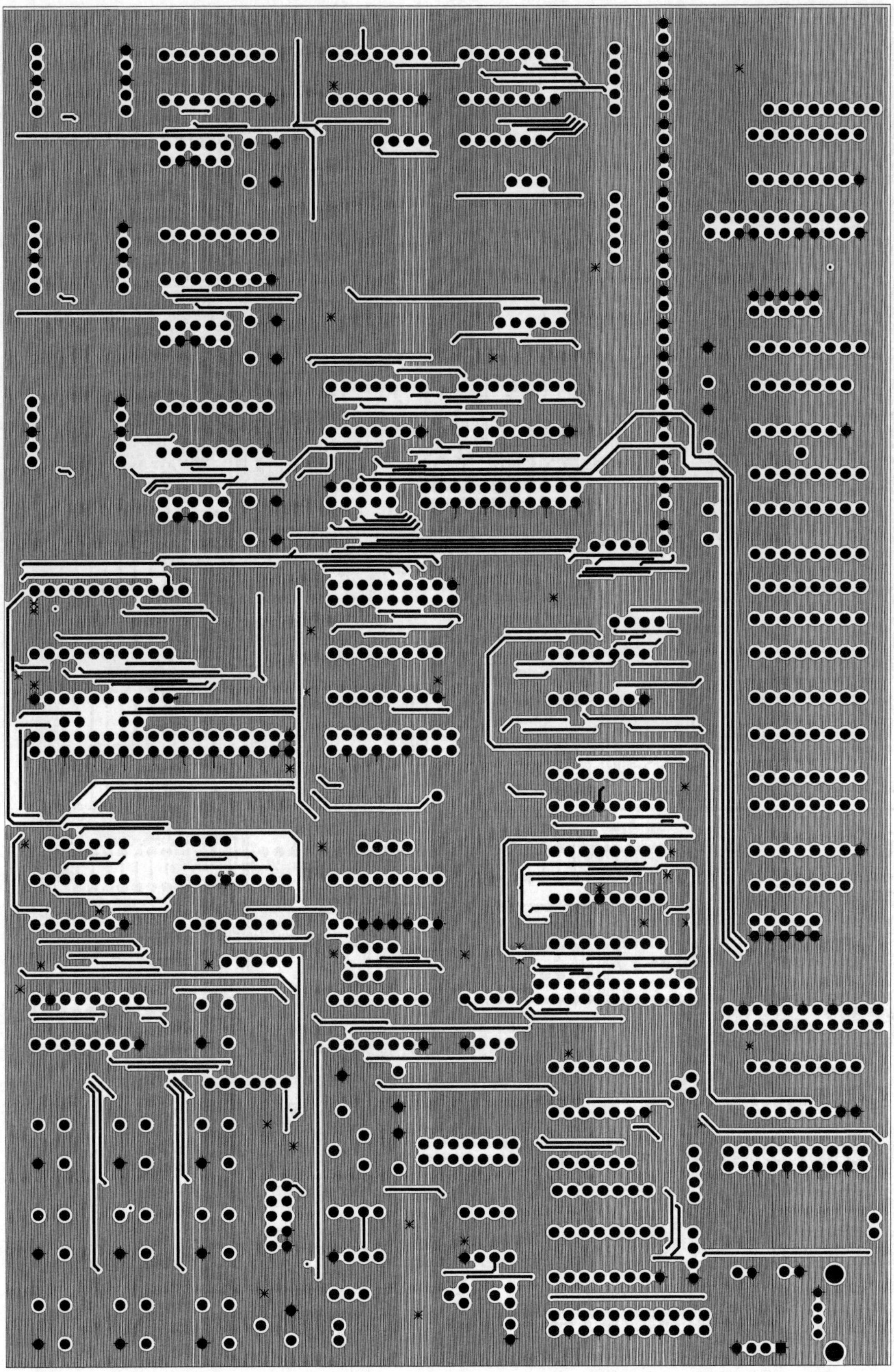

附录五 数字电路实验板印板图 top层

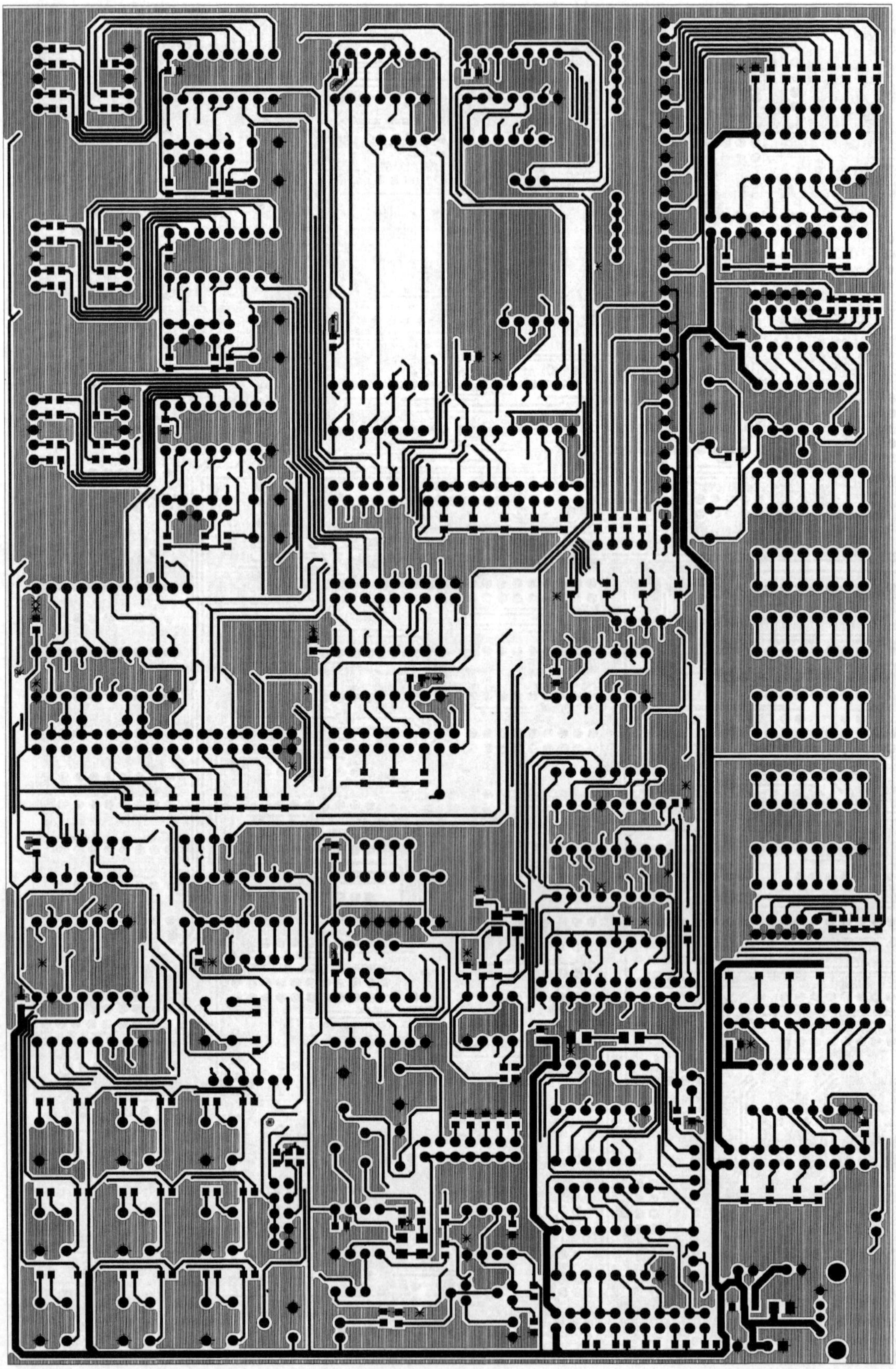

附录六 数字电路实验板印板图 bottom层

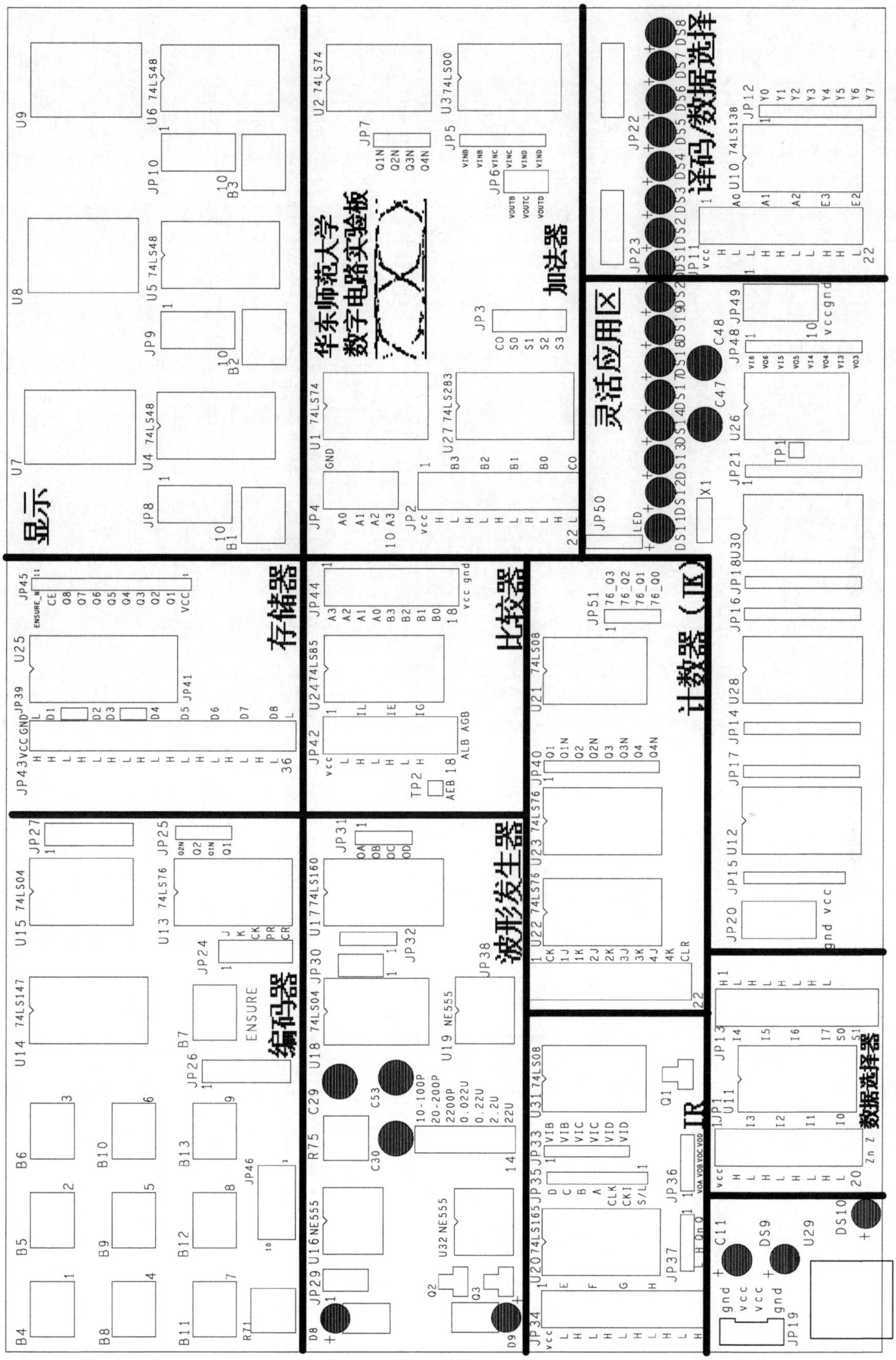

附录七　数字电路实验板安装图